数据结构及应用算法教程
（修订版）

严蔚敏　陈文博　编著

清华大学出版社
北京

内 容 简 介

本书从数据类型的角度,分别讨论了四大类型的数据结构的逻辑特性、存储表示及其应用。此外,还专辟一章,以若干实例阐述以抽象数据类型为中心的程序设计方法。书中每一章后都配有适量的习题,以供读者复习提高之用。第1～9章还专门设有"解题指导与示例"一节内容,不仅给出答案,对大部分题目提供了详尽的解答注释;其中的一些算法题还给出了多种解法。书中主要算法和最后一章的实例中的全部程序代码均收录在与本书配套的光盘之中,详尽的课件及教学资料可在出版社的官网下载。

本书内容丰富,概念阐述细致清楚,可作为高等院校计算机类专业和信息类相关专业"数据结构"或"软件基础"课程的本科教材。另外,对于准备参加计算机类研究生专业课统考的考生,本书也可作为应试的解题指导。

图书在版编目(CIP)数据

数据结构及应用算法教程/严蔚敏,陈文博编著. —修订本. —北京:清华大学出版社,2011.5
(2022.8重印)

    ISBN 978-7-302-24390-8

Ⅰ. ①数… Ⅱ. ①严… ②陈… Ⅲ. ①数据结构—高等学校—教材 ②算法分析—高等学校—教材
Ⅳ. ①TP311.12

中国版本图书馆 CIP 数据核字(2010)第 259012 号

责任编辑:战晓雷   白立军
责任校对:李建庄
责任印制:曹婉颖

出版发行:清华大学出版社

网　　址:http://www.tup.com.cn, http://www.wqbook.com	
地　　址:北京清华大学学研大厦 A 座	邮　　编:100084
社 总 机:010-83470000	邮　　购:010-62786544
投稿与读者服务:010-62776969, c-service@tup.tsinghua.edu.cn	
质量反馈:010-62772015, zhiliang@tup.tsinghua.edu.cn	

印 装 者:北京国马印刷厂
经　　销:全国新华书店
开　　本:185mm×260mm   印　张:25.5   字　数:633 千字
(附光盘一张)
版　　次:2011 年 5 月第 1 版   印　次:2022 年 8 月第 13 次印刷
定　　价:69.00 元

产品编号:032042-04

修订版前言

当今计算机应用已普及到各行各业,数据结构的知识内容越来越受到人们的重视。各类与计算机相关的考试,包括求职面试等,"数据结构"也都被列为首要的考试科目。学习数据结构的读者越来越多,市面上出版的数据结构书籍也不下几百种。然而,真正要学好数据结构并能融会贯通并非容易之事。本书自 2001 年 2 月出版以来,也陆续收到读者反映,感觉学习数据结构最大的难点是不会做题,特别是对算法设计题缺乏解题思路,希望本书能增加解题指导的内容。作者多年的教学实践也证明,阅读解题指导示例,揣摩其中算法的代码,也是提升学习数据结构效率的必经之道。

为此,作者在多年教学实践基础上,搜集整编,优化梳理,在本书的再版中增补了"解题指导与示例"的内容,共含习题百余道,为与教科书的内容融为一体,按题目所涉及的内容分别归入各章的正文之后。这些新增的题,不仅配有规范的答案,而且尽可能加上详尽的解答注释。对某些算法设计题还提供了多种解法,更有利于开阔解题的思路。

"解题指导与示例"共有 5 类题型,分别为选择题、填空题、解答题、算法阅读题和算法设计题,根据各章的内容需要而采用。算法阅读题和算法设计题偏重于难点集中的章节,如树、图、栈和队列的应用等。递归算法的跟读与设计等内容,读者也都能在"解题指导与示例"中找到相应细节内容的讨论。

掌握算法设计的要领和技巧是学习数据结构的基本要求,初学者面对辉煌而又森严的算法殿堂,往往会踟蹰不前。究其原因,除了基本设计技法方面的欠缺外,很可能还存在设计思路贫乏的弊病。为此,对有关算法的解答,就不仅仅是给出冰冷的代码,而是呈献给读者带有启发性的思考过程,使读者从中看到设计灵感。其中有的题目给出了多个解答,以供读者有比对的想象空间;有的算法还提供了从简单到成熟的写作过程,以期体味发展的脉络;不少算法安排了扩展讨论的内容,有利于读者开阔思路。

跟读算法是深刻领会算法的必经之路,这次修订特意增加了这方面的内容,配有详尽的数据结构模型,逐步剖析算法的执行过程,多角度展露数据结构内容变化的"快照"。客观题型的题目也有一定的解题步骤和行文规则,在这次修订中,我们也试图通过众多的解答实例,启发读者养成规范的解题习惯。

上述尝试是否能适应读者的期望,还有待实践的检验。诚心为读者服务,虚心与同行切磋,不断改进和完善,是我们矢志不渝的初衷。

对本书初版书中的疏漏,有几位读者朋友向作者提出了很好的建议。作者借这次修订的机会已加以补充和修正,在此向热心的读者深表谢意!

配套学习资源网站

配套学习资源网站 http://www.tup.com.cm 上提供了一些与本书配套的学习资源,

包括各章的详尽教学课件、重点算法示例的跟读演示动画，以及本课程考试的试卷样例等。

严蔚敏　清华大学计算机科学与技术系
ywm-dcs@tsinghua.edu.cn
陈文博　北京工业大学计算机学院软件工程系
cscwmm@bjpu.edu.cn

2011 年春

初 版 前 言

"数据结构"是计算机程序设计的重要理论基础,它所讨论的知识内容和提倡的技术方法,无论对进一步学习计算机领域的其他课程,还是对从事软件工程的开发,都有着不可替代的作用。"数据结构"是公认的计算机学科本科和大专的核心课程,也是计算机类专业"考研"和等级水平考试的必考科目,而且正逐渐发展成为众多理工专业的热门选修课。本书正是针对这一背景和社会需求编写的教材性读物,在内容选材方面,更多地考虑了普通高等院校计算机专业和信息类相关专业的读者的实际需要。

为了便于读者理解,书中对数据结构众多知识点的来龙去脉都做了详细的解释和说明,并配有大量的算法实例穿插其间。书的最后还专门辟出一章,用来讲解数据结构在解决实际问题中的应用示例,便于读者举一反三。考虑到计算机技术的发展和进步,在内容的编排方面尽量做到推陈出新,实例也力求新颖,以适应技术发展的潮流。

本书的第 1 章综述数据、数据结构和抽象数据类型等基本概念和算法;第 2 章、第 4 章至第 7 章从数据类型的角度,分别讨论线性表、栈和队列、串和数组、二叉树和树以及图和广义表等数据结构的逻辑特性、存储表示及其应用;第 3 章和第 8 章分别讨论排序和查找表的各种实现方法,其中除介绍各种实现方法外,并着重对算法的时间效率做了定性的分析,对算法的应用场合及适用范围进行了比较和介绍;第 9 章讨论常用的文件结构;第 10 章则以 8 个数据结构的综合应用为例,阐述以抽象数据类型为中心的程序设计方法。书的每一章都配有适量的习题,供读者复习提高之用。

本书在编排方面注意了数据结构本身的内在联系和从易到难的学习规律。例如,将排序安排在第 3 章,因为对读者来说,排序的内容比较容易理解,而且所涉及的数据结构主要是线性结构;又如对栈和队列的学习重点是它们的应用,因此在第 4 章里更多地列举了栈和队列的应用例子;在第 5 章中,结合 C 语言的串类型讲解串结构的知识内容,以使实际和理论在应用中和谐统一起来,等等。虽然广义表属线性结构,但由于它的"递归"特性,使得涉及广义表操作的算法和树更相似,因此将它放在图之后进行讨论,以降低理解难度。第 10 章的内容相当于"数据结构实习指导",本意是为学生提供一个"综合利用数据结构知识编制小型软件"的规范示例。

全书采用了类 C 语言作为数据结构和操作算法的描述工具,它是 C 语言的一个精选子集,同时又采用了 C++ 对 C 的非面向对象的增强功能。例如,动态分配和释放顺序存储结构的空间;利用引用参数传递函数运算的结果;使用默认参数以简化函数参数表的描述等。这些措施使数据类型的定义和数据结构相关操作算法的描述更加简明清晰,可读性更好,转变成 C 程序也极为方便。另一方面又埋下了伏笔,把类型定义和操作算法稍加技术处理,就很容易将其封装成类,并进一步转化成面向对象的程序模型。

从课程性质上讲,"数据结构"是一门专业技术基础课。它的教学要求应当是:学会从问题入手,分析研究计算机加工的数据结构的特性,以便为应用所涉及的数据选择适当的逻辑结构、存储结构及其相应的操作算法，并初步掌握时间和空间分析技术。另一方面，本课程的学习过程也是进行复杂程序设计的训练过程，要求学生会书写符合软件工程规范的文件，编写的程序代码应结构清晰、正确易读，能上机调试并排除错误。数据结构比高级程序设计语言课有着更高的要求，它重在培养学生的数据抽象能力。事实一再证明，任何具有创新成分的软件成果都离不开数据的抽象和在数据抽象基础上的算法描述。数据抽象能力是一种创造性的思维活动，是任何软件开发工具也无法取代的。本书将通过不同层次的应用示例培养学生逐步掌握数据抽象的能力，学会数据结构和数据类型的使用方法，为今后的学习和提高编程水平打下扎实的基础。

本书可作为计算机类专业的本科教材，也可以作为电子信息类相关专业的选修教材，教授可为 40 至 60 学时，另外应留有一定的时间供学生完成适量的上机作业。本书在编写方面以通俗易懂为其宗旨，特别注意了技术细节的交代，以便于自学，故也可作为从事计算机应用等工作的科技人员参考和查阅用书。在学习本书时应至少掌握一门高级程序设计的知识，如掌握的是 C 语言则最为理想；若能具有初步的离散数学和概率论的知识，对书中某些内容的理解会更容易。学习本书的同时还可把《数据结构》(C 语言版)作为配套参考用书。

与本书配套的光盘中含有书中所有算法和最后一章应用示例的全部源程序，可在 Visual C++ 5.0 或 6.0 的环境下编译执行，读者还可改变其中的输入数据，以观察程序对不同输入的执行结果。为了便于读者理解算法，在光盘中还为部分算法配有执行过程的示例演示。

应当感谢因特网，在本书的写作过程中，通过 E-mail 传送书稿使不在同一地方工作的两位作者可以做到随时交换意见并频繁修改书稿，以便使本书内容尽可能地做到令读者满意。但因时间仓促，仍有不尽如人意之处，请读者和同行赐教。

在写作本书的过程中，刘巍、钱大智、李莉、楼健、徐佳、金颖、林京秀、王福建等同学参加了第 10 章有关程序的调试工作，在此表示感谢。

严蔚敏　清华大学计算机科学与技术系
ywm_dcs@tsinghua.edu.cn

陈文博　北京工业大学计算机学院
cscwmm@bjpu.edu.cn

2000 年 7 月

目　录

第1章 绪 论

1.1 数据结构讨论的范畴

"**算法＋数据结构＝程序设计**"原是瑞士的计算机学者 Niklaus Wirth 早在 1976 年出版的一本书的书名，很快就成了在计算机工作者之间流传的一句名言。斗转星移至今，尽管新的技术方法不断涌现，这句名言依然焕发着无限的生命力，它借助面向对象知识的普及，使数据结构技术更加完善和易于使用。由此，也说明了数据结构在计算机学科中的地位和不可替代的独特作用。

程序设计的实质是为计算机处理问题编制一组指令集。首先应该解决两个问题，即提出问题的数学模型和设计相应的算法。例如编制梁架结构应力计算的程序，所依据的算法是结构静力分析，而它的数学模型是一组线性代数方程组；又如预报人口增长率的数学模型是微分方程。在进行非数值计算问题的程序设计时，同样需要建立问题的数学模型和设计相应的算法。

例 1.1 图书馆的书目检索问题。

当你想借阅一本参考书，但不知道书库中是否有此书的时候；或者，当你想找某一方面的参考书而不知图书馆内有哪些这方面的书时，都需要到图书馆去查阅图书目录卡片。在图书馆内有各种名目的卡片：有按书名编排的；有按作者编排的；还有按分类编排的等。若要利用计算机实现自动检索，则计算机处理的对象便是这些目录卡片上的书目信息。列在一张卡片上的一本书的书目信息可由登录号、书名、作者名、分类号、出版单位和出版时间等若干项组成，每一本书都有唯一的一个登录号，但不同的书目之间可能有相同的书名，或者有相同的作者名，或者有相同的分类号。为了实现快速查询，需要为整个书库的书目信息设计恰当的数学模型和相应的查询算法。例如最简单的做法是建立一个按登录号顺序排列的书目文件和 3 个分别按书名、作者名和分类号顺序排列的索引表，如图 1.1 所示。

例 1.2 酒店管理系统中的客房分配问题。

在酒店的客房房态管理中，希望同类房中各间客房的出借率机会均等，以保证维持一个平均的磨损率。为此，分配客房采用的算法应该是"先退的房先被启用"。相应地，所有"空"的同类客房的管理模型应该是一个"队列"，即酒店前台每次接待客人入住时，从"队头"分配客房；当客人结账离开时，应将退掉的空客房排在"队尾"。由于"排队"是日常生活中经常需要的一种行为，因此队列也是这样一类活动的模拟程序中经常用到的一种数学模型。

例 1.3 铺设煤气管道问题。

假设要在某个城市的 n 个居民区之间铺设煤气管道，则在这 n 个居民区之间只要铺设 $n-1$ 条管道即可。假设任意两个居民区之间都可以架设管道，但由于地理环境的不同，所需经费也不同，则采用什么样的施工方案能使总投资尽可能少，这个问题即为"求图的最小生成树"的问题。其数学模型为如图 1.2 所示的"图"，图中"顶点"表示居民区，顶点之间的连线及其上的数值表示可以架设的管道及所需经费。求解的算法为:在可能架设的 m 条管道中选取 $n-1$ 条,既能连通 $n-1$ 个居民区,又使总投资达到"最小"。

登录号	书名	作者	分类号	⋯
⋮	⋮	⋮	⋮	⋮
172832	高等数学	樊映川	S01	⋯
172833	理论力学	罗远祥	L01	⋯
172834	高等数学	华罗庚	S01	⋯
172835	线性代数	滦汝书	S02	⋯
⋮	⋮	⋮	⋮	⋮

书名	登录号
⋮	⋮
高等数学	172832,172834,⋯
理论力学	172833,⋯
线性代数	172835,⋯
⋮	⋮

作者	登录号
⋮	⋮
樊映川	172832,⋯
华罗庚	172834,⋯
滦汝书	172835,⋯
⋮	⋮

类别	登录号
⋮	⋮
L	172833,⋯
S	172832,172834,⋯
⋮	⋮

图 1.1   书目文件和索引表示例

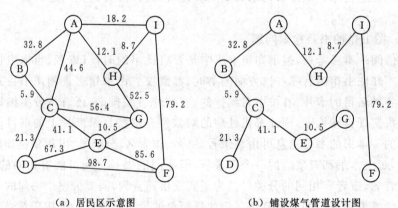

(a) 居民区示意图   (b) 铺设煤气管道设计图

图 1.2   图及最小生成树示例

诸如此类的问题很多,在此不再一一列举。总的来说,这些问题的数学模型都不是用通常的数学分析的方法得到,无法用数学的公式或方程来描述,可称这些程序设计问题为"非数值计算"的程序设计问题。数据结构正是讨论这类程序设计问题所涉及的现实世界实体对象的描述、信息的组织方法及其相应操作的实现。

1.2   与数据结构相关的概念

在本节中,我们将对一些概念和术语赋予确定的含义,以便和读者取得共识,这些概念和术语将在本书的各章节中经常出现。

1.2.1 基本概念和术语

集合(set)是无法精确定义的基本概念。通常认为,集合就是若干具有共同可辨特征的事物的"聚合",其中每个事物称为集合的元素或成员。例如,一个教室内的物件"黑板"、"讲台"、"课桌"和"椅子"可以构成一个"教室设施"的集合,其中每个物件称为该集合中的一个元素。类似地,教室内的人员"教师"和"学生"也可以构成一个"教室内人员"的集合。

集合的概念约定集合中不含有相同的元素,例如上述"教室内人员"的集合,若就人员的类别而言,则集合内只有两个元素"教师"和"学生";若就人员的个体而言,则集合内的元素有"张老师"、"王国庆"、"刘晔"、"田华明"等。

集合有两种表示方法:一种是直接列出集合中的元素,元素之间以逗号分隔,如"教室设施集合"$C=\{$黑板,讲台,课桌,椅子$\}$;另一种是规定集合中元素所共同具有的特征,如"1101 教室的学生集合"$S=\{p\,|\,p$ 是在 1101 教室听课的学生$\}$。在集合论中还规定集合内的元素无次序之分,例如,$\{$教师,学生$\}$和$\{$学生,教师$\}$表示的是同一个集合。

数据(data)是对客观信息的一种描述,它是由能被计算机识别与处理的数值、字符等符号构成的集合。数据只是信息的一种特定的符号表示形式,是计算机程序进行"加工"的原料的总称。因此,对计算机科学而言,数据的含义极为广泛,并且随着技术的进步,数据所能描述的信息越来越丰富,如多媒体技术中涉及的视频和音频信号,经采集转换后都能形成计算机可操作的数据。

数据元素(data element)是数据的基本单位,在计算机程序中通常作为一个整体进行考虑和处理。数据元素可以是不可分割的"原子",例如一个整数"6"或一个字符"A";也可以由若干款项组成,例如上节所举的书目信息可由登录号、书名、作者名、分类号和出版时间等若干款项组成,其中每个款项称为一个"**数据项**(data item)"。如果一个数据项由若干款项组成(如出版时间),则称为组合项,否则称为原子项(如书名)。非原子的数据元素也是一种组合项。图 1.3 所示即为上述数据元素的内部结构。有时也称数据元素为记录、结点或顶点。

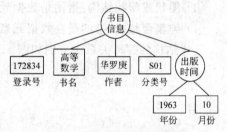

图 1.3　数据元素的内部结构

关键码(key)指的是数据元素中能起标识作用的数据项,例如,书目信息中的登录号和书名等。其中能起唯一标识作用的关键码称为"主关键码(简称主码)",如登录号;反之称为"次关键码(简称次码)",如书名、作者名等。通常一个数据元素只有一个主码,但可以有多个次码。

关系(relationship)指的是集合中元素之间的某种相关性。在集合中的元素之间可能存在一种或多种关系。例如,在教师和学生之间存在"教学"关系,在某两个学生之间存在"互为同桌"的关系等,在本书中将用如下的数学符号表示这种关系:$\{\langle$教师,学生$\rangle\}$,$\{\langle$王国庆,刘晔$\rangle,\langle$刘晔,王国庆$\rangle\}$等。在集合论中,$\langle x,y\rangle$表示 x 相对于 y 的"顺序"关系。

1.2.2 数据结构（data structures）

若在特性相同的数据元素集合中的数据元素之间存在一种或多种特定的关系，则称该数据元素的集合为"**数据结构**"。换句话说，数据结构是带"结构"的数据元素的集合。在此，"结构"指的就是数据元素之间存在的关系。

数据结构包括（数据）逻辑结构和（数据）物理结构两个层次。数据的逻辑结构是对数据元素之间存在的逻辑关系的一种抽象描述，它可以用一个数据元素的集合和定义在此集合上的若干关系来表示；数据的物理结构则为其逻辑结构在计算机中的表示或实现，故又可称为存储结构。

例如，为了用计算机管理学生的课外活动小组，首先要为"小组"设计一个数据结构。假设每个小组只有 7 名成员（为了便于陈述，分别赋予他们代号为：A,B,C,D,E,F,G），其中 A 是组长，其余 6 人又分两个小小组，每组各有一个召集人。假设 B,C,D 同属一个小小组，召集人是 D，另一个小小组的召集人是 G。则表示这个"小组"的逻辑结构可以用一个数据元素的集合 S 和定义在该集合上的一个关系 R 来表示，其中

$$S = \{A,B,C,D,E,F,G\}$$
$$R = \{<A,D>,<A,G>,<D,B>,<D,C>,<G,E>,<G,F>\}$$

如图 1.4 所示。

按照数据元素之间存在的逻辑关系的不同数学特性，通常有下列 4 类数据结构：

（1）**线性结构**：指的是数据元素之间存在着"一对一"的线性关系的数据结构；

（2）**树形结构**：指的是数据元素之间存在着"一对多"的树形关系的数据结构；

（3）**图状或网状结构**：指的是数据元素之间存在着"多对多"的网络关系的数据结构；

（4）**纯集合结构**：指的是在数据元素之间除了"同属一个集合"之外，别无其他关系。

上述结构的逻辑关系图分别如图 1.5(a),(b),(c)和(d)所示。

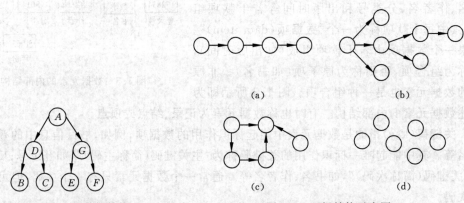

图 1.4　7 人小组的数据结构　　　　图 1.5　逻辑结构示意图

为了用计算机管理上述小组的人事关系，需要将这个数据结构存入计算机的存储器中，即考虑数据的存储结构。与逻辑结构相对应，存储结构包括数据元素的表示和关系的表示两个方面。

计算机的内存储器由顺序邻接的机器字组成。对 32 位机而言，一个机器字由 4 个字节

组成,每个字节由 8 个二进制位(0 或 1)组成。假设整数占一个机器字,字符占一个字节,书名和作者名均用汉语拼音表示,则如图 1.3 所示书目信息的数据元素可用 17 个顺序相接的机器字表示,并以第一个字的地址作为该数据元素的存储位置。表示关系有两种不同方法,相应得到两类存储结构:一种是利用数据元素在存储器中相对位置之间的某种特定关系来表示数据元素之间的逻辑关系,称为顺序存储结构;另一种是用附加的"指针"表示数据元素之间的逻辑关系,称为链式存储结构。

在不同的编程环境中,存储结构可有不同的描述方法,当用高级程序设计语言进行编程时,通常可用高级编程语言中提供的数据类型加以描述。例如,在用 C 语言编程时,上述书目信息数据元素可定义为:

```
typedef struct {
    int y;                    // 年份 Year
    int m;                    // 月份 Month
}dateType;                    // 日期类型
typedef struct {
    char id[8];               // 登录号
    char name[32];            // 书名
    char author[16];          // 作者
    char category[4];         // 分类号
    datetype pdate;           // 出版时间
}bookType;                    // 书目类型
```

元素之间的关系则借用"数组"和"指针"加以描述。

1.2.3 数据类型和抽象数据类型

与数据结构密切相关的是定义在数据结构之上的一组操作,操作的种类和数目不同,即使逻辑结构相同,这个数据结构能起的作用也不同。一个数据结构加上定义在这个数据结构上的一组操作,即构成一个**抽象数据类型**的定义。抽象数据类型的概念其实质和程序设计语言中的数据类型概念相同。

在用程序设计语言编写的程序中,必须对程序中出现的每个变量、常量或表达式明确说明它们所属的数据类型。类型明显或隐含地规定了在程序执行期间,变量或表达式所有可能取值的范围,以及在这些值上允许进行的操作。即**数据类型**是一个值的**集合**和定义在此集合上的**一组操作**的总称。例如,C 语言中的整型变量,其值集为某个区间上的整数(区间大小依赖于不同的机器和软件系统),定义在其上的操作为加、减、乘、除和取模等算术运算。

各种高级程序设计语言中都拥有的"整数"类型即为一个抽象数据类型,尽管它们在不同处理器上实现的方法可以不同,但由于它们的数学特性相同,在用户看来都是相同的。因此"抽象"的意义在于强调数据类型的数学特性。

另一方面,抽象数据类型的范畴更广,它不再局限于现有程序设计语言已实现的数据类型(通常称为固有数据类型),还包括用户在设计软件系统时自己定义的数据类型。为了提高软件的复用率,在近代程序设计方法学中指出,一个软件系统的框架应建立在数据之上,而不是建立在操作之上(后者是传统的软件设计方法所为)。即在构成软件系统的每个相对独立的模块中,定义一组数据和施与这些数据之上的一组操作,并在模块内部给出它们的表示和实现细节,在模块外部使用的只是抽象的数据和抽象的操作。显然,所定义的数据类型的抽象层次越高,含有该抽象数据类型的软件模块的复用程度也就越高。详见第10章的阐述。

1.3 算法及其描述和分析

1.3.1 算法

算法是对问题求解过程的一种描述,是为解决一个或一类问题给出的一个确定的、有限长的**操作序列**。严格说来,一个算法必须满足以下 5 个重要**特性**:

(1) **有穷性**:对于任意一组合法的输入值,在执行**有穷步骤**之后一定能结束,即算法中的操作步骤为有限个,且每个步骤都能在**有限时间**内完成。

(2) **确定性**:对于**每种情况**下所应执行的操作,在算法中都有**确切**的规定,使算法的执行者或阅读者都能明确其含义及如何执行。**并且在任何条件下,算法都只有一条执行路径**。

(3) **可行性**:算法中的所有操作都必须足够基本,都可以通过已经实现的基本操作运算有限次实现。

(4) **有输入**:作为算法加工对象的量值,通常体现为算法中的一组变量。有些输入量需要在算法执行过程中输入,而有的算法表面上可以没有输入,实际上输入已被嵌入算法之中。

(5) **有输出**:它是一组与“输入”有确定关系的量值,是算法进行信息加工后得到的结果,这种确定关系即为算法的功能。

1.3.2 算法的描述

在不同层次上讨论的算法有不同的描述方法。本书在高级程序设计语言的基础上讨论算法。同时为了使算法的描述和讨论简明清晰,容易被人理解,采用类 C 语言。它既不拘泥于某个具体的 C 语言,又能容易转换成可以上机调试的 C 程序或 C++ 程序。

本书采用的类 C 语言精选了 MS Visual C++ 编程语言的一个核心子集,利用了 C++ 对 C 的部分扩展功能。同时为增加算法的可读性,对语句规则也做了若干扩充修改,增强了语言的描述功能。以下对其作简要说明。

(1) 预定义常量和类型

常量说明采用 C++ 语言的规范。

```
// 函数结果主要状态代码
    const TRUE=1;
    const FALSE=0;
    const OK=1;
    const ERROR=0;
    const INFEASIBLE -1;
    const OVERFLOW -2;
```

```
// status 是函数的返回值类型,其值是函数结果状态代码
   typedef int status;
// 布尔型类型
   enum bool { TRUE, FALSE }
```

(2) 数据结构的表示(存储结构)都用类型定义(**typedef**)的方式描述。基本数据元素类型约定为 ElemType,由用户在使用该数据类型时再自行具体定义。

(3) 基本操作的算法都用以下形式的函数描述:

```
函数类型 函数名(函数参数表)
{
    // 算法说明
       语句序列
}    // 函数名
```

除了函数的参数需要说明类型外,算法中使用的辅助变量可以不作变量说明,必要时对其作用给予注释。一般而言,a、b、c、d、e 等用作数据元素名,i、j、k、l、m、n 等用作整型变量名,p、q、r 等用作指针变量名。每个操作函数一般均返回一个状态码,向调用程序报告结果状态。当函数返回值为函数结果状态代码时,函数定义为 **status** 类型。

为了便于算法描述,在函数参数表中除了值调用方式外,增添了 C++ 语言的引用调用的参数传递方式。在形参表中,以 & 开头的参数即为引用参数。引用参数能被函数本身更新参数值,可以此作为输出数据的管道。参数表中的某个参数允许预先用表达式的形式赋值,作为默认值使用,以简化参数表。例如:

函数类型 函数名(类型 1　参数 1,类型 2　参数 2=算术表达式)

在调用时可以是

函数名(实参数 1);　　　　　　// 实参数 2 使用默认值

或

函数名(实参数 1,实参数 2);　　// 实参数 2 不使用默认值,另外定义

(4) 内存的动态分配与释放

使用 **new** 和 **delete** 动态分配和释放内存空间。

分配空间　　　指针变量＝**new** 数据类型;

释放空间　　　**delete** 指针变量;

(5) 赋值语句有

简单赋值　　　变量名＝表达式;

串联赋值　　　变量名 1＝变量名 2＝…＝变量名 k＝表达式;

成组赋值　　　(变量名 1,变量名 2,…,变量名 k)＝(表达式 1,表达式 2,…,
　　　　　　　表达式 k);

　　　　　　　结构名 ＝ 结构名;

　　　　　　　结构名 ＝ {值 1,值 2,…,值 k};

变量名［ ］ ＝ 表达式；

变量名［起始下标..终止下标］ ＝ 变量名［起始下标..终止下标］；

条件赋值　　变量名＝条件表达式 **?** 表达式 T：表达式 F；

（6）选择语句有

条件语句 1　　**if**(条件表达式) 语句；

条件语句 2　　**if**(条件表达式) 语句；

　　　　　　 else 语句；

开关语句 1　　**switch**(表达式) {

　　　　　　 case 值 1：语句 1；**break**；

　　　　　　　　　 ⋮

　　　　　　 case 值 *n*：语句 *n*；**break**；

　　　　　　 default：语句 *n*＋1；

　　　　　　 }

开关语句 2　　**switch** {

　　　　　　 case 条件 1：语句 1；**break**；

　　　　　　　　　 ⋮

　　　　　　 case 条件 *n*：语句 *n*；**break**；

　　　　　　 default：语句 *n*＋1；

　　　　　　 }

（7）循环语句有

for 语句　　　　**for**(赋初值表达式序列；条件表达式；修改表达式序列)语句；

while 语句　　　**while**(条件表达式)语句；

do-while 语句　**do** {

　　　　　　　　语句序列；

　　　　　　　 }**while**（条件表达式）；

（8）结束语句有

函数结束语句　**return** 表达式；

　　　　　　　return；

case 结束语句　**break**；

（9）输入和输出语句使用流式输入输出的形式

输入语句　**cin** ≫变量 1≫ … ≫变量 *n*；

输出语句　**cout** ≪表达式 1≪ … ≪表达式 *n*；

（10）注释

单行注释　// 文字序列

（11）基本函数有

求最大值　　　　**max**（表达式 1,…,表达式 *n*）

求最小值　　　　**min**（表达式 1,…,表达式 *n*）

求绝对值　　　　**abs**（表达式）

退出程序　　　　　　**exit**（表达式）

（12）逻辑运算约定

与运算 && ：　对于 A && B，当 A 的值为 0 时，不再对 B 求值。

或运算 ‖ ：　　对于 A ‖ B，当 A 的值为非 0 时，不再对 B 求值。

1.3.3　算法效率的衡量方法和准则

算法的效率指的是算法的执行时间随问题规模的增长而增长的趋势。假如随着问题规模 n 的增长，算法执行时间的增长率和 $f(n)$ 的增长率相同，则可记做

$$T(n) = O(f(n)) \tag{1-1}$$

称 $T(n)$ 为算法的（渐近）时间复杂度。

如何估算算法的时间复杂度？

任何一个算法都是由一个控制结构和若干原操作组成的。所谓"原操作"在此指的是高级程序设计语言中允许的数据类型（称为固有数据类型）的操作，则

$$算法的执行时间 = \sum_i 原操作(i)的执行次数 \times 原操作(i)的执行时间$$

因为原操作的执行时间相对问题规模而言是个常量，则**算法的执行时间与原操作执行次数之和成正比**。同时由于估算算法时间复杂度关心的只是算法执行时间的增长率而非绝对时间，因此可以忽略一些次要因素。从算法中选取一种对于所研究的问题来说是**基本操作**的原操作，以该基本操作在算法中重复执行的次数作为算法时间复杂度的依据。这种衡量效率的办法所得出的不是时间量，而是一种增长趋势的量度。它与软硬件环境无关，只暴露算法本身执行效率的优劣。

例 1.4　两个 $n \times n$ 的矩阵相乘的算法如算法 1.1 所示，其中矩阵的"阶" n 称为问题的规模。算法的控制结构是三重循环，基本操作为"乘法"操作，因为乘法的执行次数为 n^3，则称算法 1.1 的时间复杂度为 $O(n^3)$。

算法 1.1

```
void Mult_matrix(int c[][], int a[][], int b[][],int n)
{
  // a、b和c均为n阶方阵,且c是a和b的乘积
    for(i=1; i<=n; ++i)
     for(j=1; j<=n; ++j) {
      c[i,j]=0;
      for(k=1; k<=n; ++k)
        c[i,j] +=a[i,k] × b[k,j];
    }
}//Mult_matrix
```

例 1.5　算法 1.2 为对一维数组 a 中的整数序列进行选择排序。即首先在 n 个整数中选出一个最小值和 a[0]互换，然后从 a[1]至 a[$n-1$]中选出最小值和 a[1]互换……，以此类推，直至只剩一个整数 a[$n-1$]为止。此算法中问题的规模为 n，即整数序列的长度。算法的控制结构为两重循环，基本操作（两个整数之间进行的）"比较"的执行次数为 n^2。因此

算法 1.2 的时间复杂度为 $O(n^2)$。

算法 1.2

```
void select_sort(int a[], int n) {
  // 将 a 中整数序列重新排列成自小至大有序的整数序列
  for(i=0; i<n-1; ++i) {
    j=i;
    for(k=i+1; k<n; ++k)
      if(a[k]<a[j]) j=k;
    if (j!=i) { w=a[j]; a[j]=a[i]; a[i]=w; }
  }
} // select_sort
```

以上两个例子中的算法的时间复杂度都和输入数据无关。但在有的情况下,算法的时间复杂度和输入的数据有关。

例 1.6 利用起泡排序策略对整数数列 a[] 进行排序的算法如算法 1.3 所示。"起泡"策略的思想是,从 a[0] 起依次比较相邻两个数 $a[j]$ 和 $a[j+1]$($j=0,1,\cdots,n-2$),若前一个整数比后一个"大",则相互"交换",如此从前往后检查一遍,必然将其中值最大的整数交换到 a[n-1] 的位置上。之后对 $a[0..n-2]$ 进行同样操作,直至需检查的区间减少到一个整数为止,但如果从前往后都是前一个"小",后一个"大",都不需要进行"交换",则说明该整数序列已经有序,不再需要继续往下进行排序。所以算法 1.3 中外循环的结束条件有两个,由此算法 1.3 的时间复杂度就和待排序的数列的初始状态有关。容易看出,算法 1.3 中的基本操作是内循环中的"比较"操作,每进行一次内循环,需要进行 i 次比较($i=n-1,n-2,\cdots$),而外循环的次数可能为 1 或 2 或……或 $n-1$。因此若待排序的整数数列从小到大有序,则算法 1.3 的时间复杂度为 $O(n)$;若待排序的整数数列从大到小呈逆序,则算法1.3 的时间复杂度为 $O(n^2)$。以后遇到类似的情况时,若不特别指明的话,都以最坏情况下的时间复杂度作为算法的时间复杂度。

算法 1.3

```
void bubble_sort(int a[], int n)
{
  // 将 a 中整数序列重新排列成自小至大有序的整数序列
  for(i=n-1, change=TRUE; i>1 && change; --i) {
    change=FALSE;
    for(j=0; j<i; ++j)
      if(a[j]>a[j+1])
        { w=a[j]; a[j]=a[j+1]; a[j+1]=w; change=TRUE }
  }
} // bubble_sort
```

1.3.4 算法的存储空间需求

算法的存储量指的是算法执行过程中所需的最大存储空间。算法执行期间所需要的存储量应该包括以下三部分：①输入数据所占空间；②程序本身所占空间；③辅助变量所占空间。若输入数据所占空间只取决于问题本身，和算法无关，则在比较算法时可以不加考虑；程序代码本身所占空间对不同算法一般来说也不会有数量级的差别，因此只需要分析除输入和程序之外的额外空间。类似于算法的时间复杂度，通常以算法的**空间复杂度**作为算法所需存储空间的量度。定义算法空间复杂度为

$$S(n) = O(g(n)) \tag{1-2}$$

表示随着问题规模 n 的增大，算法运行所需存储量的增长率与 $g(n)$ 的增长率相同。

例如算法 1.1、算法 1.2 和算法 1.3 的空间复杂度均为 $O(1)$，因为这 3 个算法所需辅助空间都只是若干简单变量，和问题规模无关。这类所需额外空间相对于输入数据量来说是常数的算法，称为是"原地工作"的算法。

和算法时间复杂度的考虑类似，若算法所需存储量依赖于特定的输入，则通常按最坏情况考虑。

解题指导与示例

一、单项选择题

1. 算法的渐近时间复杂度是指（   ）。
A. 算法程序执行的绝对时间
B. 随着问题规模的增大，算法执行时间的增长趋势
C. 算法最深层循环语句中原操作重复执行的次数
D. 算法中执行语句的总条数

答案：B

解答注释：算法的渐近时间复杂度，仅是对算法执行时间随问题规模增长而增长的趋势的一种量度，它不具有时间单位的量纲，因此选项 A、C 及 D 都是错误的。

2. 下列程序段的时间复杂度为（   ）。

```
s=0;
for( i=1; i<n; i++)
    for(j=1; j<i; j++)
        s+=i*j;
```

A. $O(1)$ B. $O(\log n)$ C. $O(n)$ D. $O(n^2)$

答案：D

解答注释：此段程序的内重循环控制条件的上界 i 不是简单的问题规模参量，而是与外重循环的变量有关。凡遇此种情况，为稳妥起见，可先通过求和公式计算循环体内语句的执行次数，从而求得时间复杂度。此题最内层语句的循环次数为

$$\sum_{i=1}^{n-1}\sum_{j=1}^{i-1}1 = \sum_{i=1}^{n-1}(i-1) = \frac{(n-1)(n-2)}{2}$$

取其最高幂次项，由此得该程序段的时间复杂度为 $O(n^2)$。

二、填空题

3. 依照数据元素之间存在的逻辑关系的不同数学特性,有下列 4 类逻辑结构:
_____、_____、_____及_____;在计算机内采用不同方法表示这些逻辑关系,由此得到的两种基本存储结构分别为_____与_____。

答案:第一空填:线性结构、树形结构、图状或网状结构、纯集合结构

第二空填:顺序存储结构、链式存储结构

4. 抽象数据类型与数据结构的定义区别在于_____。

答案:还包括与数据结构相关的一组操作

解答注释:严格地说,数据结构可用二元组(D,S)描述,其中 D 表示数据元素,S 表示元素之间的关系;抽象数据类型则是用三元组(D,S,P)来描述,即抽象数据类型还包括与数据结构相关的一组操作 P。

5. 下列程序段的时间复杂度为_____。

```
i=1;
while( i<=n )
    i=i*3;
```

答案:$O(\log n)$

解答注释:类似于题 2,此程序段的循环控制变量 i 在循环体内不是按通常的累进"加 1"方式变化,而是以指数规律递增的。假设循环执行次数是 k,则 $i=3^{k-1}$。依据循环控制条件,有 $3^{k-1} \leqslant n$,解之得到 $k \leqslant \log_3 n+1 = \log_2 n/\log_2 3+1$;所以时间复杂度是 $O(\log n)$。

6. 某算法的时间开销为 $T(n)=5n^3$,如果在某台计算机上的运行时间为 t 秒,则在另一台运行速度是其 8 倍的计算机上,用同样的时间能完成的问题规模是原问题的_____倍。

答案:2

解答注释:假设能完成的问题规模是原问题的 k 倍,即 kn。因两次的运行时间相当,则有

$$5n^3 = (5(kn)^3)/8$$

解之,$k=2$。所以能完成的问题规模是原来的 2 倍。

三、算法设计题

7. 对于一维数组 $A[0..n-1]$ $(n>1)$,设计在时间和空间方面尽可能有效率的算法,将 A 中的序列循环左移 $p(0<p<n)$ 个位置,即将 A 中的数据从 $(A_0, A_1, \cdots, A_{n-1})$ 转变成 $(A_p, A_{p+1}, \cdots, A_{n-1}, A_0, A_1, \cdots, A_{p-1})$,并分析所设计算法的时间复杂度和空间复杂度。

答案:从简到繁,按 4 种思路构思算法,并逐一分析时间和空间方面的效率。

参考答案 1

```
// 左移 1 位的操作函数
void leftShiftOperation(element *b, int m) {
    element temp;                // 缓存元素的临时单元
```

```
    temp=b[0];                      // 把 b[0]缓存到临时单元
    for( i=1; i<m; i++)             // 将 b[1..m-1]的元素依次左移 1 位
        b[i-1]=b[i];
    b[m-1]=temp;                    // 把缓存在临时单元 temp 的 b[0]回存到 b[m-1]
}
// p 次调用 leftShiftOperation 函数,实现数组 a 中的元素左移 p 位
void leftShift1 (element *a, int n, int p) {
    for ( k=1; k<=p; k++)
        leftShiftOperation(a, n);
}
```

解答注释:本答案的思路是,每一次将数组中的序列循环左移 1 个位置,显然此函数的时间复杂度为 $O(n)$。然后 p 次调用该函数实现循环左移 p 位。因此,算法的时间复杂度为 $O(p*n)$。由于仅需用一个临时的辅助单元 temp,则空间复杂度为 $O(1)$。

参考答案 2

```
void leftShift2 (element *a, int n, int p) {
    element *b=new element[p];      // 开辟 p 个空间的数组作为临时单元
    for( i=0; i<p; p++)             // 将 a[0..p-1]缓存到临时单元
        b[i]=a[i];
    for( i=p; i<n; i++)             // 将 a[p..n-1]中的元素依次左移 p 位
        a[i-p]=a[i];
    for( i=0; i<p; p++)             // 把缓存在临时单元的元素挪回 a[n-p..n-1]
        a[n-p+i]=b[i];
}
```

解答注释:本答案的思路是,首先将 A 的前 p 个元素(A_0,A_1,…,A_{p-1})暂时缓存到一个辅助空间,以便将 A 中余下的 $n-p$ 个元素一次性左移 p 个位置,然后将辅助空间缓存的那 p 个元素再复制到 A 的尾部,最终实现题目的要求。显然,算法的空间复杂度为 $O(p)$,而时间复杂度则为 $O(p)+O(n-p)+O(p)=O(n)$。

参考答案 3

```
void leftShift3(element *a, int n, int p) {
    int i, j, k, m, d;
    element temp;
    g=gcd(p, n);                    // 求取位移量 p 与序列元素个数 n 两者间的最大公约数 g
    M=n/g;                          // M 为每一趟挪动元素的个数
    for( i=0; i<g; i++) {           // i 记录进行分组调换元素的趟数,与 g 相关,即 i=0,1,…,g-1
        temp=a[i];                  // 把每趟调换的首元素缓存到临时变量 temp
        for( j=i, m=1; m<M; m++) {
                                    // m 为挪动元素的间隔倍数,j 为被挪动元素的最终位置下标
            k=(m*p+i)%n;            // k 是本趟以步长 p 相邻的下一个待调动元素的位置
            a[j]=a[k];             // 当 k 没返回到本趟的初始元素位置时,按步长间距调动元素
            j=k;                    // 记载元素调动之前的位置
        }
```

```
        a[j]=temp;                    // 将缓存在 temp 中的本趟初始元素复制入位
    } // for
}
```

解答注释：本答案的思路是，尽可能减少元素的重复挪动，设法实现元素移动一次性地"最终定位"；同时在空间效率方面，避免大段复制数据元素序列，降低缓存元素所需的辅助空间使用量。

具体的算法思想可通过数据实例模型来解释。假设 $p=3$，$n=12$，先将 A_0 缓存到临时空间 temp，然后将 A_p 挪到 A_0 中，A_{2p} 挪到 A_p 中，A_{3p} 挪到 A_{2p} 中……以此类推（将所有下标对 n 取模）。当操作又轮回到从 A_0 出发的位置，结束操作（最后一次的挪动是用临时变量 temp 的内容填充到前次挪动腾出的空间），这一过程姑且算作"一趟"。下一趟则从 A_1 开始，再下一趟从 A_2 开始，共用 3 趟完成循环左移 3 位的要求，如图 1.6 所示（步长间隔为位移量 $p=3$）。

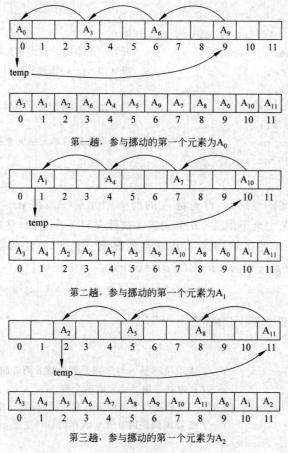

图 1.6　参考答案 3 的数据实例模型

按图 1.6 给出的示例，$p=3$，共需 3 趟完成了整个序列的循环左移 3 位。但在有些情况下，所需用的趟数要小于 p。例如 $p=6$，$n=10$，仍按上述思想，以间隔 6 向左调动元素（对 10 取模），只需 2 趟即可，具体如图 1.7 所示。

• 14 •

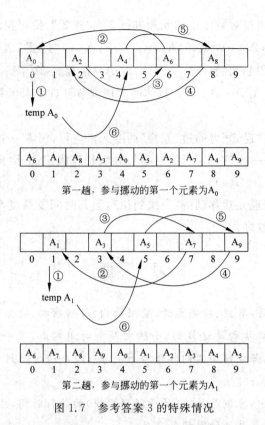

图 1.7　参考答案 3 的特殊情况

实际上,所需"趟数"是由位移量 p 和元素序列长度 n 之间的最大公约数来决定的,即挪动的趟数应由函数 gcd(p, n) 得到(具体说明见后面的扩展讨论)。

参考答案 3 的算法虽然含有两重循环,但由于内循环的步长是跳跃式进行的,因此,每个元素实际上仅执行一次挪动的"基本操作",就实现了移动的最终定位,所以算法的时间复杂度为 $O(n)$。同时由于只用了一个元素的辅助空间 temp,因此空间复杂度亦为常数量级的 $O(1)$。可见按第三方案编写的算法,在时间和空间效率方面都是最好的。

扩展讨论:挪动的趟数与算法有内在的关系,从第一趟看,语句 k=(m * p+i)％n;可简单化为 k=(m * p)％n;。如果能返回到出发点 0 下标,那一定可找到一个大于 1 且尽量小的 M,可使 $M * p$ 等于 n 的倍数,不妨设 $M * p = d * n$。

假若 p 与 n 的最大公约数由函数 $g = \mathrm{gcd}(p, n)$ 表示,可设 $n = g * a, p = g * b$(a 与 b 互为质数)。M 是满足条件的尽量小的整数,a 与 b 又互质,则 $M = d * n/p = d(g * a)/g * b = d * a/b$,那么只有 $d = b$,也即 $M = a$。

由内循环 $m = 1, 2, \cdots, M$ 可知,M 也意味着每趟挪动元素的个数,那么趟数可由 n/M 得出,于是 $n/M = g * a/a = g$,即为 p 与 n 的最大公约数 gcd(p, n)。

参考答案 4

解答注释:仔细观察题目要求达到的最终目标($A_p, A_{p+1}, \cdots, A_{n-1}, A_0, A_1, \cdots, A_{p-1}$),若以 A_{n-1} 与 A_0 为分割界限,分别对数组中这两部分的元素进行"逆置",则得到($A_{n-1}, \cdots, A_{p+1}, A_p, A_{p-1}, \cdots, A_1, A_0$)。显而易见,它与数组的初始状态恰为"互逆"。现在反过来思

考这个问题,可见只需通过对数组中的元素进行 3 次"逆置",便可实现最终的整体循环左移 p 位。即先将数组 $(A_0, A_1, \cdots, A_{p-1}, A_p, A_{p+1}, \cdots, A_{n-1})$"逆置"成 $(A_{n-1}, A_{n-2}, \cdots, A_{p+1}, A_p, A_{p-1}, \cdots, A_1, A_0)$,然后再将 $(A_{n-1}, \cdots, A_{p+1}, A_p)$ 逆置成 $(A_p, A_{p+1}, \cdots, A_{n-1})$,将 $(A_{p-1}, \cdots, A_1, A_0)$ 逆置成 $(A_0, A_1, \cdots, A_{p-1})$。具体的实现细节可直接参考第 2 章 2.2.3 节的算法 2.11 与算法 2.12。

由于实现数组元素"逆置"可通过"互换"两端元素进行,仅需一个元素的辅助空间,因此空间复杂度为 $O(1)$,每一次"逆置"所需时间与数组长度成正比,因此算法的时间复杂度为 $O(n) + O(n-p) + O(p) = O(n)$。

虽然此算法不能实现元素移动的"一次到位",但其时间复杂度与空间复杂度与参考答案 3 相同,并且可读性较好。

习　题

1.1　简述下列术语:数据、数据元素、数据结构、存储结构、数据类型和抽象数据类型。

1.2　某小队的组织结构是这样的:小队由两个大组构成,每个大组由两个小组构成。每个小组有两名成员。若令该小队的集合为 $S = \{p_1, p_2, \cdots, p_8\}$,列出 S 集合上的"同小组"关系 r_1 和"同大组"关系 r_2。

1.3　在下面两列中,左侧是算法(关于问题规模)的执行时间,右侧是一些时间复杂度。请用连线的方式表示每个算法的时间复杂度。

$100n^3$	(1)		(a)		$O(1)$
$6n^2 - 12n + 1$	(2)		(b)		$O(2^n)$
1024	(3)		(c)		$O(n)$
$n + 2\log_2 n$	(4)		(d)		$O(n^2)$
$n(n+1)(n+2)/6$	(5)		(e)		$O(\log_2 n)$
$2^{n+1} + 100n$	(6)		(f)		$O(n^3)$

1.4　确定下列算法中输出语句的执行次数,并给出算法的时间复杂度。

(1) 求 1 至 n 中 3 个数的所有组合。

```
void combi(int n)
{
  int i,j,k;
  for(i=1; i<=n; i++)
    for(j=i+1; j<=n; j++)
      for(k=j+1; k<=n; k++)
        cout << i,j,k;
}
```

(2) 求一个正整数的二分序列。

```
void binary(int n)
{
  while(n) {
    cout << n;
    n=n/2;
  }
}
```

1.5 试编写算法，求一元多项式 $P_n(x) = \sum_{i=0}^{n} a_i x^i$ 的值 $P_n(x_0)$，并确定算法中每一语句的执行次数和整个算法的时间复杂度。注意选择你认为较好的输入和输出方法。本题的输入为 $a_i(i=0,1,\cdots,n)$，x_0 和 n，输出为 $P_n(x_0)$。

第2章 线 性 表

线性表(linear list)是最简单、也是最基本的一种线性数据结构。它有两种存储表示方法：顺序表和链表，它的主要基本操作是插入、删除和查找等。

2.1 线性表的类型定义

2.1.1 线性表的定义

在日常生活中，线性表的例子比比皆是。例如：一副扑克牌中同一种花色的13张牌排列起来可以看成是一个线性表

$$(A,2,3,4,5,6,7,8,9,10,J,Q,K)$$

其中每一张牌是一个数据元素。又如：人民币面值的种类归结起来也是一个线性表(1分，2分，5分，1角，2角，5角，1元，2元，5元，10元，50元，100元)，其中每一种面值是一个数据元素。再如一本书也可以看成是一个线性表，其中每一页书便是该线性表中的一个数据元素。稍复杂的线性表中的数据元素可以由多个数据项构成，如在学生的学籍档案线性表中，每个学生的档案是一个数据元素，它由学号、姓名和各项成绩组成，如表2.1所示。

表 2.1　学生的学籍档案表

学 号	姓 名	入学总分	数学分析	程序设计	离散数学	…
981201	王国强	435	88	65	82	…
981202	赵济实	429	85	90	78	…
981203	刘 晔	512	97	88	95	…
981204	叶桑林	488	93	91	85	…
⋮	⋮	⋮	⋮	⋮	⋮	⋮
981350	田华明	501	89	95	87	…

综合上述例子，可如下定义线性表：

线性表(linear list)是 $n(n \geqslant 0)$ 个数据元素的有限序列，表中各个数据元素具有相同特性，即属同一数据对象，表中相邻的数据元素之间存在"序偶"关系。通常将线性表记做

$$(a_1, a_2, \cdots, a_{i-1}, a_i, a_{i+1}, \cdots, a_{n-1}, a_n) \tag{2-1}$$

则表中 a_{i-1} 领先于 a_i，a_i 领先于 a_{i+1}，称 a_{i-1} 是 a_i 的直接前驱元素，a_{i+1} 是 a_i 的直接后继元素。当 $i=1,2,\cdots,n-1$ 时，a_i 有且仅有一个直接后继。当 $i=2,3,\cdots,n$ 时，a_i 有且仅有一个直接前驱。

线性表中元素的个数 $n(n \geqslant 0)$ 定义为线性表的长度，$n=0$ 的线性表称为空表。在非空

线性表中的每个数据元素都有一个确定的位置,如 a_1 是第一个数据元素,a_n 是最后一个数据元素,a_i 是第 i 个数据元素,称 i 为数据元素 a_i 在线性表中的位序。

2.1.2 线性表的基本操作

在应用程序中经常会用到线性表,每一个具体的应用所涉及的线性表的操作不尽相同。综合各种情况,对线性表经常进行的基本操作有:

InitList($\&$L)

操作结果:构造一个空的线性表 L。

DestroyList($\&$L)

初始条件:线性表 L 已存在。

操作结果:销毁线性表 L。

ClearList($\&$L)

初始条件:线性表 L 已存在。

操作结果:将 L 重置为空表。

ListEmpty(L)

初始条件:线性表 L 已存在。

操作结果:若 L 为空表,则返回 TRUE;否则 FALSE。

ListLength(L)

初始条件:线性表 L 已存在。

操作结果:返回 L 中元素个数,即线性表 L 的长度。

GetElem(L, i, $\&$e)

初始条件:线性表 L 已存在,且 $1 \leqslant i \leqslant$ ListLength(L)。

操作结果:用 e 返回 L 中第 i 个元素的值。

LocateElem(L, e)

初始条件:线性表 L 已存在。

操作结果:返回 L 中第 1 个其值与 e 相等的元素的位序。若这样的元素不存在,则返回值为 0。

PriorElem(L, cur_e, $\&$pre_e)

初始条件:线性表 L 已存在。

操作结果:若 cur_e 是 L 的元素,但不是第一个,则用 pre_e 返回它的前驱;否则操作失败,pre_e 无定义。

NextElem(L, cur_e, $\&$next_e)

初始条件:线性表 L 已存在。

操作结果:若 cur_e 是 L 的元素,但不是最后一个,则用 next_e 返回它的后继;否则操作失败,next_e 无定义。

ListInsert($\&$L, i, e)

初始条件:线性表 L 已存在,$1 \leqslant i \leqslant$ LengthList(L)$+1$。

操作结果:在 L 的第 i 个元素之前插入新的元素 e,L 的长度增1。

ListDelete(&L, i, &e)

  初始条件:线性表 L 已存在且非空,$1 \leqslant i \leqslant \text{LengthList}(L)$。

  操作结果:删除 L 的第 i 个元素,并用 e 返回其值,L 的长度减 1。

ListTraverse(L)

  初始条件:线性表 L 已存在。

  操作结果:依次输出 L 中的每个数据元素。

上述各个操作的定义仅对抽象的线性表而言,定义中尚未涉及线性表的存储结构以及实现这些操作所用的编程语言。但利用这些操作可以完成例如研究算法、求解算法及分析算法等重要工作。在这一层次研究问题可以避开技术细节,面向应用,深入讨论问题。举例如下。

例 2.1 假设利用两个线性表 La 和 Lb 分别表示两个集合 A 和 B(线性表中的数据元素即为集合中的成员),求一个新的集合 $A = A \cup B$。

这个问题相当于对线性表作如下操作:扩大线性表 La,将存在于线性表 Lb 中而不存在于线性表 La 中的数据元素插入到线性表 La 中去。

具体的操作步骤为:(1)从线性表 Lb 中取得一个数据元素;(2)依该数据元素的值在线性表 La 中进行查访;(3)若线性表 La 中不存在和其值相同的数据元素,则将从 Lb 中删除的这个数据元素插入到线性表 La 中;重复以上操作直至 Lb 为空表止。下面用以上定义的线性表的基本操作描述这个算法。

算法 2.1

```
void union(List &La, List &Lb)
{
  // 将线性表 Lb 中所有在 La 中不存在的数据元素插入到 La 中,
  // 算法执行结束后,线性表 Lb 不再存在
  La_len=ListLength(La);          // 求线性表 La 的长度
  while(!ListEmpty(Lb)) {         // Lb 表的元素尚未处理完
    ListDelete(Lb, 1, e);        // 从 Lb 中删除第一个数据元素赋给 e
    if(!LocateElem(La, e)) ListInsert(La, ++La_len①, e);
                                  // 若 La 中不存在值和 e 相等的数据元素,
                                  // 则将它插入在 La 中最后一个数据元素之后
  } // while
  DestroyList(Lb);               // 销毁线性表 Lb
} // union
```

例 2.2 已知一个非纯集合 B(即集合 B 中可能有相同元素),试构造一个纯集合 A,使 A 中只包含 B 中所有值各不相同的成员。

假设仍以线性表表示集合,则此问题和例 2.1 类似,即构造线性表 La,使其只包含线性表 Lb 中所有值不相同的数据元素。所不同之处是,操作施行之前,线性表 La 不存在,则操

---

① ++La_len 表示参数 La_len 的值先增 1,然后再传递给函数。若数学符号++在参量名之后,则表示先将参数传递给函数,然后参数的值再增 1。以后均雷同。

作的第一步首先应该构造一个空的线性表,之后的操作步骤和例 2.1 相同。

具体描述为:(1)构造一个空的线性表 La;(2)从线性表 Lb 中取得一个数据元素;(3)依该数据元素的值在线性表 La 中进行查访;(4)若线性表 La 中不存在和其值相同的数据元素,则将从 Lb 中删除的这个数据元素插入到线性表 La 中;重复(2)至(4)的操作直至 Lb 为空表止。

算法 2.2

```
void purge(List &La, List &Lb)
{
    // 构造线性表 La,使其只包含 Lb 中所有值不相同的数据元素,
    // 操作完成后,线性表 Lb 不再存在
    InitList(La); La_len=0;          // 创建一个空的线性表 La
    while (!ListEmpty(Lb)) {          // Lb 表的元素尚未处理完
        ListDelete(Lb, 1, e);        // 从 Lb 中删除第一个数据元素赋给 e
        if (!LocateElem(La, e)) ListInsert(La, ++La_len, e);
                                     // 若 La 中不存在值和 e 相等的数据元素,则插入之
    } // while
    DestroyList(Lb);                 // 销毁线性表 Lb
} // purge
```

例 2.3 判别两个集合 A 和 B 是否相等。

两个集合相等,指的是这两个集合中包含的成员相同。当以线性表表示集合时,则要求分别表示这两个集合的线性表 La 和 Lb 不仅长度相等,所含数据元素也必须一一对应。值得注意的是,两个"相同"的数据元素在各自的线性表中的"位序"不一定相同。因此,如果在一个线性表中找不到和另一个线性表的某个数据元素相同的数据元素,则立刻可以得出"两个集合不等"的结论;反之,只有当判别出"其中一个线性表只包含和另一个线性表相同的全体成员"时,才能得出"两个集合相等"的结论。为了便于判别,可以采用如下策略:先构造一个和线性表 La 相同的线性表 Lc,然后对 Lb 中每个数据元素,在 Lc 中进行查询,若存在,则从 Lc 中删除之,显然,当 Lb 中所有元素检查完毕时,"Lc 为空"是两个集合相等的标志。上述算法中构造的线性表 Lc 是一个辅助结构,它的引入是为了在程序执行过程中不破坏原始数据 La,因此在算法的最后应销毁 Lc 这个辅助结构。

算法 2.3

```
bool isequal(List La, List Lb)
{
    // 若线性表 La 和 Lb 不仅长度相等,且所含数据元素也相同,则返回 TRUE,
    // 否则返回 FALSE
    La_len=ListLength(La); Lb_len=ListLength(Lb);    // 求表长
    if(La_len !=Lb_len) return FALSE;
    else{
        InitList(Lc);                   // 构造空线性表 Lc
        for(k=1; k<=La_len; k++) {       // 生成线性表 La 的"复制品"Lc
            GetElem(La, k, e);
```

· 21 ·

```
        ListInsert(Lc, k, e);
    } //for
    found=TRUE;
    for(k=1; k<=Lb_len, found; k++) {
        GetElem(Lb, k, e);                   // 取 Lb 中第 k 个数据元素
        i=LocateElem(Lc, e);                 // 在 Lc 中进行查询
        if(i==0) found=FALSE;                // La 中不存在和该数据元素相同的元素
        else ListDelete(Lc, i, e);           // 从 Lc 中删除该数据元素
    } //for
    if(found && ListEmpty(Lc)) return TRUE;
    else return FALSE;
    DestroyList(Lc);
  } //else
} //isequal
```

2.2　线性表的顺序表示和实现

在实际应用程序中涉及的线性表的基本操作都需要针对线性表的具体存储结构加以实现。线性表可以有两种存储表示方法：顺序存储表示和链式存储表示。以下将分别就这两种表示方法讨论线性表基本操作的实现。

2.2.1　顺序表——线性表的顺序存储表示

在计算机中表示线性表的最简单的方法是用一组地址连续的存储单元依次存储线性表的数据元素。换句话说，将线性表中的数据元素一个挨着一个地存放在某个存储区域中。称线性表的这种存储方式为线性表的顺序存储表示。相应地，把采用这种存储结构的线性表称为顺序线性表，简称顺序表。

由于程序设计语言中的一维数组在内存中占据的也是一个地址连续的存储区域，因此可以用一维数组来描述顺序表中数据元素的存储区域。同时，由于线性表的长度可变，因此在顺序表的结构定义中，还需要设立一个表示线性表当前长度的域，并且因为线性表所需容量随问题不同而异，则还应该考虑数组容量可以进行动态扩充。

```
// —— 线性表的顺序存储表示 ——
const LIST_INIT_SIZE=100;           // 线性表(默认的)初始分配最大空间量
const LISTINCREMENT=10;             // (默认的)增补空间量

typedef struct {
    ElemType *elem;                 // 存储数据元素的一维数组
    int   length;                   // 线性表的当前长度
    int   listsize;                 // 当前分配的数组容量(以 ElemType 为单位)
    int   incrementsize;            // 约定的增补空间量(以 ElemType 为单位)
} SqList;
```

若设 SqList L；则 L 为如上定义的顺序表，表中含有 L. length 个数据元素，依次存储在 L. elem[0] 至 L. elem[L. length−1] 中，如图 2.1 所示。其中 L. elem[$i-1$] 的值即为线性表中第 i 个数据元素；该顺序表最多可容纳 L. listsize 个数据元素；ElemType 为线性表中数据元素所属类型。

L. elem

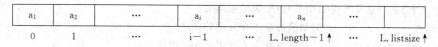

图 2.1　线性表的顺序存储示意图

2.2.2　顺序表中基本操作的实现

容易看出，当线性表以上述定义的顺序表表示时，某些操作很容易实现。例如求线性表的长度和取得线性表中第 i 个数据元素等，因为线性表的长度是顺序表的一个"属性"，又第 i 个数据元素即为数组中第 $i-1$ 个分量的值。因此，本节只讨论顺序表的其他几个主要操作的实现算法。

1. 初始化操作

即构造一个空的顺序表。首先要按需为其动态分配一个存储区域，然后设其当前长度为 0，如算法 2.4 所示。动态分配线性表的存储区域可以更有效地利用系统的资源，当不需要该线性表时可以使用销毁操作及时释放掉占用的存储空间。顺序表允许的最大容量 maxsize 和需要扩容时的增量 incresize 大小可由用户设定，也可以不设定而采用系统规定的"默认值"。

算法 2.4

```
void InitList_Sq(SqList &L, int maxsize=LIST_INIT_SIZE, int incresize=
                 LISTINCREMENT)
{
// 构造一个最大容量为 maxsize 的顺序表 L
L.elem=new ElemType[maxsize];
                            // 为顺序表分配一个最大容量为 maxsize 的数组空间
L.length=0;                 // 顺序表中当前所含元素个数为 0
L.listsize=maxsize;         // 该顺序表可以容纳 maxsize 个数据元素
L.incrementsize=incresize;  // 需要时可扩容 incresize 个元素空间
} // InitList_Sq
```

2. 查找元素操作

要在顺序表 L 中查找其值与给定值 e 相等的数据元素，最简单的方法是，从第一个元素起，依次和 e 相比较，直至找到一个其值与 e 相等的数据元素，则返回它在线性表中的"位序"；或者查遍整个顺序表都没有找到其值和 e 相等的元素后返回"0"。在描述查找过程的算法 2.5 中，设置了一个指示"位序"的整型变量 i 和指向顺序表中第 i 个元素存储位置的

"指针"p。

算法 2.5

```
int LocateElem_Sq (SqList L, Elem Type e)
{
    // 在顺序线性表 L 中查找第 1 个值与 e 相等的数据元素,
    // 若找到,则返回其在 L 中的位序,否则返回 0
    i=1;              // i 的初值为第 1 个元素的位序
    p=L.elem;         // p 的初值为第 1 个元素的存储位置
    while(i <=L.length && * p++!=e) ++i;    // 依次进行判定
    if(i <=L.length) return i;  // 找到满足判定的数据元素为第 i 个元素
    else return 0;              // 该线性表中不存在满足判定的数据元素
} // LocateElem_Sq
```

3. 插入元素操作

假设有一个顺序存储表示的线性表 L:

(5, 8, 12, 18, 25, 30, 37, 46, 51, 89)

需要在其第 4 个和第 5 个元素之间(即在第 5 个元素之前)插入一个数据元素 23。显然,要实现这个"插入",首先需要将存储在数组 L.Elem 中第 10 个分量至第 5 个分量中的数据元素"依次向后移动一个位置",然后将 23 插入到 L.elem[4] 中,如图 2.2 所示。

L.elem	0	1	2	3	4	5	6	7	8	9	10	
	5	8	12	18	25	30	37	46	51	89		

L.elem	0	1	2	3	4	5	6	7	8	9	10	
	5	8	12	18		25	30	37	46	51	89	

L.elem	0	1	2	3	4	5	6	7	8	9	10	
	5	8	12	18	23	25	30	37	46	51	89	

图 2.2 在顺序表中插入元素的过程

一般情况下,在顺序表 L 中第 i 个元素之前插入一个新的元素时,首先需将 L.elem[L.length−1] 至 L.elem[i−1] 依次向后移动一个位置。显然,此时顺序表的长度应该小于数组的最大容量;否则,在移动元素之前,必须先为顺序表"扩大数组容量"。顺序表插入的算法如算法 2.6 所示。

算法 2.6

```
void ListInsert_Sq(SqList &L, int i, ElemType e)
{
    // 在顺序线性表 L 的第 i 个元素之前插入新的元素 e,i 的合法值为
    // 1≤i≤L.length+1,若表中容量不足,则按该顺序表的预定义增量扩容
    if(i<1||i>L.length+1) ErrorMessage("i 值不合法");
```

```
    if(L.length>=L.listsize) increment(L);
        // 当前存储空间已满,为 L 增加分配 L.incrementsize 个元素空间
    q=&(L.elem[i-1]);        // q 为插入位置
    for(p=&(L.elem[L.length-1]);p>=q;--q) * (p+1)= * p;
                                // 插入位置及之后的元素右移
    * q=e;        // 插入 e
    ++L.length;            // 表长增 1
} // ListInsert_Sq
```

其中为顺序表追加空间的函数为:

```
void increment(SqList &L)
{
    // 为顺序表扩大 L.incrementsize 个元素空间
    ElemType a[];
    a=new ElemType[L.listsize+L.incrementsize];        // a 为临时过渡的辅助数组
    for(i=0; i<L.length; i++) a[i]=L.elem[i];        // 腾挪原空间数据
    delete[] L.elem;                // 释放数据元素所占原空间 L.elem
    L.elem=a;                    // 移交空间首地址
    L.listsize +=L.incrementsize; // 扩容后的顺序表最大空间
}
```

从算法中可见,一般情况下,当插入位置 i=L.length+1 时,**for** 循环的执行次数为 0,即不需要移动元素;反之,若 $i=1$,则需将表中全部(n 个)元素依次向后移动。然而,当顺序表中数据元素已占满空间时,不论插入位置在何处,为了扩大当前的数组容量,都必须移动全部数据元素,因此,从最坏的情况考虑,顺序表插入算法的时间复杂度为 $O(n)$,其中 n 为线性表的长度。容易看出,"扩容"的算法是很费时间的,特别是对当前表长较大的情况。因此在实际的应用程序中,应该尽量少用,也就是说,尽可能一次为顺序表分配足够使用的数组空间。

值得注意的是,一个完整的算法应该有针对各种异常情况的解决办法。如在算法 2.6 中,我们使用了一个自定义的错误处理函数 ErrorMessage。可使用这一函数用于处理异常情况,使算法正常转到用户操作界面的环境,而不至于转到操作系统的意外状态。函数 ErrorMessage 的具体实现如下所示,出错原因将以字符串 s 反映到用户操作界面:

```
#include<process.h>
#include<iostream.h>

void ErrorMessage(char *s)        //出错信息处理函数
{
    cout << s << endl;
    exit(1);
}
```

4. 删除元素操作

假设需要从顺序存储表示的线性表 L：

$$(5,8,12,18,25,30,37,46,51,89)$$

中删除数据元素 25。为了使删除之后的线性表仍然保持顺序表的特点（元素"30"应该紧挨着元素"18"），必须将数组 L. elem 中从元素"30"至元素"89"依次向前移动一个位置，如图 2.3 所示。

L. elem	0	1	2	3	4	5	6	7	8	9	10
	5	8	12	18	25	30	37	46	51	89	

L. elem	0	1	2	3	4	5	6	7	8	9	10
	5	8	12	18	30	37	46	51	89		

图 2.3　在顺序表中删除元素的过程

一般情况下，从顺序表 L 中删除第 i 个元素时，需将 L. elem$[i-1]$ 至 L. elem[L. length-1] 的元素依次向前移动一个位置。顺序表删除的算法如算法 2.7 所示。

算法 2.7

```
void ListDelete_Sq(SqList &L, int i, ElemType &e)
{
    // 在顺序线性表 L 中删除第 i 个元素,并用 e 返回其值
    // i 的合法值为 1≤i≤L.length
    if((i<1) || (i>L.length)) ERROR("i 值不合法");
    p=&(L.elem[i-1]);                   // p 为被删除元素的位置
    e= * p;                             // 被删除元素的值赋给 e
    q=L.elem+L.length-1;                // 表尾元素的位置
    for(++p; p<=q; ++p) *(p-1)= *p;     // 被删除元素之后的元素左移
    --L.length;                         // 表长减 1
} // ListDelete_Sq
```

和插入的情况相类似，当删除位置 $i=$ L. length 时，算法 2.7 中 for 循环的执行次数为 0，即不需要移动元素；反之，若 $i=1$，则需将顺序表中从第 2 个元素起至最后一个元素（共 $n-1$ 个元素）依次向前移动一个位置。因此，顺序表删除元素算法的时间复杂度也为 $O(n)$，其中 n 为线性表的长度。

5. 销毁结构操作

和结构创建相对应，当程序中的数据结构不再需要时，应该及时进行"销毁"，并释放它所占的全部空间，以便使存储空间得到充分的利用。

算法 2.8

```
void DestroyList_Sq(SqList &L)
```

```
{
    // 释放顺序表 L 所占存储空间
    delete[] L.elem;
    L.listsize=0;
    L.length=0;
}// DestroyList_Sq
```

6. 插入和删除操作的时间分析

从上述实现操作的算法中容易看出，在顺序表中插入或删除一个数据元素时，其时间主要消耗在移动元素上。并且，从描述移动的 **for** 循环语句中循环变量的上、下界看出，所需移动元素的个数和两个因素有关：其一是线性表的长度；其二是被插或被删元素在线性表中的位置。当元素被插入到线性表中最后一个元素之后或者被删除的是线性表中最后一个元素时，不需要移动顺序表中其他元素；反之，当元素被插入到线性表中第一个元素之前或者被删除的是线性表中第一个元素时，需要将顺序表中所有元素均向表尾或表头移动一个位置。由于插入和删除都可能在线性表的任何位置上进行，从统计意义上讲，考虑在顺序表的任一位置上进行插入或删除的"平均时间特性"更有实际意义。因此需要分析它们的平均性能，即分析在顺序表中任何一个合法位置上进行插入或删除操作时"需要移动元素个数的平均值"。

令 $E_{in}(n)$ 表示在长度为 n 的顺序表中进行一次插入操作时所需进行"移动"个数的期望值（即平均移动个数），则

$$E_{in} = \sum_{i=1}^{n+1} p_i(n-i+1) \tag{2-2}$$

其中，p_i 是在第 i 个元素之前插入一个元素的概率，$n-i+1$ 是在第 i 个元素之前插入一个元素时所需移动的元素个数。由于可能插入的位置 $i=1,2,\cdots,n+1$ 共 $n+1$ 个，假设在每个位置上进行插入的机会均等，则

$$p_i = \frac{1}{n+1} \tag{2-3}$$

由此，在上述等概率假设的情况下，

$$E_{in} = \frac{1}{n+1} \sum_{i=1}^{n+1}(n-i+1)$$

$$= \frac{1}{n+1} \times \frac{n(n+1)}{2} = \frac{n}{2} \tag{2-4}$$

类似地，令 $E_{dl}(n)$ 表示在长度为 n 的顺序表中进行一次删除操作时所需进行"移动"个数的期望值（即平均移动个数），则

$$E_{dl} = \sum_{i=1}^{n} q_i(n-i) \tag{2-5}$$

其中，q_i 是删除第 i 个元素的概率，$n-i$ 是删除第 i 个元素时所需移动元素的个数。同样假设在 n 个可能进行删除的位置 $i=1,2,\cdots,n$ 机会均等，则

$$q_i = \frac{1}{n} \tag{2-6}$$

由此,在上述等概率的假设下,

$$E_{dl} = \frac{1}{n} \sum_{i=1}^{n} (n-i)$$

$$= \frac{1}{n} \times \frac{n(n-1)}{2} = \frac{n-1}{2} \tag{2-7}$$

由式(2-4)和式(2-7)可见,在顺序存储表示的线性表中插入或删除一个数据元素,平均约需移动表中一半元素。这在线性表的长度较大时是很可观的。这个缺陷完全是由于顺序存储要求线性表的元素依次紧挨存放所造成的。因此,这种顺序存储表示仅适用于不经常进行插入和删除操作并且表中元素相对稳定的线性表。

2.2.3 顺序表其他算法举例

例 2.4 设 $A = (a_1, a_2, \cdots, a_m)$ 和 $B = (b_1, b_2, \cdots, b_n)$ 均为顺序表,A' 和 B' 分别为 A 和 B 中除去最大共同前缀后的子表(例如,$A = (x, y, y, z, x, z)$,$B = (x, y, y, z, y, x, x, z)$),则两者中最大的共同前缀为 (x, y, y, z),在两表中除去最大共同前缀后的子表分别为 $A' = (x, z)$ 和 $B' = (y, x, x, z)$)。若 $A' = B' =$ 空表,则 $A = B$;若 $A' =$ 空表,而 $B' \neq$ 空表,或者两者均不为空表,且 A' 的首元小于 B' 的首元,则 $A < B$;否则 $A > B$。试写一个比较 A、B 大小的算法。该算法即为按字典序比较两西文单词大小的算法。

解题分析:

这是对两个顺序表进行"比较"的操作,因此在算法中不应该破坏已知表。从题目的要求看,只有在两个表的长度相等,且每个对应元素都相同时才相等;否则两个顺序表的大小主要取决于两表中除去最大公共前缀后的第一个元素。因此,比较两表的大小不应该先比较它们的长度,而应该设一个下标变量 j 同时控制两个表,即对两表中"位序相同"的元素进行比较。

算法的基本思想为:若 $a_j = b_j$,则 j 增 1,之后继续比较后继元素;否则即可得出比较结果。显然,j 的初值应为 1,循环的条件是 j 不大于任何一个表的表长。若在循环内不能得出比较结果,则循环结束时有三种可能出现的情况需要区分。

根据以上分析便可写出下列算法。

算法 2.9

```
int compare(SqList A, SqList B)
{
    // 若 A<B,则返回 -1;若 A=B,则返回 0;若 A>B,则返回 1
    j=0;
    while(j<A.length && j<B.length) {
        if(A.elem[j]<B.elem[j]) return (-1);
        else if(A.elem[j]>B.elem[j]) return (1);
            else j++;
    }
    if(A.length==B.length) return (0);
    else if(A.length<B.length) return (-1);
```

```
    else return(1);
} // compare
```

上述算法中只有一个 **while** 循环,它的执行次数依赖于待比较的顺序表的表长。因此,算法 2.9 的时间复杂度为 $O(\text{Min}(A.\text{length}, B.\text{length}))$。

例 2.5 试设计一个算法,用尽可能少的辅助空间将顺序表中前 m 个元素和后 n 个元素进行整体互换。即将线性表 $(a_1, a_2, \cdots, a_m, b_1, b_2, \cdots, b_n)$ 改变成 $(b_1, b_2, \cdots, b_n, a_1, a_2, \cdots, a_m)$。

解题分析:

此题的难点在于要求用尽可能少的辅助空间。如果没有这个限制,可以另设一个和已知顺序表空间大小相同的顺序表,然后进行元素复制即可。

此题可以有两种解法。一种比较简单的算法是,从表中第 $m+1$ 个元素起依次插入到元素 a_1 之前,则首先需将该元素 $b_k (k=1, 2, \cdots, n)$ 暂存在一个辅助变量中,然后将它之前的 m 个元素 $(a_1, a_2, \cdots, a_m)$ 依次后移一个位置。图 2.4 所示为插入一个 b_k 的过程。算法 2.10 描述该简单算法,由于对每一个 b_k 都需要移动 m 个元素,因此算法的时间复杂度为 $O(m \times n)$。

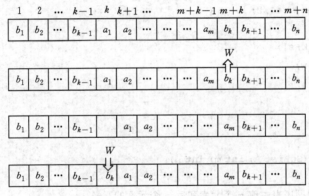

图 2.4 将 b_k 插入到 $(a_1, a_2, \cdots, a_m)$ 之前的过程

算法 2.10

```
void exchang1(SqList &A, int m, int n) {
    // 本算法实现顺序表中前 m 个元素和后 n 个元素的互换
    for(k=1; k<=n; k++) {
        w=A.elem[m+k-1];
        for(j=m+k-1; j>=k; j--) A.elem[j]=A.elem[j-1];
        A.elem[k-1]=w;
    } // for
} // exchang1
```

另一种解法是先将线性表"逆置"成 $(b_n, \cdots, b_2, b_1, a_m, \cdots, a_2, a_1)$,然后分别再对前 n 个元素 $(b_n, \cdots, b_2, b_1)$ 和后 m 个元素 $(a_m, \cdots, a_2, a_1)$ 进行"逆置",便可得到所求结果。而顺序表中的"逆置"操作可以借助"交换"来完成。例如,图 2.5 所示为将顺序表中部分元素

$(a_l, a_{l+1}, \cdots, a_{h-1}, a_h)$进行逆置前后的状态。由此,完成此题的要求,只要 3 次调用逆置算法即可。为此,需先写一个对数组中的元素进行逆置的算法,如算法 2.11 所示。算法 2.12 则完成顺序表中前后元素交换的最终操作。

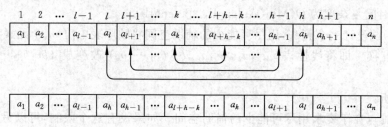

图 2.5 顺序表中部分元素 $(a_l, a_{l+1}, \cdots, a_{h-1}, a_h)$ 逆置前后的状况

算法 2.11

```
void invert(ElemType &R[], int s, int t)
{
  // 本算法将数组 R 中下标自 s 到 t 的元素逆置
  // 即将(R_s, R_{s+1}, …, R_{t-1}, R_t)改变为(R_t, R_{t-1}, …, R_{s+1}, R_s)
  for(k=s; k<=(s+t)/2; k++) {
    w=R[k];
    R[k]=R[t-k+s];
    R[t-k+s]=w;
  }//for
}// invert
```

算法 2.12

```
void exchange2(SqList A; int m; int n)
{
  // 本算法实现顺序表中前 m 个元素和后 n 个元素的互换
  invert(A.elem, 0, m+n-1);
  invert(A.elem, 0, n-1);
  invert(A.elem, n, m+n-1);
} // exchange2
```

容易看出,算法 2.11 的时间复杂度为 $O(t-s+1)$,则算法 2.12 中 3 次调用函数 invert,所花费时间分别和 $m+n$、n、m 成正比,按最坏情况估计,算法 2.12 的时间复杂度为 $O(m+n)$。可见,由于在算法 exchange2 中仅是借助"交换"更改顺序表中元素的位序,而没有作元素的集体移动,故使它的时间复杂度较算法 exchang1 低。由此可见,对顺序存储表示的线性表,应该尽可能避免作大量元素的移动操作。

例 2.6 以顺序线性表表示集合,完成例 2.2 的操作。

仍按例 2.2 中的分析来写算法,依次取得顺序表 B 中的元素,在顺序表 A 中进行查询,若没有值相同的元素出现,则将它插入到 A 的表尾。B 中的第一个元素必定会插入到 A 中,因此对它不再进行查询,而是直接"复制"到 A 表中。

算法 2.13

```
void purge_Sq(SqList &A,Sqlist &B)
{
    // 已知顺序表 A 为空表,将顺序表 B 中所有值不同的元素插入到 A 表中,
    // 操作完成后,释放顺序表 B 的空间
    A.elem[0]=B.elem[0];            // 将 B 表中的第一个元素插入 A 表
    A.length=1;
    for(i=1; i<B.length; i++) {
      e=B.elem[i];                 // 从 B 表中取得第 i 个元素
      j=0;
      while(j<A.length && A.elem[j] !=e) ++j;   // 在 A 表中进行查询
      if(j==A.length) {            // 该元素在 A 表中未曾出现
        A.elem[A.length]=e;         // 插入到 A 表的表尾
        A.length ++;                // A 表长度增 1
      }// if
    }//for
    delete[] B.elem; B.listsize=0;// 释放 B 表空间
}// purge_Sq
```

显然,算法 2.13 的时间复杂度为 $O(n^2)$,其中 n 为 B 表的长度。

2.3 线性表的链式表示和实现

从上节的讨论中得知,顺序表仅适用于不常进行插入和删除的线性表。因为在顺序存储表示的线性表中插入或删除一个数据元素,平均约需移动表中一半元素,这个缺陷是由于顺序存储要求线性表的元素依次"紧挨"存放造成的。因此对于经常需要进行插入和删除操作的线性表,就需要选择其他的存储表示方法。本节将讨论线性表的另一种表示方法——链式存储表示,由于它不要求逻辑上"相邻"(例如 a_i 和 a_{i+1})的两个数据元素在存储位置上也"相邻",因此它没有顺序存储结构所具有的弱点,但同时也失去了顺序表可随机存取的优点。

2.3.1 单链表和指针

线性表的链式存储表示的特点是用一组任意的存储单元存储线性表的数据元素(这组存储单元可以是连续的,也可以是不连续的)。因此,为了表示每个数据元素 a_i 与其直接后继数据元素 a_{i+1} 之间的逻辑关系,对数据元素 a_i 来说,除了存储其本身的信息之外,还需存储一个指示其直接后继的信息(即直接后继的存储位置)。这两部分信息组成一个"结点",表示线性表中一个数据元素 a_i。结点中存储数据元素信息的域称为**数据域**(设域名为data),存储直接后继存储位置的域称为**指针域**(设域名为 next)。指针域中存储的信息又称做**指针**或**链**。上述结点结构如图 2.6 所示。N 个结点(分别表示 $a_1,a_2,\cdots,a_n$)依次相链构成一个链表,称为**线性表的链式存储表示**,由于此类链表的每个结点中只包含一个指针域,

故又称单链表或**线性链表**。

例如图 2.7 所示为线性表

(ZHAO, QIAN, SUN, LI, ZHOU, WU, ZHENG, WANG)

的单链表。

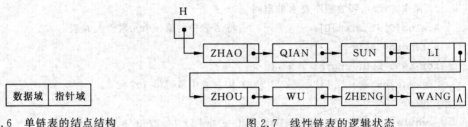

图 2.6　单链表的结点结构　　　　图 2.7　线性链表的逻辑状态

图 2.7 中 H 为一"指针"变量,它的值为第一个结点的存储位置,第一个结点中的"指针"指向第二个结点,即它的值为第二个结点的存储位置,第二个结点中的"指针"指向第三个结点……,以此类推,直至最后一个结点。因为线性表的最后一个数据元素没有后继,因此最后一个结点中的"指针"是一个特殊的值"**NULL**"(在图上用 ∧ 表示),通常称它为"空指针"。整个链表中的各个结点,即线性表的各个数据元素均可从指针 H 出发找到,称 H 为链表的"头指针"。在链表中,"结点"和"指针"是相互紧密关联的两个概念,需用 C 语言中的"结构指针"来描述。

```
// —— 线性表的单链表存储表示 ——
typedef struct      LNode {
    ElemType        data;
    struct LNode    * next;
} LNode, * LinkList;
```

下面先介绍有关"指针"的几个基本操作的含义。

若设 LNode *p,*q;

LinkList H;

则 p,q 和 H 均为以上定义的指针型变量。若 p 的值非空,则表明 p 指向某个结点,p—>data 表示 p 所指结点中的数据域,p—>next 表示 p 所指结点中的指针域;若非空,则指向其"后继"结点。

指针型变量只能作同类型的指针赋值与比较操作。并且,指针型变量的"值"除了由同类型的指针变量赋值得到外,都必须用 C 语言中的动态分配函数得到。例如,p = **new** LNode;表示在运行时刻系统动态生成了一个 LNode 类型的结点,并令指针 p"指向"该结点。反之,当指针 p 所指结点不再使用,可用 **delete** p;释放此结点空间。图 2.8 展示了若干种指针赋值语句以及这些语句执行前后指针值的变化状况。

2.3.2　单链表的基本操作

本小节将讨论当以单链表作存储结构时,如何实现线性表的基本操作。

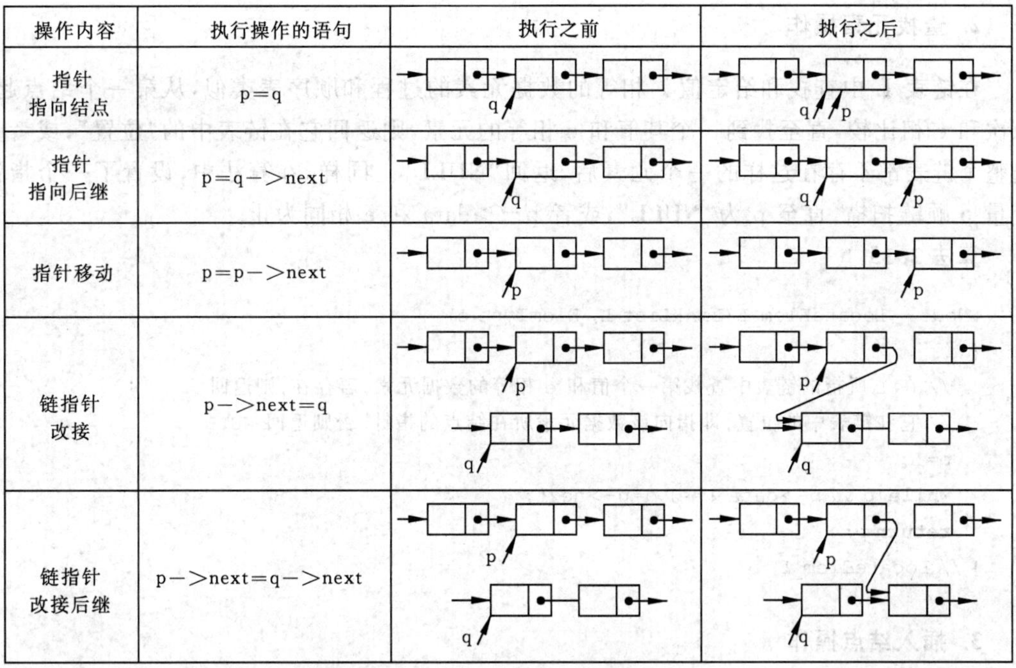

操作内容	执行操作的语句	执行之前	执行之后
指针指向结点	p=q		
指针指向后继	p=q->next		
指针移动	p=p->next		
链指针改接	p->next=q		
链指针改接后继	p->next=q->next		

图 2.8 指针的基本操作示例

1. 求线性表的长度

在顺序表中,线性表的长度是它的一个属性,因此很容易求得。但当以链表表示线性表时,整个链表由一个"头指针"来表示,线性表的长度即链表中的结点个数,只能通过"遍历"链表来得到。由此,需设一个指针 p 顺链向后扫描,同时设一个整型变量 k 随之进行"计数"。p 的初值为指向第一个结点,k 的初值为 0。若 p 不空,则 k 增1,令 p 指向其后继,如此循环直至 p 为"空"止,此时所得 k 值即为表长。

算法 2.14

```
int ListLength_L(LinkList L)
{
    // L 为链表的头指针,本函数返回 L 所指链表的长度
    p=L;  k=0;
    while(p) {
        k++;  p=p->next;    // k 计非空结点数
    }//while
    return k;
} // ListLength_L
```

若 L 为空表,p 的初值为"**NULL**",算法中 **while** 循环的执行次数为 0,则返回 k 的值(即链表长度)为 0。显然,此算法的时间复杂度为 $O(n)$,其中 n 为表长。

2. 查找元素操作

在链表 L 中查找和给定值 e 相等的数据元素的过程和顺序表类似,从第一个结点起,依次和 e 相比较,直至找到一个其值和 e 相等的元素,则返回它在链表中的"位置";或者查遍整个链表都不存在这样的一个元素后,返回"**NULL**"。同样,在算法中,设置了一个指针变量 p 顺链扫描,直至 p 为"**NULL**",或者 p->data 和 e 相同为止。

算法 2.15

```
LNode * LocateElem_L(LinkList L, ElemType e)
{
    // 在 L 所指的链表中查找第一个值和 e 相等的数据元素,若存在,则返回
    // 它在链表中的位置,即指向该数据元素所在结点的指针;否则返回 NULL
    p=L;
    while(p && p->data !=e) p=p->next;
    return p;
} // LocateElem_L
```

3. 插入结点操作

由于在链表中不要求两个互为"前驱"和"后继"的数据元素紧挨存放,则在链表中插入一个新的数据元素时,不需要移动数据元素,而只需要在链表中添加一个新的结点,并修改相应的指针链接。

假设在链表中指针 p 所指结点之后插入一个指针 s 所指的结点,则只需分别修改指针 p 和 s 所指结点的指针域的指针即可。用 C 语言描述为:

```
s->next=p->next;    // s 结点①的"后继"应是 p 结点的"后继"
p->next=s;          // 插入之后,p 结点的"后继"应为 s 结点
```

通常称这种插入为"后插",后插操作前、后链表状态变化如图 2.9 所示。

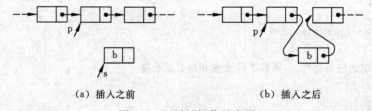

(a) 插入之前   (b) 插入之后

图 2.9 "后插"操作示意图

假设在链表中 p 结点之前插入一个 s 结点。此时,除了要修改 s 结点的指针域之外,还需要修改 p 的前驱结点的指针域,因为实现插入之后,p 结点不再是它"前驱"的"后继",它"前驱"的"后继"应该是 s 结点。通常称这种插入为"前插"。一般情况下前插操作前、后链表状态变化如图 2.10 所示。假设指针 q 指向 p 结点的前驱结点,则描述"前插"修改指

---

① "s 结点"为指针 s 指向的结点的简称,以下雷同。

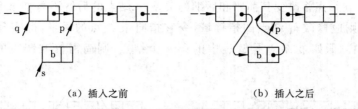

|（a）插入之前|（b）插入之后|

图 2.10 "前插"操作示意图

针的 C 语句为：

```
q->next=s;      // q 结点的后继修改为 s 结点
s->next=p;      // p 结点修改为 s 结点的后继
```

可见,实现"前插"操作首先应该找到它的前驱结点,这只要从链表的头指针起进行查找即可。令 q 的初值等于头指针,查找结束的条件是 q—>next==p;若否,则指针 q 后移。还有一点要注意的是,如果 p 所指结点是链表中的第一个结点,则"前插"操作尚需修改链表的头指针,如算法2.16所述。

算法 2.16

```
void ListInsert_L(LinkList &L, Lnode *p, Lnode *s)
{
  // 指针 p 指向 L 为头指针的链表中某个结点,将 s 结点插入到 p 结点之前
  if(p==L) {  // 将 s 结点插入在链表的第一个结点之前
    s->next=L; L=s;
  }//if
  else {
    q=L;
    while(q->next !=p) q=q->next;     // 查找 p 的前驱结点 q
      q->next=s; s->next=p;           // 在链表中 q 结点之后插入 s 结点
  }//else
} // ListInsert_L
```

上述算法中,假定 p 确实指向链表中的某个结点,因此在查找其前驱结点时,不考虑查找不到的情况。

从以上两种插入操作的讨论可知,在链表中已知结点之后插入新的结点时,不需要进行查找。因此"后插"操作的时间复杂度为 $O(1)$。而在链表中已知结点之前进行插入时,虽然修改指针的时间是个常量,但由于需查找它的前驱,因此,"前插"操作的时间复杂度为 $O(n)$,其中 n 为链表的长度。

4. 删除结点操作

和插入类似,在链表中删除一个结点时,也不需要移动元素,仅需修改相应的指针链接。但由于删除结点时,需要修改的是它的"前驱"结点的指针域,因此和"前插"操作一样,首先应该找到它的前驱结点。如图 2.11 所示,假设待删除的是指针 p 所指结点,指针 q 指向它

的前驱,则删除 p 结点将改变其前驱和后继的关系,q 结点的后继不再是 p 结点,而应该是 p 结点的后继,则应修改 q 结点的指针域,令它指向 p 结点的后继,即实现 q−＞next＝ p−＞next。同样,假如 p 结点是链表中的第一个结点,则尚需修改链表的头指针,如算法 2.17 所述。

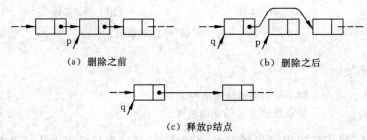

(a) 删除之前　　　　　　　　　　　　(b) 删除之后

(c) 释放p结点

图 2.11　删除结点操作示意图

算法 2.17

```
void ListDelete_L(LinkList &L, Lnode *p, ElemType &e) {
   // p指向L为头指针的链表中某个结点,从链表中删除该结点并由e返回其元素
   if(p==L) {    // 删除链表中第一个结点,修改链表头指针
     L=p->next;
   }//if
   else {
     q=L;
     while(q->next!=p) q=q->next;    // 查找 p 的前驱结点 q
     q->next=p->next;                // 修改 q 结点的指针域
   }//else
   e=p->data; delete p;             // 返回被删结点的数据元素,并释放结点空间
}// ListDelete_L
```

和前面讨论的前插类似,在上述算法中,假定 p 确实指向链表中的某个结点,因此在查找其前驱结点时,不考虑查找不到的情况。容易看出,算法 2.17 的时间复杂度和算法2.16 相同,亦为 $O(n)$,其中 n 为链表的长度。

2.3.3　单链表的其他操作举例

例 2.7　逆序创建链表。

链表是一种动态存储管理的结构,它和顺序表不同,链表中每个结点占用的存储空间不需预先分派划定,而是在运行时刻由系统根据需求即时生成的。因此,建立链表的过程是一个动态生成的过程。即从"空表"起,依次建立结点,并逐个插入链表。所谓"逆序"创建链表指的是,依和线性表的逻辑顺序相"逆"的次序输入元素,逆序生成链表可以为处理头指针提供方便。图 2.12 展示线性表 (a,b,c,d,e) 的逆序创建过程。

假设线性表 $(a_1,a_2,\cdots,a_n)$ 的数据元素存储在一维数组 A[n] 中,则从数组的最后一个分量起,依次生成结点,并逐个插入到一个初始为"空"的链表中。由于链表的生成是从最后一个结点起逐个插入,因此每个新生成的结点都是插入在链表的"第一个"结点之前,即使新

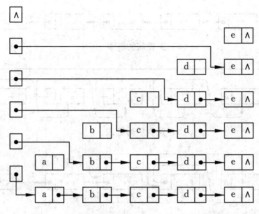

图 2.12　线性表 (a,b,c,d,e) 的逆序创建过程

插入的结点成为插入之后的链表中的第一个结点。算法 2.18 描述了上述逆序创建链表的过程。

算法 2.18

```
void CreateList_L(LinkList &L, ElemType A[], int n)
{
    // 已知一维数组 A[n] 中存有线性表的数据元素,逆序创建单链线性表 L
    L=NULL;                    // 先建立一个空的单链表
    for(i=n-1; i >=0; --i) {
        s=new LNode;           // 生成新结点
        s->data=A[i];          // 赋元素值
        s->next=L;    L=s;     // 插入在第一个结点之前
    }//for
}// CreateList_L
```

在算法 2.18 中,语句 s＝**new** LNode;的作用是由系统生成一个 LNode 类型的结点,并将该结点的存储位置赋给指针变量 s;而算法 2.17 中语句 **delete** p;的作用正相反,是由系统回收一个 LNode 型的结点,回收后的空间可以备作再次生成结点时用。算法 2.18 的时间复杂度为 $O(n)$,其中 n 为表长。

例 2.8　逆置单链表。

若对顺序表中的元素进行逆置可以借助"交换"前后相应元素来完成,如算法 2.11 所示。而对单链表进行逆置,则不能如法炮制。因为对于链表中第 i 个结点,都需要顺链查找第 $n-i+1$(设链表长度为 n)个结点,将使逆置链表操作的时间复杂度达到 $O(n^2)$。因此逆置单链表的操作应借助修改链表中的指针来完成。

可按如下所述考虑问题:设想逆置后的单链表是一个新建的链表,但表中的结点不是新生成的,而是从原(待逆置的)链表中依次"删除"得到。由此,逆置单链表的操作可类似例 2.7 逆序创建链表进行:设逆置链表的初态为一空表,"删除"已知链表中第一个结点,然后将它"插入"到逆置链表的"表头",即使它成为逆置链表中"新"的第一个结点,如此循环,直至原链表为空表止,如算法 2.19 所述。图 2.13 描述了逆置过程中指针变化的情况。

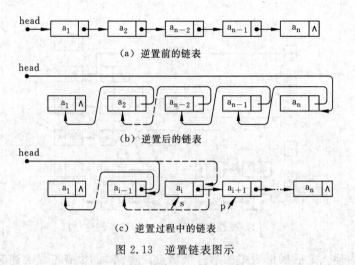

(a) 逆置前的链表

(b) 逆置后的链表

(c) 逆置过程中的链表

图 2.13　逆置链表图示

算法 2.19

```
void InvertLinkedList(LinkList &L)
{
    // 逆置头指针 L 所指链表
    p=L; L=NULL;          // 设逆置后的链表的初态为空表
    while(p) {            // p 为待逆置链表的头指针
        s=p; p=p->next;  // 从 p 所指链表中删除第一个结点(s 结点)
        s->next=L; L=s;  // 将 s 结点插入到逆置表的表头
    }
} // InvertLinkedList
```

算法 2.19 只是顺序扫描链表一遍即完成逆置,因此它的时间复杂度为 $O(n)$,其中 n 为逆置链表的长度。

例 2.9　以单链表表示线性表,完成例 2.1 的操作。即将所有在 Lb 链表中出现、而在 La 链表中没有的结点插入到 La 链表中。

算法的设计思想同例 2.1 中的分析,顺序从 Lb 链表中删除一个结点,依数据元素的值在 La 链表中进行查找,若不存在,则插入之,如算法 2.20 所述。

算法 2.20

```
void union_L(LinkList &La, LinkList &Lb)
{
    // 将 Lb 链表中所有在 La 链表中不存在的结点插入到 La 链表中,
    // 并释放 Lb 链表中多余结点
    if(!La) La=Lb;        // La 为空表,则由 Lb 链表的结点作为结果
    else {
        while(Lb) {              // Lb 链表非空
            s=Lb; Lb=Lb->next;  // 从 Lb 链表中删除第一个结点
            p=La;
```

```
        while(p && p->data !=s->data) {  // 在 La 链表中查找
          pre=p;  p=p->next;
        }//while
        if(p) delete s;              // 找到相同元素,释放 s 结点
        else { pre->next=s; s->next=NULL;}
                                     // 将 s 结点插入在 La 链表的表尾
      }//while(Lb)
    }//else
  }// union_L
```

上述算法的控制结构是一个二重循环。由于链表中的数据元素没有一定规律,为了确定 Lb 链表中的元素在 La 链表中是否存在,必须对 La 链表从头至尾进行一遍扫描,因此算法的时间复杂度为 $O(m \times n)$。根据集合的特性(没有相同的成员),可以对上述算法进行改进。因为 Lb 链表中的元素不会重复出现,则对 Lb 中的每个结点只需要在插入前的 La 链表中进行查找,为此,需附设一个指向(插入前的)La 链表中最后一个结点的指针,这样可减少内循环 **while** 的循环次数。

2.3.4 循环链表

循环链表(circular linked list)是线性表的另一种形式的链式存储表示。它的特点是表中最后一个结点的指针域指向第一个结点,整个链表成为一个由链指针相链接的环。对于循环链表,通常还在表中第一个结点之前"附加"一个"头结点",并令"头指针"指向最后一个结点,以便头尾兼顾。头结点的结构和其他结点相同,一般情况下,无特殊需要头结点的数据域不存储任何信息。空表的循环链表由只含一个自成循环的头结点表示,如图 2.14 所示。

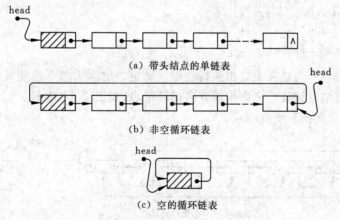

(a) 带头结点的单链表

(b) 非空循环链表

(c) 空的循环链表

图 2.14　带头结点的单链表和循环链表示意图

循环链表的操作和单链表基本一致,差别仅在于算法中判别表尾的循环条件不是(顺链扫描的)指针 p 是否为 **NULL**,而是它是否等于头指针。循环链表可使某些操作简化。例如,将两个链表相接成一个表,需从一个链表的表尾链接到另一个链表的表头。若是单链

表,为了找到其中一个链表的最后一个结点,必须从头指针起,顺链扫描,直至最后一个结点,其执行时间为 $O(n)$。而对循环链表作此操作时,由于它是个头尾相链接的环,两表相接仅需将一个表的表尾和另一个表的表首相接即可。如图 2.15 所示,完成这个操作仅需修改两个指针值即可,执行时间为 $O(1)$。

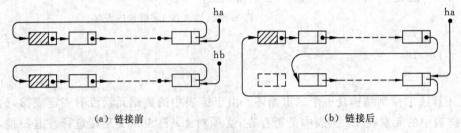

(a) 链接前　　　　　　　　　　　(b) 链接后

图 2.15　链接前后的两个循环链表

2.3.5　双向链表

以上讨论的链式存储结构的结点中只有一个指示直接后继的指针域 next。从任一结点出发,只能顺 next 指针往后寻查其他结点。若要寻查结点的前趋,则需从头指针出发。换句话说,在单链表中,求"后继"的执行时间为 $O(1)$,而求"前驱"的执行时间为 $O(n)$。为克服单链表这种单向性的缺点,可利用**双向链表**(double linked list)。

顾名思义,在双向链表的结点中有两个指针域,其一指向"直接后继",另一指向"直接前驱",在 C 语言中可描述如下:

```
// ── 线性表的双向链表存储结构 ──
typedef struct DuLNode {
  ElemType        data;
  struct DuLNode  * prior;
  struct DuLNode  * next;
} DuLNode, * DuLinkList;
```

与单链表类似,双向链表也是由头指针唯一确定。增添头结点也能简化双向链表的某些操作,若将头尾结点链接起来则构成双向循环链表,如图 2.16 所示。空的双向循环链表由只含一个自成双环的头结点表示。

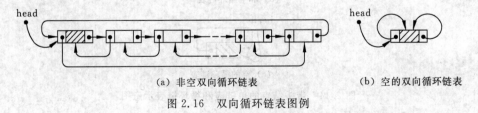

(a) 非空双向循环链表　　　　　　(b) 空的双向循环链表

图 2.16　双向循环链表图例

显然,在双向循环链表中进行插入或删除操作时,必须同时修改两个方向上的指针。然而,由于双向链表中每个结点都有一个指向前驱的指针,则在进行前插和删除操作时,算法中无需再用 **while** 语句找(插入或删除位置)p 的前驱。由此可见,结构的轻微变化有时也会影响算法的时间复杂度。算法 2.21 和算法 2.22 分别为在带头结点的双向循环链表中插入一个结点和删除一个结点的算法。图 2.17 和图 2.18 则分别显示执行这两个算法时指针修改的情况。

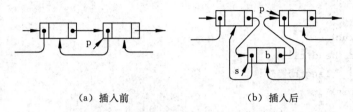

（a）插入前　　　　　　　（b）插入后

图 2.17　插入操作前、后的双向循环链表

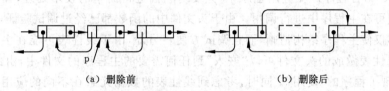

（a）删除前　　　　　　　（b）删除后

图 2.18　删除操作前、后的双向循环链表

算法 2.21

```
void ListInsert_DuL(DuLinkList &L, DuNode *p, DuNode *s)
{
   // 在带头结点的双向循环链表 L 中 p 结点之前插入 s 结点
   s->prior=p->prior;     p->prior->next=s;
   s->next=p;             p->prior=s;
}// ListInsert_DuL
```

算法 2.22

```
void ListDelete_DuL(DuLinkList &L, DuNode *p, ElemType &e)
{
   // 删除带头结点的双向循环链表 L 中 p 结点,并以 e 返回它的数据元素
   e=p->data;
   p->prior->next=p->next;
   p->next->prior=p->prior;
   delete p;
} // ListDelete_DuL
```

在本节中讨论的链表结构都按常规的做法,定义为一个指向链表中第一个结点或头结点的头指针。对于如此定义的链表结构,虽然也可以完成线性表的任何操作,但给某些"简单操作"带来不便。例如,求线性表的表长,在表中最后一个元素后面进行插入或者删除最后一个元素等,对顺序表进行这些操作的时间复杂度都是 $O(1)$ 常量级的,而对链表进行这些操作时,由于需要找到"尾结点",致使它们的时间复杂度上升为 $O(n)$ 线性级。因此,在应用程序中,应将链表定义为包含"头指针"、"尾指针"和"链表长度"3 个域的结构更为恰当,

而且这些信息在链表生成的时候也就一并得到了。可见书中给出的结构定义是最基本的，读者完全应该根据具体的应用实际完善、丰富并改进这些结构。如果链表定义包括"头指针"、"尾指针"和"链表长度"3个域，则该链表结构可在原单链结点和指针定义的基础上定义为：

```
typedef struct {
    LinkList    head,tail;
    int         length;
} AdvancedLinkList;
```

在以上两节中所列线性表操作的算法都是在确定的存储结构上实现的，它们都已非常接近实用的 C 语言程序。在应用程序中，只要对它们进行简单的技术处理，如做成相应的"头文件"，便可在主程序中进行调用。由于头文件中的函数都已经过调试验证，其正确性已有保证，则不仅使主程序结构清晰，而且调试方便。另外，由于线性表可能在多个应用程序中使用，对线性表做成的头文件可以"嵌入"到任何需要的主程序的文件中，由此在 C 语言的层次上实现了程序的"复用"。同时，考虑到线性表的数据元素在不同的应用程序中其数据类型不同，可将顺序表或链表中所需元素类型 ElemType 单独做成一个头文件以备调用。具体实现方法参见本书第 10 章中所述内容。

2.4 有 序 表

在定义线性表时，我们没有刻意规定线性表元素值之间的依赖关系。若在某些应用中对元素值之间的依赖关系有所约定，例如规定有序性等，则将简化算法，有助于问题的求解。

若线性表中的数据元素相互之间可以比较，并且数据元素在线性表中依值非递减或非递增有序排列，即 $a_i \geqslant a_{i-1}$ 或 $a_i \leqslant a_{i-1}$（$i = 2, 3, \cdots, n$），则称该线性表为有序表（ordered list）。有序表的基本操作和线性表大致相同，但由于有序表中的数据元素有序排列，因此在有序表中插入元素的操作应按"有序关系"进行。和线性表相同，有序表也可以有顺序表和链表两种存储表示方法。

算法 2.23 描述了在顺序有序表中插入一个数据元素的操作。已知有序表中数据元素依值递增排列，现要插入一个新的数据元素 x，则应该使插入之后的顺序表仍保持有序表的特性。由此在插入之前，首先应该通过查看比较找到元素 x 的插入位置，然后移动元素腾出空位并进行插入。假设已知有序表为（$a_1, a_2, \cdots, a_n$），则 x 的插入位置应该满足条件 $a_i \leqslant x < a_{i+1}$。

算法 2.23

```
void OrdInsert_Sq(SqList &L, ElemType x)
{
    // 在顺序有序表 L 中插入数据元素 x,要求插入之后仍满足"有序"特性
    i=L.length-1;                // 从最后一个元素起进行查找比较
    while(i>=0 && x<L.elem[i]) {
        L.elem[i+1]=L.elem[i];   // 值大于 x 的元素后移
```

```
    i--;
  }//while
  L.elem[i+1]=x;                    // 插入元素 x
  L.length++;                       // 表长增 1
} // OrdInsert_Sq
```

上述算法中的查找过程是从表尾向表头逆向进行的。显然,查找也可正向进行,即从表头向表尾扫描。算法 2.23 的时间复杂度为 $O(n)$,其中 n 为表长。

有序表的"有序"特性可以给某些操作带来很大方便,从下面讨论的 3 个例子中,读者将看到它相对于线性表的优越之处。因此,在很多应用问题中使用有序表比使用一般的线性表更为恰当。

例 2.10 以顺序有序表表示集合,完成例 2.2 的操作。

算法设计分析:仍可按照例 2.2 的设计思想进行分析,不同的是,由于此例中操作的对象是"有序表",则表中所有值相同的元素必定连续出现。则在 La 表中进行"查访"的操作变得简单化了,因为不需要在整个 La 表中进行查访,而只要和 La 表中最后一个元素比较即可。同时,由于 La 表的表长不会大于 Lb 表,则可用同一个顺序表表示。换个角度看问题,当前要实现的算法的功能是从一个以顺序表表示的有序表中"删除"所有值相同的多余元素,而使所有值不相同的元素均压缩到顺序表的前部空间中。

在算法 2.24 中,令 i 指向 La 表中最后一个元素,即 i 表示新表中当前所含(值不相同的)元素的个数;j 指向从 Lb 表中"删除"的"第一个"元素。

算法 2.24

```
void purge_Osq(SqList &L)
{
  // 已知 L 为顺序有序表,本算法删除 L 中值相同的多余元素
  i=-1; j=0;
  while(j<L.length) {
    if(j==0 ‖ L.elem[i] !=L.elem[j])
      L.elem[++i]=L.elem[j];       // 将 L.elem[j]"插入"到 La 的表尾,且表长增 1
    j++;                           // 继续检查 Lb 表中下一个元素
  }//while
  L.length=i+1;
}// purge_Osq
```

值得注意的是,在上述算法中,"删除"的操作是隐含的,在此仅以 j++ 操作代替。在算法中,逻辑上的两个线性表 La 和 Lb 用同一个顺序有序表 L 表示,i 指示 La 表中"当前所含"的最后一个元素,j 指示 Lb 表中"当前被考察"的元素,若该元素和 La 中最后一个元素不等,则说明它不是"多余"的,应该"插入"到 La 表中;否则"不予理睬",继续考察 Lb 表中下一个元素。显然,这个算法的时间复杂度为 $O(n)$,其中 n 为表长。和例 2.6 中的算法 2.13 相比较,可见完成同样操作,有序表的时间复杂度比线性表低。并且对例 2.2 的问题,不需要另外建一个顺序表,可以直接在原表上进行"删除"操作。

例 2.11　分别以两个(带头结点的)循环有序链表表示集合 A 和 B,完成求这两个集合的并集 $C(C=A\cup B)$ 的操作。集合 C 仍以循环有序链表表示,并且不另分配新的空间,而是利用集合 A 和 B 的结点来构造集合 C 的链表。操作完成后,集合 A 和 B 的链表不再存在。

算法设计分析：根据并集的定义,C 的成员应为 A 的成员和 B 的成员之"和",相同的成员只取一个,则可从 C 为空集起,逐个将集合 A 和 B 中不同的成员插入集合 C。换句话说,C 的链表中的结点或"取自" A 的链表,或"取自" B 的链表,利用链表中结点元素"有序"的特性,可做如下处理：设置 3 个指针 pa、pb 和 rc,其中 pa 和 pb 分别指向集合 A 和 B 的链表中某个结点,rc 指向 C 链表中最后一个结点。比较 pa 和 pb 所指结点的元素；若 pa—>data<pb—>data,说明 pa 所指结点的元素在 B 表中不可能出现,应将 pa 结点链接到 C 链表中(rc—>next＝pa)；若 pa—>data ＞ pb—>data,则说明 pb 所指结点的元素在 A 表中不可能出现,应将 pb 结点链接到 C 链表中(rc—>next＝pb)；若 pa—>data＝＝pb—>data,则应将其中任一结点(pa 或 pb 所指)链接到 C 链表中,并释放另一结点空间。指针 pa 和 pb 的初始状态：若链表不空,则分别指向各自链表中第一个结点；否则指向头结点,指针 rc 指向 C 链表的头结点。重复操作的条件是 A 表和 B 表都"不空"；反之表明至少有一个表已经处理完毕,即该链表中的结点或已链接到 C 表中,或已释放。此时,只需要将"剩余"结点链接到 C 链表中即可。图 2.19 为上述处理过程的示意图。

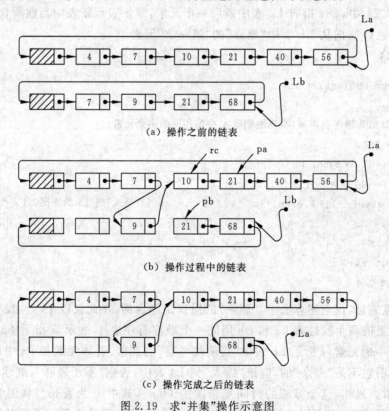

(a) 操作之前的链表

(b) 操作过程中的链表

(c) 操作完成之后的链表

图 2.19　求"并集"操作示意图

算法 2.25

```
void union_OL(LinkList &La,LinkList &Lb)
{
    // La 和 Lb 分别为表示集合 A 和 B 的循环链表的头指针,求 C=A∪B,操作
    // 完成之后,La 为表示集合 C 的循环链表的头指针,集合 A 和 B 的链表不再存在
    pa=La->next->next;              // pa 指向 A 中当前考察的结点
    pb=Lb->next->next;              // pb 指向 B 中当前考察的结点
    rc=La->next;                    // rc 指向 C 当前的表尾结点
    while(pa !=La->next && pb !=Lb->next) {
        if(pa->data<pb->data) {     // 链接 A 的结点,pa 指向 A 中下一结点
            rc->next=pa; rc=pa; pa=pa->next;
        }//if
        else if(pa->data>pb->data) {   // 链接 B 的结点,pb 指向 B 中下一结点
            rc->next=pb; rc=pb; pb=pb->next;
        }
        else {          // 链接 A 的元素,释放 B 的结点,pa、pb 分别指向各自下一元素
            rc->next=pa; rc=pa; pa=pa->next;
            qb=pb; pb=pb->next; delete qb;
        }//else
    }//while
    if(pb==Lb->next) rc->next=pa;   // 链接 A 的剩余段
    else {                          // 链接 B 的剩余段
        rc->next=pb; pb=Lb->next;   // pb 指向 B 的头结点
        Lb->next=La->next; La=Lb;   // 构成 C 的循环链
    }//else
    delete pb;                      // 释放 B 表的表头
} // union_OL
```

和例 2.9 中的算法 2.20 相比较,容易发现,它们完成的操作相同,而算法的时间复杂度不同。在算法 2.20 中,操作的对象是线性链表,为了比较 A、B 两个集合中的元素是否相同,必须作"整表的查询",即对 Lb 链表中的每个结点,都要对 La 链表扫描一遍。而在上述算法 2.25 中,由于操作的对象是有序链表,表中元素依值递增排列,则只需要对两个表从前往后作顺序比较,整个算法中,对两个表只分别扫描一遍(算法中只有一个单循环),因此算法的时间复杂度为 $O(m+n)$,其中,m 和 n 分别为两个表的长度。

一般情况下,两个表不可能同时处理结束。在算法 2.25 中有一个"处理剩余段"的操作。若利用头结点的数据域放一个和表中数据元素同类型的特殊值,则可使算法在形式上更简单,因为每次是把一个较小值的元素纳入 C 集合。如果将两个链表中头结点的数据域放置一个比两个集合中所有元素值都大的数据元素"MAX",这样在 **while** 循环中即可将两个表中所有结点都纳入 C 表中。算法 2.26 是按此思想改写的算法。

算法 2.26

```
void union_OL_1(LinkList &La,LinkList &Lb)
```

```
    {
        // La 和 Lb 分别为表示集合 A 和 B 的循环链表的头指针,求 C=A∪B,操作
        // 完成之后,La 为表示集合 C 的循环链表的头指针,集合 A 和 B 的链表不再存在
        La->next->data=MAX; Lb->next->data=MAX;    // 头结点的数据域设置最大值 MAX
        pa=La->next->next;                          // pa 指向 A 中当前考察的结点
        pb=Lb->next->next;                          // pb 指向 B 中当前考察的结点
        rc=La->next;                                // rc 指向 C 当前的表尾结点的表尾
        while(pa !=La->next || pb !=Lb->next) {
            if(pa->data<pb->data) {                 // 链接 A 的结点,pa 指向 A 中下一结点
                rc->next=pa; rc=pa; pa=pa->next;
            }
            else if(pa->data>pb->data) {            // 链接 B 的结点,pb 指向 B 中下一结点
                rc->next=pb; rc=pb; pb=pb->next;
            }
            else {      // 链接 A 的元素,释放 B 的结点,pa、pb 分别指向各自下一元素
                rc->next=pa; rc=pa; pa=pa->next;
                qb=pb; pb=pb->next; delete qb;
            }
        }//while
        rc->next=La;            // 封闭链环
        delete Lb->next;        // 释放 B 表的表头
    } // union_OL_1
```

容易看出,算法 2.26 只是在形式上较算法 2.25 略为简单,但时间复杂度不变,且实际执行时间有时还略长些,特别是对于"其中一个表的所有元素值均大于另一个表的元素,而且它的长度也较另一个大得多"的情况,算法 2.26 中做了很多多余的操作。可见,在进行算法设计时,还应该考虑实际问题的背景。

例 2.12 假设以有序链表表示集合,设计算法判别两个给定集合是否相等。

算法设计分析:如例 2.3 的分析,两个集合相等的条件是不仅长度相等,各个对应元素都相等。由于在此例中以有序链表表示集合,则只要同步扫描两个链表,若从头至尾每个对应的元素都相等,则表明两个集合相等。

算法 2.27

```
bool isequal_OL(LinkList A, LinkList B) {
    // 指针 A 和 B 分别指向两个带头结点的单链表
    // 若两者表示的集合相同,则返回 TRUE,否则返回 FALSE
    pa=A->next; pb=B->next;
    while(pa && pb && pa->data==pb->data) {
        pa=pa->next;
        pb=pb->next;
    }
    if(pa==NULL && pb==NULL) return TRUE;
    else return FALSE;
} // isequal_OL
```

显然，算法 2.27 的时间复杂度为 $O(n)$，其中 n 为集合的大小。可以想象，若用顺序有序表表示集合，所得算法的时间复杂度亦为 $O(n)$。然而，若用无序的线性表表示集合，不论采用哪一种存储表示，所得算法其形式上都和算法 2.3 类似，它们的时间复杂度都为 $O(n^2)$。从这个例子还可看出，用有序表解决问题，不仅时间复杂度低，而且算法的可读性也好。至于有序表的有序性可以在生成有序表时加以保证，也可以在生成之后通过排序的手段来达到。

2.5　顺序表和链表的综合比较

由上面几节的讨论可知，线性表和有序表可有顺序表和链表两种表示方法。在实际应用时，由于顺序表和链表各有千秋，选用哪种结构，则应根据具体问题作具体分析。通常可从以下两个方面进行考虑。

（1）线性表的长度 n 能否预先确定？在程序执行过程中，n 的变化范围多大？

由于顺序表需要预分配一定长度的存储空间，而如果事先不能明确知道线性表的大致长度，则有可能对存储空间预分配得过大，致使在程序执行过程中很大一部分的存储空间得不到充分利用，而造成浪费。然而若估计太小时，又将造成频繁地进行存储空间的再分配。而链表的显著优点之一就是其存储分配的灵活性。不需要为链表预分配空间，链表中的结点可在程序执行过程中随时应需要动态生成（只要内存尚有可分配的空间）。因此，当线性表的长度变化较大或难以估计最大值时，宜采用链表存储结构。

反之，当线性表的长度变化不大，且能事先确定变化的大致范围时，宜采用顺序存储结构。

（2）对线性表进行的主要操作是哪些？

顺序表是一种随机存储的结构，对顺序表中任一元素进行存取的时间相同，而链表是一种顺序存取的结构，对链表中的每个结点都必须从头指针所指结点起顺链扫描。因此，若线性表需频繁查询，却很少进行插入和删除时，宜采用顺序表作存储结构。另外，由于顺序表中以一维数组存储数据元素，数组中第 i 个分量的元素即为线性表中第 i 个数据元素，则对于那些和"数据元素在线性表中的**位序**"密切相关的操作采用顺序表则方便多了，如算法 2.11 实现的线性表元素的逆置。

反之，由于在顺序表中进行插入和删除时，需要移动近乎表长一半的元素，这在线性表中元素个数很多时，特别是当每个元素占用的空间也较多时，移动元素的时间开销很大。而在链表的任何位置上进行插入或删除时，只需要修改少量指针。因此，若线性表需频繁进行插入或删除操作的话，则宜采用链表作存储结构。

解题指导与示例

一、单项选择题

1. 在头指针为 head 且表长大于 1 的循环链表中，指针 p 指向表中某个结点，若

p—＞next—＞next＝＝head,则正确的表述是(   )。

  A. p 指向头结点   B. p 指向尾结点

  C. ＊p 的直接后继是头结点 D. ＊p 的直接后继是尾结点

答案：D

解答注释：对于类似这样的题目,只要先画一个简图,便一目了然。

2. 由 n 个元素的序列,建立一有序单链表的最好时间复杂度是(   )。

  A. $O(n)$ B. $O(nlogn)$

  C. $O(nlogn)+O(n)$ D. $O(n^2)$

答案：B

解答注释：由 n 个元素的序列建立一有序单链表的方法很多,其中最快捷的方法是先对序列中的元素进行排序,该操作最好的时间复杂度为 $O(nlogn)$,而生成链表的时间复杂度为 $O(n)$。由于两步操作是顺序完成的,所以总的时间复杂度只需取两者之中的大者,即 $O(nlogn)$。

3. 在双向链表中指针 p 所指之结点前插入一个指针 s 所指结点,正确的操作序列应是(   )。

  A. p->prior=s; s->next=p; p->prior->next=s; s->prior=s;

  B. p->prior=s; p->prior->next=s; s->next=p; s->prior=p->prior;

  C. s->next=p;s->prior=p->prior;p->prior->next=s;p->prior=s;

  D. s->prior=p->prior; s->next=s; p->prior=s; s->next=p;

答案：C

解答注释：其他几个选项均不正确,都是因为前面的操作已经破坏了原链表本身的结构,如选项 A 与 B 中的操作 p—＞prior＝s 已断开了指针 p 所指结点与其前驱之间的链接,从而使后面的操作 p—＞prior—＞next＝s 形成了一个指针 s 所指结点"自己指向自己"的环。

二、填空题

4. 在如图 2.20 所示的链表中,若在指针 p 所指的结点之后插入数据域值相继为 a 和 b 的两个结点,则可用两个语句实现该操作,依次是＿＿＿＿和＿＿＿＿。

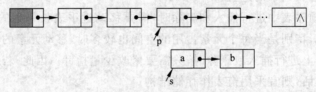

图 2.20 链表的插入

答案：第一空填：s—＞next—＞next＝p—＞next;

    第二空填：p—＞next＝s;

5. 已知指针 p 指向某非空单链表中的一个结点,则判别该结点有且仅有一个后继结点的条件是＿＿＿＿。

答案：（p && p－＞next）或（p!＝NULL && p－＞next!＝NULL）

解答注释：题面设定的含义是，该结点的后继非空，而其后继的后继为空，则用算法语言表达即为上述答案。

三、解答题

6. 对于单链表、单循环链表和双向链表，如果仅仅知道一个指向链表中某个结点的指针 p，能否将 p 所指结点的数据元素与其确实存在的直接前驱交换？请对每一种链表做出判断，若可以，写出程序段；否则说明理由。单链表和循环链表的结点结构为 | data | next |，双向链表的结点结构为 | prior | data | next |。

答案：单链表不可以，因为无法获取 *p 的前驱结点的指针；原则上，单循环链表可以勉强为之，但它需要从指针 p 所指位置起绕行一圈，直到 *p 的前驱结点，时间复杂度将达到 $O(n)$。而对于双向链表，由于每个结点都有一个指向其前驱的指针，则可简单实现与其前驱的交换，其时间复杂度仅为 $O(1)$ 的常数量级。

使用单循环链表的程序段：

```
pre=p;
while(pre ->next!=p)
    pre=pre ->next;
w=p ->data;
p ->data=pre ->data;
pre ->data=w;
```

使用双向链表的程序段：

```
w=p->data;
p ->data=p->prior ->data;
p ->prior ->data=w;
```

四、算法阅读题

7. 已知 head 为带头结点的单循环链表的头指针，链表中存放线性表的元素 $(a_1, a_2, a_3, \cdots, a_n)$，L 为指向空的顺序表的指针。阅读下列算法，并回答问题：

(1) 写出执行下述算法后的顺序表 L 中的数据元素；

(2) 简要叙述算法的功能。

```
void conveyEven(LinkList head, SqList & * L) {
    if(head->next!=head) {
        p=head->next;
        L->length=0;
        while(p->next!=head) {
            p=p->next;
            L->data[L->length++]=p->data;
            if(p->next!=head)
```

```
        p=p->next;
    }
  }
}
```
答案:

(1)

0	1	2	3	4	length				
a_2	a_4	a_6	a_8	a_{10}	...	...			

(2) 当 $n=0$ 或 $n=1$ 时,**while** 循环内的操作不执行,L 仍为空表,当 $n>1$ 时,将链表中偶数序号结点的元素依次复制到顺序表。

解答注释: 对于解读此类简单算法阅读题型的要点是,通常可以先大致浏览一遍,并在关键语句处加上注释,然后重点观察了解循环语句内部的一般操作,之后再看初始和结束等状态的特殊情况处理。

例如此题,在一般情况下,假设进入循环时指针 p 指向链表内某个结点,则循环内的主要操作是,将其后继结点中的元素复制至顺序表内,继而将指针移至下一结点。由于指针 p 的初值指向非空表中的第一个结点,则复制的元素为第二个结点,之后指针 p 又移动至第三个结点,如此反复。可见被复制的元素均为链表中偶数序号的结点,且操作的前提是存在该偶数结点,即循环控制条件所表述的,指针 p 所指结点非链表中最后一个结点。此外还必须考虑到在表长为偶数的情况下,复制最后一个结点的元素之后,指针不可再移动,否则循环将无法休止。

8. 阅读下列算法,并回答问题:

(1) 已知 L=(19,−7,49,−56,−12,10,0,20,−50),写出执行算法后的 L 状态;

(2) 简要说明算法 delSqlistElem 的功能,并指出 **if**(i!=j)条件的含义及 j 的作用。

```
void delSqlistElem(SqList &L){
    for(i=j=0; i<L.length; i++) {
        if(L.data[i]>=0) {
            if(i!=j)
                L.data[j]=L.data[i];
            j++;
        }
    }
    L.length=j;
}
```

答案:

(1)

0	1	2	3	4					
19	49	10	0	20					

（2）删除表中的负值元素，并将每个非负值的元素一次性地调整、定位到左端的低下标区。

```
if(i!=j)            // 表明在该元素 aᵢ 之前不存在负值元素，则无需向前移动位置
j++;               // j 记录当前已巡视到的非负值元素个数
```

解答注释： 由于循环内的主要操作是将顺序表中 i 所指元素复制至 j 所指位置，因此解读此算法的关键是搞清循环中 i 和 j 所指位置。显然，由于 i 为循环变量，它的作用是从头至尾巡视顺序表中每个元素，而 j 仅在 i 所指元素为非负值时才增 1，由于 j 的初值为 0，则循环过程中 j 的值恰为当前表中 i 已巡视到的非负元素的个数，它所指的位置即为当前顺序表中已复制的非负值元素后一个位置。

9. 阅读下列算法，并回答问题：

（1）设链表表示的线性表为（a_1，a_2，…，a_n），写出算法执行后的返回值所表示的线性表；

（2）说明该算法的功能。

```
LinkList myNode( LinkList L ) {
    // L 是不带头结点的单链表的头指针
    if( L && L->next ) {
        q=L;
        L=L->next;              // 第 5 行
        p=L;
        while( p->next )
            p=p->next;
        p->next=q;              // 第 9 行
        q->next=NULL;           // 第 10 行
    }
    return L;
}// myNode
```

答案：

（1）（a_2,…,a_n,a_1）

（2）将长度大于 1 的链表中含第一个元素 a_1 的结点调至表的尾端。

解答注释： 解读此算法时，首先标示出算法中改变线性表结构的三个语句，即第 5 行、第 9 行及第 10 行的语句。L＝L—＞next 的作用显然是将头指针移至第 2 个结点，而欲了解后两个语句的作用，首先要看在此操作之前指针 p 与 q 所在位置。从之前的语句可见，q 指向第 1 个结点，p 指向最后一个结点。

五、算法设计题

10. 设计算法删除线性表中第 i 个元素起的 k 个元素，要求分别用以下两种设计方案，并分析比较这两种策略的算法时间复杂度。

第一种方案：直接使用线性表的基本操作来实现；

第二种方案：针对顺序存储结构来实现。

答案：

第一种方案：直接使用线性表的基本操作来实现，算法中使用了"求表长"及"删除给定位序元素"的操作，具体算法如下：

```
void firstProject(List &L, int i, int k){
    if(i>0 && i<=ListLength(L) && k>=1&& i+k-1<=ListLength(L)) {
                                  // 仅当所给的参数合理时进行删除操作

        for(j=i; j<=i+k-1; j++)
            ListDelete(L, j, e);       // 调用删除操作
    }
}
```

第二种方案：对于顺序存储结构的线性表，仅需通过左移元素便可一次性地删除序号连续的多个元素，即将顺序表中下标为 $i+k-1$ 至 L.length-1 的元素直接依次左移到下标为 $i-1$ 至 L.length$-k-1$ 的位置上（参阅图 2.21）。

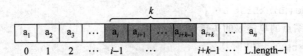

图 2.21　待删除元素的位置序号与所在顺序表中的对应下标

具体算法如下：

```
void secondProject(SqList &L, int i, int k){
    if(i>0 && i<=L.length && k>=1&& i+k-1<=L.length) {
                                  // 仅当所给的参数合理时进行删除操作

        for(j=i+k-1; j<=L.length-1; j++)
            L.elem[j-k]=L.elem[j];
                        // 将尾部的元素从左到右依次向左移动 k 个位置
        L.length=L.length-k;
    }
}
```

在第一种方案中，因为删除操作 ListDelete(L, j, e) 的时间复杂度是 $O(n)$，按最坏情况估计，算法总的时间复杂度达到了 $O(n^2)$ 的量级。在第二种方案中，显而易见，算法的时间复杂度是 $O(n)$。

扩展讨论：在第一种方案中，不涉及线性表具体的存储结构，仅利用线性表的基本操作函数 ListDelete 构建算法。此时对于线性表实际进行的操作是：每进行一次"删除"，都将 $n-(i+k)+1$ 个元素左移一个位置，由此算法的时间复杂度达到 $O(n^2)$ 的量级。第二种方案是直接针对具体的存储结构进行操作，被左移的元素可一次性地定位到最终位置，避免了元素的重复移动，从而使算法的时间复杂度控制在 $O(n)$ 的量级。

一般情况下，采用基本操作函数书写程序，方便快捷，可靠性又高，在实践中值得提倡，

但这可能付出稍许的效率代价。采用直接介入具体存储结构的方式书写算法,可以很灵巧地体现出效率,而这需要进行周全的构思与查验。我们在课业学习阶段,习惯上都要求采用后者;等到了职业生涯阶段,以语言提供的库函数操作接口写程序那才是正道,但能知晓从具体的数据存储结构到库函数操作接口的发展脉络将受益匪浅。

11. 以带头结点的单链表做线性表的存储表示,编写算法删除表中的偶数序号结点,使$(a_1,a_2,a_3,a_4,a_5,\cdots)$变为$(a_1,a_3,a_5,\cdots)$。

答案:
参考答案 1

```
void deleteOddNumber( LinkedList &L ) {
    p=L->next;
    while( p && p->next ) {
        q=p->next;
        p->next=q->next;           // 以跨接实现删除
        p=q->next;                 // p 移至下一个奇数序号结点
        free(q);                   // 释放被删除的偶数序号结点
    }
}
```

参考答案 2

```
void deleteOddNumber( LinkedList &L ) {
    p=L->next;
    if(!p)
        return;              // 排除空表的情况
    while( p->next ) {
        s=p->next;
        p->next=s->next;
        free(s);
        p=p->next;
        if(!p)
            return;          // p 指针已空,结束算法
    }
}
```

解答注释:第一个参考答案的设计思想是,一般情况下,用两个指针 p 与 q 分别指向链表中的奇数序号结点与偶数序号结点,则删除链表中偶数序号结点的基本操作为:p->next=q->next;free(q);显然操作的前提是 p 与 q 均非空,令 p 的初值指向第 1 个结点,则循环条件为 p 与 p->next 均非空。且对于每一个 p 所指结点,令 q=p->next。这里必须强调的是,千万不可将条件(p && p->next)误写成(p->next && p),否则将导致运行错误。

第二个参考答案的设计思想是,可以将两个条件的判别分开考虑,在确定指向奇数序号结点的指针 p 非空的前提下,只需判别 p 所指结点是否存在后继。此时首先必须排除空表

的情况,其次在循环语句内移动指针 p 指向下一个奇数序号结点之后,还必须判别 p 是否为空。

12.设线性表 $A=(a_1,a_2,a_3,\cdots,a_n)$ 以带头结点的单链表作存储结构。请编写一个算法,对 A 进行调整,使得当 n 为奇数时,$A=(a_2,a_4,\cdots,a_{n-1},a_1,a_3,\cdots,a_n)$,当 n 为偶数时,$A=(a_2,a_4,\cdots,a_n,a_1,a_3,\cdots,a_{n-1})$。

答案:

```
void evenOdd( LinkList &head ) {
    // q指针用作指向最后调换过去的偶数序号的结点,p指针指向当前的奇数序号结点
    q=head;                           // 指向头结点
    p=head ->next;                    // 指向第一个结点
    while( p && p ->next ) {
        r=p ->next;                   // 指向当前准备前插的偶数序号的结点
        p ->next=r ->next;            // 从当前位置剥离
        r ->next=q ->next; q ->next=r; // 改接到 a₁ 序号的结点之前
        q=q ->next;                   // 移动到下一个位置
        p=p ->next;                   // 移动到下一个位置
    }
}
```

解答注释:由于以链表表示线性表,则改变线性表元素间的次序关系,仅需修改结点之间的链接关系即可。由此可顺序扫描链表,逐一将偶数序号的结点从原地剥离出来,并改接到链表的前部,即含元素 a_1 的结点之前。整个过程在一个 **while** 循环中完成,时间复杂度为 $O(n)$。其中指针 r 指向当前待改动链接的偶数序号结点,指针 p 指向其前驱,指针 q 指向改接的位置。以下用图 2.22 描绘了指针的链接改变动作。

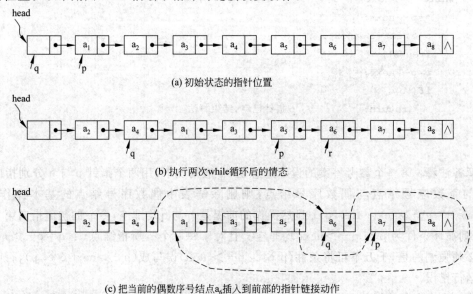

(a) 初始状态的指针位置

(b) 执行两次while循环后的情态

(c) 把当前的偶数序号结点a₆插入到前部的指针链接动作

图 2.22 指针的链接改变动作

13. 已知一个带头结点的单链表,结点结构为 | data | next |,设该链表只给出头指针 list,在不改变链表结构的前提下,请设计一个尽可能高效的算法,查找链表中倒数第 k 个位置上的结点(k 为正整数),若查找成功,算法输出该结点的数据域的值,并返回 1;否则,只返回 0。

答案:

```
int searchCountDownElement(LinkList list, int k) {
//list 为链头指针,链表含头结点,k 为正整数
    LinkList p, q;
    if(k<=0)
        return 0;                    // 所给的 k 不符合题目要求
    p=list ->next;
    q=p;
    // 使 q 与 p 两指针相距 k 个结点
    while(p&&k>0) {
        p=p ->next;                  //p 移动并计数,使 q 与 p 拉开 k 个结点的位移
        k--;                         // k 权作计数器,以控制 p 的位移量
    }
    // 链表长度不足 k,或 list 为空表,输出不成功的信息
    if(k>0)
        return 0;                    // 链表不足 k 个结点(不计头结点)
    // q 与 p 同步向表尾移动,当 p 为空时,q 停留在倒数第 k 个结点的位置
    while(p) {
        q=q->next;
        p=p->next;
    }
    // 输出该结点的数据域的值,并报成功的信息
    printf(q->data);
    return 1;
}
```

解答注释:算法的设计思想为,在链表中设置两个分别指向相距 k 个结点的指针 q 和 p,之后令它们同步向表尾方向移动,当后一指针 p 移动到空(NULL)时,前一指针 q 恰好停留在倒数第 k 个位置的结点处。

扩展讨论:此题上手并不难,难的是写出的算法能否经得起各种边界条件考验。这些条件可以由链表的长度与 k 值大小之间的关系组合得到,具体的测试用例如表 2.2 所示。

表 2.2　测试用例(假设 $k=4$,链表长度分别大于、等于和小于 k,以及空表等)

测试条件	测试的链表用例	解释说明
表长>k (一般的情况)	list ┌→│•│→│10│•│→│24│•│→│20│•│→│32│•│→│8│•│→│31│•│→│17│∧│ q　　　　　　　　　　　　　　p	p 移动到空,q 定位在倒数第 4 个结点处 (返回值为1)

测试条件	测试的链表用例	解释说明
表长＝k （表长与 k 相等）		p 移动到空,q 没移动 过,直接定位在倒数 第 4 个结点处（返回 值为 1）
表长＜k （表长小于 k）		p 移动到空,链表不 足 4 个结点（返回值 为 0）
空表		空链表,p 也指向空 （返回值为 0）
$k \leqslant 0$ （k 值不合 题目要求）		指针都不移动,直接 返回 0 值

14. 已知 A,B 和 C 为三个有序链表,编写算法从 A 表中删除 B 表和 C 表中共有的数据元素。

答案：

```
void deleteTogether(Linkedlist &La, Linkedlist Lb, Linkedlist Lc ) {
    pa=La->next;
    pb=Lb->next;
    pc=Lc->next;
    while(pa && pb && pc) {
        if(pa->data<pb->data) {
            pre=pa; // pre 为 pa 的前驱指针,删除元素结点时需用此指针
            pa=pa->next;
        }
        else if(pb->data<pc->data)
                pb=pb->next;
            else if(pc->data<pa->data)
                pc=pc->next;
                else {
                    pre->next=pa->next;    // 删除元素结点,改动指针链接
                    free(pa);              // 删除当前元素的结点
                    pa=pre->next;
                }
    }
}
```

解答注释：设三个指针 pa，pb 和 pc 分别指向这三个有序链表中的相应结点,则算法中

的主要操作为：比较这三个结点的元素值，以决定是否该删除当前的元素。其比较的过程可用一棵判定树来解释：当 $a_i = b_j = c_k$，进行删元素的操作；其他情况（$a_i < b_j$ 或 $b_j < c_k$ 或 $c_k < a_i$），则只须向后移动指针，详细情况请参看图 2.23。

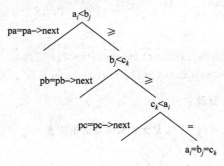

图 2.23　判定树

假设 $A = \{2, 4, 7, 10, 15, 20\}$，$B = \{4, 8, 10\}$，$C = \{1, 4, 10, 15\}$，删除元素 4 时的操作情态如图 2.24 所示。

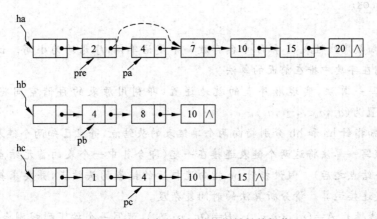

图 2.24　删除元素 4 时的指针链接操作

习　题

2.1　描述以下 3 个概念的区别：头指针，头结点，首元结点（第一个元素结点）。

2.2　填空题。

（1）在顺序表中插入或删除一个元素，需要平均移动　　　　　　　元素，具体移动的元素个数与　　　　　　　有关。

（2）顺序表中逻辑上相邻的元素的物理位置　　　　紧邻。单链表中逻辑上相邻的元素的物理位置　　　　紧邻。

（3）在单链表中，除了首元结点外，任一结点的存储位置由　　　　　　　指示。

（4）在单链表中设置头结点的作用是　　　　　　　　　　　　　。

2.3　画出执行下列各行语句后的各指针及链表的示意图。

```
L=new Lnode ; p=L;
for(i=1; i<=4; i++) {
    p->next=new LNode;
    p=p->next; p->data=i*2-1;
}
p->next=NULL;
for(i=4; i>=1; i--;) Ins_LinkList(L, i+1, i*2);
for(i=1; i<=3 ; i++) Del_LinkList(L, i);
```

2.4 简述以下算法的功能：

```
status A(LinkedList L)  {   //L是无表头结点的单链表
    if(L && L->next){
        q=L; L=L->next; p=L;
        while(p->next) p=p->next;
        p->next=q; q->next=NULL;
    }
    return OK;
} // A
```

2.5 已知顺序线性表 A 和 B 中各存放一个英语单词,字母均为小写。试编写一个判别哪一个单词在字典中排在前面的算法。

2.6 试写一算法,实现顺序表的就地逆置,即利用原表的存储空间将线性表(a_1, a_2, $\cdots$, a_n)逆置为(a_n, a_{n-1}, $\cdots$, a_1)。

2.7 已知指针 ha 和 hb 分别指向两个单链表的头结点,并且已知两个链表的长度分别为 m 和 n。试写一算法将这两个链表连接在一起(即令其中一个表的首元结点连在另一个表的最后一个结点之后)。假设指针 hc 指向连接后的链表的头结点,并要求算法以尽可能短的时间完成连接运算。请分析算法的时间复杂度。

2.8 设线性表 $A=(a_1, \cdots, a_m)$, $B=(b_1, \cdots, b_n)$,试写一个按下列规则合并 A、B 为线性表 C 的算法,即使得

$$C=(a_1, b_1, \cdots, a_m, b_m, b_{m+1}, \cdots, b_n) \text{ 当 } m \leqslant n \text{ 时；}$$

或者　　$C=(a_1, b_1, \cdots, a_n, b_n, a_{n+1}, \cdots, a_m)$ 当 $m>n$ 时。

线性表 A、B 和 C 均以单链表作存储结构,且 C 表利用 A 表和 B 表中的结点空间构成。注意:单链表的长度值 m 和 n 均未显式存储。

2.9 已知由一个线性链表表示的线性表中含有 3 类字符的数据元素(如:字母字符、数字字符和其他键盘字符),试编写算法将该线性链表分割为 3 个循环链表,其中每个循环链表表示的线性表中均只含一类字符。

2.10 设以带头结点的双向循环链表表示的线性表 $L=(a_1, a_2, \cdots, a_n)$。试写一时间复杂度为 $O(n)$ 的算法,将 L 改造为 $L=(a_1, a_3, \cdots, a_n, \cdots, a_4, a_2)$。

2.11 已知有序表中的元素以值递增有序排列,并以单链表[①]作存储结构。试写一高

---

① 今后若不特别指明,则凡以链表作存储结构时,均带头结点。

效的算法,删除表中所有值大于 mink 且小于 maxk 的元素(若表中存在这样的元素)同时释放被删结点空间,并分析算法的时间复杂度(注意:mink 和 maxk 是给定的两个参变量,它们的值可以和表中的元素相同,也可以不同)。

2.12 假设有两个按元素值递增有序排列的有序表 A 和 B,均以单链表作存储结构,请编写算法利用 A 表和 B 表中原有的结点将 A 表和 B 表归并成一个按元素值非递增有序排列的有序表 C。(例如:A=(1,2,3,4,6),B=(2,3,5,7,9),则 C=(9,7,6,5,4,3,3,2,2,1))。

2.13 假设以两个元素依值递增有序排列的有序顺序表分别表示两个集合 A 和 B(即同一表中的元素值各不相同),现要求不破坏原集合 A 和 B,另构造一个集合 C,其元素为 A 和 B 中元素的交集(显然集合 C 也应该以元素依值递增有序排列的有序顺序表表示)。

2.14 试以有序链表表示集合完成上题要求。

第3章 排　序

　　读者从第 2 章的讨论中已经看到,在很多场合,用有序表相对无序表可以节省算法的时间,提高解决问题的效率。那么,如何得到有序的顺序表? 当然可以在构造顺序表时依值的有序性进行插入求得,对无序的顺序表进行“排序”也是将它转化为有序的顺序表的一种途径。

　　从 2.4 节有序表的定义可见,可以转化为有序表的线性表中的数据元素必须是相互之间可以进行比较,在此称这种线性表为“可排序的表”。更一般化的情况,设数据元素由多个数据项构成,其中有一个被称做“关键字”的数据项,数据元素之间可按其关键字的“大小”进行比较,并且这个“大小”的含义是广义的,它可以理解为关键字之间存在某种“领先”的关系。本章中将称上述定义的数据元素为“记录”,可用 C 语言描述如下:

```
typedef int KeyType;        // 为简单起见,定义关键字类型为整型
typedef struct {
   KeyType key;             // 关键字项
   InfoType otherinfo;      // 其他数据项
} RcdType;                  // 记录类型
```

本章讨论的排序算法将对上述定义的记录进行排序,但在解释排序过程的图例中仅标出了记录的关键字。本章将首先提出有关排序的基本概念,然后介绍几种常用的内部排序方法,并分析它们的时间复杂度,最后对各种方法进行综合比较。

3.1　排序的基本概念

　　排序(sorting)是按关键字[①]的非递减或非递增顺序对一组记录重新进行整队(或排列)的操作。确切描述如下:

　　假设含有 n 个记录的序列为

$$\{r_1, r_2, \cdots, r_n\} \tag{3-1}$$

它们的关键字相应为

$$\{k_1, k_2, \cdots, k_n\}$$

对式(3-1)的记录序列进行排序就是要确定序号 $1, 2, \cdots, n$ 的一种排列

$$p_1, p_2, \cdots, p_n$$

使其相应的关键字满足如下的非递减(或非递增[②])的关系:

---

　　① 从排序的本意而言,排序可以对单个关键字进行,也可以对多个关键字的组合进行,可统称排序时所依赖的准绳为“排序码”。为讨论方便起见,本章约定排序只对单关键字进行排序。

　　② 若将式(3-2)中的“≤”改为“≥”,则满足非递增关系。

$$k_{p_1} \leqslant k_{p_{21}} \leqslant \cdots \leqslant k_{p_n} \tag{3-2}$$

也就是使式(3-1)的记录序列重新排列成一个按关键字有序的序列

$$\{r_{p_1} \leqslant r_{p_2} \leqslant \cdots \leqslant r_{p_n}\}^{①} \tag{3-3}$$

当待排序记录中的关键字 $k_i(i=1,2,\cdots,n)$ 都不相同时,则任何一个记录的无序序列经排序后得到的结果是唯一的;反之,若待排序的序列中存在两个或两个以上关键字相等的记录时,则排序所得到的记录序列的结果不唯一。假设 $k_i=k_j(1 \leqslant i \leqslant n, 1 \leqslant j \leqslant n, i \neq j)$,且在排序前的序列中 r_i 领先于 r_j(即 $i<j$)。若在排序后的序列中 r_i 仍领先于 r_j,则称所用的排序方法是**稳定的**;反之,若可能使排序后的序列中 r_j 领先于 r_i,则称所用的排序方法是**不稳定的**[②]。在某些有特殊要求的应用中需要考虑稳定性的问题。

根据在排序过程中涉及的存储器不同,可将排序方法分为两大类:(1)**内部排序**:在排序进行的过程中不使用计算机外部存储器的排序过程。(2)**外部排序**:在排序进行的过程中需要对外存进行访问的排序过程。本章仅讨论各种内部排序的方法。

待排序的记录序列可以用顺序表表示,也可以用链表表示。本章讨论的排序算法一律以下列说明的顺序表为操作对象。

```
const MAXSIZE=20;              // 一个用作示例的小顺序表的最大长度
typedef struct {
    RcdType   r[MAXSIZE+1];    // r[0]闲置或作为判别标志的"哨兵"单元
    int       length;          // 顺序表排序的记录空间为 r[1..length]
} SqList;                       // 顺序表类型
```

内部排序的过程是一个逐步扩大记录的有序序列长度的过程。通常在排序的过程中,参与排序的记录序列中可划分为两个区域:有序序列区和无序序列区,其中有序序列区中的记录已按关键字非递减有序排列。使有序序列区中记录的数目增加一个或几个的操作称为一趟排序。下面以**选择排序**(selection sort)为例剖析内部排序的过程。

在选择排序的过程中,待排记录序列的状态为

有序序列 R[1..i−1]	无序序列 R[i..n]

并且有序序列中所有记录的关键字均不大于无序序列中记录的关键字,则第 i 趟选择排序的操作是,从无序序列 R[i..n] 的 $n-i+1$ 个记录中选出关键字最小的记录 R[j] 和 R[i] 交换,从而使有序序列区从 R[1..i−1] 扩大至 R[1..i],如图 3.1 所示。

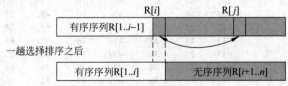

图 3.1　一趟选择排序操作示意图

---

① "≤"是偏序关系符号,读作"小于等于"。

② 对不稳定的排序方法,只要列举一个关键字实例,说明它不稳定即可。

一趟选择排序的算法如下：

算法 3.1

```
void SelectPass(SqList &L, int i)
{
  // 已知 L.r[1..i-1]中记录按关键字非递减有序,本算法实现第 i 趟选择排序,
  // 即在 L.r[i..n]的记录中选出关键字最小的记录 L.r[j]和 L.r[i]交换
  RcdType W;
  j=i;                    // j 指示关键字最小记录的位置,初值设为 i
  for(k=i+1; k<=L.length; k++)
    if(L.r[k].key<L.r[j].key) j=k;        // 暂不进行记录交换,只记录位置
  if(i != j)
    { W=L.r[j];L.r[j]=L.r[i];L.r[i]=W;}   // 最后互换记录 R[j] 和 R[i]
} // SelectPass
```

整个选择排序的过程是一趟选择排序过程的多次重复,融合 SelectPass,其算法如下:

算法 3.2

```
void SelectSort(SqList &L)
{
  // 对顺序表 L 作简单选择排序
  RcdType W;
  for(i=1; i<L.length; ++i) {          // 选择第 i 个小的记录,并交换到位
    j=i;
    for(k=i+1; k<=L.length; k++)        // 在 L.r[i..L.length]中选择 key 最小的记录
      if(L.r[k].key<L.r[j].key) j=k;
    if(i!=j)
      { W=L.r[j];L.r[j]=L.r[i];L.r[i]=W;}    // 与第 i 个记录交换
  }//for
} // SelectSort
```

例如,对下列一组关键字：

$$(49_1, 38, 65, 49_2, 76, 13, 27, 52)$$

进行选择排序过程中,每一趟排序之后的状况如图 3.2 所示。其中 49_1 和 49_2 表示两个关键字同为 49 的不同记录。

初始关键字：	49_1	38	65	49_2	76	13	27	52
i=1	**(13)**	38	65	49_2	76	**49_1**	27	52
i=2	**(13**	**27)**	65	49_2	76	49_1	**38**	52
i=3	**(13**	**27**	**38)**	49_2	76	49_1	**65**	52
i=4	**(13**	**27**	**38**	**49_2)**	76	49_1	65	52
i=5	**(13**	**27**	**38**	**49_2**	**49_1)**	**76**	65	52
i=6	**(13**	**27**	**38**	**49_2**	**49_1**	**52)**	65	**76**
i=7	**(13**	**27**	**38**	**49_2**	**49_1**	**52**	**65)**	94

图 3.2 选择排序示例

从上述选择排序的过程可见,在内部排序的过程中主要进行下列两种基本操作:(1)比较两个关键字的大小;(2)将元素从一个位置移动至另一个位置。因此对内部排序的时间复杂度的分析就是以这两种操作的执行次数为依据。从算法3.1可见,在第 i 趟选择排序过程中,需进行 $n-i$ 次关键字间的"比较"和交换记录时所需的至多3次"移动"记录操作。

整个选择排序过程中,需进行 $\frac{n(n-1)}{2}$ 次关键字间的比较和至多 $3(n-1)$ 次移动记录,因此它的时间复杂度为 $O(n^2)$。选择排序是在原记录数据空间上通过记录的交换进行的,只在交换记录时需要用一个辅助工作变量,因此它的空间复杂度为 $O(1)$。

就选择排序方法本身讲,它是一种稳定的排序方法,但图3.2所表现出来的现象是不稳定的,这是由于上述实现选择排序的算法采用的"交换记录"的策略所造成的,若改变这个策略,可以写出不产生"不稳定现象"的选择排序算法。

内部排序的方法很多,就排序算法的时间复杂度来区分,则可分为三类:(1)简单的排序方法,其时间复杂度为 $O(n^2)$;(2)先进的排序方法,其时间复杂度为 $O(n\log n)$;(3)基数排序,其时间复杂度为 $O(d \times n)$。本章仅就每一类介绍几种常用的排序方法。

3.2 简单排序方法

简单排序算法中,除上节讨论的选择排序之外,常用的还有插入排序和起泡排序。

3.2.1 插入排序

插入排序(insertion sort)的基本操作是将当前无序序列区 $R[i..n]$ 中的记录 $R[i]$ "插入"到有序序列区 $R[1..i-1]$ 中,使有序序列区的长度增1,如图3.3所示。

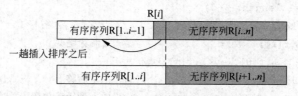

图3.3 一趟插入排序操作示意图

例如,对下列一组记录的关键字:

$$(49,38,65,76,27,13,91,52) \tag{3-4}$$

进行插入排序的过程中,前4个记录已按关键字非递减的顺序有序排列,构成一个含4个记录的有序序列

$$(38,49,65,76) \tag{3-5}$$

现要将式(3-4)中第5个(关键字为27的)记录插入到式(3-5)的序列中去,以得到一个新的含5个记录的有序序列

$$(27,38,49,65,76) \tag{3-6}$$

称这个过程为"一趟插入排序"。

这个插入操作显然应该利用第2章讨论的算法2.25来完成。回顾算法2.25,为了防

止循环变量出界,在循环结束的条件中加上了(i>=0)的判别,若将这个算法用在插入排序上,将会因为这个条件的判别增加排序的时间。当排序问题的规模较大或经常需要进行排序的应用场合,这一操作的时间开销就该有所计较。为此改写在有序表中进行插入的算法如下:利用 L.r[0]分量"复制"待插入的记录,则在向前查找插入位置时,循环变量就不可能发生出界的情况,称 L.r[0]为"哨兵"。由此可以改写这个插入算法如下:

算法 3.3

```
void InsertPass(SqList &L, int i)
{
  // 已知 L.r[1..i-1]中的记录已按关键字非递减的顺序有序排列,本算法实现
  // 将 L.r[i]插入其中,并保持 L.r[1..i]中记录按关键字非递减顺序有序
  L.r[0]=L.r[i];                      // 复制为哨兵
  for(j=i-1; L.r[0].key<L.r[j].key; --j)
    L.r[j+1]=L.r[j];                  // 记录后移
  L.r[j+1]=L.r[0];                    // 插入到正确位置
} // InsertPass
```

整个插入排序需进行 $n-1$ 趟"插入"。只含一个记录的序列必定是个有序序列,因此插入应从 $i=2$ 起进行。此外,若第 i 个记录的关键字不小于第 $i-1$ 个记录的关键字,"插入"也就不需要进行了。插入排序的算法如下:

算法 3.4

```
void InsertSort(SqList &L)
{
  // 对顺序表 L 作插入排序
  for(i=2; i<=L.length; ++i)
    if(L.r[i].key<L.r[i-1].key) {      // 当"<"时,才需将 L.r[i]插入有序子表
      L.r[0]=L.r[i];                    // 复制为哨兵
      for(j=i-1; L.r[0].key<L.r[j].key; --j)
        L.r[j+1]=L.r[j];                // 记录后移
      L.r[j+1]=L.r[0];                  // 插入到正确位置
    } // if
} // InsertSort
```

例如,对下列一组关键字进行插入排序过程中,每一趟排序之后的状况如图 3.4 所示。

插入排序算法的分析如下:由于在一趟插入排序中,L.r[0].key 至多和 i 个关键字进行比较,再加上"之前"的一次比较,则对于每个"i"至多进行 $(i+1)$ 次关键字间的比较,而整个插入排序中,i 从 2 变化到 n,因此插入排序的时间复杂度为 $O(n^2)$。类似选择排序,整个排序过程中也仅需一个哨兵的辅助空间,所以它的空间复杂度为 $O(1)$。

显然,如果原始记录已按关键字"非递减顺序"有序排列,则将使插入排序呈现最好状态,在每一趟中仅作一次比较,总的比较次数达到最小值 $C_{\min}=n-1$,且记录不作移动;反之,如果原始记录是按关键字"非递增顺序"有序(又称"逆序")排列,则插入排序呈现最坏状态。此时总的比较次数取最大值 $C_{\max}=(n+4)(n-1)/2$,并作同样次数的记录移动。

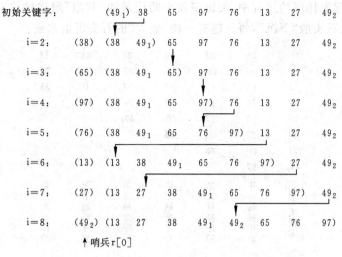

图 3.4　插入排序示例

从以上分析可知，当关键字分布情况不同时，算法在执行过程中的时间消耗也颇有差异。在随机情况下，实际的比较次数估计比最坏情况的要少，而且对插入排序而言，关键字分布的有序性越强，比较次数也越少。但对选择排序而言，关键字的分布对比较次数没有影响。

插入排序是稳定的排序方法。

3.2.2　起泡排序

起泡排序（bubble sort）的基本思想是通过对无序序列区中的记录进行相邻记录关键字间的"比较"和记录位置的"交换"实现关键字较小的记录向"一头"飘浮，而关键字较大的记录向"另一头"下沉，从而达到记录按关键字非递减顺序有序排列的目标。

假设在排序过程中，记录序列 $R[1..n]$ 分为无序序列 $R[1..i]$ 和有序序列 $R[i+1..n]$ 两个区域，则本趟起泡排序的基本操作是从第 1 个记录起，比较第 1 个记录和第 2 个记录的关键字，若呈"逆序"关系，则将两个记录交换，然后比较第 2 个记录和第 3 个记录的关键字，若呈"逆序"，则交换之。依此类推，直至比较了 $R[i-1]$ 和 $R[i]$ 之后，该无序区中关键字最大的记录将定位在 $R[i]$ 的位置上，如图 3.5 所示。

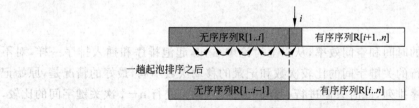

图 3.5　一趟起泡排序操作示意图

一般情况下，整个起泡排序只需进行 $k(1 \leqslant k < n)$ 趟起泡操作，起泡排序的结束条件是"在某一趟排序过程中没有进行记录交换的操作"。图 3.6 展示了起泡排序的一个例子。从

图示中可见,在起泡排序的过程中,关键字较小的记录如"起泡"般逐趟往上"飘浮",而关键字较大的记录如石头般"下沉",每一趟有一块"最大"的石头沉落水底。

49_1	38	38	38	38	13	**13**
38	49_1	49_1	49_1	13	26	**27**
65	65	65	13	27	38	**38**
97	76	13	27	49_1	**49_1**	
76	13	27	49_2	**49_2**		
13	27	49_2	**65**			
27	49_2	**76**				
49_2	97					
初始关键字	第一趟排序后	第二趟排序后	第三趟排序后	第四趟排序后	第五趟排序后	第六趟排序后

图 3.6 起泡排序示例

起泡排序的算法描述如下:

算法 3.5

```
void BubbleSort(SqList &L)
{
    // 对顺序表 L 作起泡排序
    RcdType W;
    i=L.length;
    while(i >1) {   // i>1 表明上一趟曾进行过记录的交换
        lastExchangeIndex=1;
        for(j=1; j<i; j++){
            if(L.r[j+1].key<L.r[j].key) {
                W=L.r[j]; L.r[j]=L.r[j+1]; L.r[j+1]=W;     // 互换记录
                lastExchangeIndex=j;
            }//if
        }//for
        i=lastExchangeIndex;       // 一趟排序中无序序列中最后一个记录的位置
    }// while
}// BubbleSort
```

分析起泡排序的时间和空间效率,从以上讨论中可知,起泡排序和插入排序一样,对不同组的记录所需进行的关键字间的比较次数和记录的移动次数不同,最好的情况是,原始记录按关键字顺序有序排列,此时只需进行一趟起泡排序,则只进行 $n-1$ 次关键字间的比较,且没有移动记录。反之,最坏的情况是,记录按关键字逆序有序排列,此时需进行 $n-1$ 趟起泡,整个排序过程中进行的关键字间的比较次数为

$$\sum_{i=n}^{2}(i-1) = \frac{n(n-1)}{2}$$

记录的移动次数为

$$3\sum_{i=n}^{2}(i-1)=\frac{3n(n-1)}{2}$$

因此,起泡排序的时间复杂度为 $O(n^2)$。和选择排序类似,起泡排序的过程中也只需要一个辅助空间,故空间复杂度为 $O(1)$。

起泡排序也是稳定的排序方法。

3.3 先进排序方法

3.3.1 快速排序

快速排序(quick sort)是从起泡排序改进而得的一种"交换"排序方法。它的基本思想是通过一趟排序将待排记录分割成相邻的两个区域,其中一个区域中记录的关键字均比另一区域中记录的关键字小(区域内不见得有序),则可分别对这两个区域的记录进行再排序,以达到整个序列有序。

假设待排序的原始记录序列为

$$(R_s,R_{s+1},\cdots,R_{t-1},R_t)$$

则一趟快速排序的基本操作是:任选一个记录(通常选记录 R_s),以它的关键字作为"枢轴",凡序列中关键字小于枢轴的记录均移动至该记录之前;反之,凡序列中关键字大于枢轴的记录均移动至该记录之后。致使一趟排序之后,记录的无序序列 R[s..t] 将分割成两部分:R[s..i-1] 和 R[i+1..t],且使

R[j].key ≤ R[i].key ≤ R[j].key
(s≤j≤i-1) 枢轴 (i+1≤j≤t)

具体操作过程描述如下:假设枢轴记录的关键字为 pivotkey,附设两个指针 low 和 high,它们的初值分别为 s 和 t。首先将枢轴记录移至临时变量,之后检测指针 high 所指记录,若 R[high].key≥pivotkey,则减小 high,否则将 R[high]移至指针 low 所指位置,之后检测指针 low 所指记录,若 R[low].key≤pivotkey,则增加 low,否则将 R[low]移至指针 high 所指位置,重复进行上述两个方向的检测,直至 high 和 low 两个指针指向同一位置重合为止,如算法 3.6 所述。

算法 3.6

```
int Partition(RcdType R[], int low, int high)
{
    // 对记录子序列 R[low..high]进行一趟快速排序,并返回枢轴记录所在位置,
    // 使得在它之前的记录的关键字均不大于它的关键字,在它之后的记录的关键
    // 字均不小于它的关键字
    R[0]=R[low];                // 将枢轴记录移至数组的闲置分量
    pivotkey=R[low].key;        // 枢轴记录关键字
    while(low<high) {           // 从表的两端交替地向中间扫描
        while(low<high && R[high].key>=pivotkey)
```

```
        --high;
    if(low<high)
      R[low++]=R[high];          // 将比枢轴记录小的记录移到低端
    while(low< high && R[low].key<=pivotkey)
      ++low;
    if(low<high)
      R[high--]=R[low];          // 将比枢轴记录大的记录移到高端
  } //while
  R[low]=R[0];                   // 枢轴记录移到正确位置
  return low;                    // 返回枢轴位置
} // Partition
```

例如：将关键字序列$(49_1,38,65,97,76,13,27,49_2)$调整为$(27,38,13,(49_1),76,97,65,49_2)$(其中$(49_1)$为枢轴记录的关键字)的过程如图 3.7 所示。

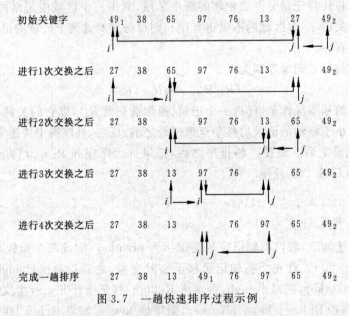

图 3.7　一趟快速排序过程示例

一趟快速排序的过程又称"一次划分"。对枢轴两侧的左右区域继续如法炮制，即整个快速排序的过程可递归进行。若待排的原始记录序列中只有一个记录，则显然已有序，不再需要进行排序；否则首先对该记录序列进行"**一次划分**"，之后**分别**对分割所得两个子序列"**递归**"进行快速排序，如图 3.8 所示。快速排序的算法如算法 3.7 所示。

```
初始状态      {49₁  38  65  97  76  13  27  49₂}
一次划分之后  {27   38  13}  49₁  {76  97  65  49₂}
分别进行快排序 {13}  27  {38}
             结束  结束        {49₂ 65  76  {97}
                              49₂  {65}      结束
                                    结束
有序序列      (13   27  38  49₁ 49₂ 65  76  97)
```
图 3.8　快速排序过程示例

算法 3.7

```
void QSort(RcdType R[], int s, int t)
{
    // 对记录序列 R[s..t]进行快速排序
    if(s<t) {                              // 长度大于 1
        pivotloc=Partition(R, s, t);       // 对 R[s..t]进行一次划分,并返回枢轴位置
        QSort(R, s, pivotloc-1);           // 对低端子序列递归排序
        QSort(R, pivotloc+1, t);           // 对高端子序列递归排序
    } // if
} // Qsort
```

算法 3.7 中使用了一对参数 s 和 t 作为待排序区域的上下界。在算法的递归调用过程执行中,这两个参数随着"区域的划分"而不断变化。在对顺序表 L 进行快速排序调用算法 3.7 时,s 和 t 的初值应分别置为 1 和 L.length,如算法 3.8 所示。

算法 3.8

```
void QuickSort(SqList &L)
{
    // 对顺序表 L 进行快速排序
    QSort(L.r, 1, L.length);
} // QuickSort
```

快速排序在一般情况下是效率很高的排序方法。可推导证得,快速排序的平均时间复杂度为 $O(n\log n)$。快速排序目前被认为是同数量级($O(n\log n)$)中最快的内部排序方法,这是由于对区域不断"一分为二"所带来的效益,但这仅就平均性能而言。如果待排序的原始记录序列已按关键字有序或"基本有序"排列时,快速排序的时间复杂度将蜕化为 $O(n^2)$,因为在这种情况下经常会发生这样的情况,即长度为 n 的记录序列经一次划分后得到的两个子序列的长度分别为 0 和 $n-1$,也就是说未能进行"一分为二"的划分,从而失去了快速排序的优势。为避免出现"蜕化"情形,通常依"三者取中"的规则选取枢轴记录,即对 R[s].key、R[t].key 和 R[(s+t)/2].key 三者进行比较,以它们中取"中值"的记录为枢轴记录。只要将它和 R[s]互换,之后仍然可按算法 3.6 进行一次划分。经验证,采用三者取中规则可以大大改善快速排序在最坏情况下的性能。然而,即使如此,也不能使快速排序在待排记录序列已经有序的情况下达到和起泡排序相同的时间复杂度为 $O(n)$ 的结果。快速排序的空间复杂度在一般情况下为 $O(\log n)$,最坏情况下为 $O(n^2)$。

快速排序是不稳定的排序方法。

3.3.2　归并排序

归并排序(merge sort)是利用"归并"操作的一种排序方法。从 2.4 节有序表的讨论中得知,将两个有序表"归并"为一个有序表,无论是顺序表还是链表,归并操作都可以在线性时间复杂度内实现。归并排序的基本操作是将两个位置相邻的有序记录子序列

$R[i..m]R[m+1..n]$归并为一个有序记录序列 $R[i..n]$,如算法 3.9 所示。

算法 3.9

```
void Merge(RcdType SR[], RcdType TR[], int i, int m, int n)
{
    // 将有序的 SR[i..m]和 SR[m+1..n]归并为有序的 TR[i..n]
    for(j=m+1, k=i; i<=m && j<=n; ++k) {    // 将 SR 中记录由小到大地并入 TR
        if(SR[i].key<=SR[j].key) TR[k]=SR[i++];
        else TR[k]=SR[j++];
    }
    while(i<=m) TR[k++]=SR[i++];             // 将剩余的 SR[i..m]复制到 TR
    while(j<=n) TR[k++]=SR[j++];             // 将剩余的 SR[j..n]复制到 TR
} // Merge
```

实现归并排序的基本思想是:在待排序的原始记录序列 $R[s..t]$ 中取一个中间位置 $(s+t)/2$,先分别对子序列 $R[s..(s+t)/2]$ 和 $R[(s+t)/2+1..t]$ 进行归并排序,然后调用算法 3.9 便可实现整个序列 $R[s..t]$ 成为记录的有序序列。因此,归并排序的算法也可以是一个递归调用的算法,如算法 3.10 和算法 3.11 所示。

算法 3.10

```
void Msort(RcdType SR[], RcdType TR1[], int s, int t)
{
    // 对 SR[s..t]进行归并排序,排序后的记录存入 TR1[s..t]
    RcdType TR2[t-s+1];            // 开设用于存放归并排序中间结果的辅助空间
    if(s==t) TR1[s]=SR[s];
    else {
        m=(s+t)/2;                // 将 SR[s..t]平分为 SR[s..m]和 SR[m+1..t]
        Msort(SR, TR2, s, m);     // 递归地将 SR[s..m]归并为有序的 TR2[s..m]
        Msort(SR, TR2, m+1, t);   // 递归地将 SR[m+1..t]归并为有序的 TR2[m+1..t]
        Merge(TR2, TR1, s, m, t); // 将 TR2[s..m]和 TR2[m+1..t]归并到 TR1[s..t]
    } // else
} // MSort
```

算法 3.11

```
void MergeSort(SqList &L)
{
    // 对顺序表 L 作归并排序
    MSort(L.r, L.r, 1, L.length);
} // MergeSort
```

利用算法 3.11 对关键字序列 $(23,15,04,30,07)$ 进行归并排序的过程如图 3.9 所示。归并排序的时间复杂度为 $O(n\log n)$,空间复杂度为 $O(n)$。

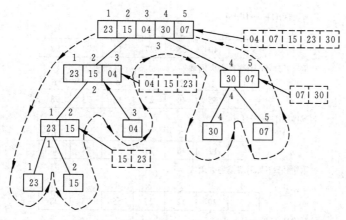

图 3.9 归并排序的具体执行过程示例

归并排序是稳定的排序方法。

3.3.3 堆排序

堆排序(heap sort)是对选择排序的一种改进方法。在此首先需引进"堆"的概念。

堆的定义：堆是满足下列性质的数列 $\{r_1, r_2, \cdots, r_n\}$：

$$\begin{cases} r_i \leqslant r_{2i} \\ r_i \leqslant r_{2i+1} \end{cases} \quad 或 \quad \begin{cases} r_i \geqslant r_{2i} \\ r_i \geqslant r_{2i+1} \end{cases} \qquad (3-7)$$

$$(i = 1, 2, \cdots, \lfloor n/2 \rfloor)$$

若上述数列是堆，则 r_1 必是数列中的最小值或最大值，则分别称满足式(3-7)所示关系的序列为小顶堆或大顶堆。

堆排序即是利用堆的特性对记录序列进行排序的一种排序方法。具体作法是：先按记录的关键字建一个"大顶堆"，因此选得一个关键字为最大的记录，然后与序列中最后一个记录交换，之后继续对序列中前 $n-1$ 记录进行"筛选"，重新将它调整为一个"大顶堆"，再将堆顶记录和第 $n-1$ 个记录交换。这样，有序性逐渐从右部向左扩大，如此反复直至排序结束。图 3.10 所示为堆排序的一个例子。

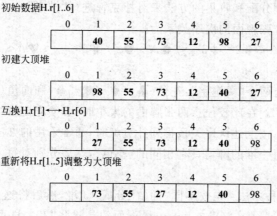

图 3.10 堆排序实例

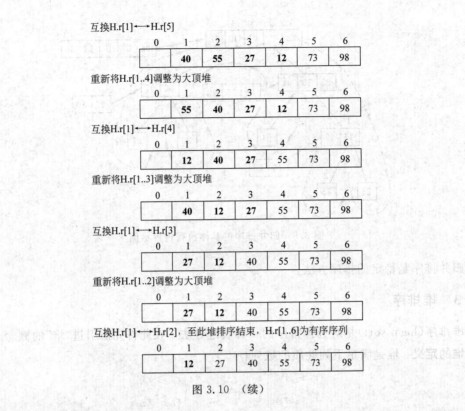

互换H.r[1]←→H.r[5]

0	1	2	3	4	5	6
	40	**55**	**27**	**12**	73	98

重新将H.r[1..4]调整为大顶堆

0	1	2	3	4	5	6
	55	**40**	**27**	**12**	73	98

互换H.r[1]←→H.r[4]

0	1	2	3	4	5	6
	12	**40**	**27**	55	73	98

重新将H.r[1..3]调整为大顶堆

0	1	2	3	4	5	6
	40	**12**	**27**	55	73	98

互换H.r[1]←→H.r[3]

0	1	2	3	4	5	6
	27	**12**	40	55	73	98

重新将H.r[1..2]调整为大顶堆

0	1	2	3	4	5	6
	27	**12**	40	55	73	98

互换H.r[1]←→H.r[2]，至此堆排序结束，H.r[1..6]为有序序列

0	1	2	3	4	5	6
	12	27	40	55	73	98

图 3.10 （续）

进一步讨论堆排序的算法需要有关完全二叉树的知识,具体算法将在第 6 章中介绍,堆排序的时间复杂度为 $O(n\log n)$,空间复杂度为 $O(1)$。

3.4 基 数 排 序

基数排序(radix sorting)是和前几节讨论的排序方法完全不相同的一种排序方法。从前几节的讨论可见,实现排序主要是通过关键字之间的比较和移动记录这两种操作来完成的,而实现基数排序不需要进行关键字间的比较,而是利用"分配"和"收集"两种基本操作。

例如,我们可以用分配和收集的方法来对扑克牌进行"排序"。

已知扑克牌中 52 张牌面的次序关系为

$$♣2<♣3<\cdots<♣A<♦2<♦3\cdots<♦A<♥2<♥3<\cdots<♥A<♠2<♠3<\cdots<♠A$$

(3-8)

可以认为,每一张牌有两个"关键字":花色($♣<♦<♥<♠$)和面值($2<3<\cdots<A$),且"花色"的地位高于"面值"。在比较任意两张牌面的大小时,必须先比较"花色",若"花色"相同,则再比较面值。由此,按上述次序关系排列扑克牌时,通常采用的办法是:先按不同"花色"分成有次序的 4 堆,每一堆的牌均具有相同的"花色",然后分别对每一堆按"面值"大小整理有序。

也可以采用另一种办法:先按不同"面值"分成 13 堆,然后将这 13 堆牌从大到小叠在一起("A"在"K"之上,"K"在"Q"之上……最下面的是 4 张"2"),再重新按不同"花色"分成

4 堆,最后将这 4 堆牌按自小至大的次序合在一起(♣在最上面,♠在最下面),便得到满足式(3-8)所示的次序关系(如图 3.11 所示)。

基数排序的思想酷似这种理牌的方法。有的逻辑关键字可以看成由若干个关键字复合而成的。例如,若关键字是数值,且其值都在 $0 \leqslant k \leqslant 999$ 范围内,则可把每一个十进制数字看成一个关键字,即可认为 k 由 3 个关键字 (k^2, k^1, k^0) 组成,其中 k^2 是百位数,k^1 是十位数,k^0 是个位数;又若关键字 k 是由 5 个字母组成的单词,则可看成是由 5 个关键字 $(k^4, k^3, k^2, k^1, k^0)$ 组成,其中每个字母 k^j 都是一个关键字,k^0 是最低位,k^4 是最高位。由于如此分解而得的每个关键字 k_j 都在相同的取值范围内,故可以按分配和收集的方法进行排序。假设记录的逻辑关键字由 d 个"关键字"构成,每个关键字可能取 r 个值,则只要从**最低位关键字**起,按关键字的不同值将记录"分配"到 r 个队列之后再"收集"在一起,如此重复 d 趟,最终完成整个记录序列的排序。按这种方法实现的排序称为基数排序,其中"基数"指的是 r 的取值范围,上述由数字、字母构成的这两种关键字的基数分别为"10"和"26"。

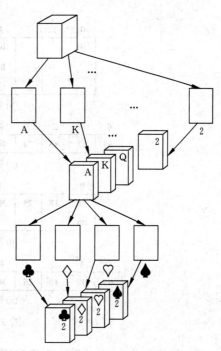

图 3.11 扑克牌的一种理牌过程

例如,对关键字为(78,09,63,30,74,89,94,25,05,69,18,83)的记录需进行两趟"分配"和"收集"。待排的原始记录如图 3.12(a)所示。第一趟分配对"个位数"进行,根据每个记录关键字个位数的值(0,1,…,9),将它们分配到 10 个队列中去,如图 3.12(b)所示,然后进行第一趟收集,即依个位数为 0,1,…,9 的顺序将记录连接在一起,如图 3.12(c)所示,之后再按关键字的"十位数"进行分配,分配结果如图 3.12(d)所示,第二趟收集的结果如图 3.12(e)所示,所得即为记录的有序序列。

对由顺序表表示法存储的记录进行基数排序可利用"计数"和"复制"的操作实现。分析图 3.12(c)和图 3.12(a)中记录所在不同位置可见,在(c)中的第一个记录显然应是对(a)中记录自左至右扫描遇到的第一个个位数最小的记录,关键字为 63 的记录在(c)中处在第二个位置是因为个位数为"0"、"1"、"2"的记录只有 1 个,而由于个位数为"3"的记录有 2 个,则(a)中第一个个位数为"4"的记录在(c)中就应该处在第四个位置上,依此类推。由此可见,只要对(a)中记录关键字的"个位数"进行自左至右的扫描计数,便可得到记录在(c)中应处的位置,类似,对(c)中记录关键字的"十位数"进行自左至右的扫描计数,便可得到记录在(e)中应处的位置。从(a)到(c)和从(c)到(e)需要一个辅助空间对记录进行"复制"操作。仍以上述关键字为例,利用"计数"和"复制"进行基数排序的过程如图 3.13 所示。

从图 3.13 可见,计数数组"累加"($count[i] = count[i] + count[i-1]$, $i = 1, \cdots, 9$) 后的值 $count[i]$ 表示记录中关键字该位数取值为"0"至"i"的记录总数,即"原记录数组"中最后一个关键字该位数取值为"i"的记录应该复制到"复制后的数组"中第 **count[i]** 个分量中。例

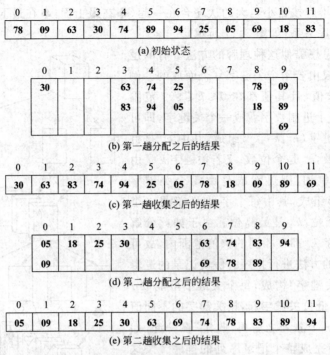

图 3.12 基数排序示例

如,图 3.13(b)中,count[5]=7,意味着关键字个位取"0"至"5"的记录共有 7 个。原记录中最后一个关键字个位为 5 的记录 05,复制到"复制后的数组"中第 7 个分量中,位置下标是 6;05 前一个个位为 5 的记录 25 的位置下标是 6−1=5。

在描述基数排序的算法之前,尚需重新定义记录类型。

```
define MAX_NUM_OF_KEY 6          // 关键字项数的最大值暂定为 6
define RADIX 10                  // 关键字基数,此为十进制整数的基数
define MAXSIZE 10000
typedef struct {
  KeysType keys[MAX_NUM_OF_KEY];  // 关键字
  InfoType otheritems;            // 其他数据项
  int bitsnum;                    // 关键字的位数
} RcdType;                        // 基数排序中的记录类型
```

算法 3.12

```
void RadixSort(SqList &L)
{
  // 对顺序表 L 进行基数排序
  RcdType C[L.length];           // 开设同等大小的辅助空间用于复制数据
  i=bitsnum-1;
  while(i>=0) {
    RadixPass(L.r, C, L.length, i); // 对 L.r 进行一趟基数排序,排序结果存入 C
```

```
      i--;
    if(i>=0) {
      RadixPass(C, L.r, L.length, i);   // 对 C 进行一趟基数排序,排序结果存入 L.r
      i--;
    }//if
    else
      for(j=0; j<l.length; ++j) L.r[j]=C[j];// 排序后的结果在 C 中,复制至 L.r 中
  }// while
}// RadixSort
```

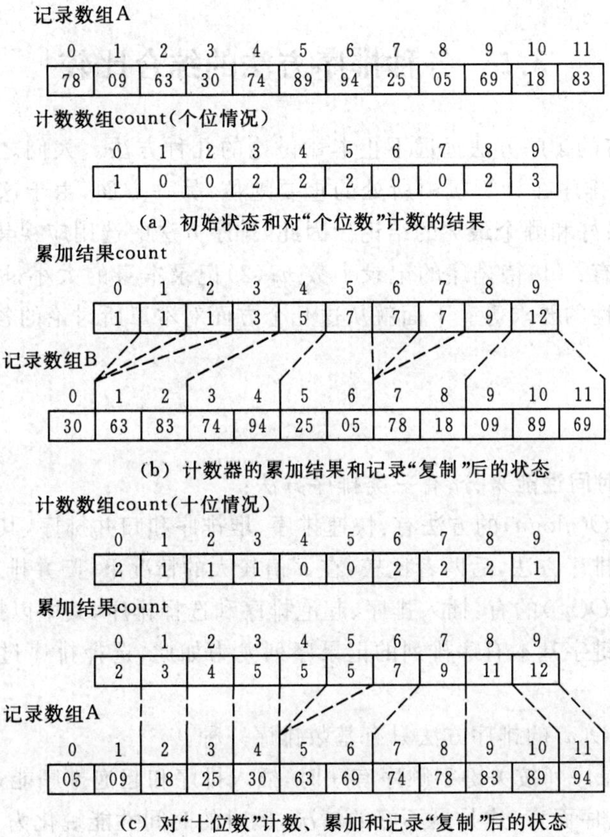

记录数组A

0	1	2	3	4	5	6	7	8	9	10	11
78	09	63	30	74	89	94	25	05	69	18	83

计数数组count(个位情况)

0	1	2	3	4	5	6	7	8	9
1	0	0	2	2	2	0	0	2	3

(a) 初始状态和对"个位数"计数的结果

累加结果count

0	1	2	3	4	5	6	7	8	9
1	1	1	3	5	7	7	7	9	12

记录数组B

0	1	2	3	4	5	6	7	8	9	10	11
30	63	83	74	94	25	05	78	18	09	89	69

(b) 计数器的累加结果和记录"复制"后的状态

计数数组count(十位情况)

0	1	2	3	4	5	6	7	8	9
2	1	1	1	0	0	2	2	2	1

累加结果count

0	1	2	3	4	5	6	7	8	9
2	3	4	5	5	5	7	9	11	12

记录数组A

0	1	2	3	4	5	6	7	8	9	10	11
05	09	18	25	30	63	69	74	78	83	89	94

(c) 对"十位数"计数、累加和记录"复制"后的状态

图 3.13　利用"计数"和"复制"实现基数排序示例

算法 3.13

```
void RadixPass(RcdType A[], RcdType B[], int n, int i)
{
  // 对数组 A 中记录关键字的"第 i 位"计数,并按计数数组 count 的值
  // 将数组 A 中记录复制到数组 B 中
  for (j=0; j<RADIX; ++j) count[j]=0;               // 计数数组初始化为 0
  for (k=0; k<n; ++k) count[ A[k].keys[i] ]++;   // 对关键字的第 i 位"计数"
  for (j=1; j<RADIX; ++j) count[j]=count[j-1] +count[j];     // 累加操作
```

```
    for (k=n-1; k>=0; --k) {                     // 从右端开始复制记录
        j=A[k].keys[i];
        B[ count[j]-1 ]=A[k];
        count[j]--;
    }// for
}// RadixPass
```

假设记录的逻辑关键字由 d 位数字或字母组成,则需进行 d 趟基数排序,每一趟都要对 n 个记录进行"计数"和"复制",则基数排序的时间复杂度为 $O(d \times n)$,由于在复制过程中需要和记录数等量的辅助空间,因此它的空间复杂度为 $O(n)$。

3.5 各种排序方法的综合比较

迄今为止,已有的排序方法远远不止本章讨论的几种方法。人们之所以热衷于研究多种排序方法是由于排序在计算机中所处的重要地位;另一方面,由于这些方法各有其优缺点,难以得出哪个最好和哪个最坏的结论。因此,排序方法的选用应视具体场合而定。一般情况下考虑的原则有:(1)待排序的记录个数 n;(2)记录本身的大小;(3)关键字的分布情况;(4)对排序稳定性的要求等。下面就从这几个方面对本章所讨论的各种排序方法作综合比较。

1. 时间性能

(1) 按平均的时间性能来分,有三类排序方法:

时间复杂度为 $O(n\log n)$ 的方法有:快速排序、堆排序和归并排序,其中快速排序目前被认为是最快的一种排序方法,后两者比较,在 n 值较大的情况下,归并排序较堆排序更快。

时间复杂度为 $O(n^2)$ 的有:插入排序、起泡排序和选择排序,其中以插入排序为最常用,特别是对于已按关键字基本有序排列的记录序列尤为如此,选择排序过程中记录移动次数最少。

时间复杂度为 $O(n)$ 的排序方法只有基数排序一种。

(2) 当待排记录序列按关键字顺序有序时,插入排序和起泡排序能达到 $O(n)$ 的时间复杂度;而对于快速排序而言,这是最不好的情况,此时的时间性能蜕化为 $O(n^2)$,因此应尽量避免。

(3) 选择排序、堆排序和归并排序的时间性能不随记录序列中关键字的分布而改变。在大多数情况下,人们应事先对要排序的记录关键字的分布情况有所了解,才可对症下药,选择有针对性的排序方法。

(4) 以上对排序的时间复杂度的讨论主要考虑排序过程中所需进行的关键字间的比较次数,当待排序记录中其他各数据项比关键字占有更大的数据量时,还应考虑到排序过程中移动记录的操作时间,有时这种操作的时间在整个排序过程中占的比例更大,从这个观点考虑,简单排序的三种排序方法中起泡排序效率最低。

2. 空间性能

空间性能指的是排序过程中所需的辅助空间大小。

(1) 所有的简单排序方法(包括：插入、起泡和选择排序)和堆排序的空间复杂度均为 $O(1)$。

(2) 快速排序为 $O(\log n)$，为递归程序执行过程中栈所需的辅助空间。

(3) 归并排序和基数排序所需辅助空间最多，其空间复杂度为 $O(n)$。

3. 排序方法的稳定性能

(1) 稳定的排序方法指的是对于两个关键字相等的记录在经过排序之后，不改变它们在排序之前在序列中的相对位置。

(2) 除快速排序和堆排序是不稳定的排序方法外，本章讨论的其他排序方法都是稳定的。例如：对关键字序列 $(4^1, 3, 4^2, 2)$ 进行快速排序，其结果为 $(2, 3, 4^2, 4^1)$。

(3) "稳定性"是由方法本身决定的。一般来说，排序过程中所进行的比较操作和交换数据仅发生在相邻的记录之间，没有大步距的数据调整时，则排序方法是稳定的。如本章 3.1 节中的选择排序没有满足"稳定"的要求是因为每趟在右部无序区找到最小记录后，常要跳过很多记录进行交换调整。显然若把"交换调整"的方式改一改就能写出稳定的选择排序算法。而对不稳定的排序方法，不论其算法的描述形式如何，总能举出一个说明它不稳定的实例来。

综合上述，可得表 3.1 所示结果。

表 3.1 各种排序方法的综合比较

排序方法	平均时间	最坏情况	最好情况	辅助空间	稳定性
插入排序	$O(n^2)$	$O(n^2)$	$O(n)$	$O(1)$	√
选择排序	$O(n^2)$	$O(n^2)$	$O(n^2)$	$O(1)$	√
起泡排序	$O(n^2)$	$O(n^2)$	$O(n)$	$O(1)$	√
快速排序	$O(n\log n)$	$O(n^2)$	$O(n\log n)$	$O(\log n)$	×
归并排序	$O(n\log n)$	$O(n\log n)$	$O(n\log n)$	$O(n)$	√
堆排序	$O(n\log n)$	$O(n\log n)$	$O(n\log n)$	$O(1)$	×
基数排序	$O(d\times n)$	$O(d\times n)$	$O(d\times n)$	$O(n)$	√

由此，在选择排序方法时，可有下列几种选择：

(1) 若待排序的记录个数 n 值较小(例如 $n < 30$)，则可选用插入排序法，但若记录所含数据项较多，所占存储量大时，应选用选择排序法。反之，若待排序的记录个数 n 值较大时，应选用快速排序法。但若待排序记录关键字有"有序"倾向时，就慎用快速排序，而宁可选用归并排序或堆排序。

(2) 快速排序和归并排序在 n 值较小时的性能不及插入排序，因此在实际应用时，可将它们和插入排序"混合"使用。如在快速排序划分子区间的长度小于某值时，转而调用插入排序;或者对待排记录序列先逐段进行插入排序,然后再利用"归并操作"进行两两归并直至整个序列有序为止。

（3）基数排序的时间复杂度为 $O(d \times n)$,因此特别适合于待排记录数 n 值很大,而关键字"位数 d"较小的情况。并且还可以调整"基数"(如将基数定为 100 或 1000 等)以减少基数排序的趟数 d 的值。

（4）一般情况下,进行排序的记录的"排序码"各不相同,则排序时所用的排序方法是否稳定无关紧要。但在有些情况下的排序必须选用稳定的排序方法。例如,一组学生记录已按学号的顺序有序,由于某种需要,希望根据学生的身高进行一次排序,并且排序结果应保证相同身高的同学之间的学号具有有序性。显然,在对"身高"进行排序时必须选用稳定的排序方法。

上面提到的排序方法是对比较单纯的数据模型进行讨论的,而实际的问题往往比这要复杂,需要综合运用学过的排序办法。例如在有些应用场合,关键字的组成结构不一定是整数型,每个分关键字有不同的属性值。例如,汽车牌照 01E3054、14B4417 是字母和数字混合结构。这是一种多关键字的排序应用,需要把关键字拆成数字、字母和数字 3 个分关键字,进行 3 次排序。而第 2、3 次的排序又必须是稳定的排序方法。

解题指导与示例

一、单项选择题

1. 将两个各含 n 个记录的有序表归并成一个新的有序表时,所需进行关键字间比较次数的最小值为(   )。

    A. $n-1$ B. n C. $2n-1$ D. $2n$

答案:B

解答注释:不失一般性,假设第一个表中最大关键字小于或等于第二个表中最小关键字,则归并过程中当第一个表中记录都归并入新的有序表之后,仅需直接将第二个表中记录依次复制至新的有序表中,而不再需要进行任何关键字间的比较操作。此种情况下的归并所需关键字间比较次数达最少,只有 n 次(第一个表中的 n 个元素与第二个表中的第一个元素各比较一次)。可用以下的数据模型作参考(共进行 5 次比较)。

$((11,17,18,20,31)(40,44,47,52,66))$

2. 用某种排序方法对关键字序列 $(25,84,21,47,15,27,68,35,20)$ 进行排序时,如果前四趟排序的结果如下,则所采用的排序方法是(   )。

第一趟:84,47,68,35,15,27,21,25,20

第二趟:68,47,27,35,15,20,21,25,84

第三趟:47,35,27,25,15,20,21,68,84

第四趟:35,25,27,21,15,20,47,68,84

    A. 选择排序   B. 归并排序   C. 堆排序   D. 快速排序

答案:C

解答注释：解答此题较直观的方法之一是用"排除法"，从列出的局部排序结果看，它不可能是归并排序或快速排序。而若是选择排序，则第一趟的前 4 个元素应是(84,25,47,21)，由此这个局部排序结果只可能由堆排序得到。

3. 对下列关键字序列进行快速排序时，所需比较次数最少的关键字序列应该为( )。

    A. (1,2,3,4,5,6,7,8)   B. (8,7,6,5,4,3,2,1)

    C. (4,3,8,6,1,7,5,2)   D. (2,1,5,4,3,6,7,8)

答案：C

解答注释：当原始待排序列已按关键字有序或"基本有序"时，快速排序将不能得到"均衡二分"的划分结果，总体效率会明显下降，所需的比较次数就随之上升。显然答案 A 和 B（一个升序，一个降序）不可取；且若要使每一次的划分都能达到"均衡二分"的效果，序列中大于和小于枢轴的关键字个数应近乎相等，显然答案 D 不如答案 C，后者在排序过程中，三次划分的枢轴分别为 4,2 及 6。

4. 下列排序方法中，比较次数与记录的初始排列状态无关的是( )。

    A. 插入排序   B. 选择排序   C. 快速排序   D. 起泡排序

答案：B

解答注释：上述 4 个答案中，只有选择排序的排序过程和记录的初始状态无关，无论何种初始状态，选择排序都必须进行 $n-1$ 趟，且每一趟都是在 $n-i+1(1\leqslant i\leqslant n-1)$ 个关键字中"选择"最小或最大值。

二、填空题

5. 对关键字序列(54,38,96,23,15,72,60,45,83)进行直接插入排序时，将第 7 个关键字 60 插入到已经得到的有序子序列中所需进行的移动操作次数是_____。

答案：4

解答注释：由于在"60"之前只有两个关键字(96 与 72)大于 60，因此在将 60 插入到之前得到的有序子序列时，除了将关键字为 60 的记录"复制为哨兵"及"插入到正确位置"之外，仅需移动两个记录，总的移动操作次数为 4。插入前、后的情态可参见图 3.14。

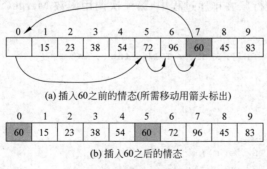

(a) 插入60之前的情态(所需移动用箭头标出)

(b) 插入60之后的情态

图 3.14　插入排序的实例图

6. 当 n 较小且待排关键字序列基本有序时，应选用的排序方法是_____。

答案：直接插入排序

解答注释：因为在 n 较小时，先进的排序方法的优势尚未充分显现，而当待排序列基本有序时，直接插入排序的效率又特别突出。

三、解答题

7. 写出对关键字序列(33,84,12,61,90,17,97,75,53,62)进行堆排序的过程中得到的初始堆与之后进行的前三次"筛选"(重新调整为大顶堆)后的结果。

初始堆：_____

第一次"筛选"后：_____

第二次"筛选"后：_____

第三次"筛选"后：_____

答案：

初始堆：(97,90,33,75,84,17,12,61,53,62)

第一次"筛选"后：(90,84,33,75,62,17,12,61,53,97)

第二次"筛选"后：(84,75,33,61,62,17,12,53,90,97)

第三次"筛选"后：(75,62,33,61,53,17,12,84,90,97)

8. 写出对关键字序列(62,33,84,12,61,90,17,97,75,53)进行快速排序过程中，前 3 次调用 Partition(L, low, high) 后关键字排列的情况。

第一次调用后：_____

第二次调用后：_____

第三次调用后：_____

答案：

第一次调用后("枢轴"为 62)：(53,33,17,12,61,62,90,97,75,84)

第二次调用后("枢轴"为 53)：(12,33,17,53,61,62,90,97,75,84)

第三次调用后("枢轴"为 12)：(12,33,17,53,61,62,90,97,75,84)

解答注释：请注意快速排序的每一次递归调用都是先对低端子序列进行排序。

9. 已知 SR[1..8] 中的关键字序列为(33,84,12,61,90,17,97,75,53,62)，请写出下列算法 MSort 对 SR 进行归并排序过程中，第 4 次调用函数 Merge(SR, TR, i, m, n)进行归并后的序列。

```
void MSort(RcdType SR[], RcdType TR1[], int s, int t ) {
    RcdType TR2[];
    if(s==t)
        TR1[s]=SR[s];
    else {
        m=(s+t)/2;
        MSort(SR, TR2, s, m);
        MSort(SR, TR2, m+1, t);
        Merge(TR2, TR1, s, m, t);
    }
}
```

答案：4 次调用函数 Merge(SR，TR，i，m，n)后的关键字序列如下：

(12,33,61,84,90,17,97,75,53,62)

解答注释：建议在学习过第 6 章有关二叉树遍历的知识之后再完成此题,解答可以借助一棵二叉树的逻辑结构来进行思考。递归形式归并算法中 Merge(SR，TR，i，m，n)函数是在两次递归调用 Msort 之后执行的,因此可参照二叉树的后序遍历过程进行跟读。具体参见图 3.15。

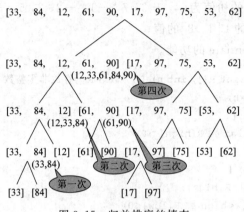

图 3.15　归并排序的情态

四、算法阅读题

10. 阅读算法,并回答下列问题：
(1) 叙述该算法采用的排序策略；
(2) 解释算法中 R[$n+1$]的作用。

```
typedef struct {
    KeyType key;
    infoType otherinfo;
} nodeType;
typedef nodeType SqTable[MAXLEN];
void certainSort(SqTable R, int n) {
    // n 小于 MAXLEN-1
    int k, i;
    for(k=n-1;k>=1;k--)
      if(R[k].key>R[k+1].key) {
          R[n+1]=R[k];
          for(i=k+1; R[i].key<R[n+1].key; i++)
            R[i-1]=R[i];
          R[i-1]=R[n+1];
      }
}
```

答案：

（1）采用的排序策略为，将无序子序列中的记录逐个"插入"到有序子序列中，其排序过程和通常所用的简单插入排序"相逆"，即有序子序列从高下标区端往低下标区端扩张，每一趟将当前记录按有序性插入到其高下标区端的有序子序列中。

（2）与插入排序中的 R[0] 类似，在此算法中，R[n+1] 亦起"哨兵"的作用。

11．阅读算法，并回答下列问题：

（1）设数组 L[1..8] 的初值为 (4，−3，7，−1，−2，2，5，−8)，写出执行函数调用 differentiate (L，8) 之后的 L[1..8] 的值；

（2）简述算法 differentiate 的功能。

```
void differentiate( int R[], int n ) { // 数组 R 内存放非零整数
    int low=0, high=n;
    while(low<high) {
        while(low<high && R[high] >0)
            high--;
        if(low<high) {
            R[low++]=R[high];
            while(low<high && R[low]<0)
                low++;
            R[high--]=R[low];
        }
    }
    R[low]=R[0];
}
```

答案：

（1）L[1..8]=(−2，−3，−1，−8，7，2，5，4)

（2）differentiate 的功能是利用快速排序一趟的划分功能，对正负混杂的非零元素序列进行调整划分，使负值元素全调至低下标区端，正值元素调至高下标区端，虽未排好序，但正负元素已被截然分开。

解答注释： 容易看出，算法 differentiate 类似于快速排序的一次划分算法 partition，差别仅在于不以 R[low] 作枢轴，而是与数值"0"相比较，且需将第一个"负值"元素暂存于数组的闲置分量中，算法结束之前再将它移回至分界位置上。

五、算法设计题

12．本章所给的选择排序算法（算法 3.2）是不稳定的，而选择排序本身是可以做到稳定的，请将算法 3.2 改写成稳定的排序算法。

答案：

参考答案 1

```
void selectSort( SqList &L ) {
    // 对顺序表 L 做稳定的简单选择排序
```

```
for(i=1; i<L.length; i++) {
    j=i;
    for(k=i+1; k<=L.length; k++)
        if(L.r[k].key<L.r[j].key)
            j=k;
    if(j!=i) {
        w=L.r[j];                    // 腾出 L.r[j]的位置空间
        for( h=j -1; h >=i; h--)
            L.r[h+1]=L.r[h];         // L.r[j]左边无序区的数据都右移一位
        L.r[i]=w;                    // 把本趟找到的最小关键字记录安放入位
    }
}
```

参考答案 2

```
void selectSort( SqList &L ) {
    // 对顺序表 L 做稳定的简单选择排序
    SqList b;
    for( i=1; i<=L.length; i++)
        b.r[i]=L.r[i];               // 将 L 中序列暂存于 b
    for( i=1; i<=L.length; i++) {
        j=1;
        for( k=2; k<=L.length; k++)
            if( b.r[k].key >b.r[j].key )
                j=k;
        L.r[L.length-i+1]=b.r[j];    // 将本趟找到的最大关键字记录入位
        b.r[j].key=0;                // 对已入选的记录置特殊标记,使之不再参与比较
    }
}
```

扩展讨论:算法 3.2 的不稳定现象是由于数据元素大跨距向左对调交换引起的,例如在图 3.16 所示数据的例子中(其中 28_1 和 28_2 表示同值的不同元素),在某一趟排序过程中,从右部的无序区选择得到当前最小元素 12,与无序区左端的 28_1 对调时,导致 28_2 调到了 28_1 的左侧,下一趟的最小元素就变成了 28_2,最后得到的排序结果为 $(\cdots,12,28_2,28_1,32,43,51,65)$。

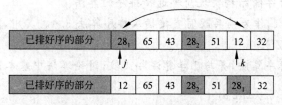

图 3.16 不稳定现象的原因解释

为避免出现这种现象,必须在算法中消除这种"大跨距的交换"。办法有两个:一是用

"移动"的办法(参考答案 1),将无序区中位于当前最小元素左侧的元素均右移一个位置,如图 3.17 所示。这种方法的缺点是,增加了记录移动的次数(并在原始记录已按关键字"非递增顺序"有序时达最大值)。失去了原来的选择排序在简单类的排序方法中"记录移动次数最少"的优点。

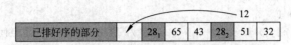

图 3.17　不稳定现象的排除

另一个方法是添加辅助空间来减少移动次数(参考答案 2)。具体做法是,预先将待排记录复制至另一临时数组,腾出原空间以便存放排序结果。每一趟从临时数组里选出当前最大记录之后,再依次回存到原来的数组空间。其缺点是空间复杂度增为 $O(n)$。

"有一利,就有一弊"。上述改进虽保持了排序结果的稳定性,但也加重了排序的时间或空间的负担。"稳定性问题"主要是针对次关键字的排序应用而提出的。当主关键字已排好序后,再对次关键字进行排序时(记录次关键字相同的情况将经常发生),不希望颠覆次关键字相同的记录已按主关键字有序的事实,此时排序的稳定性就必须予以考虑。非此,则没必要刻意考虑排序的稳定性。

习　题

3.1　以关键码序列(Tim, Kay, Eva, Roy, Dot, Jon, Kim, Ann, Tom, Jim, Guy, Amy)为例,手工执行以下排序算法(按字典序比较关键字的大小),写出每一趟排序结束时的关键码状态:

(1) 直接插入排序;

(2) 起泡排序;

(3) 选择排序;

(4) 快速排序;

(5) 归并排序;

(6) 基数排序。

3.2　在 3.1 题所列各种排序方法中,哪些是稳定的? 哪些是不稳定的? 为每一种不稳定的排序方法举出一个不稳定的实例。

3.3　以单链表为存储结构实现简单选择排序的算法。

3.4　以 $L.r[k+1]$ 作为哨兵改写直接插入排序算法 3.4。其中,$L.r[0..k-1]$ 为待排序记录且 $k<$ MAXSIZE。

3.5　阅读下列排序算法,并与已学算法相比较,讨论算法中基本操作的执行次数。

```
void sort(SqList &r, int n) {
    i=1;
    while (i<n-i+1) {
        min=max=1;
```

```
      for(j=i+1; j<=n-i+1; ++j) {
        if(r[j].key<r[min].key) min=j;
        else if(r[j].key>r[max].key) max=j;
      }
      if(min !=i) {w=r[min]; r[min]=r[i]; r[i]=w;}
      if(max !=n-i+1) {
        if(max=i){w=r[min]; r[min]=r[n-i+1]; r[n-i+1]=w;}
        else{w=r[max]; r[max]=r[n-i+1]; r[n-i+1]=w;}
      }
      i++;
    }
} //sort
```

3.6　奇偶交换排序如下所述：第一趟对所有奇数 i，将 $a[i]$ 和 $a[i+1]$ 进行比较；第二趟对所有的偶数 i，将 $a[i]$ 和 $a[i+1]$ 进行比较，若 $a[i]>a[i+1]$，则将两者交换；第三趟对奇数 i；第四趟对偶数 i……，依此类推，直至整个序列有序为止。

（1）这种排序方法的结束条件是什么？

（2）编写实现上述奇偶交换排序的算法。

3.7　不难看出，对长度为 n 的记录序列进行快速排序时，所需进行的比较次数依赖于这 n 个元素的初始排列。

（1）$n=7$ 时，在最好的情况下需进行多少次比较？请说明理由。

（2）对 $n=7$，给出一个最好情况的初始排列的具体实例。

3.8　编写一个双向起泡的排序算法，即相邻两遍分别向相反方向起泡。

3.9　2 路归并排序的另一策略是先对待排序序列扫描一遍，找出并划分成若干个最大有序子列，将这些子列作为初始归并段。编写一个算法在链表结构上实现这一策略。

3.10　序列的"中值记录"指的是：如果将此序列排序后，它是第 $\lceil \frac{n}{2} \rceil$ 个记录。编写一个求中值记录的算法。

3.11　已知记录序列 $a[1..n]$ 中的关键字各不相同，可按如下所述实现计数排序：另设数组 $c[1..n]$，对每个记录 $a[i]$ 统计序列中关键字比它小的记录个数，存于 $c[i]$，则 $c[i]=0$ 的记录必为关键字最小的记录，然后依 $c[i]$ 值的大小对 a 中记录进行重新排列。编写算法实现上述排序方法。

3.12　当记录序列基本有序时，用哪种排序方法效率较高？简单选择排序与起泡排序两者在什么情况下的执行效率差别较大？

第4章 栈和队列

栈和队列是在程序设计中被广泛使用的两种线性数据结构,它们的特点在于基本操作的特殊性,栈必须按"后进先出"的规则进行操作,而队列必须按"先进先出"的规则进行操作。和线性表相比,它们的插入和删除操作受更多的约束和限定,故又称为限定性的线性表结构。本章除了讨论栈和队列的定义、表示方法和实现外,还将给出一些应用例子。

4.1 栈

4.1.1 栈的结构特点和操作

在日常生活中,有很多"后进先出"的例子。例如:洗干净的盘子总是逐个往上叠放在已经洗好的盘子上面,而用的时候从上往下逐个取用,即后洗好的盘子比先洗好的盘子先被使用。栈的操作特点正是上述实际的抽象。

栈(stack)是限定只能在表的一端进行插入和删除操作的线性表。在表中,允许插入和删除的一端称为"栈顶(top)",不允许插入和删除的另一端称为"栈底(bottom)"。如图 4.1(a)所示的栈中,a_1 是栈底元素,a_n 是栈顶元素。栈中元素以 $a_1,a_2,\cdots,a_n$ 的顺序进栈,则出栈的第一个元素是 a_n,即栈的修改是按后进先出的原则进行的。因此栈又称 LIFO(Last In First Out 的缩写)表。栈的这个特点还可用图 4.1(b)所示的铁路调度站形象地表示。

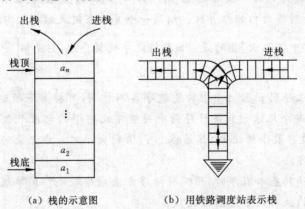

(a) 栈的示意图　　　　(b) 用铁路调度站表示栈

图 4.1　栈

栈的基本操作有:

InitStack($\&S$)

操作结果:构造一个空栈 S。

DestroyStack($\&S$)

初始条件:栈 S 已存在。

操作结果：栈 S 被销毁。

ClearStack($\&$S)

初始条件：栈 S 已存在。

操作结果：将 S 清为空栈。

StackEmpty(S)

初始条件：栈 S 已存在。

操作结果：若栈 S 为空栈，则返回 TRUE，否则返回 FALSE。

StackLength(S)

初始条件：栈 S 已存在。

操作结果：返回 S 的元素个数，即栈的长度。

GetTop(S, $\&$e)

初始条件：栈 S 已存在且非空。

操作结果：用 e 返回 S 的栈顶元素。

Push($\&$S, e)

初始条件：栈 S 已存在。

操作结果：插入元素 e 为新的栈顶元素。

Pop($\&$S, $\&$e)

初始条件：栈 S 已存在且非空。

操作结果：删除 S 的栈顶元素并用 e 返回其值。

StackTraverse（S）

初始条件：栈 S 已存在且非空。

操作结果：从栈底到栈顶依次输出 S 中的各个数据元素。

通常，称在栈顶插入元素的操作为"入栈"，称从栈顶删除元素的操作为"出栈"。

4.1.2　栈的表示和操作的实现

和线性表类似，栈也有两种存储表示方法。

1. 顺序栈

顺序栈指的是利用顺序存储分配实现的栈。即利用一组地址连续的存储单元依次存放自栈底到栈顶的数据元素，同时附设指针 top 指示栈顶元素在顺序栈中的位置。类似于顺序表，用一维数组描述顺序栈中数据元素的存储区域，并预设一个数组的最大空间。通常的习惯做法是以 top=0 表示"空栈"（不含数据元素的栈）。鉴于 C 语言中数组的下标约定从 0 开始，因此对用 C 语言描述的顺序栈需以 top=－1 表示空栈。图 4.2 展示顺序栈中数据元素和栈顶指针的对应关系。

```
// ---- 栈的顺序存储表示 ----
const STACK_INIT_SIZE=100;        // 顺序栈 (默认的) 初始分配最大空间量
const STACKINCREMENT=10;          // (默认的) 增补空间量
```

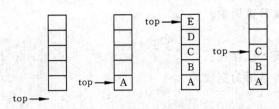

图 4.2　顺序栈中数据元素和栈顶指针的关系

```
typedef struct {
    SElemType *elem;            // 存储数据元素的数组
    int top;                    // 栈顶指针
    int stacksize;             // 当前分配的最大容量(以 SElemType 为单位)
    int incrementsize;         // 约定的增补空间量(以 SElemType 为单位)
} SqStack;
```

由于顺序栈的插入、删除只在栈顶进行,因此顺序栈的基本操作比顺序表要简单得多,以下列出顺序栈部分操作的实现。

```
void InitStack_Sq(SqStack &S, int maxsize=STACK_INIT_SIZE,
                                    int incresize=STACKINCREMENT)
{
    // 构造一个空栈 S, 初始分配的最大空间为 maxsize, 预设的扩容增量为 incresize
    S.elem=new SElemType[maxsize];
                                // 为顺序栈分配一个最大容量为 maxsize 的数组空间
    S.top=-1;                   // 顺序栈中当前所含元素的个数为零
    S.stacksize=maxsize;        // 该顺序栈可以容纳 maxsize 个数据元素
    S.incrementsize=incresize;  // 需要时每次可扩容 incresize 个元素的空间
} // InitStack_Sq


bool GetTop_Sq(SqStack S, SElemType &e)
{
    // 若栈不空,则用 e 返回 S 的栈顶元素,并返回 TRUE;否则返回 FALSE
    if (S.top==-1) return FALSE;
    e=S.elem[S.top];
    return TRUE;
} //GetTop_Sq


void Push_Sq(SqStack &S, SElemType e)
{
    // 插入元素 e 为新的栈顶元素
    if(S.top==S.stacksize-1) incrementStacksize(S);
                // 若顺序栈的当前空间已被占满时,应类似顺序表为 S.elem
                // 重新分配空间(追加 S.incrementsize 个元素空间)
    S.elem[++S.top]=e;
} // Push_Sq
```

```
bool Pop_Sq(SqStack &S, SElemType &e)
{
    // 若栈不空,则删除 S 的栈顶元素,用 e 返回其值,并返回 TRUE;
    // 否则返回 FALSE
    if(S.top==-1) return FALSE;
    e=S.elem[S.top --];
    return TRUE;
} // Pop_Sq
```

由于顺序栈和顺序表一样,受到最大空间容量的限制,虽然可以在"满员"时重新分配空间扩大容量,但也是不得已而为之,应该尽量避免,因此在应用程序无法预先估计栈可能达到的最大容量时,还是应该使用下面将要介绍的链式存储表示的栈。

2. 链栈

链栈指的是利用链式分配实现的栈,如图 4.3 所示。链栈的结点结构和链表的结点结构相同,值得注意的是,链栈中指针的方向是从栈顶指向栈底,图中 S 为栈顶指针。

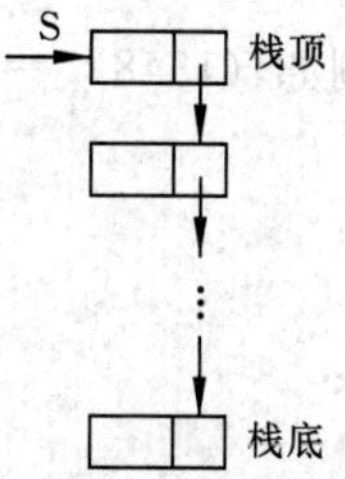

链栈的定义可如下描述:

typedef LinkList LinkStack;

则链栈的基本操作可类似链表实现。举例如下:

图 4.3 链栈示意图

```
void InitStack_L(LinkStack &S)
{
    // 构造一个空的链栈,即设栈顶指针为空
    S=NULL;
} //InitStack_L

void Push_L(LinkStack &S, ElemType e)
{
    // 在链栈的栈顶插入新的栈顶元素 e
    p=new LNode;        // 为新的栈顶元素分配结点
    p->data=e;
    p->next=S;          // 插入新的栈顶元素
    S=p;                // 修改栈顶指针
} //Push_L

bool Pop_L(LinkStack &S, ElemType &e)
{
    // 若栈不空,则删除栈顶元素,以 e 返回其值,并返回 TRUE,否则返回 FALSE
    if(S) {
        p=S; S=S->next;// 修改栈顶指针
        e=p->data;      // 返回栈顶元素
        delete p;       // 释放结点空间
```

```
    return TRUE;
  }//if
  else return FALSE;
} //Pop_L
```

4.2　栈的应用举例

由于栈的操作具有后进先出的固有特性,致使栈成为程序设计中的有用工具。反之,读者可从本节所举例子中发现,凡问题求解具有后进先出的天然特性的话,则其求解过程中也必然需要利用"栈"。

例 4.1　数制转换问题。

十进制数 N 和其他 d 进制数的转换是计算机实现计算的基本问题,其解决方法很多,其中一个简单算法基于下列原理:

$$N=(N \text{ div } d)\times d+N \bmod d(\text{其中}:\text{div 为整除运算},\bmod \text{ 为求余运算})$$

例如:$(1348)_{10}=(2504)_8$,其辗转相除的运算过程如下:

N	N div 8	N mod 8
1348	168	4
168	21	0
21	2	5
2	0	2

假设现要编制一个满足下列要求的程序:对于输入的任意一个非负十进制整数,打印输出与其等值的八进制数。由于上述计算过程是从低位到高位顺序产生八进制数的各个数位,而打印输出,一般来说应从高位到低位进行,恰好和计算过程相反。因此,若将计算过程中得到的八进制数的各位顺序进栈,则按出栈序列打印输出的即为与输入对应的八进制数。

算法 4.1

```
void conversion()
{
  // 对于输入的任意一个非负十进制整数,打印输出与其等值的八进制数
  InitStack(S);              // 构造空栈
  cin>>N;
  while(N) {
    Push(S, N % 8);          //"余数"入栈
    N=N/8;                   //"商"继续运算
  }//while
  while(!StackEmpty(s)) { // 和"求余"所得相逆的顺序输出八进制的各位数
    Pop(S,e);
    cout<< e;
  }//while
```

```
} // conversion
```

这是利用栈的后进先出特性的最简单的例子。在这个例子中,栈操作的序列是单调的,即先是一个接一个入栈,然后是一个接一个地出栈。也许,有的读者会认为用数组实现不是更直截了当吗?仔细分析不难看出,栈的引入简化了程序设计的问题,突出了解决问题的根本所在。而用数组不仅掩盖了问题的本质,还要分散精力去考虑数组下标增减等细节问题。实际利用栈的问题中,入栈和出栈操作大都不是单调的,而是交错进行的。

例 4.2 括号匹配的检验。

假设表达式中允许包含两种括号:圆括号和方括号,其嵌套的顺序随意,即([]())或[([][])]等为正确的格式,[( ] 或([( ))或((])均为不正确的格式。检验括号是否正确匹配的方法可用"等待的急迫程度"予以解释。例如考虑下列括号序列:

$$
\begin{array}{cccccccc}
[& (& [&] & [&] &) &] \\
1 & 2 & 3 & 4 & 5 & 6 & 7 & 8
\end{array}
$$

当计算机接受了第 1 个括号后,它期待着与其匹配的第 8 个括号的出现,然而等来的却是第 2 个括号,此时第 1 个括号"["只能暂时靠边,而迫切等待与第 2 个括号相匹配的、第 7 个括号")"的出现,类似地,因等来的是第 3 个括号"[",其期待匹配的程度较第 2 个括号更急迫,则第 2 个括号也只能靠边,让位于第 3 个括号,显然第 2 个括号的期待急迫性高于第 1个括号;由于第 4 个括号和第 3 个括号"相配对",它们的匹配成功使得第 2 个括号的"等待"成为当前最急迫的任务……依此类推。可见,这个处理过程恰与栈的特点相吻合。由此,可自左至右扫描表达式,并在算法中设置一个栈,每读入一个括号,若是右括号,则或者使置于栈顶的最急迫的期待得以消解,或者是不合法的情况;若是左括号,则作为一个新的更急迫的期待压入栈中,自然使原有的在栈中的所有未消解的期待的急迫性都降了一级。另外,在算法的开始和结束时,栈都应该是空的。在写这个算法的时候,应该注意的是什么样的"状态"是不合法的情况。例如出现(()[ ])) 这种情况,由于前面入栈的各个"左括弧"均已和在它们之后出现的"右括弧"相匹配,则已先后出栈消解,则对于最后扫描得到的右括弧,没有左括弧可以和它相配,即此时栈是空的。又如出现[([ ]) 这种情况,反映出来的状态应该是,当表达式扫描结束时,栈中还有一个左括弧没有得到匹配,出现(()] 这种错误情况的状态则显然是栈顶的左括弧和当前扫描所得的右括弧不匹配。

算法 4.2

```
bool matching(char exp[])
{
    // 检验表达式中所含括弧是否正确嵌套,若是,则返回 TRUE;否则返回 FALSE
    // '#'为表达式的结束符
    int state=1;
    ch= * exp++;
    while(ch !='#' && state) {
        switch of ch {
            case'(':
            case'[':
```

```
        { Push(S, ch); break; }    //若是左括弧一律压入栈中
    case')':
        {  if(!StackEmpty(S) && GetTop(S)=='(')
               Pop(S,e);
           else state=0
           break;
        }
    case']':
        {  if(!StackEmpty(S) && GetTop(S)=='[')
               Pop(S,e);
           else state=0
           break;
        }
    } //switch
    ch= * exp++;
  } // while
  if(state && StackEmpty(S)) return TRUE;
  else return FALSE;
}//matching
```

例 4.3 背包问题求解。

假设有一个能装入总体积为 T 的背包和 n 件体积分别为 w_1，w_2，$\cdots$，w_n 的物品，能否从 n 件物品中挑选若干件恰好装满背包，即使 $w_{i1}+w_{i2}+\cdots+w_{ik}=T$，要求找出所有满足上述条件的解。例如：当 $T=10$，各件体积为 $\{1,8,4,3,5,2\}$ 时，可找到下列 4 组解：$(1,4,3,2)$、$(1,4,5)$、$(8,2)$ 和 $(3,5,2)$。

可利用"回溯"的设计思想来解背包问题。首先将物品排成一列，然后顺序选取物品装入背包，假设已选取了前 i 件物品之后背包还没有装满，则继续选取第 $i+1$ 件物品，若该件物品"太大"不能装入，则弃置而继续选取下一件，直至背包装满为止。但如果在剩余物品中找不到合适的物品以填满背包，则说明"刚刚"装入背包的那件物品"不合适"，应将它取出"弃置一边"，继续再从"它之后"的物品中选取，如此重复，直至求得满足要求的解，或者"无解"为止。这个"从当前背包中取出物品"再继续搜索的策略称之为"回溯"。由于回溯求解的规则为"后进先出"(在此问题中物品取出的顺序恰好和装入的顺序相反)，因此自然要用到栈。具体做法是对物品进行顺序编号(从 0 起)，然后从 0 号物品起顺序选取，若可以装入背包，则将该物品号"入栈"，若尚未求得解时已无物品可选，则从栈顶退出最近装入的物品号(假设为 k)，之后继续从第 $k+1$ 件物品起挑选。例如对以上给出的数据例子，求解过程中栈的状态变化如图 4.4 所示。依次将"0"和"1"入栈(表示将体积为 1 的 0 号物品和体积为 8 的 1 号物品装入背包)，此时背包尚未装满，而其余编号为 2,3,4,5 的物品都因为"太大"而不能装入，则

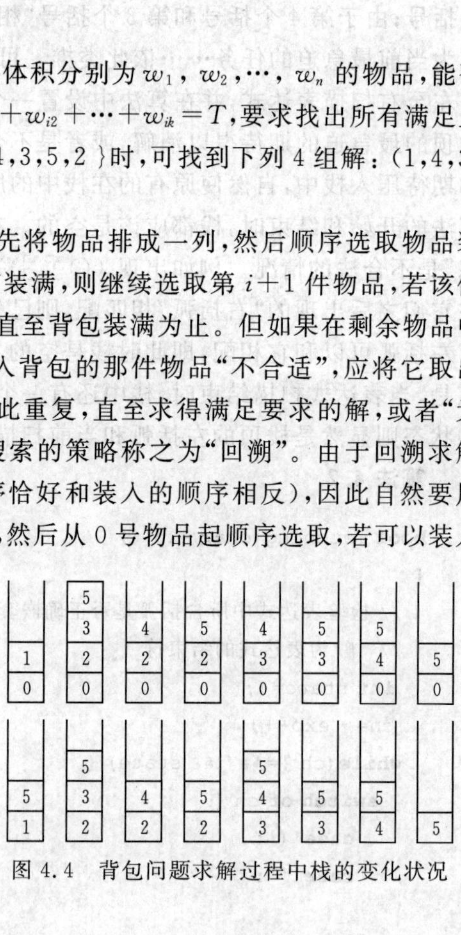

图 4.4 背包问题求解过程中栈的变化状况

将栈顶的"1"退出(表示从背包中取出体积为 8 的 1 号物品),之后依次将"2"和"3"入栈(表示将体积为 4 的 2 号物品和体积为 3 的 3 号物品装入背包),此时因 4 号物品太大不能装入,则舍弃之,而装入 5 号物品,即"5"入栈,至此求得一组解。为了继续求其他解,令"5"出栈,因没有其他可选物品,则"3"继续出栈,之后"4"入栈,求得第二组解。依此类推,直至求得全部解。

算法 4.3

```
void knapsack(int w[], int T, int n)
{
    // 已知 n 件物品的体积分别为 w[0], w[1], …, w[n-1],背包的总体积为 T
    // 本算法输出所有恰好能装满背包的物品组合解
    InitStack(S); k=0;                    // 从第 0 件物品考察起
    do {
        while(T > 0 && k < n) {
            if(T - w[k] >= 0) {           // 第 k 件物品可选,则 k 入栈
                Push(S, k); T -= w[k];    // 背包剩余体积减小 w_k
            } //if
            k ++;                         // 继续考察下一件物品
        }//while
        if(T == 0) StackTraverse(S);      // 输出一组解,之后回溯寻找下一组解
        Pop(S, k); T += w[k];             // 退出栈顶物品,背包剩余体积增添 w_k
        k ++;                             // 继续考察下一件物品
    } while(!StackEmpty(S) || (k < n));   // 若栈不空或仍有可选物件则继续回溯
} // knapsack
```

例 4.4 表达式求值。

任何一个表达式都由操作数(operand)、运算符(operator)和界限符(delimiter)组成。其中操作数可以是常数,也可以是被说明为变量或常量的标识符。运算符可以分为算术运算符、关系运算符和逻辑运算符三类。基本界限符有左右括弧和表达式结束符等。为了叙述简洁,在此仅限于讨论只含二元运算符的算术表达式。可将这种表达式定义为:

表达式 ::= 操作数 运算符 操作数

操作数 ::= 简单变量 | 表达式

简单变量 ::= 标识符 | 无符号整数

在计算机中,表达式可以有三种不同的标识方法

假设 Exp(表达式)=S1(第一操作数)OP(**运算符**)S2(第二操作数)

则称   OP   S1   S2   为表达式的前缀表示法

     称   S1   OP   S2   为表达式的中缀表示法

     称   S1   S2   OP   为表达式的后缀表示法

例如:已知表达式 $Exp = a \times b + (c - d / e) \times f$

前缀表示式为: $+ \times a b \times - c / d e f$

中缀表示式为: $a \times b + c - d / e \times f$

后缀表示式为： $ab \times cde / - f \times +$

在不同的表示法中，操作数之间的相对次序不变，但运算符之间的相对次序不同。其中，因中缀表示式丢失了原表达式中的括号信息致使运算的次序不确定没有用外，前缀表示式和后缀表示式中都包含确定的运算顺序。如前缀表示式的运算规则为：连续出现的两个操作数和在它们之前且紧靠它们的运算符构成一个最小表达式；后缀表示式的运算规则为：每个运算符和在它之前出现且紧靠它的两个操作数构成一个最小表达式，且运算符在后缀表示式中出现的顺序恰为表达式的运算顺序。可见从表达式的后缀式很容易求得表达式的值，只要"自左至右"顺序扫描后缀表达式，在扫描的过程中，凡遇到运算符即作运算，与它对应的操作数应该是在它之前"刚刚"扫描到的两个操作数。例如，对上例的后缀表示式" $ab \times cde / - f \times +$ "做的第一个运算是" $a \times b$ "（设乘积为 $t1$ ），第二个运算为" d/e "（设商为 $t2$ ），第三个运算为" $c - t2$ "……依此类推。为了识别"刚刚"扫描过的两个操作数，自然需要一个"栈"，以实现操作数"后出现先运算"的规则。由此可写出下列从后缀式求值的算法。算法中以字符串表示算术表达式，表达式尾添加"♯"字符作为结束标志。为简单起见，限定操作数以单字母字符作为"变量名"。自左至右依次识别字符串中的字符，若为"字母"，则"入栈"；否则从栈中依次退出"第二操作数"和"第一操作数"并作相应运算，Operate(s1, op, s2) 返回 s1 和 s2 进行 OP 运算的结果。算法中 OpMember(char ch) 为自定义的、返回 **bool** 型值的函数，若 ch 是运算符，则返回 **TRUE**；否则返回 **FALSE**。

算法 4.4

```
double evaluation(char suffix[])
{
  // 本函数返回由后缀式 suffix 表示的表达式的运算结果
  ch= * suffix++; InitStack(S);          // 设置空栈 S
  while(ch !="♯") {
    if(!OpMember(ch)) Push(S, ch);       // 非"运算符"入操作数栈
    else {
      Pop(S, b); Pop(S, a);              // 退出栈顶两个操作数
      Push(S, Operate(a, ch, b));        // 作相应运算,并将运算结果入栈
    }//else
    ch= * suffix++;                       // 继续取下一字符
  }//while
  Pop(S,result);
  return result;
}// evalution
```

那么，又如何从原表达式求得后缀式呢？分析"原表达式"和"后缀式"中相应运算符所在的不同位置可见，原表达式中的运算符在后缀式中出现的位置取决于它本身和后一个运算符之间的"优先关系"。按照算术运算的规则：(1) 先乘除、后加减；(2) 从左算到右；(3) 先括弧内、后括弧外。可为运算符设置优先数如下：

运算符	#	(	+	−	)	*	/	↑（乘幂）
优先数	−1	0	1	1	2	2	2	3

若当前运算符的优先数小于在它之后的运算符,则暂不送往后缀式,否则它在后缀式中“领先于”在它后的运算符。换句话说,在后缀式中,优先数高的运算符领先于优先数低的运算符。因此,从原表达式求得后缀式的规则为：

（1）设立运算符**栈**；

（2）设表达式的结束符为“♯”,预设运算符栈的栈底为“♯”；

（3）若当前字符是操作数,则直接发送给后缀式；

（4）若当前字符为运算符且优先数大于栈顶运算符,则进栈；否则退出栈顶运算符发送给后缀式；

（5）若当前字符是结束符,则自栈顶至栈底依次将栈中所有运算符发送给后缀式；

（6）“（”对它之前后的运算符起隔离作用,则若当前运算符为“（”时进栈；

（7）“）”可视为自相应左括弧开始的表达式的结束符,则从栈顶起,依次退出栈顶运算符发送给后缀式直至栈顶字符为“（”止。

算法 4.5

```
void transform(char suffix[], char exp[]) {
  // 从合法的表达式字符串 exp 求得其相应的后缀式字符串 suffix
  // precede(a,h)判别运算符的优先程度,当 a 的优先数≥b 的优先数时,返回 1;否则返回 0
  InitStack(S); Push(S,'# ');           // 预设运算符栈的栈底元素为'#'
  p=exp; ch= * p; k=0;
  while(!StackEmpty(S)) {
    if(!OpMember(ch)) Suffix[k++]=ch;   // 操作数直接发送给后缀式
    else {
      switch (ch) {
      case'(': Push(S, ch); break;      // 左括弧一律入栈
      case')': {
        Pop(S, c);
        while (c!='(')          // 自栈顶至左括弧之前的运算符发送给后缀式
          { Suffix[k++]=c; Pop(S, c) }
        break;
      }
      default: {
        while(Gettop(S, c) && (precede(c,ch))) {
          Suffix[k++] =c; Pop(S, c);
        } // 将栈中所有优先数不小于当前运算符优先数的运算符发送给后缀式
        if (ch!='#') Push(S, ch);       // 优先数大于栈顶的运算符入栈
        break;
      } // default
    } // switch
```

```
    } // else
    if(ch!='#') ch= *++p;
  } // while
  Suffix[k]='\0';                              // 添加后缀式字符串的结束符
} // transform
```

例如:表达式 $exp = a+(b+(c/d-e))\times f$ 转换成后缀式的过程如图 4.5 所示。

序号	当前字符																运算符栈	后缀式
	a	+	(	b	+	(	c	/	d	−	e	)	)	×	f	#		
1	·																#	a
2		·															# +	a
3			·														# +	a
4				·													# + (	a b
5					·												# + (+	a b
6						·											# + (+ (	a b
7							·										# + (+ (	a b c
8								·									# + (+ (/	a b c
9									·								# + (+ (/	a b c d
10										·							# + (+ (	a b c d /
11										·							# + (+ (−	a b c d /
12											·						# + (+ (−	a b c d / e
13												·					# + (+ (	a b c d / e −
14												·					# + (+	a b c d / e −
15													·				# + (	a b c d / e − +
16													·				# +	a b c d / e − +
17														·			# + ×	a b c d / e − +
18															·		# + ×	a b c d / e − + f
19																·	# +	a b c d / e − + f ×
20																·	#	a b c d / e − + f × +
21																·		a b c d / e − + f × + #

图 4.5　表达式 $exp = a+(b+(c/d-e))\times f$ 转换成后缀式的过程

对于算法 4.5,我们假定表达式本身是合法的,故在算法中没有特别讨论表达式的合法性判断问题。

例 4.5　递归函数的实现。

在程序设计中,经常会碰到多个函数的嵌套调用,这和汇编程序设计中主程序和子程序之间的链接和信息交换相类似。在高级语言编制的程序中,调用函数和被调用函数之间的链接和信息交换也是由编译程序通过栈来实施的。一个递归函数的运行过程类似于多个函数的嵌套调用,因此在执行递归函数的过程中也需要一个"递归工作栈"。它的作用是:(1)将递归调用时的实际参数和函数返回地址传递给下一层执行的递归函数;(2)保存本层的参数和局部变量,以便从下一层返回时重新使用它们。在此以 Ackerman 函数为例说明"栈"的应用。当然递归定义的 Ackerman 函数本身容易直接写成递归形式的算法。此例目的是通过栈把递归消去,以非递归的形式处理 Ackerman 函数的求值,即通过栈的使用模仿了编译程序解决递归问题的大致过程。

Ackerman 函数的定义如下：

$$A(n,x,y) = \begin{cases} x+1, & n=0; \\ x, & n=1, y=0; \\ 0, & n=2, y=0; \\ 1, & n=3, y=0; \\ 2, & n\geqslant 4, y=0; \\ A(n-1, A(n,x,y-1), x), & n\neq 0, y\neq 0. \end{cases}$$

例如：$A(3,1,1) = A(2, A(3,1,0), 1)$　　　　$(A(3,1,0)=1)$

$\qquad\qquad\quad = A(2,1,1)$

$\qquad\qquad\quad = A(1, A(2,1,0), 1)$　　　　$(A(2,1,0)=0)$

$\qquad\qquad\quad = A(1,0,1)$

$\qquad\qquad\quad = A(0, A(1,0,0), 0)$　　　　$(A(1,0,0)=x=0)$

$\qquad\qquad\quad = A(0,0,0)$　　　　　　　　$(A(0,0,0)=x+1=1)$

$\qquad\qquad\quad = 1$

从上述计算过程可以看出，为了计算 $A(3,1,1)$ 首先应该先计算 $A(3,1,0)$，然后以 $A(3,1,0)$ 的函数值替代"上一层"中的 x 值，继续计算 $A(2,1,1)$。则在计算 $A(3,1,0)$ 之前首先应该在栈中保存参数 $(3,1,1)$，然后将参数 $(3,1,0)$ 传递给"下一层"。为了便于管理，可将递归函数执行期间使用的数据存储区设成一个栈，栈顶的数据恰为当前层递归函数使用的参数和其他相关信息。例如在此例中，只要在栈中保留 3 个参数值 (n,x,y) 即可。我们可以将栈看成是存放"任务书"的柜子，栈顶置放的"任务"是当前最迫切要完成的任务，其他任务需完成的"迫切程度"依自栈顶至栈底的次序排列。首先将参数 (n,x,y) 入栈，表示当前要计算 $A(n,x,y)$ 的值，如果这项任务比较简单，可以直接进行，则进行计算之后退栈，并将计算结果传递给上一层（这里"上一层"指的是任务的层次，相对放"任务书"的柜子而言是指下层）。如果这项任务比较复杂，一时难以完成，则暂且搁置一边，先完成计算 $A(n,x,y-1)$ 的任务，即将参数 $(n,x,y-1)$ 入栈，依此类推。由此可写出下列计算 Ackerman 函数值的非递归形式的算法。

首先定义栈的元素类型：

```
typedef struct {
  int nval;
  int xval;
  int yval;
} ElemType;
```

算法 4.6

```
int Ackerman(int n, int x, int y)
{
// 利用栈 S 求 Ackerman 函数的值,返回 Ackerman(n, x, y)
InitStack(S);
e.nval=n; e.xval=x; e.yval=y; Push(S, e);        // (n, x, y) 进栈
```

```
  do {
    GetTop(S, e);
    while(e.nval !=0 && e.yval !=0) {
      e.yval --;
      Push(S, e);                            // 新的参数值(n, x, y-1)进栈
    }//while
    Pop(S, e);                               // 退出栈顶元素
    u=value(e.nval, e.xval, e.yval);         // 按定义计算 u=A (n, x, y)
    if(!StackEmpty(S)) {
      Pop(S, e);                             // 退出栈顶元素
      e.nval--; e.yval=e.xval; e.xval=u;
      Push(S, e);                            // 新的参数值 (n-1, u, x) 进栈
    }//if
  } while(!StackEmpty(S));
  return u ;                                 // 返回计算结果
} //Ackerman


int value (int n, int x, int y)
{
  if(n==0) return (x+1);
  else  switch(n) {
        case 1: return x;
        case 2: return 0;
        case 3: return 1;
        default : return 2;
      }//switch
} // value
```

例如：调用算法 4.6 计算 A(3，2，1) 的过程中，栈的状态变化状况如图 4.6 所示。计算结果 A(3，2，1)＝A(0，1，1)＝2。

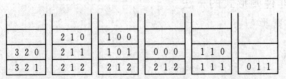

图 4.6 计算 A(3，2，2)的过程中，栈的状态变化状况

4.3 队 列

4.3.1 队列的结构特点和操作

在日常生活中经常会遇到为了维护社会正常秩序而需要排队的情景。在计算机程序设计中也经常出现类似问题。数据结构"队列"与生活中的"排队"极为相似，也是按"先到先

办"的原则行事的,并且严格限定:既不允许"加塞儿",也不允许"中途离队"。

队列(queue)是限定只能在表的一端进行插入,在表的另一端进行删除的线性表。表中允许插入的一端称为队尾(rear),允许删除的一端称为队头(front)。如图 4.7 所示的队列中,a_1 是队头元素,a_n 是队尾元素,队列中的数据元素以 a_1,a_2,…,a_n 的次序依次进队列,则也只能依相同次序退出队列。即 a_1 是第一个出队列的元素,只有在 a_1,a_2,…,a_{n-1} 都离开队列之后,a_n 才能出队列。队列的修改是依"先进先出"的原则进行的,因此队列又称 FIFO(First In First Out 的缩写)表。

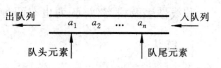

图 4.7 队列结构示意图

队列通常进行的基本操作有:

InitQueue($\&Q$)

操作结果:构造一个空队列 Q。

DestroyQueue($\&Q$)

初始条件:队列 Q 已存在。

操作结果:队列 Q 被销毁,不再存在。

ClearQueue($\&Q$)

初始条件:队列 Q 已存在。

操作结果:将 Q 清为空队列。

QueueEmpty(Q)

初始条件:队列 Q 已存在。

操作结果:若 Q 为空队列,则返回 TRUE;否则返回 FALSE。

QueueLength(Q)

初始条件:队列 Q 已存在。

操作结果:返回 Q 的元素个数,即队列的长度。

GetHead(Q, $\&e$)

初始条件:Q 为非空队列。

操作结果:用 e 返回 Q 的队头元素。

EnQueue($\&Q$, e)

初始条件:队列 Q 已存在。

操作结果:插入元素 e 为 Q 的新的队尾元素。

DeQueue($\&Q$, $\&e$)

初始条件:Q 为非空队列。

操作结果:删除 Q 的队头元素,并用 e 返回其值。

QueueTraverse(Q)

初始条件:队列 Q 已存在且非空。

操作结果:从队头到队尾依次输出 Q 中的各个数据元素。

与"入栈"和"出栈"的操作相对应,通常称在队尾插入元素的操作为"入队列",称删除队头元素的操作为"出队列"。

4.3.2　队列的表示和操作的实现

和线性表及栈类似,队列也有两种存储表示方法。

1. 链队列

用链表表示的队列简称为链队列,如图 4.8 所示。由队列的结构特性容易想到,一个链队列显然需要两个分别指向队头和队尾的指针(分别称为头指针和尾指针)。为了操作方便,为链队列添加一个"头结点",并约定头指针始终指向这个附加的头结点,尾指针指向真正的队尾元素结点。一个"空"的链队列只含一个头结点,并且队列的头指针和尾指针都指向这个头结点,如图 4.9(a)所示。

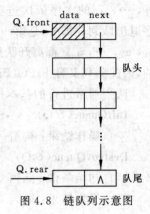

图 4.8　链队列示意图

链队列的入队列和出队列操作只是单链表的插入和删除的特殊情况,但需同时修改尾指针或头指针,图 4.9(b)～(d)展示了这两种操作进行时的指针变化状况。

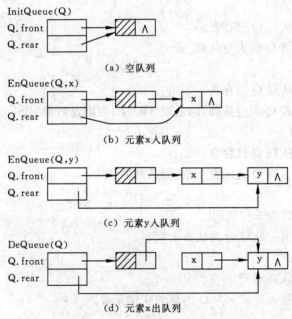

图 4.9　链队列操作时指针变化状况

链队列的定义和部分操作列举如下:

```
typedef LinkList QueuePtr;      // 链队列的结点结构和单链表相同

typedef struct {
    QueuePtr front;             // 队列的头指针
    QueuePtr rear;              // 队列的尾指针
```

```
} LinkQueue;                          // 链队列

void InitQueue_L(LinkQueue &Q)
{
    // 构造一个只含头结点的空队列 Q
    Q.front=Q.rear=new LNode;
    Q.front->next=NULL;
}//InitQueue_L

void DestroyQueue_L(LinkQueue &Q)
{
    // 销毁链队列结构 Q
    while(Q.front) {
        Q.rear=Q.front->next;
        delete Q.front;
        Q.front=Q.rear;
    }//while
}//DestroyQueue_L

void EnQueue_L(LinkQueue &Q, QElemType e)
{
    // 插入元素 e 为链队列 Q 中新的队尾元素
    p=new LNode;
    p->data=e; p->next=NULL;
    Q.rear->next=p;
    Q.rear=p;
}//EnQueue_L

bool DeQueue_L(LinkQueue &Q, QElemType &e)
{
    // 若队列不空,则删除 Q 的队头元素,用 e 返回其值,并返回 TRUE
    // 否则返回 FALSE
    if(Q.front==Q.rear) return FALSE;
    p=Q.front->next;
    e=p->data;
    Q.front->next=p->next;
    if(Q.rear==p) Q.rear=Q.front;
    delete p;
    return TRUE;
}//DeQueue_L
```

在上述算法中,请读者注意"出队列"算法中的特殊情况。一般情况下,删除队头元素仅需修改头结点中的指针,但当队列中只有一个结点时(此时队尾指针指向该结点),出队列操作将"丢失"队尾指针。因此在这种情况下,尚需修改队尾指针,令它指向头结点。通常在队列所需最大空间无法预先估计时,宜采用链队列。

2. 循环队列

和顺序栈相类似,在利用顺序分配存储结构实现队列时,除了用一维数组描述队列中数据元素的存储区域,并预设一个数组的最大空间之外,尚需设立两个指针 front 和 rear 分别指示"队头"和"队尾"的位置。为了叙述方便,在此约定:初始化建空队列时,令 front＝rear ＝0,每当插入一个新的队尾元素后,尾指针 rear 增1;每当删除一个队头元素之后,头指针增1。因此,在非空队列中,头指针始终指向队头元素,而尾指针指向队尾元素的"下一个"位置,如图 4.10 所示。图中队列的最大空间为 6,则当队列处于图 4.10(d) 的状态时不能继续进行入队操作,否则将会因数组"越界"而导致程序的非法操作错误。然而此时队列的实际可用空间并未占满,一个较巧妙的解决办法是将顺序队列想象为一个首尾相接的环状空间,如图 4.11 所示,称之为循环队列。头、尾指针和队列元素之间的关系不变。如图 4.12 (a) 所示的循环队列中,队头元素是 J_5,队尾元素是 J_6,之后 J_7、J_8、J_9 和 J_{10} 相继入队列,则队列空间均被占满,如图 4.12(b) 所示,此时头、尾指针值相同;反之,在图 4.12(a) 的状态下,J_5 和 J_6 相继出队列,使队列呈现"空"的状态,如图 4.12(c) 所示,此时头、尾指针的值也相同。可见,对于循环队列不能以头、尾指针是否相同来判别队列"满"或"空"。

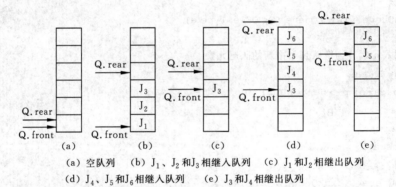

(a) 空队列　　(b) J_1、J_2 和 J_3 相继入队列　　(c) J_1 和 J_2 相继出队列

(d) J_4、J_5 和 J_6 相继入队列　　(e) J_3 和 J_4 相继出队列

图 4.10　顺序分配的队列中,头、尾指针和元素之间的关系

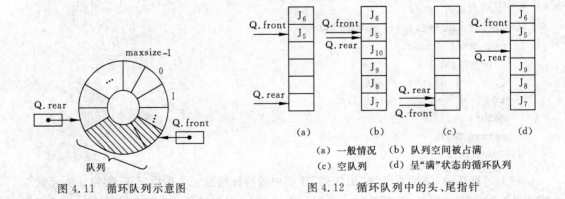

(a) 一般情况　　(b) 队列空间被占满

(c) 空队列　　(d) 呈"满"状态的循环队列

图 4.11　循环队列示意图　　　　图 4.12　循环队列中的头、尾指针

可以有两种处理方法：其一是附设一个标志位以区别队列空间是"满"还是"空"；其二是少用一个元素空间，约定"队尾指针在队头指针的前一个位置(指环状队列中的前一位置)"为队列呈"满"状态的标志，如图 4.12(d) 所示。下面所实现的队操作使用的是第二种方案来判别队"满"。循环队列中头、尾指针"依环状增 1"的操作可用"模"运算来实现。通过取模，头指针和尾指针就可以在顺序表空间内按头尾衔接的方式"循环"移动。循环队列的定义和部分操作列举如下。

```
// ---- 循环队列的存储表示 ----
const QUEUE_INIT_SIZE=100;    // 循环队列(默认的)初始分配最大空间量
const QUEUEINCREMENT=10;      // (默认的)增补空间量

typedef struct {
    QElemType *elem;          // 存储队列元素的数组
    int front;                // 头指针,若队列不空,指向队列头元素
    int rear;                 // 尾指针,若队列不空,指向队列尾元素的下一个位置
    int queuesize;            // 循环队列当前的最大容量
    int incrementsize;        // 约定的扩容增量
} SqQueue;

void InitQueue_Sq(SqQueue &Q,int maxsize=QUEUE_INIT_SIZE,
                                    int incresize=QUEUEINCREMENT)
{
    // 构造一个空队列 Q
    Q.elem=new QelemType[maxsize+1];
                    // 为循环队列分配(比实际能用多一个元素的)空间
    Q.queuesize=maxsize;
    Q.incrementsize=incresize;
    Q.front=Q.rear=0;
}//InitQueue_Sq

int QueueLength_Sq(SqQueue Q)
{
    // 返回 Q 的元素个数,即队列的长度
    return (Q.rear-Q.front+Q.queuesize)%Q.queuesize;
}//QueueLength_Sq

bool DeQueue_Sq(SqQueue &Q, ElemType &e)
{
    // 若队列不空,则删除 Q 的队头元素,用 e 返回其值,并返回 TRUE;
    // 否则返回 FALSE
    if(Q.front==Q.rear) return FALSE;             // 空队列
    e=Q.elem[Q.front];
    Q.front=(Q.front+1)%Q.queuesize;
    return TRUE;
```

```
}//DeQueue_Sq

void EnQueue_Sq(SqQueue &Q, QElemType e)
{
    // 插入元素 e 为 Q 的新的队尾元素
    if((Q.rear+1)%Q.queuesize==Q.front) incrementQueuesize(Q);
    Q.elem[Q.rear]=e;
    Q.rear=(Q.rear+1)%Q.queuesize;
}//EnQueue_Sq
```

对于循环队列,在队列空间已被占满的情况下,若要插入新的队尾元素,也需要进行"扩容"操作,其算法如下描述:

```
void incrementQueuesize(SqQueue &Q) {
    // 为循环队列 Q 增加 Q.incrementsize 个元素空间
    QElemType a[];
    a=new QElemType[Q.queuesize+Q.incrementsize];
    for(k=0; k<Q.queuesize-1; k++)
        a[k]=Q.elem[(Q.front+k)%Q.queuesize];    // 腾挪原循环队列中的数据元素
    delete[] Q.elem;                              // 释放原占数组空间
    Q.elem=a;                                     // 为 Q.elem 设置新的数组位置
    Q.front=0; Q.rear=Q.queuesize-1;              // 设置新的头、尾指针
    Q.queuesize+=Q.incrementsize;
} //incrementQueuesize
```

显然,这个"扩容"操作比一次性申请空间要费时间。一般在大多数的问题中常常可以根据问题的性质和规模估计出队列的尺寸大小,而在无法预先估计所用队列可能达到的最大容量时,最好还是采用链队列。

4.4 队列应用举例

队列在程序设计中的一个典型应用例子是作业排队问题。例如,在一个局域网上有一台共享的网络打印机,网上每个用户都可以将数据发送给网络打印机进行输出。为了保证不丢失数据,操作系统为网络的打印机生成一个"作业队列",每个申请输出的"作业"应按先来后到的顺序排队,打印机从作业队列中逐个提取作业进行打印。

在应用程序中,队列通常用以模拟排队情景,如 10.4.3 节中的程序设计例子所示。本节仅介绍两个应用循环队列的简单例子,以说明队列操作的具体使用。

例 4.6 编写一个打印二项式系数表(即杨辉三角,如图 4.13 所示)的算法。

这是一个初等数学中讨论的问题。系数表中的第 k 行有 $k+1$ 个数,除了第 1 个和最后 1 个数为 1 之外,其余的数则为上一行中位其左、右的两数之和。

```
        1
       1 1
      1 2 1
     1 3 3 1
    1 4 6 4 1
...................
```

图 4.13 二项式系数

这个问题的程序可以有很多种写法，一种最直接的想法是利用两个数组，其中一个存放已经计算得到的第 k 行的值，然后输出第 k 行的值，同时计算第 $k+1$ 行的值。如此写得的程序显然结构清晰，但需要两个辅助数组的空间，并且这两个数组在计算过程中需相互交换。也可以省去一个数组的空间，但相应的程序就不如前一个那么清晰了。在此引入"循环队列"，可以省略一个数组的辅助空间，而且可以利用队列的操作将一些"琐碎操作"屏蔽起来，使程序结构变得清晰，容易被人理解。

如果要求计算并输出杨辉三角前 n 行的值，则队列的最大空间应为 $n+2$。假设队列中已存有第 k 行的计算结果，并为了计算方便，在两行之间添加一个"0"作为行界值，则在计算第 $k+1$ 行之前，头指针正指向第 k 行的"0"，而尾元素为第 $k+1$ 行的"0"。由此从左到右依次输出第 k 行的值，并将计算所得的第 $k+1$ 行的值插入队列的基本操作为：

```
do {
    DeQueue(Q, s);      // s 为二项式系数表第 k 行中"左上方"的值
    GetHead(Q, e);      // e 为二项式系数表第 k 行中"右上方"的值
    cout<<e;            // 输出 e 的值
    EnQueue(Q, s+e);    // 计算所得第 k+1 行的值入队列
} while(e!=0);
```

假设 $n=6$，$k=5$，则上述循环执行过程中队列的变化状况如图 4.14 所示。

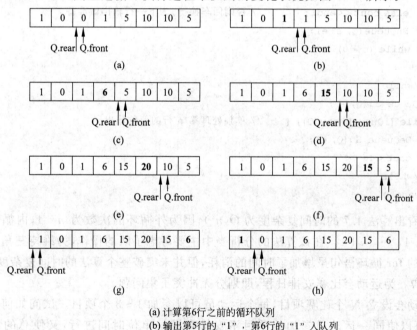

(a) 计算第6行之前的循环队列
(b) 输出第5行的"1"，第6行的"1"入队列
(c) 输出第5行的"5"，第6行的"6"入队列
(d) 输出第5行的"10"，第6行的"15"入队列
(e) 输出第5行的"10"，第6行的"20"入队列
(f) 输出第5行的"5"，第6行的"15"入队列
(g) 输出第5行的"1"，第6行的"6"入队列
(h) 输出第6行的"1"入队列

图 4.14 计算杨辉三角第 6 行的过程

下面给出计算杨辉三角的完整算法。

算法 4.7

```
void Yanghui(int n)
{
    // 打印输出杨辉三角的前 n (n>0)行
    SqQueue Q;
    for(i=1; i<=n; i++) cout<<'';
    cout<<'1'<<endl;                        // 在中心位置输出杨辉三角最顶端的"1";
    InitQueue_Sq(Q, n+2);                   // 设置最大容量为 n+2 的空队列
    EnQueue_Sq(Q, 0);                       // 添加行界值
    EnQueue_Sq(Q, 1); EnQueue_Sq(Q, 1);     // 第一行的值入队列
    k=1;
    while (k<n) {                           // 通过循环队列输出前 n-1 行的值
        for(i=1; i<=n-k; i++) cout<<'';     // 输出 n-k个空格以保持三角形
        EnQueue_Sq(Q, 0);                   // 行界值"0"入队列
        do {                                // 输出第 k 行,计算第 k+1 行
            Dequeue_Sq(Q, s);
            GetHead_Sq(Q, e);
            if(e) cout<<e<<'';              // 若 e 为非行界值 0,则打印输出 e 的值并加一空格
            else cout<<endl;                // 否则回车换行,为下一行输出做准备
            EnQueue(Q, s+e);
        } while (e!=0);
        k++;
    }//while
    DeQueue_Sq(Q, e);
    while (!QueueEmpty(Q)) {                // 单独处理第 n 行的值的输出
        DeQueue_Sq(Q, e);
        cout<<e<<'';
    }//while
} // yanghui
```

容易看出算法 4.7 的时间复杂度为 $O(n^2)$,因为外循环的次数为 $n-1$,内循环的次数分别为 $3,4,\cdots,n+1$。在该算法的分析当中主要考虑了队的操作,为维持三角形状的输出所加入的 **for** 循环语句虽增加了时间的消耗,但并未突破整个算法的时间复杂度 $O(n^2)$。

例 4.7 为运动会比赛安排日程,即划分无冲突子集问题。

某运动会设立 N 个比赛项目,每个运动员可以参加 1~3 个项目。试问如何安排比赛日程,既可以使同一运动员参加的项目不安排在同一单位时间进行,又使总的竞赛日程最短。

若将此问题抽象成数学模型,则归属于"划分子集"问题。N 个比赛项目构成一个大小为 n 的集合,有同一运动员参加的项目则抽象为"冲突"关系。假设某运动会设有 9 个项目,$A=\{0,1,2,3,4,5,6,7,8\}$,7 名运动员报名参加的项目分别为:(1,4,8)、(1,7)、(8,3)、(1,0,5)、(3,4)、(5,6,2)和(6,4),则构成一个冲突关系的集合 $R=\{(1,4),(4,8),(1,$

8),(1,7),(8,3),(1,0),(0,5),(1,5),(3,4),(5,6),(5,2),(6,2),(6,4))(一对括弧中的两个项目不能安排在同一单位时间)。"划分子集"问题即为将集合 A 划分成 k 个互不相交的子集 $A_1,A_2,\cdots,A_k(k\leqslant n)$，使同一子集中的元素均无冲突关系，并要求划分的子集数目尽可能地少。

可利用"过筛"的方法来解决划分子集问题。从第一个元素考虑起，凡不和第一个元素发生冲突的元素都可以和它分在同一子集中，然后再"过筛"出一批互不冲突的元素为第二个子集，依此类推，直至所有元素都进入某个子集为止。利用循环队列可以实现这个思想。令集合中的元素依次插入队列，之后重复下列操作：将队列中的队头元素出队列，成为某个子集中的第一个元素，之后依次删除队头元素并检查它与当前子集中的元素是否冲突，若不和子集中任一元素冲突，则将它加入该集；否则重新"入队列"，以等待"下一次"开辟新子集的机会。由于重新入队列的元素序号必定小于队尾元素，则一旦发现当前出队列的元素序号小于前一个出队列的元素时，说明已构成一个子集。如此循环直至队列删空为止。

在算法中，可用二维数组 $R[n][n]$ 描述元素的冲突关系矩阵，若序号为 i 的元素和序号为 j 的元素冲突，则 $R[i][j]=1$；否则 $R[i][j]=0$。如上述例子中假设的冲突关系矩阵如图 4.15 所示。

	0	1	2	3	4	5	6	7	8
0	0	1	0	0	0	1	0	0	0
1	1	0	0	0	1	1	0	1	1
2	0	0	0	0	0	1	1	0	0
3	0	0	0	0	1	0	0	0	1
4	0	1	0	1	0	0	1	0	1
5	1	1	1	0	0	0	1	0	0
6	0	0	1	0	1	1	0	0	0
7	0	1	0	0	0	0	0	0	0
8	0	1	0	1	1	0	0	0	0

图 4.15 冲突关系数组示例

当序号为 j_1, j_2, $\cdots$, j_k 的元素已入组，判别序号为 i 的元素能否入同一组时，需查看 $R[i][j_1],R[i][j_2],\cdots,R[i][j_k]$ 的值是否为"0"。为了减少重复察看 R 数组的时间，可另设一个数组 clash$[n]$ 记录和当前已入组元素发生冲突的元素的信息。每次新开辟一组时，令 clash 数组各分量的值均为"0"，当序号为"i"的元素入组时，将和该元素发生冲突的信息记入 clash 数组。具体做法是将冲突数组中下标为 i 行的各分量值和 clash 数组对应分量相加，则数组 clash 中和"i"冲突的相应分量的值就不再是"0"了，由此判别序号为 j 的元素能否加入当前组时，只需要查看 clash 数组中下标为"j"的分量的值是否为"0"即可。可如下描述上述划分子集算法的基本思想：

```
pre (前一个出队列的元素序号)=n; 组号=0;
全体元素入队列;
while (队列不空) {
    队头元素 i 出队列;
    if(i<pre) {      // 开辟新的组
```

```
      组号++；clash 数组初始化；
   }
   if(i 能入组) {
      i 入组,记下序号为 i 的元素所属组号；
      修改 clash 数组；
   }
   else i 重新入队列；
   pre=i;
}
```

算法 4.8

```
void division(int R[][], int n, int result[])
{
   // 已知 R[n][n] 是编号为 0 至 n-1 的 n 个元素的关系矩阵
   // 子集划分的结果记入 result 数组,result[k] 的值是编号为 k 的元素所属组号
   pre=n; group=0;
   InitQueue_Sq(Q, n);              // 设置最大容量为 n 的空队列
   for(e=0; e<n; e++) EnQueue_Sq(Q, e, 0);
   while(!QueueEmpty(Q)) {
      DeQueue_Sq (Q, i);
      if(i<pre) {
         group ++;                  // 增加一个新的组
         for(j=0; j<n; j ++) clash[j]=0;
      }//if
      if(clash[i]==0) {
         result[i]=group;           // 编号为 i 的元素入 group 组
         for(j=0; j<n; j ++) clash[j] +=R[i][j];      // 添加和 i 冲突的信息
      }//if
      else EnQueue(Q, i, 0);        // 编号为 i 的元素不能入当前组
      pre=i;
   } // while
}// division
```

对图 4.15 的冲突关系矩阵执行算法 4.8,每划分出一组元素之后循环队列的状态和数组 result 的状况如图 4.16 所示。result 的最后状态显示该运动会的各比赛项目应分别安排在 4 个时间区内进行。

分析算法 4.8 的时间复杂度,算法中包含两重循环,外循环的执行次数不确定,和初始数据的分布有关,内循环 **for** 语句的执行次数为 n,从算法中可见,第一个 **for** 语句只在增添新的组时才执行,第二个 **for** 语句在元素 i 入组时才执行,每个元素只入一次组,因此,算法 4.8 的时间复杂度为 $O(n^2)$。

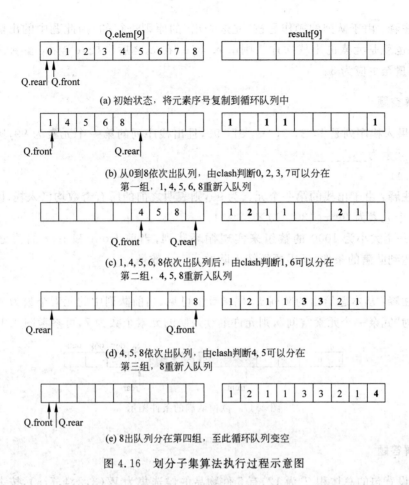

(a) 初始状态，将元素序号复制到循环队列中

(b) 从0到8依次出队列，由clash判断0, 2, 3, 7可以分在
第一组，1, 4, 5, 6, 8重新入队列

(c) 1, 4, 5, 6, 8依次出队列后，由clash判断1, 6可以分在
第二组，4, 5, 8重新入队列

(d) 4, 5, 8依次出队列，由clash判断4, 5可以分在
第三组，8重新入队列

(e) 8出队列分在第四组，至此循环队列变空

图 4.16　划分子集算法执行过程示意图

解题指导与示例

一、单项选择题

1. 假设入栈元素序列是 abcde；若允许出栈操作可在任意可能的时刻进行，则下列序列中，可能出现的出栈序列是（　　）。

　　A. bcaed　　　　　B. becda　　　　　C. cadbe　　　　　D. abcd

答案：A

解答注释：以备选答案 B 为例，根据题意，当 e 出栈时，abcd 已依次入栈，则 c 不可能先于 d 出栈。类似地，备选答案 C，因为在出栈序列中的 c 之后，a 先于 b 出现也是不可能的。

2. 设栈 S 和队列 Q 的初始状态均为空，假设元素 e_1、e_2、e_3、e_4、e_5 及 e_6 依次进行一系列的入栈、出栈、入队列及出队列操作，且入队列操作紧跟在每个出栈操作之后进行，若由此得到的出队序列是 e_2、e_4、e_3、e_6、e_5、e_1，则栈 S 的容量至少应该是（　　）。

　　A. 2　　　　　　B. 3　　　　　　C. 4　　　　　　D. 6

答案：B

解答注释：由于队列的操作是按"先进先出"的原则进行的,因此题中的出队序列即为入队序列,也就是元素的出栈次序。则由 e_3 与 e_1 在 e_4 之后出栈,e_5 与 e_1 在 e_6 之后出栈可见,栈的容量至少应为 3。

二、填空题

3. 如果入栈序列是 1, 3, 5, …, 97, 99,且出栈序列的第一个元素为 99,则出栈序列中第 30 个元素为_____。

答案：41

解答注释：由于出栈的第一个元素为 99,则表明之前的所有奇数均已入栈,因此依次出栈的第 30 个元素为 $99-[(30-1)\times 2]=41$。

4. 用一个大小为 1000 的数组来实现循环队列,当前 front 和 rear 的值分别为 4 和 996,若要达到队满的条件,还需要继续入队的元素个数是_____。

答案：7

解答注释：从本题给出的队列头、尾指针值可见,当前队列中的元素个数为 992,但由于队满条件为"冗余一个元素空间",则允许继续入队的元素个数为 7,可参考图 4.17。

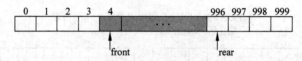

图 4.17 欲使队满的条件图示

三、解答题

5. 假设背包的总体积 T 为 12,有 5 件物品的候选集为 $W(3,2,4,7,5)$,按书中所给的背包算法 4.3 跟读求解,写出所有可能解的结果,并画出算法执行过程中求出第一组解时栈的动态变换情况。

答案：共有三组解：$(3,2,7)$,$(3,4,5)$ 和 $(7,5)$。

求解第一组解时的栈动态变换情况见图 4.18。

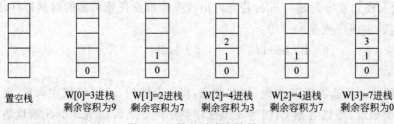

图 4.18 栈的动态变换情况

四、算法阅读题

6. 假设一个算术表达式由字符串 exp 表示,其中可以包含圆括号、方括号和花括号,且这三种括号可以按照任意次序嵌套使用。阅读下列算法,将算法中空白处填写完整,以实现

"表达式中所含括号是否正确配对"的判别。

```
boolean progExp(char *exp ) {
    boolean legal=TRUE;
    Stack s;
    InitStack(&s);
    for(int i=0; legal && exp[i]!='\0'; i++) {
        switch(exp[i]) {
            case '(': {____(1)____ }
            case '[': {____(2)____ }
            case '{': {____(3)____ }
            case ')': {
                        if ( !StackEmpty(s) && GetTop(s)=='(' )
                                Pop(s,e);
                        else legal=FALSE;
                        break;
            }
            case ']': {
                        if ( !StackEmpty(s) && GetTop(s)=='[' )
                                Pop(s,e);
                        else legal=FALSE;
                        break;
            }
            case '}': {
                        if ( !StackEmpty(s) && GetTop(s)=='{' )
                                Pop(s,e);
                        else legal=FALSE;
                        break;
            }
        }
    }
    return legal && StackEmpty(s);
}
```

答案：

（1）Push(s，'( )；**break**；

（2）Push(s，'[ )；**break**；

（3）Push(s，'{)；**break**；

五、算法设计题

7. 编写算法，判别读入的一个以"\0"为结束符的字符串序列是否是"回文"，回文指具有中间对称性的字符串。

答案：

```
boolean centralSymmetry() {
    boolean state;
    InitStack(S);
    InitQueue(Q);
    scanf(ch); // 从终端依次输入的字符串序列,字符串以"\0"结束
    while(ch!="\0") {
        Push(S, ch);
        EnQueue(Q, ch);
        scanf(ch);
    }
    state=TRUE;
    while(!StackEmpty(S) && state)
        if(GetTop(S)==GetHead(Q)) {
            Pop(S);
            DeQueue(Q);
        } else state=FALSE;
    return state;
}
```

解答注释：设计该算法的一个直观解题方法是,将字符串输入到一个数组内,然后从两头往中间进行判别,此时首先得求得输入的字符串的长度,并区分奇偶两种情况。在此可利用栈的"后进先出"与队列的"先进先出"的特性,令该字符串同时入栈与入队,则其出栈与出队列的次序恰好相逆。

可以通过字符串"abcdedcba"、"abceba"和"abccba"跟踪检查算法,其输出结果应分别是 **TRUE**、**FALSE** 和 **TRUE**。

8. 用一个栈可将递归形式的"快速排序算法"转变成非递归的迭代形式,转变的策略是:(1)一趟排序之后,先对长度较短的子序列进行排序,且将另一子序列的上、下界入栈保存;(2)若待排序记录数小于等于3,则不再进行分割,直接用简单的比较方法排序。请写出按此策略实现的非递归形式的快速排序算法,并对典型的操作语句加以注释。

答案：

```
void quickSortNotRecurve(sqList &L) {
    low=1;
    high=L.length;
    InitStack(S);
    do {
        while(high-low>2){                    // 子序列长度大于 3
            pivot=Partition(L,low,high);       // 进行一趟的划分,取得分点 pivot
            if(high-pivot>=pivot-low) {        // 选取较长的子序列
                Push(S, (pivot+1,high) );      // 若右端子序列长,将上、下界保存到栈中
                high=pivot-1;                  // 调整上下界,准备操作另一段子序列
            } else {
```

```
            Push(S, (low,pivot-1) );  // 若左端子序列长,将上、下界保存到栈中
            low=pivot+1;        // 调整上下界,准备操作另一段子序列
         }
      }
      if(low<high && high-low<3) {
         compareSort(L, low, high);  // 对长度不大于 3 的子序列进行简单的比较法排序
         low=high;                   // 表示子序列已排序完毕
      }
      if(!StackEmpty(S)) {           // 退栈获取一段尚未排序的子序列的上、下界
         Pop(S, ( t1, t2));
         low=t1;
         high=t2;
      }
   } while( low<high‖!StackEmpty(S) )
}
```

解答注释：算法执行的基本操作就是不断地使用 Partition(L,low,high)操作进行"划分"，当划分的子序列小于等于 3 时，就改用简单的比较法直接完成排序。算法中每趟保存长的子序列上、下界，继续分割短的子序列。采用"存大吃小"的做法，有利于栈空间的利用，即尽量减少进栈的深度。

习　　题

4.1　若按图 4.1(b)所示铁路调度栈进行车厢调度(注意：两侧铁道均为单向行驶道)，请回答：

(1) 如果进站的车厢序列为 123，则可能得到的出站车厢序列是什么？

(2) 如果进站的车厢序列为 123456，则能否得到 435612 和 135426 的出站序列，并说明为什么不能得到或者如何得到(即写出以"S"表示进栈和以"X"表示出栈的栈操作序列)。

4.2　简述以下算法的功能(栈的元素类型 SElemType 为 **int**)。

(1) **status** algo1(Stack S) {
```
        int i, n, A[255];
        n=0;
        while(!StackEmpty(S)) { n++; Pop(S, A[n]); };
        for(i=1; i<=n ; i++) Push(S, A[i]);
    }
```

(2) **status** algo2(Stack S, int e) {
```
        Stack T; int d;
        InitStack(T);
        while(!StackEmpty(S)) {
          Pop(S, d);
          if(d!=e) Push(T, d);
```

```
        }
        while(!StackEmpty(T)) {
          Pop(T, d);
          Push(S, d);
        }
    }
```

4.3　假设如题 4.1 所述火车调度站的入口处有 n 节硬席或软席车厢(分别以 H 和 S 表示)等待调度,编写算法,输出对这 n 节车厢进行调度的操作(即入栈或出栈操作)序列,以使所有的软席车厢都被调整到硬席车厢之前。

4.4　编写一个算法,识别依次读入的一个以"@"为结束符的字符序列是否为形如"序列$_1$&序列$_2$"模式的字符序列。其中序列$_1$和序列$_2$中都不含字符"&",且序列$_2$是序列$_1$的逆序列。例如,"a+b&b+a"是属该模式的字符序列,而"1+3&3−1"则不是。

4.5　编写一个判别表达式中开、闭括号是否合法配对出现的算法。

4.6　以 $T=16$,各件物品体积 $=\{2,5,8,3,4,6\}$ 为例,画出算法 4.3 执行过程中栈的变化状况。

4.7　仿照图 4.5 画出下列表达式转换成后缀式的过程。

$$(a+b)*(c/(d-e)+f)+ab*c$$

4.8　利用栈编写计算下列递归函数的非递归形式的算法。

$$g(m,n)=\begin{cases} 0, & m=0,n\geqslant 0 \\ g(m-1,2n)+n, & m>0,n\geqslant 0 \end{cases}$$

4.9　假设以带头结点的循环链表表示队列,并且只设一个指针指向队尾元素结点(注意不设头指针),编写相应的队列初始化、入队列和出队列的算法。

4.10　如图 4.11 所示循环队列中当前含有的元素个数是多少?

4.11　假设将循环队列定义为:以域变量 rear 和 length 分别指示循环队列中队尾元素的位置和内含元素的个数。给出此循环队列的队满条件,并写出相应的入队列和出队列的算法(在出队列的算法中要返回队头元素)。

4.12　正读和反读都相同的字符序列称为"回文",例如,"abba"和"abcba"是回文,"abcde"和"ababab"则不是回文。编写一个 C 语言程序判别读入的一个以"#"为结束符的字符序列是否是"回文"。

第5章 串和数组

字符串数据是计算机非数值处理的主要对象之一。在早期的程序设计语言中,字符串是作为输入和输出的常量出现的。随着语言加工程序的发展,许多语言增加了字符串类型,在程序中可以使用字符串变量进行一系列字符串操作。字符串一般简称为串。在汇编和编译程序中,源程序和目标程序都是字符串数据。在事务处理程序中,顾客的姓名和地址以及货物的名称、产地和规格等,一般也作为字符串处理。此外,如信息检索系统、文字编辑程序、事务问答系统、自然语言翻译系统以及音乐分析程序等,都是以字符串数据作为处理对象的。

然而,我们现今使用的计算机的硬件结构主要是面向数值计算的需要,基本上没有提供处理字符串数据的操作指令,需要用软件实现字符串数据类型,而在不同的应用中,所处理的字符串具有不同的特点。要有效地实现字符串的处理,就必须根据具体情况使用合适的存储结构。在本章,我们将讨论一些基本的串处理操作和几种不同的存储结构。

5.1 串的定义和操作

串(string),或称字符串,是由零个或多个字符组成的有限序列。一般记为

$$s = "a_0a_1\cdots a_{n-1}" \quad (n \geqslant 0) \tag{5-1}$$

其中,S 是串的名,用双引号括起来的字符序列是串的值;$a_i(0 \leqslant i \leqslant n-1)$ 可以是字母、数字或其他字符(字符的序号从 0 开始,与 C、C++ 和 Java 等语言的习惯一致);串中字符的数目 n 称为串的**长度**。零个字符的串为**空串**(null string),它的长度为零。

串中任意个连续的字符组成的子序列称为该串的**子串**。包含子串的串相应地称为**主串**。通常称字符在序列中的序号为该字符在串中的**位置**。子串在主串中的位置则以子串的第 0 个字符在主串中的位置来表示。

例如:假设 a、b、c 和 d 为如下的 4 个串:

$$a = "BEI" \qquad b = "JING"$$
$$c = "BEIJING" \qquad d = "BEI JING"$$

则它们的长度分别为 3、4、7 和 8;并且 a 和 b 都是 c 和 d 的子串,a 在 c 和 d 中的位置都是 0,而 b 在 c 中的位置是 3,在 d 中的位置则是 4。

两个串之间可以进行比较。称两个串是相等的,当且仅当这两个串的值相等。也就是说,只有当两个串的长度相等,并且各个对应位置的字符都相同时才相等。如上例中的串 a、b、c 和 d 彼此都不相等。当两个串不相等时,可按"字典顺序"分大小。令

$$s = "s_0s_1\cdots s_{m-1}" \quad (m > 0)$$
$$t = "t_0t_1\cdots t_{n-1}" \quad (n > 0)$$

首先比较第一个字符的大小,若 $'s'_0 < 't'_0$,则 $s < t$,反之若 $'s'_0 > 't'_0$,则 $s > t$;否则先确

定两者的最大相等前缀子序列："$s_0 s_1 \cdots s_k$"="$t_0 t_1 \cdots t_k$"，其中 $k \geqslant 0$ 且 $k \leqslant m-1$，$k \leqslant n-1$，若 $k \neq m-1$，$k \neq n-1$，则由 's_{k+1}' 大还是 't_{k+1}' 大来确定是 s 大还是 t 大；否则不妨设 $k=m-1$，且 $k < n-1$，则此时 $t > s$。例如，"a"< "ab"，"abc"< "abd"。字符之间的大小顺序约定，在 PASCAL 语言中，以字符在字符集中的序号为准，在 C 语言中，则按字符的 ASCII 码的大小为准。

串值必须用一对双引号括起来，但双引号本身不属于串，它的作用只是为了避免与变量或数的常量混淆而已。如在下列程序语句中

```
x="123";
```

表明 x 是一个串变量名，赋给它的值是字符序列 123，而不是整数 123。在

```
aString="aString";
```

中，左边的 aString 是一个串变量名，而右边的字符序列 aString 是赋给它的值。

在各种应用中，空格通常是串的字符集合中的一个元素，可以出现在其他字符之间。由一个或多个空格组成的串称为空格串（blank string，请注意：此处不是空串）。例如

　　　　　　　　　　" "，"　　　"　和　"　　　　　　　"

是 3 个空格串，它们的长度为串中空格字符的个数，分别为 1，5 和 16。为了清楚起见，以后用符号"Φ"表示"空格符"。

串的基本操作有：

StrAssign（&T, chars）

　　初始条件：chars 是字符串常量。

　　操作结果：把 chars 赋为 T 的值。

StrCopy（&T, S）

　　初始条件：串 S 存在。

　　操作结果：由串 S 复制得串 T。

StrEmpty（S）

　　初始条件：串 S 存在。

　　操作结果：若 S 为空串，则返回 TRUE，否则返回 FALSE。

StrCompare（S, T）

　　初始条件：串 S 和 T 存在。

　　操作结果：若 S<T，则返回值<0；若 S=T，则返回值=0；若 S>T，则返回值>0。

StrLength（S）

　　初始条件：串 S 存在。

　　操作结果：返回 S 的元素个数，称为串的长度。

Concat（&T, S1, S2）

　　初始条件：串 S1 和 S2 存在。

　　操作结果：用 T 返回由 S1 和 S2 连接而成的新串。

Sub String（&Sub, S, pos, len）

初始条件：串 S 存在，$0 \leqslant \text{pos} < \textbf{StrLength}(S)$ 且 $0 \leqslant \text{len} \leqslant \textbf{StrLength}(S) - \text{pos}$。

操作结果：用 Sub 返回串 S 的第 pos 个字符起长度为 len 的子串。

Index (S，T，pos)

初始条件：串 S 和 T 存在，T 是非空串，$0 \leqslant \text{pos} \leqslant \textbf{StrLength}(S) - 1$。

操作结果：若主串 S 中存在和串 T 值相同的子串，则返回它在主串 S 中第 pos 个
字符之后第一次出现的位置；否则函数值为 -1。

Replace ($\&$S，T，V)

初始条件：串 S，T 和 V 存在，T 是非空串。

操作结果：用 V 替换主串 S 中出现的所有与 T 相等的不重叠的子串。

StrInsert ($\&$S，pos，T)

初始条件：串 S 和 T 存在，$0 \leqslant \text{pos} \leqslant \textbf{StrLength}(S)$。

操作结果：在串 S 的第 pos 个字符之前插入串 T[①]。

StrDelete ($\&$S，pos，len)

初始条件：串 S 存在，$0 \leqslant \text{pos} \leqslant \textbf{StrLength}(S) - \text{len}$。

操作结果：从串 S 中删除第 pos 个字符起长度为 len 的子串。

DestroyString ($\&$S)

初始条件：串 S 存在。

操作结果：串 S 被销毁。

对于串的基本操作集可以有不同的定义方法，各种版本的 C 语言都定义了自己的串操
作函数，读者在使用高级程序设计语言中的串类型时，应以该语言的参考手册为准。在上述
抽象数据类型定义的各种操作中，串赋值 **StrAssign**、串比较 **StrCompare**、求串长 **StrLength**、
串连接 **Concat** 以及求子串 **SubString** 这 5 种操作构成串类型的最小操作子集。即这些操作
不能利用其他串操作来实现，反之，其他串操作可在这个最小操作子集上实现。

例如，可以利用比较、求串长和求子串等操作实现定位函数 **Index**(S，T，pos)。如算
法 5.1 所示，算法的基本思想为：在串 S 中取从第 i(初值为 pos)个字符起、长度和串 T 相
等的子串与串 T 进行比较，若相等，则求得函数值为 i，否则 i 值增 1，直至串 S 中不存在和
串 T 长度相等的子串为止，则返回函数值为 -1。

算法 5.1

```
int Index(String S, String T, int pos) {
    // T为非空串。若主串 S 中第 pos 个字符之后存在与 T 相等的子串,
    // 则返回第一个这样的子串在 S 中的位置,否则返回 -1
    if(pos>=0) {
    n=StrLength(S); m=StrLength(T); i=pos;
    while(i<=n-m) {
        SubString(sub, S, i, m);
        if(StrCompare(sub,T) !=0)++i ;
```

---

① pos=**StrLength**(S) 时表示在串 S 之后插入串 T。

```
        else return i ;
      } // while
    } // if
    return -1;                    // S 中不存在与 T 相等的子串
} // Index
```

从上述定义可见,串的逻辑结构和线性表极为相似,区别仅在于串的数据元素固定为字符。然而,串的基本操作和线性表有很大差别。线性表的操作大多以"单个元素"作为操作对象,比如在表中查找某个元素、求取某个元素、在某个位置上插入或删除一个元素等。而串的操作通常以"串的整体"或"子串"作为操作对象,比如在串中查找某个子串、求取一个子串、在串的某个位置上插入、删除或置换一个子串等。

5.2 串的表示和实现

如果在程序设计语言中,串只是作为输入输出的常量出现,则只需要存储这个串常量值,即字符序列即可。但在多数非数值处理的程序中,串也以变量的形式出现。因此需要根据串操作的特点,合理地选择和设计串值的存储结构及其维护方式。

5.2.1 定长顺序存储表示

类似于线性表的顺序存储表示方法,可用一组地址连续的存储单元存储串值的字符序列。例如,在 C 语言中,字符串的一种处理方法就是将字符串作为字符数组来处理。假设

```
char str[10];
```

则为串变量 str 分配一个固定长度(为 10)的存储区。C 语言中规定了一个"字符串的结束标志"为 '\0',即数组中在该结束标志之前的字符是字符串中的有效字符,但结束标志本身要占一个字符的空间,因此字符串 str 的串值的实际长度可在这个定义范围内随意,但最大不能超过 9。在这种表示方法下,串操作的实现主要是进行"字符序列的复制"。下面举两个例子。

算法 5.2

```
void Concat_Sq(char S1[], char S2[], char T[]) {
    // 用 T 返回由 S1 和 S2 连接而成的新串
    j=0; k=0;
    while(S1[j] !='\0') T[k++]=S1[j++];    // 复制串 S1
    j=0;
    while(S2[j] !='\0') T[k++]=S2[j++];    // 接着复制串 S2
    T[k]='\0';                              // 置结果串 T 的结束标志
} // Concat_Sq
```

算法 5.3

```
void SubString_Sq(char Sub[], char *S, int pos, int len) {
    // 用 Sub 返回串 S 的第 pos 个字符起长度为 len 的子串
    // 其中,0≤pos<StrLength(S) 且 0≤len≤StrLength(S)-pos
```

```
    slen=StrLength_Sq(S);          // 求取顺序存储表示的字符串 S 的串长度
    if(pos<0 || pos>slen-1 || len<0 || len>slen-pos)
        ERRORMESSAGE("参数不合法");
    for(j=0; j<len; j++) Sub[j]=S[pos+j];   // 向子串 Sub 复制字符
    Sub[len]='\0';                         // 置串 Sub 的结束标志
} // SubString_Sq
```

在上述的两个例子中可见,用字符数组表示字符串时,串的操作容易进行,而且允许用数组名进行串的输入和输出,但由于在此用的是 C 语言中的静态数组,使串的长度受到一定限制。如算法 5.2 和算法 5.3 中的操作结果串 T 和 Sub 的数组大小必须在调用程序中设定,当为 T 和 Sub 分配的空间小于结果串的长度时,程序运行将会出现因数组越界而导致的"非法操作"错误。可见,这种串的定长顺序表示有其先天的不足,适应范围有一定局限。

顺便提及,个别的 C 语言系统有一定的容错能力,可以容忍数组适度越界,这意味着要额外占用系统的资源。从数据结构本身的严谨性和培养良好的编程习惯来说,还是应该尽量避免数组越界情况的发生。

5.2.2 堆分配存储表示

由于多数情况下串的操作是以串的整体形式参与,则在应用程序中,参与运算的串变量之间的长度相差较大,并且在操作中串值长度的变化也比较大,因此为串变量设定固定大小空间的数组不尽合理。以堆分配存储表示串的特点:串变量的存储空间是在程序执行过程中动态分配而得,程序中出现的所有串变量可用的存储空间是一个称之为"堆"的共享空间。如 C 语言中的串类型就是以这种方式实现的,利用操作符 **new** 为新生成的串分配一个实际串长所需的存储空间,若分配成功,则返回一个指向起始地址的指针,作为串的基地址。

此时的串操作仍基于"字符序列的复制"进行。例如,串复制操作 **StrCopy**(&T, S)的实现算法是,若串 S 为空串,则串 T 为一空指针;否则,首先为串 T 分配大小和串 S 长度相等的存储空间,然后将串 S 的值复制到串 T 中;又如,串插入操作 **StrInsert**(&S,pos,T)的实现算法是,为串 S 重新分配大小等于串 S 和串 T 长度之和的存储空间,然后进行串值复制,如算法 5.4 所示。

算法 5.4

```
void StrInsert_HSq (char *S, int pos, char *T) {
    // 1≤pos≤StrLength(S)+1。在串 S 的第 pos 个字符之前插入串 T
    slen=StrLength_HSq (S); tlen=StrLength_HSq (T);
                                // 取得原串 S 和插入串 T 的串长
    char S1[slen+1];            // S1 作为辅助串空间用于暂存 S
    if(pos<1 || pos>slen+1) ERRORMESSAGE("插入位置不合法");
    if(tlen>0) {                // T 非空,则为 S 重新分配空间并插入 T
        i=0;
        while((S1[i]=S[i]) != '\0') i++;       // 暂存串 S
        S=new char[slen+tlen +1];              // 为 S 重新分配空间
        for(i=0, k=0; i<pos-1; i++) S[k++]=S1[i];   // 保留插入位置之前的子串
        j=0;
```

```
        while(T[j]!='\0') S[k++]=T[j++];          // 插入 T
        while(S1[i]!='\0') S[k++]=S1[i++];        // 复制插入位置之后的子串
        S[k]='\0';                                 // 置串 S 的结束标志
    } // if
} // StrInsert_HSq
```

上述算法的主要操作全都是由算法的编写者来具体实现的。最后的程序不涉及有关串的头文件。一般说来,目标代码较为紧凑,但编程工作量大,调试的周期也长。如果能利用语言本身提供的函数,编制算法就更方便,调试更容易,可靠性也更高。除特别需要的场合外,应大力提倡利用语言本身所提供的便利条件。下面的算法是利用语言本身提供的串操作函数来实现的,请读者比较两种算法的风格。

算法 5.5

```
void StrInsert(char *S, int pos, char *T) {
    // 1≤pos≤StrLength(S)+1。在串 S 的第 pos 个字符之前插入串 T
    char *S1, *Sub;                        // S1 和 Sub 作为辅助串空间来使用
    slen=strlen(S); tlen=strlen(T);        // 取得原串 S 和插入串 T 的串长
    if(pos<1 || pos>slen+1) ERRORMESSAGE("插入位置不合法");
    if(tlen>0) {                           // T 非空,则为 S 重新分配空间并插入 T
        S1=strdup(S);          // 系统通过 strdup 函数自动为 S1 分配空间,暂存串 S
        S=new char[slen+tlen+1];           // 为 S 串重新分配空间
        Sub=S1+pos-1;                      // Sub 是插入位置之后的子串
        strncpy (S, S1, pos-1);            // 复制插入位置之前的子串
        s[pos-1]='\0';          // 为 S 串置结束标志,以便可以使用串函数对 S 串进行操作
        strcat(S, T);                      // 插入 T 串
        strcat(S, Sub);                    // 复制插入位置之后的子串
    } // if
} // StrInsert
```

在算法 5.5 中,用到了 C 语言中开发的函数库 STRING. H 中的部分串函数,该函数库中还提供了其他多种串函数,在编程时可仔细查阅语言提供的参考手册。

5.2.3　块链存储表示

和线性表的链式存储结构类似,串值也可用链表来存储。但由于串的结构的特殊性——串的数据元素是一个字符,它只有 8 位二进制数,因此用链表存储时存在一个"结点大小"的问题,即在一个结点中可以存放一个字符,也可以存放多个字符。如图 5.1 所示是结点大小为 4 的链表。

图 5.1　串值的链表存储方式

由于在一般情况下,串的操作都是从前往后进行的,因此串的链表通常不设双链,但为了便于进行诸如串的连接等操作,链表中还附设有尾指针,并且由于串的长度不一定是结点

大小的整数倍(链表中最后一个结点中的字符不都是有效字符),因此还需要一个指示串长的域。称如此定义的存储结构为串的块链存储结构,如下所示。

```
const CHUNKSIZE=80;              // 可由用户定义的块(结点)大小
typedef struct Chunk {          // 结点结构
    char ch[CUNKSIZE];
    struct Chunk * next;
}Chunk;
typedef struct {                // 串的链表结构
    Chunk * head, * tail;       // 串的头和尾指针
    int curlen;                 // 串的当前长度
} LString;
```

在以链表存储串值时,结点大小的选择将直接影响串处理的效率。定义串的存储密度为

$$存储密度 = \frac{串值所占的存储位}{实际分配的存储位}$$

显然,存储密度小(如结点大小为1),操作方便,然而存储占用量大。一般情况下,以块链作存储结构时实现串的操作比较麻烦,如在串中插入一个子串时可能需要分割结点,连接两个串时,若第一个串的最后一个结点没有填满,还需要添加其他字符,但在应用程序中,可将串的链表存储结构和串的定长结构结合使用。例如在正文编辑系统中,整个"正文"可以看成是一个串,每一行是一个子串,构成一个结点。即同一行的串用定长结构(80个字符),而行和行之间用指针相连接。

5.3　正文模式匹配

在计算机所处理的各类数据中,有很大一类属于正文数据,也常称为文本型数据。如各种文稿资料、源程序、上网浏览页面的 HTML 文件等。文本型数据是任何平台和系统都可以接受的数据形式,在计算机行业有着很长的应用历史。最初的使用中,这些文字材料仅由可打印的字符组成,首先由字符组成行,然后再由行构成整个正文。读者可能注意到,几乎在所有对正文进行编辑的软件中,都提供有"**查找**"的功能,即要求在正文串中,查询有没有和一个"给定的串"相同的子串,若存在,则屏幕上的光标移动到这个子串的起始位置。这个操作即为串的定位操作,通常称为正文模式匹配。例如,

若　　　S="concatenation",　　　　　T="cat",

则称主串 S 中存在和模式串 T 相同的子串,起始位置为 3,即 Index(S, T, 0)=3。

正文模式匹配有多种算法,这里只介绍最简单的一种算法。为简单起见,采用 C 语言中串的定长表示描述算法。

其实,我们在算法 5.1 中已经给出了这个算法,只是在算法 5.1 中利用了串的其他基本操作,在此写出不依赖其他串操作的算法。此算法的思想是直截了当的,一般情形如图 5.2 所示。对于主串中一个特

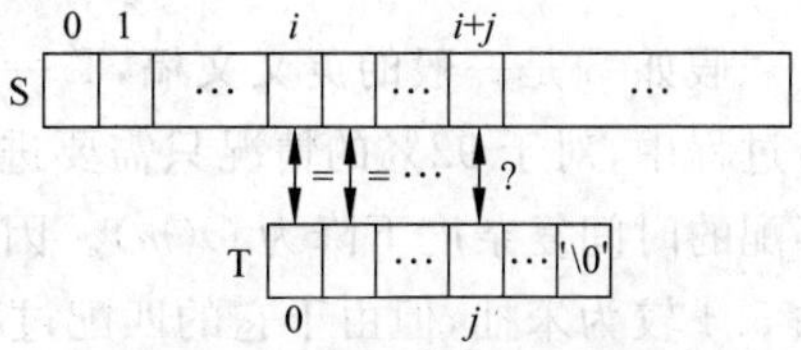

图 5.2　简单的正文模式匹配

定的起始位置 i,算法不断地比较 $S[i+j]$ 与 $T[j]$,若相等,则在主串 S 中存在以 i 为起始位置的地方匹配成功的可能性,继续往后探索(j 增 1),否则不存在这种可能性,应将串 T 向后滑动一位,即 i 增 1,T 重新从头开始比较,如算法 5.6 所示,例如 T＝"abcac",具体的匹配过程见图 5.3。

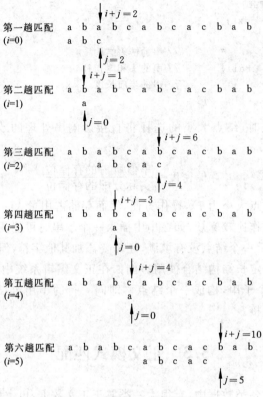

图 5.3　算法 5.6 的匹配过程

算法 5.6

```
int Index_BF(charS[], charT[], int pos) {
    // 若串 S 中,从第 pos 个字符起存在和串 T 相同的子串,则称匹配成功
    // 返回第一个这样的子串在串 S 中的位置,否则返回 -1
    i=pos; j=0;
    while(S[i+j] !='\0' && T[j] !='\0')
        if(S[i+j]==T[j]) j++;              // 继续比较后一字符
        else {i++; j=0; }                 // 重新开始新的一轮比较
    if(T[j]=='\0') return i;              // 匹配成功
    else return -1;          // 串 S 中(第 pos 个字符起)不存在和串 T 相同的子串
}//Index_BF
```

　　假如 S 是一般的英文文稿,T ＝ "a cup",若 S 中只有 8％ 的字母是'a',则在算法 5.4 执行过程中,对于 92％ 的情况只需要进行一次对应位的比较就将 T 向右滑动一位,此时正文匹配的时间复杂度下降为 $O(m)$。因此,尽管和其他精巧的正文模式匹配算法相比而言,算法 5.4 较为笨拙,但由于它的匹配过程易于理解,且在多数实际应用场合下的效率也不低,故仍被大量应用。

算法 5.6 可以实现从主串的任意位置起查询和模式串相匹配的子串,若想找到 S 中所有和模式串相匹配的子串时,只要多次调用 index_ BF 算法即可。假设当前这次匹配成功返回的值为 i,则下一次进行匹配的起始位置应为 pos=i+**Strlength**(T)。

5.4　正文编辑——串操作应用举例

正文编辑程序是一个面向用户的系统服务程序,广泛用于源程序的输入和修改,甚至用于报刊和书籍的编辑排版以及办公室的公文书信的起草和润色等。正文编辑的实质是修改字符数据的形式或格式。无论是 Microsoft Word 还是 WPS,其工作的基础原理都是正文编辑。虽然各种正文编辑程序的功能强弱不同,但其基本功能大致相同,一般都包括串的查找、插入、删除和修改等基本操作。

为了编辑方便起见,用户可以通过换页符和换行符将正文划分为若干页和若干行(当然,也可以不分页而直接划分为若干行)。在编辑程序中,则可将整个正文看成是一个"正文串",页是正文串的子串,而行则是页的子串。

假设有下列一段 C 的源程序:

```
main(){
  float a,b,max;
  scanf("%f,%f",&a,&b);
  if a>b max=a;
  else max=b;
};
```

我们将此源程序看成是一个正文串,输入内存后如图 5.4 所示,图中"↙"为换行符。

200	m	a	i	n	(	)	{	↙		f	l	o	a	t		a	,	b	,
	m	a	x	;	↙			s	c	a	n	f	(	"	%	f	,	%	f	"
	,	&	a	,	&	b	)	;	↙			i	f		a	>	b			m
	a	x	=	a	;	↙			e	l	s	e			m	a	x	=	b	;
	↙	}	;	↙																

图 5.4　正文示例

为了管理正文串中的页和行,在进入正文编辑时,编辑程序先为正文串建立相应的页表和行表,页表的每一项列出页号和该页的起始行号,行表的每一项则指示每一行的行号、起始地址和该行子串的长度。假设图 5.4 所示正文串只占一页,起始行号为 100,则该正文串的行表如图 5.5 所示。

在正文编辑程序中设立页指针、行指针和字符指针,分别指示当前操作的页、行和字符。如果在某行内插入或删除若干字符,则要修改行表中该行的长度,若该行长度因插入而超出了原分配给它的存储空间,则要为该行重新分配存储空间,并修改该行的起始位置。例如,对上述源程序进行编辑后,其中的 105 行修改成

```
    if(a>b) max=a;
```

108 行修改成

```
    }
```

修改后的行表如图 5.6 所示。当插入或删除一行时必须同时对行表也进行插入和删除,若被删除的"行"是所在页的起始行,则还要修改页表中相应页的起始行号(应修改成下一行的行号)。为了查找方便,行表是按行号递增的顺序安排的,因此对行表进行插入或删除时需移动操作之后的全部表项。页表的维护与行表类似,在此不再赘述。由于对正文的访问是以页表和行表作为索引的,因此在删除一页或一行时,可以只对页表或行表作相应修改,不必删除所涉及的字符,可以节省不少时间。

行号	起始地址	长度
100	200	8
102	208	17
104	225	24
105	249	17
106	266	15
108	281	3

图 5.5 图 5.4 所示正文串的行表

行号	起始地址	长度
100	200	8
102	208	17
104	225	24
105	**284**	**19**
106	266	15
108	**281**	**2**

图 5.6 修改后的行表

行表和页表与串值的存储是分开的。行表和页表反映了串值存储情况的扼要信息,相当于串值的一种查找索引,也称为串的存储映象。通过串的存储映象可以更方便地对串值进行大量的同类操作。

以上仅概述了正文编辑中涉及的基本操作。具体算法留给读者作为实习题来完成。

5.5 数　　组

5.5.1　数组的定义和操作

凡用过高级程序设计语言的读者对数组都已不陌生了。数组也是一种线性数据结构,它可以看成是线性表的一种扩充。一维数组即为线性表,二维数组定义为"其数据元素为一维数组"的线性表

$$A^{(2)} = (A_0^{(1)}, A_1^{(1)}, \cdots, A_{m-1}^{(1)}) \tag{5-2}$$

其中每个数据元素是一个一维数组

$$A_i^{(1)} = (a_{i,0}, a_{i,1}, \cdots, a_{i,n-1}) \quad i = 0, 1, \cdots, m-1 \tag{5-3}$$

也可将它看成是一个由 m 行 n 列(共 $m \times n$ 个元素)构成的一个阵列,如图 5.7 所示。阵列中的每个元素同时具有两种关系,$a_{i,j}$ 既是同行元素 $a_{i-1,j}(i>0)$ 的"行后继",又是同列元素 $a_{i,j-1}(j>0)$ 的"列后继",它既在一个行表中,又在一个列表中。推广上述定义,三维数组是

"数据元素为二维数组"的线性表

$$A_{m\times n} = \begin{bmatrix} a_{0,0} & a_{0,1} & a_{0,2} & \cdots & a_{0,n-1} \\ a_{1,0} & a_{1,1} & a_{1,2} & \cdots & a_{1,n-1} \\ \vdots & \vdots & \vdots & & \vdots \\ a_{m-1,0} & a_{m-1,1} & a_{m-1,2} & \cdots & a_{m-1,n-1} \end{bmatrix}$$

(a) 阵列形式表示

$$A_{m\times n} = ((a_{0,0}, a_{0,1}, \cdots, a_{0,n-1}), (a_{1,0}, a_{1,1}, \cdots, a_{1,n-1}), \cdots, (a_{m-1,0}, a_{m-1,1}, \cdots, a_{m-1,n-1}))$$

(b) 一维数组的线性表

图 5.7　二维数组图例

$$A^{(3)} = (A_0^{(2)}, A_1^{(2)}, \cdots, A_{p-1}^{(2)}) \tag{5-4}$$

N 维数组是 $N-1$ 维数组的线性表

$$A^{(N)} = (A_0^{(N-1)}, A_1^{(N-1)}, \cdots, A_{s-1}^{(N-1)}) \tag{5-5}$$

上述数组的定义带有 C 语言的特点,数组的每一维的下界都约定为 0。一般情况下,数组每一维的上、下界都可任意设定。但数组一旦被定义,其维数(N)和每一维的上、下界均不能再变,数组中元素之间的关系也不再改变。因此,数组的基本操作除初始化和结构销毁之外,只有通过给定的下标取出或修改相应的元素值。

数组的基本操作:

InitArray($\&A$, n, bound1, $\cdots$, bound$n$)

　　操作结果:若维数 n 和各维长度合法,则构造相应的数组 A。

DestroyArray($\&A$)

　　初始条件:A 是 n 维数组。

　　操作结果:销毁数组 A。

Value(A, $\&e$, index1, $\cdots$, index$n$)

　　初始条件:A 是 n 维数组,e 为元素变量,随后是 n 个下标值。

　　操作结果:若各下标不超界,则 e 赋值为所指定的 A 的元素值。

Assign($\&A$, e, index1, $\cdots$, index$n$)

　　初始条件:A 是 n 维数组,e 为元素变量,随后是 n 个下标值。

　　操作结果:若下标不超界,则将 e 的值赋给所指定的 A 的元素。

5.5.2　数组的顺序表示和实现

由于对数组不作插入和删除的操作,因此对数组自然也就采用顺序存储表示就可以了。然而,因为计算机存储器是由顺序排列的存储单元组成的一维结构,而数组是多维的结构,则用一组连续的存储单元存放数组的数据元素就有一个次序约定的问题。

数组元素在内存中可按以下两种方式之一排放:逐行排放和逐列排放。例如,对于图 5.8(a)所示的二维数组来说,如果按行切分(如图 5.8(b)所示),就得到如图 5.8(d)所示的存储映像,称为以行为主序的存储方式;如果按列切分(如图 5.8(c)所示),就得到如图 5.8(e)所示的存储映像,称为以列为主序的存储方式。在扩展 BASIC、PL/1、COBOL、PASCAL 和 C 语言中,数组的实现采用以行为主序的方式,而在 FORTRAN 等少数语言中采用以列为主序的方式。无论选用哪一种存储映像方式，一旦确定了映像区的起始位置以后，对于一个给定的数组，只要给出元素的下标值，就可以确定该元素的存储起始位置。下面以行为主序的存储方式为例加以说明。

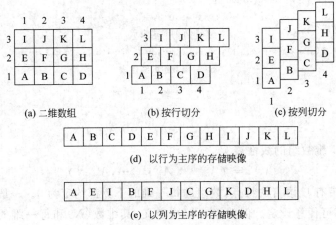

图 5.8　二维数组的两种存储映像方式

假设二维数组 $A[m][n]$ 中每个元素需占 L 个存储地址，则该数组中任一元素 $a_{i,j}$ 在映像区中的存储地址可由下式确定

$$LOC[i, j] = LOC[0,0] + (i \times n + j) \times L \tag{5-6}$$

其中，$LOC[i, j]$ 为 $a_{i,j}$ 的存储地址，$LOC[0,0]$ 是 $a_{0,0}$ 的存储地址，即二维数组 A 在映像区中的起始地址，称为数组的基地址或基址。

对三维数组和多维数组，以行为主序的存储方式即为按左（高）下标为主序（或称低下标优先）。如图 5.9 所示为三维数组 $V[2][3][4]$ 以行为主序时的切分过程。

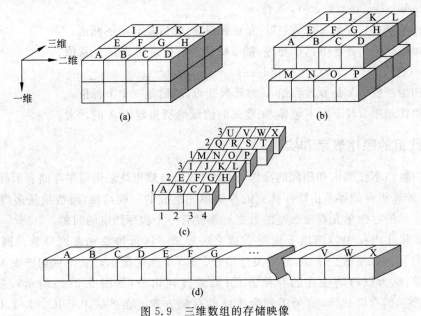

图 5.9　三维数组的存储映像

假设三维数组 B$[p][m][n]$中每个元素占 L 个存储地址,则该数组中任一元素 $a_{i,j,k}$ 在映像区中的存储地址可由下式确定

$$\text{LOC}[i, j, k] = \text{L}[0,0,0] + (i \times m \times n + j \times n + k) \times L \tag{5-7}$$

显然,数组元素的存储位置是其下标的线性函数,且存取每个元素所进行的运算和次数都相等,即存取数组中任一元素的时间相等,称具有这种特点的存储结构为随机存取存储结构。数组是各种常用高级语言中已经实现的数据类型。当我们使用数组进行程序设计时,可以方便地利用下标存取数组的元素,存取地址的计算是由语言的编译系统按类似公式(5-6)在幕后完成的。一般而言,我们亲自利用公式(5-6)直接计算数组元素位置的机会可能不多,但应该了解随机存取实现的原理。在有些实际的应用问题中,往往是数组元素的下标不是直截了当给定的,需要费一定的周折才能判断和计算出来,这时候分析数组元素的下标关系就成了解决问题的切入点。

5.5.3 数组的应用

在应用程序中应用数组的例子比比皆是,如本书第 4 章例 4.7 中利用二维数组描述冲突关系就是很好的一例。而从下面所举之例可以看出,由于巧妙地使用了二维数组及下标计算,使算法的时间复杂度降低。

例 5.1 寻找两个字符串中的最长公共子串。

假设 string1="sgabac**badfg**bacst", string2="ga**badfg**ab",则最长公共子串为"**badfg**"。

按通常思维考虑,假设两个串的串长分别为 m 和 n, 且不失一般性可以假设 $m \geqslant n$。则解此问题的算法为从长度为 n 的串中取第 $i(i=0,1,\cdots,n-len)$ 个字符起长度为 $len(len=n,n-1,\cdots,1)$ 的子串和长度为 m 的串相匹配,从中找出长度最大的子串。如果单纯用串操作的办法来处理,这个算法的时间复杂度为 $O(mn^2)$。我们换一个思维角度,看看两个串中对应字母的分布特点。

在此采用的解题思想为:首先利用二维数组 mat$[n][m]$ 建立两个串之间的"对应矩阵":若 string2$[i]$=string1$[j]$ 则 mat$[i][j]=1$;否则 mat$[i][j]=0$,显然,和矩阵对角线上连续出现的 1 相对应的是两个串的共同子串,由此可检查矩阵中所有对角线,找出在对角线上连续出现 1 的最长段。例如,本例所设两个串的对应矩阵如图 5.10 所示。从图中可见,对角线上连续出现 1 的最长段是从 mat$[2][6]$起始的段,其长度为 5,对应的公共子串为"**badfg**"。现在剩下的问题是,如何找到对角线上连续出现的 1。

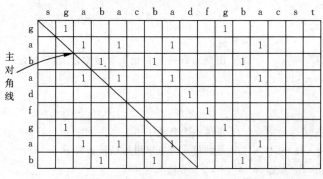

图 5.10 共同子串的对应矩阵

首先必须解决沿主对角线平行方向扫描时的下标控制问题。同一条对角线上的元素都受一个特征量的制约,与主对角线平行的各条对角线的特征量由其上元素行列坐标之差给出,例如主对角线上元素的行列坐标之差为零,特征量也是零。若二维数组为 $mat[n][m]$,则最右上对角线和最左下对角线都只有一个元素,特征量分别为 $-(m-1)$ 和 $n-1$。假设以 len 记当前被扫描对角线上连续出现的 1 的长度,maxlen 记已经得到的最长公共子串的长度,设 eq 为当前状态的标志,其值为 1 时表明当前处在"进行子串匹配"的状态中,换句话说就是,当前的状态为:前一对字符比较相等(即当前对角线上前一元素的值为 1),现在继续比较下一对字符。

　　则找串的对应矩阵中对角线上连续出现的 1 的最长段的算法描述如下:

```
void diagmaxl(int mat[][], int &maxlen, int &jpos)
{
  // 求矩阵 mat 中所有对角线上连续出现的 1 的最长长度 maxlen 和起始位置 jpos
  maxlen=0; jpos=-1;
  istart=0;            // 第一条对角线起始元素行下标
  for(k=-(m-1); k<=n-1; k++){
    // 当前对角线特征量为 k,其上元素 mat[i][j] 满足 i-j=k
    i=istart;          // 主对角线及与之平行的右上方对角线起始行坐标 istart 都为 0
    j=i-k;             // 由特征量关系求出对应的列坐标
    diagscan(i,j);
                       // 求该对角线上各段连续 1 的长度,并分别以 maxlen 和 jpos
                       // 记下到目前为止已经找到的最大公共子串的长度以及串中的起
                       // 始位置 maxlen 和 jpos 作为 diagscan 函数的外部变量使用
    if(k>=0) istart++;
                       // 与主对角线平行的左下方对角线起始行坐标 istart 为 1,2,…
  }//for
}// diagmaxl
```

其中沿主对角线方向的扫描函数 diagscan(i,j)为:

```
void diagscan(int i, int j)
{
  eq=0; len=0;             // 在一次扫描开始对 eq 和 len 初始化
  while(i<n && j<m){
    if(mat[i][j]==1){
      len++;
      if(!eq){             // 出现的第一个 1,记下起始位置,改变状态
        sj=j; eq=1;
      }//if
    }//if
    else if(eq){           // 求得一个公共子串
      if(len>maxlen){      // 是到目前为止求得的最长公共子串
        maxlen=len; jpos=sj;
      }//if
```

```
        eq=0; len=0;            // 重新开始求新的一段连续出现的 1
    }//else if
    i++; j++;                   // 继续考察该对角线上当前的下一元素
  }//while
}//diagscan
```

由此,求最长公共子串的算法为:

算法 5.7

```
int maxsamesubstring(char *string1, char *string2, char *&sub)
{
  // 本算法返回串 string1 和 string2 的最长公共子串 sub 的长度
  p1=string2; p2=string1;
  for(i=0; i<n; i++)
    for(j=0; j<m; j++)
      if(*(p1+i)==*(p2+j))
        mat[i][j]=1;
      else mat[i][j]=0;              // 求出两个串的对应矩阵 mat[][]
  diagmaxl(mat, maxlen, jpos);
                // 求得 string1 和 string2 的最长公共子串的长度 maxlen
                // 以及它在 string1 中的起始位置 jpos
  if (maxlen==0) * sub='\0';
  else SubString(sub,string1,jpos,maxlen);  // 求得最长公共子串
  return maxlen;
}//maxsamesubstring
```

算法 5.7 中对二维数组进行两遍扫描,一次是对元素赋值,一次是考察各条对角线上的元素值,因此算法 5.7 的时间复杂度为 $O(m \times n)$。由于使用二维数组存储对应矩阵,则空间复杂度为 $O(m \times n)$。可见存储空间的付出有时可赢得算法的时间效益。

算法 5.7 中的求子串的算法可以利用 C 语言提供的串类型操作实现。

```
void SubString(char *&sub, char *str, int s, int len)
{
  char *p;
  int k;
  sub=new char[len+1];            // 为子串分配空间
  p=str+s-1; k=len;
  while(k){                       // 复制字符序列
    * sub++= * p++; k--;
  }
  * sub='\0';                     // 添加串结束符
  sub=sub-len;                    // 指针复位
}
```

5.6 矩阵的压缩存储

矩阵是科学计算领域中最有用的数学工具之一。当用计算机进行矩阵运算,用高级程序设计语言编制程序时,通常以二维数组存储矩阵元素。有的程序设计语言中还提供了各种矩阵运算,用户使用很方便。随着计算机应用的发展,在实际中出现了大量用计算机处理高阶矩阵的问题,有些矩阵已达到几十万阶,几千亿个元素,远远超出了计算机内存的允许范围。然而,多数高阶矩阵中包含了大量的数值为零的元素,需要对这类矩阵进行压缩存储,因为合理的压缩存储不仅能有效地节省存储空间,而且能避免进行大量的零值元素参加的运算。

假若值相同的元素或零元素在矩阵中的分布有一定规律,则称它为特殊形状矩阵;否则称为随机稀疏矩阵。以下将分别讨论它们的压缩存储方法。

5.6.1 特殊形状矩阵的存储表示

特殊形状矩阵主要指三角形矩阵(方阵的上或下三角全为零)和带状矩阵(只有主对角线附近的若干条对角线含有非零元)。用二维数组存储时,空间浪费较大,那么如何存储既可节省空间又不失随机存取的优点呢?

若 N 阶方阵 A 中的元素满足特性 $a_{ij}=a_{ji}(i,j=0,1,\cdots,n-1)$,则称之为对称矩阵。对于对称矩阵中的每一对对称元素,可以只分配一个元素的存储空间,从而将 n^2 个元素压缩到 $n(n+1)/2$ 个元素的空间。不失一般性,假设以一维数组 $B[n(n+1)/2]$(按行序为主序)存放对称矩阵的下三角(包括对角线)中的元素,其中 $B[k]$ 存放 a_{ij},则由等差数列的求和公式(如图 5.11(a)所示)容易得出下标转换公式

$$k = \begin{cases} \dfrac{i(i-1)}{2}+j-1, & i \geqslant j \\ \dfrac{j(j-1)}{2}+i-1, & i < j \end{cases} \tag{5-8}$$

对于任意给定的一组下标 (i,j),均可在 B 中找到对应的矩阵元。由此,称 $B[n(n+1)/2]$ 为 n 阶对称矩阵的压缩存储(如图 5.11(b)所示)。

同样的方法可以用来解决三角矩阵的存储压缩问题。对于下三角矩阵,只要将公式(5-8)稍作改变,在 $i<j$ 时只取到零元。上三角矩阵的下标转换公式可类似公式(5-8)进行推导得到。

另一类常见的特殊矩阵是带状矩阵,这种矩阵的所有非零元素都集中在以主对角线为核心的带状区域中,如图 5.12(a)所示,其中以三对角矩阵较为常见,对角矩阵(仅主对角线上元素值可以不为零)及准对角矩阵(分块矩阵为对角矩阵)是带状矩阵的最常见形式。若将三角矩阵以行为主序压缩存储在一维数组 $B[3n-2]$ 中,则下标变换(如图 5.12(b))公式为

$$k = (3(i-1)-1)+(j-i+2)-1 = 2i+j-3 \tag{5-9}$$

其中 $|i-j| \leqslant 1$。

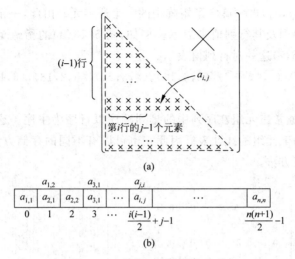

(a)

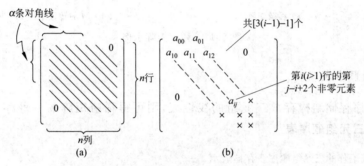

(b)

图 5.11 对称矩阵的压缩存储

图 5.12 带状矩阵及其压缩存储

上述各种特殊矩阵,由于其非零元在其中的分布都有一个明显的规律,从而都可以找到一个下标变换公式。因此这些结构仍然可以实现随机存取,使用起来就像二维数组一样方便。然而,在科学计算中还经常会遇到另一类高阶矩阵,其中非零元要比零元少得多,且非零元在矩阵中的分布没有一定规律,称之为随机稀疏矩阵。这类矩阵的压缩存储就不如特殊矩阵那么简单了。

5.6.2 随机稀疏矩阵的存储压缩

假设在 $m \times n$ 的矩阵中,有 t 个非零元,则称

$$\delta = \frac{t}{m \times n}$$

为矩阵的稀疏因子,通常认为 $\delta \leqslant 0.05$ 时的矩阵为稀疏矩阵。

如何进行随机稀疏矩阵的存储压缩?

按照存储压缩的目标,压缩掉对零元素的存储,只存储非零元。显然这种存储必须不丢失信息。对于矩阵中的每个非零元,除了必须存储它们的元素值之外,还应该记下它们在矩阵中的位置,即所在的行号和列号(这两个信息在用二维数组存储时自然就包括在内了)。

反之,一个三元组(i,j,a_{ij})惟一确定了矩阵中的一个非零元。由此,一个稀疏矩阵可以用表示非零元的三元组序列及其行列值来表示。例如,图 5.13(a)的稀疏矩阵可由式(5-10)所示的三元组序列和(6,7)这一对行列值表示。

$$((1,2,12),(1,3,9),(3,1,-3),(3,6,14),(4,3,24),(5,2,18),(6,1,15),(6,4,-7))$$

$$(5-10)$$

为了便于运算,通常三元组在序列中的排列顺序以行序为主序。这个三元组的序列可以看成是数据元素为三元组的线性表。因此它也可以有不同的存储方法,由此可引出稀疏矩阵不同的存储压缩方法。

$$M = \begin{bmatrix} 0 & 12 & 9 & 0 & 0 & 0 & 0 \\ 0 & 0 & 0 & 0 & 0 & 0 & 0 \\ -3 & 0 & 0 & 0 & 0 & 14 & 0 \\ 0 & 0 & 24 & 0 & 0 & 0 & 0 \\ 0 & 18 & 0 & 0 & 0 & 0 & 0 \\ 15 & 0 & 0 & -7 & 0 & 0 & 0 \end{bmatrix} \qquad T = \begin{bmatrix} 0 & 0 & -3 & 0 & 0 & 15 \\ 12 & 0 & 0 & 0 & 18 & 0 \\ 9 & 0 & 0 & 24 & 0 & 0 \\ 0 & 0 & 0 & 0 & 0 & -7 \\ 0 & 0 & 0 & 0 & 0 & 0 \\ 0 & 0 & 14 & 0 & 0 & 0 \\ 0 & 0 & 0 & 0 & 0 & 0 \end{bmatrix}$$

(a) 稀疏矩阵 M (b) M 的转置矩阵 T

图 5.13　稀疏矩阵示例

1. 三元组顺序表

假设以顺序存储结构存放三元组的线性表,则可得稀疏矩阵的一种存储压缩表示方法——称之为**三元组顺序表**。

```
// ---- 稀疏矩阵的三元组顺序表存储表示 ----
const MAXSIZE=1000;           // 假设非零元个数的最大值为 1000,
                              // 一般情况下可设为大于 m×n×5% 的某个常量

typedef struct {
    int        i, j;          // 该非零元的行下标和列下标
    ElemType e;               // 该非零元的元素值
} Triple;
typedef struct {
    Triple data[MAXSIZE+1];   // 非零元三元组表,data[0]未用
    int        mu,nu,tu;      // 矩阵的行数、列数和非零元个数
} TSMatrix;
```

稀疏矩阵的这种表示方法是否有效要看它是否便于进行稀疏矩阵的运算。下面以矩阵的转置运算为例进行讨论。

转置是一种最简单的矩阵运算,对于一个 $m \times n$ 的矩阵 M,它的转置矩阵 T 是一个 $n \times m$ 的矩阵,且 $T(j,i)=M(i,j)$,$(i=1,2,\cdots,m,j=1,2,\cdots,n)$。如图 5.13(b)所示矩阵 T 为图 5.13(a)所示矩阵 M 的转置矩阵,假设分别用二维数组 M[maxmn][maxmn][1]和

---

① maxmn 为 m 和 n 的上限。

T[maxmn][maxmn]表示之,则由 M 求 T 的算法为:

```
void transpose(ElemType M[][], ElemType T[][])
{
    // 求矩阵 M 的转置 T
    for(col=1; col<=n; ++col)
        for(row=1; row<=m; ++row)
            T[col][row]=M[row][col];
}
```

显然,这个算法的时间复杂度为 $O(m \times n)$。

当用三元组顺序表表示稀疏矩阵时,求转置矩阵的运算就演变为"由 M 的三元组表求得 T 的三元组表"的操作了。例如图 5.14(a)和(b)分别列出了 M 的三元组表和 T 的三元组表。对比这两个表容易看出,每个非零元的转换很容易实现,只要将非零元的行、列值相互调换即可,如(1,2,12)转换成(2,1,12),(1,3,9)转换成(3,1,9)等。问题在于由于三元组序列中的元素是以行序为主序的顺序排列的,因此 T.data[]中元素的顺序和M.data[]中元素的顺序不同。那么,如何实现 T.data[]中所要求的顺序呢?可以有两种处理方法。

i	j	v
1	2	12
1	3	9
3	1	-3
3	6	14
4	3	24
5	2	18
6	1	15
6	4	-7

M.data

i	j	v
1	3	-3
1	6	15
2	1	12
2	5	18
3	1	9
3	4	24
4	6	-7
6	3	14

T.data

(a) 矩阵 M 的三元组表　　(b) 矩阵 T 的三元组表

图 5.14　图 5.13 所示矩阵的三元组表

一种方法是"**按需点菜**"。由于 T.data[]中的元素是以矩阵 T 的行序为主序的顺序排列的。换句话说,是以矩阵 M 的列序为主序的顺序排列的,则可以按 M 的列号顺序依次从 M.data[]中"找出"元素进行"行列转换"之后插入 T.data[]中。例如对图 5.14(a)所示矩阵的非零元素,先依次转换(3,1,$-$3)和(6,1,15),再依次转换(1,2,12)和(5,2,18),依次类推。由于对 M 的每一列都要对 M 的三元组扫描一遍,因此如此处理的算法的时间复杂度为 $O(n \times t)$,其中 n 为矩阵 M 的列数,t 为 M 中的非零元的数目。

另一种处理方法是"**按位就座**"。只对 M.data[]进行一次扫描,就使所有非零元的三元组在 T 中"一次到位"。为实现之,首先应分析每个非零元在 T.data[]中的位置的规律。如非零元(1,2,12)经转换后变成(2,1,12),应直接安置在 T.data[]中第三个非零元的位置,因为对矩阵 T 而言,第一行中只有两个非零元,而(2,1,12)是第二行中第一个非零元。由此,如果能预先计算出 T 矩阵中每一行的第一个非零元所应该在的位置,就可以实现非零元在 T.data[]中的一次到位。为此,只要先计算出矩阵 T 中每一行的非零元的数目(即原矩阵 M 中每一列的非零元数目),就可以通过累计进而求得转置矩阵 T 中每一行的非零元在 T.data[]中的起始位置。假设 num[col](col=1,2,…,M.nu)表示矩阵 M 中第 col 列中非零元的数目,rpos[col]表示转置矩阵 T 中第 col 行的非零元在 T.data[]中的起始位置,则有

$$
\text{rpos[col]} = \begin{cases} 1, & \text{col} = 1 \\ \text{rpos[col−1]+num[col−1]}, & 2 \leqslant \text{col} \leqslant (\text{M.nu}+1) \end{cases} \tag{5-11}
$$

图 5.15 展示了 rpos 的计算过程。T.data[]中从 rpos[k]起至 rpos[$k+1$]−1 止存放的是转置矩阵 T 中第 k 行的非零元。

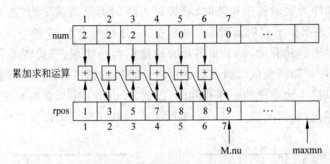

图 5.15 三元组顺序表求转置矩阵算法中的辅助数组

建立行起始位置辅助数组的算法可如下描述:

```
const MAXMN=100;  // 矩阵行或列的最大值 maxmn+1
int num[], rpos[];
void createRpos(TSMatrix M)
{
  // 求 M 中每一列的第一个非零元在 T.data 中的起始序号
  for(col=1; col<=M.nu; ++col) num[col]=0;
  for(t=1; t<=M.tu; ++t)++num[M.data[t].j];
      // 求 M 中每一列所含非零元的个数
  rpos[1]=1;
  for(col=2; col<=M.nu; ++col)
    rpos[col]=rpos[col-1] +num[col-1];
} //createRpos
```

有了这个算法作为基础,三元组顺序表上矩阵转置算法就变得十分简单,因为按位就座的"座次"关系已由 rpos 提供了。具体描述如算法 5.8 所示。

算法 5.8

```
status FastTransposeSMatrix(TSMatrix M, TSMatrix &T)
{
  // 采用三元组顺序表存储表示,求稀疏矩阵 M 的转置矩阵 T
  T.mu=M.nu; T.nu=M.mu; T.tu=M.tu;
  if(T.tu) {
```

```
        createRpos(M);
        for(p=1; p<=M.tu; ++p) {              // 转置矩阵元素
          col=M.data[p].j; q=rpos[col];       // T 中第 col 行的非零元
          T.data[q].i=M.data[p].j; T.data[q].j=M.data[p].i;
          T.data[q].e=M.data[p].e;
          ++rpos[col];                        // 同一行的下一个非零元的位置应增 1
        } // for
      } // if
      return OK;
    } // FastTransposeSMatrix
```

上述算法(包括求 num 和 rpos)中有 4 个串行工作的单循环,循环次数分别为 M.nu 和 M.tu,因而总的时间复杂度为 $O(M.nu+M.tu)$。

三元组顺序表又称有序的双下标法,它的特点是非零元在表中按行序有序存储,因此便于进行依行顺序处理矩阵的运算。然而,若需按行号存取某一行的非零元,则需从头开始进行查找直至遇到该行的第一个非零元为止。若希望能随机存取矩阵中的任意一行,则应该在存储表示方法中加上"每一行的非零元在顺序表中的起始位置"的信息,即求转置矩阵时建立的辅助数组 rpos。实际上,对每个矩阵都可以在建立三元组顺序表存储结构的同时建立这个数组,由此可将它加入到存储结构中去,其类型描述如下:

```
typedef struct {
  Triple    data[MAXSIZE +1];     // 非零元三元组表,data[0]未用
  int       rpos[MAXMN +1];       // 指示各行非零元的起始位置
  int       mu, nu, tu;           // 矩阵的行数、列数和非零元个数
} RLSMatrix;                      // 行逻辑链接顺序表类型
```

称这种"带行链接信息"的三元组表为行**逻辑链接的顺序表**。这种存储表示方法将给某些矩阵运算,如两个稀疏矩阵相乘等带来很大方便。

但是这一类的存储表示方法仍然有着顺序存储结构的弱点,即不便于进行插入和删除,因此,如果矩阵运算涉及三元组序列中元素位置的改变,则还是需要采用链表结构。

2. 十字链表

当矩阵中非零元的个数和位置在运算过程中变化较大时,如将矩阵 B 加到矩阵 A 上的运算必然会使矩阵 A 中增加或减少非零元,如若仍采用三元组顺序表的存储表示方法,则将引起 A.data[]中元素的移动,从第 2 章的讨论,读者已经知道,这是顺序结构最"忌讳"的操作。因此,在这种情况下,采用链表结构类表示稀疏矩阵的三元组序列更为恰当。

为非零元的三元组设计一个包含 5 个域的结点:除 i,j 和 e 三个域分别表示其所在的行、列和元素值之外,还设有两个指针域,其中 rnext 指向同一行中下一个非零元结点,cnext 指向同一列中下一个非零元。同一行的非零元通过 rnext 域的指针链接成一个线性链表,同一列的非零元通过 cnext 域的指针链接成一个线性链表,每个非零元结点既是某个行链表中的一个结点,又是某个列链表中的一个结点,整个矩阵构成了一个十字交叉的链表,故称之为"十字链表",可用两个分别存储各个行链表头指针和列链表头指针的一维数组表示。如图 5.16 所示为稀疏矩阵

$$A = \begin{bmatrix} 0 & 10 & 0 & 0 & 0 \\ 0 & 0 & 0 & 30 & 0 \\ -20 & 0 & 0 & 0 & 70 \\ 50 & 0 & 0 & 0 & 0 \\ 0 & 0 & 0 & 0 & 0 \\ 0 & 0 & 0 & 40 & 0 \end{bmatrix} \qquad (5\text{-}12)$$

的十字链表。在十字链表中,不仅含有非零元之间的行链接信息,还包括了它们之间的列链接信息。因此,在十字链表中插入一个结点或删除一个结点时,不仅要修改行链表中的指针,还需要修改相应的列链表中的指针。

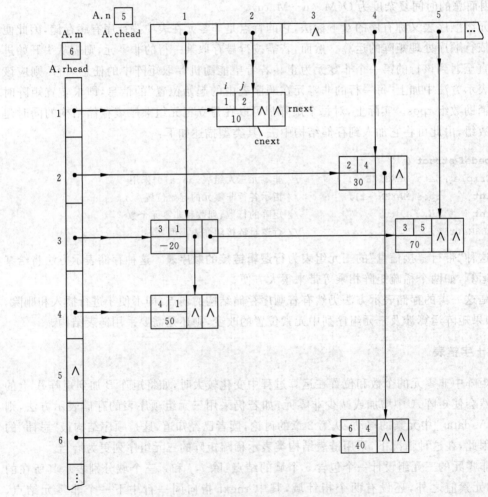

图 5.16 式(5-12)中稀疏矩阵 A 的十字链表

十字链表的类型描述如下:

```
typedef struct OLNode {
    int      i, j;              // 该非零元的行和列下标
```

```
    ElemType  e;
    struct OLNode * rnext, * cnext;// 该非零元所在行表和列表的后继链域
} OLNode; * OLink;

typedef struct {
    OLink * rhead, * chead;          // 行和列链表头指针向量基址在建立存储结构时分配
    int    m, n, t;                  // 稀疏矩阵的行数、列数和非零元个数
} CrossList;                         // 十字链表类型
```

在十字链表上进行操作时,算法的控制结构和单链表相似。算法 5.9 的例子是在十字链表中进行矩阵元素的查找,找到所有值为 x 的元素,输出相应的行号和列号。请读者注意,该算法用一个单循环实现了对二维数组数据的扫描。

算法 5.9

```
void CrossSearch(CrossList &M, ElemType x) {
    // 在十字链表中查找所有值为 x 的元素并输出
    i=0;                             // 从第 1 行开始扫描
    p= * (M.rhead+i);                // p 指向第 1 行的第一个十字链表结点
    while(i<M.m){
        if(!p){
            i++; p= *(M.rhead+i);    // p 指向下一行的第一个非零元结点
        }
        else{
            if(p.e==x)
                cout<<'('<<p->i<<','<<p->j<<')'<<endl;    // 输出
            p=p->rnext;              // 继续查找本行的下一个结点
        }// else
    }//while
}// CrossSearch
```

解题指导与示例

一、单项选择题

1. 二维数组 A[14][9]采用列优先的存储方法,若每个元素占 4 个存储单元,且第一个元素的首地址为 50,则 A[6][5] 的地址为(   )。

    A. 346   B. 350   C. 354   D. 358

答案:C

解答注释:因本题设定的存储方式是"以列序为主序",则所用公式应为 $LOC[i, j] = LOC[0, 0] + (j \times m + i) \times L$,计算得到 $50 + (5 \times 14 + 6) \times 4 = 354$。

2. 设串 s1 = "Data Structures with Java",s2 = "it",则子串定位函数 index(s1,s2,0)的值为(   )。

A. 15   B. 16   C. 17   D. 18

答案：C

解答注释：注意本书中假设字符串的序号从 0 开始计起。

二、填空题

3. 设 s="abcacbcabcacbab"，t="abcac"，则在串匹配的简单算法 index_BF(s,t,3) 的执行过程中，进行的字符间的比较次数总和为_____。

答案：10

解答注释：注意从主串序号为 3 的字符开始进行匹配。

4. 字符串 S="abbbabbc"，T="bb"，R="b"，则置换操作 replace(S,T,R) 的执行结果为 S=_____。

答案："abbabc"

解答注释：注意当第一个子串"bb"被置换成子串"b"之后，它不再参与置换。

5. 使用"求子串"SubString(S, pos, len) 和"连接"Concat(S1, S2) 的串操作，可从串 s="conduction"中的字符得到串 t="cont"，则求 t 的串表达式为_____。

答案：Concat(SubString(s, 0, 3), SubString(s, 6, 1))

6. 设 s="I AM A BOY"，t="BRAVE"，则执行以下操作：

```
sub1=subString(s,5,2);sub2=subString(s,6,4);
t1=concat(t,sub2);t2=concat(sub1,t1);
```

t2 的结果是_____。

答案："A BRAVE BOY"

7. 二维数组 A[7][4] 按行主序存储，且数组元素 A[0][0] 和 A[3][2] 的存储地址分别为 101 和 185，则每个数组元素所占有的存储单元个数为_____。

答案：6

解答注释：解以下方程组，得到 L=6。

```
LOC[0,0]=101
LOC[3, 2]=LOC[0, 0]+(3×4+2)×L=185
```

三、解答题

8. 已知主串为"ccgcgccgcgcbcb"，模式串为"cgcgcb"。图 5.17 给出的是按照算法 5.6 所示的串匹配算法进行的前两趟匹配。请继续完成余下各趟匹配，直至结束。

	0	1	2	3	4	5	6	7	8	9	10	11	12	13	
	c	c	g	c	c	g	c	c	g	c	g	c	b	c	b
$i=0$	c	g													匹配失败时 $j=1$
$i=1$		c	g	c	g	c	b								匹配失败时 $j=5$

图 5.17 采用串匹配算法进行的前两趟匹配

· 138 ·

答案：见图 5.18。

	0	1	2	3	4	5	6	7	8	9	10	11	12	13	
	c	c	g	c	g	c	c	g	c	g	c	b	c	b	
$i=0$	c	g													匹配失败时 $j=1$
$i=1$		c	g	c	g	c	b								匹配失败时 $j=5$
$i=2$			c												匹配失败时 $j=0$
$i=3$				c	g	c	g								匹配失败时 $j=3$
$i=4$					c										匹配失败时 $j=0$
$i=5$						c	g								匹配失败时 $j=1$
$i=6$							c	g	c	g	c	b			匹配成功时 $j=6$

图 5.18　采用串匹配算法进行的后 5 趟匹配

9. 已知两个 4×5 的稀疏矩阵 A 和 B 的三元组表(见图 5.19)，请画出这两个稀疏矩阵之和的稀疏矩阵的十字链表。

A		
1	3	6
2	2	8
3	4	−5
4	2	18

B		
1	1	12
2	2	−10
2	5	9
3	4	5
4	2	32

图 5.19　稀疏矩阵 A 和 B 的三元组表

答案：见图 5.20。

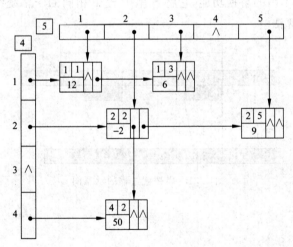

图 5.20　矩阵 A＋B 运算结果的十字链表

四、算法阅读题

10. 阅读用串的操作函数描述的算法 stringFunction，并回答问题：

(1) 设串 S＝"abcdabcd"，T＝"bcd"，V＝"bcda"，写出执行 stringFunction（S，T，V）之后的 S；

(2) 简述该算法的功能。

```
void stringFunction( String &S, String T, String V ) {
    int m,n,pos,i;
    String Temp;
    n=Strlength(S);
    m=Strlength(T);
    pos=i=0;
    while(i<=n-m) {
        if (StrCompare(SubStr(S,i,m), T)!=0)
            i++;
        else{
            Concat(Temp, SubStr(S,pos,i-pos));
            Concat(Temp, V);
            i=pos=i+m;
        }
    }
    Concat(Temp, Substr(S, pos, n-pos));
    StrCopy(S, Temp);
}
```

答案:

(1) S="abcdaabcda"

(2) 该算法实现了串的替换功能,它将 S 串中与 T 相同的子串统统用 V 串予以替换,可参阅图 5.21 理解算法。

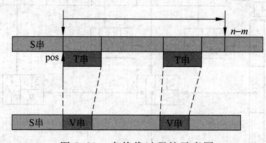

图 5.21 串替代过程的示意图

五、算法设计题

11. 假设一个长字符串由单词(子串)和空格组成,设计算法对字符串中具有的单词个数进行计数,例如以下的字符串"□□□I□am□□a□student□□\0"(其中'□'表示空格)中,被空格分开的单词个数为 4。

答案:

```
int countStringWord( String *s ) {
    k=0;                    // k 为统计单词个数的计数器
    inWord=FALSE;           // inWord 表示当前的扫描是否遇到了单词,初值为 FALSE
    for(i=0; s[i]!='\0'; i++) {
```

```
    if((s[i]='□'∥'\0')&& inWord) {    // 当前字符为单词后的第一个"空格"或串结束符
        k++;
        inWord=FALSE;
        continue;
    }
    if(s[i]!='□'&&(!inWord))        // 当前字符为"空格"后的第一个字符
        inWord=TRUE;
    }
    return k;
}
```

解答注释：在扫描过程中，根据当前字符的两种不同状态(属单词与非单词)相应采用不同策略，具体是：

(1) 如果当前扫描到的是一般字符：

若前一个是字符，继续扫描；

若前一个是"空格"(即符号'□')，则将状态置为"单词开始"，继续扫描；

(2) 如果扫描到的是"空格"或"结束符"：

若前一个是"空格"，继续扫描或结束；

若前一个是一般字符，则计数加 1，状态置为非单词，继续扫描或结束。

12. 若矩阵 A_{mn} 中的某个元素 a_{ij} 是第 i 行中的最小值，同时又是第 j 列中的最大值，则称此元素为该矩阵中的一个"马鞍点"(参见图 5.22)。假设以二维数组存储矩阵 A_{mn}，编写求矩阵中马鞍点的算法，并分析该算法的时间复杂度。

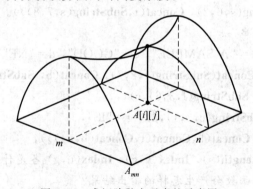

图 5.22 求矩阵鞍点元素的示意图

答案：

```
void saddlePoint( int A[][],int m, int n) {
    // 求矩阵 A 中的马鞍点
    for(i=0; i<m; i++) {
        for(min=A[i][0], j=0; j<n; j++)    // 求一行中的最小值
            if(A[i][j]<min) {
                min=A[i][j];
                j0=j;                      // j0 记载最小值元素所在的列值
```

```
        }
        max=min;
        k=0;
        while( A[k][j0]<=max && k<m ) // 查看该最小值是否为这一列的最大值
            k++;
        if(k==m) {
            printf("%d%d%d" i, j0, A[i][j0]);        // 输出马鞍点
            return;
        }
    }//for
    printf("have not saddle point");
}
```

显见,算法的时间复杂度为 $O(m(n+m))=O(m^2+nm)$。

解答注释：逐行扫描矩阵,对每一行,求取行的最小值元素;找到后,旋即查看该元素所在的列,如果也是该列的最大值元素,则该元素即为矩阵的一个鞍点。

习　题

5.1　设 s="I AM A STUDENT", t="GOOD", q="WORKER"。

求：**StrLength**(s), **StrLength**(t), **SubString**(s,8,7), **SubString**(t,2,1),
　　Index(s, "A"), **Index**(s,t), **Replace**(s, "STUDENT",q),
　　Concat(**SubString**(s,6,2), **Concat**(t,**SubString**(s,7,8)))。

5.2　已知下列字符串

a="THIS", f="A SAMPLE", c="GOOD", d="NE", b=" ",
s=**Concat**(a,**Concat**(**SubString**(f,2,7), **Concat**(b, **SubString**(a,3,2)))),
t=**Replace**(f, **SubString**(f,3,6),c),
u=**Concat**(**SubString**(c,3,1),d), g="IS",
v=**Concat**(s, **Concat**(b,**Concat**(t,**Concat**(b,u)))),

试问：s, t, v, **StrLength**(s), **Index**(v,g), **Index**(u,g) 各是什么？

5.3　试问执行以下函数会产生怎样的输出结果？

```
void demonstrate()
{
    StrAssign(s, "THIS IS A BOOK");
    Replace(s, SubString(s, 3, 7), "ESE ARE");
    StrAssign(t, Concat(s, "S"));
    StrAssign(u, "XYXYXYXYXYXY");
    StrAssign(v, SubString(u, 6, 3));
    StrAssign(w, "W");
    cout << "t=", t, "v=", v, "u=", Replace(u, v, w);
} //demonstrate
```

5.4 利用 C 语言中提供的串的基本操作编写从串 s 中删除所有和串 t 相同的子串的算法。

5.5 利用串的基本操作以及栈和集合的基本操作,编写"由一个算术表达式的前缀式求后缀式"的算法(假设前缀式不含语法错误,且操作数为单个字符字母)。

5.6 假设有二维数组 A[6][8],每个元素用相邻的 6 个字节存储,存储器按字节编址。已知 A 的起始存储位置(基地址)为 1000,计算:

(1) 数组 A 的体积(即存储量);

(2) 数组 A 的最后一个元素 a_{57} 的第一个字节的地址;

(3) 按行存储时,元素 a_{14} 的第一个字节的地址;

(4) 按列存储时,元素 a_{47} 的第一个字节的地址。

5.7 假设按低下标优先存储整数数组 A[9][3][5][8]时,第一个元素的字节地址是 100,每个整数占 4 个字节。问下列元素的存储地址是什么?

(1) a_{0000} (2) a_{1111} (3) a_{3125} (4) a_{8247}

5.8 按高下标优先存储方式(以最右的下标为主序),顺序列出数组 A[2][2][3][3]中所有元素 a_{ijkl},为了简化表达,可以只列出 (i,j,k,l) 的序列。

5.9 设有三对角矩阵 $(a_{ij})_{n \times n}$,将其三条对角线上的元素存于数组 B[3][n]中,使得元素 $B[u][v]=a_{ij}$,试推导出从 (i,j) 到 (u,v) 的下标变换公式。

5.10 假设一个准对角矩阵

$$\begin{bmatrix} a_{11} & a_{12} & & & & & & & \\ a_{21} & a_{22} & & & & & & & \\ & & a_{33} & a_{34} & & & & & \\ & & a_{43} & a_{44} & & & & & \\ & & & & \cdots & & & & \\ & & & & & a_{i,j} & & & \\ & & & & & & \cdots & & \\ & & & & & & & a_{2m-1,2m-1} & a_{2m-1,2m} \\ & & & & & & & a_{2m,2m-1} & a_{2m,2m} \end{bmatrix}$$

按以下方式存于一维数组 B[4m]中:

0	1	2	3	4	5	6		k		4m-2	4m-1
a_{11}	a_{12}	a_{21}	a_{22}	a_{33}	a_{34}	a_{43}	$\cdots$	a_{ij}	$\cdots$	$a_{2m-1,2m}$	$a_{2m,2m-1}$	$a_{2m,2m}$

写出由一对下标 (i,j) 求 k 的转换公式。

5.11 假设稀疏矩阵 A 和 B 均以三元组顺序表作为存储结构。试写出矩阵相加的算法,另设三元组表 C 存放结果矩阵。

5.12 三元组顺序表的另一种变形是,不存矩阵元素的行、列下标,而存非零元在矩阵中以行为主序时排列的顺序号,即在 LOC[0,0]=1,L=1 时按 5.5 节中公式(5-5)计算其值。试写一算法,由矩阵元素的下标值 i,j 求元素的值。

第6章 二叉树和树

在计算机科学中,树型结构是一类重要的非线性数据结构,其中以二叉树和树最为常用。直观看来,树是以分支关系定义的层次结构,因此它为计算机应用中出现的具有层次关系或分支关系的数据提供了一种自然的表示方法。用树结构所描述的信息模型在客观世界中普遍存在,如图 6.1 所示。人类社会的族谱和各种社会组织机构都可用树形象地表示。树在计算机学科和应用领域中也得到广泛应用。比如,在编译程序中,用树来表示源程序的语法结构。在数据库系统中,树型结构也是信息的重要组织形式之一。本章重点讨论二叉树的存储结构及其各种操作的实现,并研究树和森林与二叉树之间的转换关系,最后介绍几个应用例子。

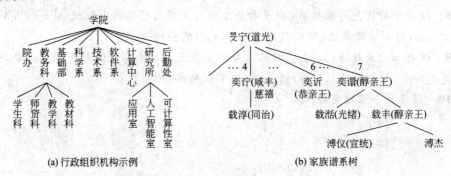

图 6.1　树结构示例

6.1　二　叉　树

6.1.1　二叉树的定义和基本术语

二叉树是一种重要的树型结构,其结构定义如下:

二叉树(binary tree)是 $n(n \geqslant 0)$ 个数据元素的有限集,它或为空集($n=0$),或者含有惟一的称为根的元素,且其余元素分成两个互不相交的子集,每个子集自身也是一棵二叉树,分别称为根的**左子树**和**右子树**。集合为空的二叉树简称为**空树**,二叉树中的元素也称为结点。

这是一个递归的定义,如图 6.2 所示的二叉树中含有 10 个结点,其中 A 是根,左子树 T_L 由 5 个结点$\{B,D,E,G,H\}$构成,右子树 T_R 由 4 个结点$\{C,F,I,J\}$构成,在左子树中,B 是根结点,由集合$\{D\}$构成的二叉树是 T_L 的左子树,由集合$\{E,G,H\}$构成的二叉树是 T_L 的右子树,其中 E

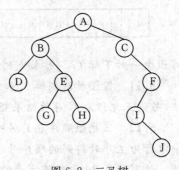

图 6.2　二叉树

为根结点,它的左子树为子集{G},右子树由集合{H}构成,并且在这个子树中,H是根结点,其左、右子树都为空树。依此类推,可以列出图 6.2 中所含的所有二叉树。可见这个递归定义可以描述各种形态的二叉树。

请读者注意,二叉树中的左子树和右子树是两棵互不相交的二叉树,因此二叉树上除根之外的任何结点,不可能同时在两棵子树中出现,它或者在左子树中,或者在右子树中。二叉树上每个结点至多只有两棵子树,并且,二叉树的两棵子树有左右之分,其次序不能任意颠倒。

二叉树中的许多术语借用了家族中的一些惯用名词。若 r 是二叉树中某个结点,n 是它的左子树(或右子树)的根,则称 n 是 r 的**左孩子**(或**右孩子**),r 是 n 的**父亲**。例如,图 6.2 中,B 是 A 的左孩子,E 是 B 的右孩子,B 是 D 和 E 的父亲,A 是 B 和 C 的父亲。二叉树中的根结点没有父亲。如果两个结点的父亲为同一结点,则这两个结点互为**兄弟**,如 D 和 E 互为兄弟,E 和 F 不是兄弟,但可称它们为"**堂兄弟**",因为它们各自的父亲是兄弟。将这个关系推广,可称 A、B、E 是 G 的**祖先**,A、C、F、I 是 J 的祖先;反之,称以 A 为根的二叉树中所有结点均为 A 的**子孙**。

二叉树中其左、右子树均为空的结点称之为叶子结点,反之所有非叶子结点称之为分支结点。结点的子树个数作为**结点的度**的量度,则叶子结点的度为 0,二叉树中结点度数的最大值为 2。结点在二叉树中的**层次**约定为[①]:根所在的层次为 1,根的孩子所在的层次为 2,依此类推,若某个结点的层次为 k,则它的孩子的层次为 $k+1$。二叉树中叶子结点的最大层次数定义为二叉树的**深度**[②]。

若二叉树中所有的分支结点的度数都为 2,且叶子结点都在同一层次上,则称这类二叉树为**满二叉树**(full binary tree)[③]。对满二叉树从上到下从左到右进行从 1 开始的编号(如图 6.3(a)所示),则任意一棵二叉树都可以和同深度的满二叉树相对比,假如一棵包含 n 个结点的二叉树中每个结点都可以和满二叉树中编号为 1 至 n 的结点一一对应,则称这类二叉树为**完全二叉树**(complete binary tree)[④],如图 6.3(b)所示为完全二叉树一例。一棵深度为 h 的完全二叉树中,前 $h-1$ 层中的结点都是"满"的,且第 h 层的结点都集中在左边。显然,满二叉树本身也是完全二叉树。

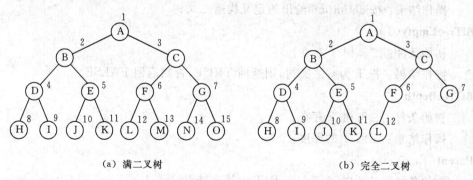

(a) 满二叉树　　　　　　　　　　(b) 完全二叉树

图 6.3　特殊形态二叉树

---

①②③④ 各教科书中对这些概念有不同的定义,但这种差别非本质。

二叉树是对现实生活和实际应用中一类问题的抽象。例如,可用二叉树表示某人的祖先。出于优生人口的宗旨,应避免近血缘的人群通婚。按我国现婚姻法规定,婚姻的双方不能有三代以内的血亲关系。若以二叉树表示家族的血缘关系(如图 6.4 所示),则这一规定可以表述为男方和女方的祖宗三代以内家族成员集合 Family 1 和 Family 2 的交集必须为空集。

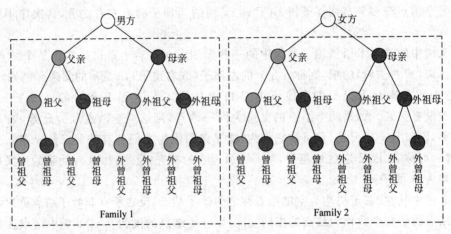

图 6.4　二叉树应用示例

二叉树的基本操作定义如下:

InitBiTree($\&$T)

操作结果:构造一棵空的二叉树 T。

DestroyBiTree($\&$T)

初始条件:二叉树 T 存在。

操作结果:销毁二叉树 T。

CreateBiTree($\&$T, definition)

初始条件:definition 给出二叉树 T 的定义。

操作结果:按 definition 给出的定义构造二叉树 T。

BiTreeEmpty(T)

初始条件:二叉树 T 存在。

操作结果:若 T 为空二叉树,则返回 TRUE,否则返回 FALSE。

BiTreeDepth(T)

初始条件:二叉树 T 存在。

操作结果:返回 T 的深度。

Parent(T, e)

初始条件:二叉树 T 存在,e 是 T 中某个结点。

操作结果:若 e 是 T 的非根结点,则返回它的双亲,否则返回"空"。

LeftChild(T, e)

初始条件:二叉树 T 存在,e 是 T 中某个结点。

操作结果：返回 e 的左孩子。若 e 无左孩子,则返回"空"。

RightChild(T，e)

　　初始条件：二叉树 T 存在,e 是 T 中某个结点。

　　操作结果：返回 e 的右孩子。若 e 无右孩子,则返回"空"。

LeftSibling(T，e)

　　初始条件：二叉树 T 存在,e 是 T 中某个结点。

　　操作结果：返回 e 的左兄弟。若 e 是其双亲的左孩子或无左兄弟,则返回"空"。

RightSibling(T，e)

　　初始条件：二叉树 T 存在,e 是 T 的结点。

　　操作结果：返回 e 的右兄弟。若 e 是其双亲的右孩子或无右兄弟,则返回"空"。

InsertChild(T，p，LR，C)

　　初始条件：二叉树 T 存在,p 指向 T 中某个结点,左或右的标志 LR 为 0 或 1,非空
　　　　　　　二叉树 c 与 T 不相交且右子树为空。

　　操作结果：根据 LR 为 0 或 1,插入 c 为 T 中 p 所指结点的左子树或右子树。p 所
　　　　　　　指结点原有的左子树或右子树均成为 c 的右子树。

DeleteChild(T，p，LR)

　　初始条件：二叉树 T 存在,p 指向 T 中某个结点,LR 为 0 或 1。

　　操作结果：根据 LR 为 0 或 1,删除 T 中 p 所指结点的左或右子树。

Traverse(T)

　　初始条件：二叉树 T 存在。

　　操作结果：依某条搜索路径遍历 T,对每个结点进行一次且仅一次访问(例如输出
　　　　　　　结点元素值)。

6.1.2　二叉树的几个基本性质

性质 1　在二叉树的第 i 层上至多有 2^{i-1} 个结点($i \geqslant 1$)。

利用归纳法容易证得此性质。

$i=1$ 时,只有一个根结点。显然 $2^{i-1}=2^0=1$ 是对的。

现在假定对所有的 $j(1 \leqslant j < i)$,命题成立,即第 j 层上至多有 2^{i-1} 个结点。那么,可以证明 $j=i$ 时命题也成立。

由归纳假设：第 $i-1$ 层上至多有 2^{i-2} 个结点。由于二叉树的每个结点的度至多为 2,故在第 i 层上的最大结点数为第 $i-1$ 层上的最大结点数的两倍,即 $2 \times 2^{i-2}=2^{i-1}$。

性质 2　深度为 k 的二叉树至多有 2^k-1 个结点($k \geqslant 1$)。

由性质 1 可见,深度为 k 的二叉树上最大结点数为

$$\sum_{i=1}^{k} (\text{第 } i \text{ 层上的最大结点数}) = \sum_{i=1}^{k} 2^{i-1} = 2^k - 1$$

性质 3　对任何一棵树 T,如果其终端结点数为 n_0,度为 2 的结点数为 n_2,则 $n_0 = n_2 + 1$。

设 n_1 为二叉树 T 中度为 1 的结点,因为二叉树中所有结点的度均小于或等于 2,所以

其结点总数为

$$n = n_0 + n_1 + n_2 \tag{6-1}$$

再看二叉树中的分支数。除了根结点外，其余结点都有一个分支进入，设 B 为分支总数，则 $n=B+1$。由于这些分支是由度为 1 或 2 的结点射出的，所以又有 $B=n_1+2n_2$。于是得

$$n = n_1 + 2n_2 + 1 \tag{6-2}$$

由此综合式(6-1)和式(6-2)便得

$$n_0 = n_2 + 1$$

性质 4 具有 n 个结点的完全二叉树的深度为 $\lfloor \log_2 n \rfloor + 1$[①]。

证明：假设深度为 k，则根据性质 2 和完全二叉树的定义有

$$2^{k-1} - 1 < n \leqslant 2^k - 1 \qquad 或 \qquad 2^{k-1} \leqslant n < 2^k$$

前一式即为 $2^{k-1} \leqslant n < 2^k$，取对数便有 $k-1 \leqslant \log_2 n < k$，因为 k 是整数，所以 $k=\lfloor \log_2 n \rfloor + 1$。

性质 5 如果对一棵有 n 个结点的完全二叉树(其深度为 $\lfloor \log_2 n \rfloor + 1$)的结点按层序(从第 1 层到第 $\lfloor \log_2 n \rfloor + 1$ 层，每层从左到右)从 1 起开始编号，则对任一编号为 i 的结点($1 \leqslant i \leqslant n$)，有

(1) 如果 $i=1$，则编号为 i 的结点是二叉树的根，无双亲；如果 $i>1$，则其双亲结点 parent(i) 的编号是 $\lfloor i/2 \rfloor$。

(2) 如果 $2i>n$，则编号为 i 的结点无左孩子(编号为 i 的结点为叶子结点)；否则其左孩子结点 lChild(i) 的编号是 $2i$。

(3) 如果 $2i+1>n$，则编号为 i 的结点无右孩子；否则其右孩子结点 rChild(i) 的编号是结点 $2i+1$。

在此省略这个性质的证明，读者可以从图 6.3 直观验证这个关系。

6.1.3 二叉树的存储结构

1. 顺序存储结构

如果用一组地址连续的存储单元存储二叉树中的数据元素，为了能在存储结构中反映出结点之间的逻辑关系，必须将二叉树中结点依照一定规律安排在这组存储单元中。

对于完全二叉树，只要从根起按层序存储即可。根据完全二叉树具有的特性(性质 5)，将完全二叉树上编号为 i 的结点元素存储在一维数组中下标为 $i-1$ 的分量中，如图 6.5(a) 所示为图 6.3(b) 中完全二叉树的顺序存储结构。对于一般的二叉树，可对照完全二叉树的编号进行相应的存储，如图 6.5(b) 所示为图 6.2 中二叉树的顺序存储结构，没有结点的分量中需填充空白字符。显然，这种存储表示方法只适合于完全二叉树，对于一般的二叉树将造成存储空间的很大浪费。最坏的情况下，一个深度为 k 且只有 k 个结点的右单支树却要占 2^k-1 个结点的存储空间。

---

① $\lfloor x \rfloor$ 为不大于 x 的最大整数。

（a）完全二叉树的顺序存储表示

（b）一般二叉树的顺序存储表示

图 6.5　二叉树的顺序存储表示

完全二叉树的顺序存储结构的定义如下：

```
const MAXSIZE=100;        // 暂定二叉树中结点数的最大值为 100
typedef struct {
    TElemType *data;      // 存储空间基址
    int       nodenum;    // 树中结点数
}SqBiTree;                // 完全二叉树的顺序存储结构
```

2. 链式存储表示

由于二叉树是一种非线性结构，则采用链式存储结构比较合适，即利用附加指针表示结点之间的关系，设计不同的结点结构可以构成不同形式的链表。由二叉树的定义得知，二叉树中的结点（如图 6.6(a)所示）由一个数据元素和分别指向其左、右子树的两个分支构成，则表示二叉树的链表中的结点至少包含三个域：数据域和分别指向左、右子树的指针域，如图 6.6(b)所示。有时，为了便于找到结点的双亲，还可以在结点结构中增添一个指向其双亲结点的指针，如图 6.6(c)所示。利用这两种结点结构分别可得到图 6.2 所示二叉树的二叉链表和三叉链表，如图 6.7 所示，链表的头指针指向二叉树的根结点。

（b）含两个指针域的结点结构

（a）结点的逻辑结构　　（c）含三个指针域的结点结构

图 6.6　二叉树结点的逻辑结构和存储结构

在不同的存储结构中，实现二叉树操作的方法不同，如找二叉树中某个结点的双亲 **PARENT**(T,e)，在三叉链表中很容易实现，而在二叉链表中则需从根指针出发巡查。由此，在应用程序中采用何种存储结构，除根据二叉树的形态之外，还应考虑需进行何种操作。读者可试以 6.1.1 中定义的各种操作对以上定义的存储结构作比较。在本章下一节讨论的二叉树遍历及其应用的算法将在下述定义的二叉链表中实现。

```
//---- 二叉树的二叉链表存储表示 -----
    typedef struct BiTNode {
    TElemType   data;
    struct BiTNode *lchild, *rchild;     // 左、右孩子指针
```

```
} BiTNode, *BiTree;
```

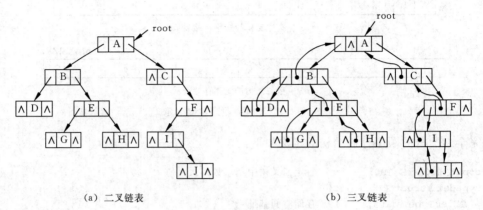

（a）二叉链表　　　　　　　　　　　　　　　　　　（b）三叉链表

图 6.7　二叉树的链式存储结构

6.2　二叉树遍历

6.2.1　问题的提出

在二叉树的一些应用中,常常要求在树中查找具有某种特征的结点,或者对树中全部结点逐一进行某种处理。这就提出了一个遍历二叉树(traversing binary tree)的问题,即如何按某条搜索路径巡访树中每个结点,使得每个结点均被访问到且仅被访问一次。

"访问"的含义十分广泛,包括按问题需求对结点所进行的任何存取操作或其他加工任务。假设一棵二叉树中存储着有关人事方面的信息,每个结点含有姓名、工资等信息。管理和使用这些信息时可能需要做这样一些工作:

（1）将每个人的工资提高 20%;

（2）打印每个人的姓名和工资;

（3）求最低工资的数额和领取最低工资的人数。

则对于(1),访问是对工资值进行修改的操作;对于(2),访问的含义是打印该结点的信息;对于(3),访问只是检查和统计。但不管访问的具体操作是什么,都必须做到既无重复,又无遗漏。

对在这之前讨论过的线性结构来说,遍历是一个容易解决的问题,只要按照结构原有的线性顺序,从第一个元素起依次访问各个元素即可。然而在二叉树中却不存在这样一种自然顺序,因为二叉树是一种非线性结构,每个结点都可能有两棵子树,因而需要按照一定的规律,使二叉树上的结点能排列在一个线性序列上,从而便于遍历。

回顾二叉树的递归定义可知,二叉树由三个基本单元组成:根结点,左子树和右子树(如图 6.8(a)所示)。因此,若能依次遍历这三部分,便是遍历了整个二叉树。假如以 L,D,R 分别表示遍历左子树,访问根结点和遍历右子树,则可有 DLR、LDR、LRD、DRL、RDL、RLD 六种遍历二叉树的方案。若限定先左后右,则只剩下前三种情况,分别称之为先(根)序遍历、中(根)序遍历和后(根)序遍历。基于二叉树的递归定义,可得下述三种遍历二叉树

的递归定义:

先序遍历二叉树	中序遍历二叉树	后序遍历二叉树
若二叉树为空,则空操作; 否则(1)访问根结点; (2)先序遍历左子树; (3)先序遍历右子树。	若二叉树为空,则空操作; 否则(1)中序遍历左子树; (2)访问根结点; (3)中序遍历右子树。	若二叉树为空,则空操作; 否则(1)后序遍历左子树; (2)后序遍历右子树; (3)访问根结点。

从上述定义容易看出,三种遍历的不同之处仅在于访问根结点和遍历左、右子树的先后次序不同,图 6.8(c)中用带箭头的包络虚线表示上述三种遍历过程中所走的一条(先左后右的)搜索路径。其中向下的箭头表示更深一层的递归调用,向上的箭头表示从递归调用返回。读者不难从图看出,遍历过程即为从 1 出发到 2 退出,逆时针沿包络线巡查二叉树一遍,对每个结点都途经三次,若第一次经过该结点就进行访问,即为先序遍历,将沿途所见包络线旁三角形内的字符记下,便可得到先序遍历二叉树时的结点访问序列;若第二次经过该结点时才访问,即在遍历完左子树之后、尚未遍历右子树之前进行访问,将沿途所见包络线旁圆形内的字符记下,便可得到中序遍历二叉树时的结点访问序列。类似地,若是第三次途经该结点,即在左、右子树均遍历完后再对该结点进行访问,将沿途所见方形内的字符记下,便可得到后序遍历二叉树时的结点访问序列。例如,从图 6.8(c)可得图 6.8(b)所示的二叉树的先序访问序列为 ABDEC;中序访问序列为 DBEAC;后序访问序列为 DEBCA。

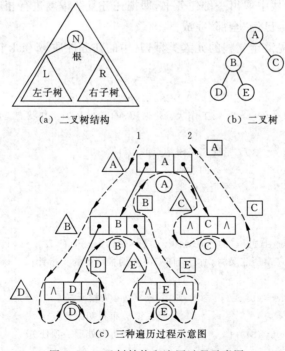

(a) 二叉树结构　　　　　　　(b) 二叉树

(c) 三种遍历过程示意图

图 6.8　二叉树结构和遍历过程示意图

6.2.2 遍历算法描述

由每种次序遍历的递归定义导出相应的递归算法是十分简单的。假设以二叉链表为存储结构，并将结点的访问操作抽象为一个函数 visit，待具体应用遍历算法时再根据需要求精。则先序遍历二叉树的递归算法如下：

算法 6.1

```
void Preorder(BiTree T, void(*visit)(BiTree)){
  // 先序遍历以 T 为根指针的二叉树
  if(T) {              // T=NULL 时，二叉树为空树，不作任何操作
    visit(T);          // 通过函数指针 * visit 访问根结点，以便灵活完成相应的操作
    Preorder(T->lchild, visit);      // 先序遍历左子树
    Preorder(T->rchild, visit);      // 先序遍历右子树
  }
}
```

只要重新安排三个操作的次序就可以得到中序遍历和后序遍历的递归算法，留给读者作为练习。仿照第 3 章中的例 3.5，在此可利用栈得到遍历的非递归形式的算法。

当二叉树不空时，中序遍历二叉树的任务可以视为由三项子任务组成，即遍历左子树、访问根结点和遍历右子树，其中第一和第三项任务比较复杂，但可以"大事化小"，继续分解为两项较小的遍历任务和一项访问任务，而中间的这项访问任务比较单纯，可以直接处理，即"小事化了"。现将栈看成为存放任务书的柜子，初始化时，栈中只有一项任务，即中序遍历二叉树 T，之后每从栈中取出一份任务书，即视任务复杂程度进行相应处理，直至栈变空，表明遍历二叉树的任务已经"全部"完成。

在写算法之前首先需定义栈的元素类型，其中的任务性质域 task 记录遍历过程每一步的工作状态。

```
typedef enum { Travel=1, Visit=0 } TaskType;
             // Travel 为 1:工作状态是遍历；Visit 为 0:工作状态是访问
typedef struct {
  BiTree  ptr;         // 指向二叉树结点的指针
  TaskType task;       // 任务的性质
} SElemType;           // 栈元素的类型定义
```

算法 6.2

```
void InOrder_iter(BiTree BT, void(*visit)(BiTree)) {
  // 利用栈实现中序遍历二叉树，T 为指向二叉树的根结点的头指针
  InitStack(S);
  e.ptr=BT; e.task=Travel;             // e 为栈元素
  if(BT) Push(S, e);                   // 布置初始任务
  while(!StackEmpty(S)) {              // 每次处理一项任务
    Pop(S,e);
    if(e.task==Visit) visit(e.ptr);    // 处理访问任务
```

```
    else
      if(e.ptr){                        // 处理非空树的遍历任务
        p=e.ptr;
        e.ptr=p->rchild; Push(S,e);     // 最不迫切任务(遍历右子树)进栈
        e.ptr=p; e.task=Visit; Push(S,e);   //处理访问任务的工作状态和结点指针进栈
        e.ptr=p->lchild; e.task=Travel; Push(S,e);
                                        // 迫切任务(遍历左子树)进栈
      }//if
  }//while
}//InOrder_iter
```

套用这种思路,把"处理访问任务"的进栈语句摆放在不同位置,读者同样可以写出前序和后序的非递归形式的算法来。只是对前序遍历,问题可以更简化。由于前序遍历"大事化小"后的第一项任务"访问"是简单任务,可以即刻处理,则只需将"遍历右子树的任务"入栈,而当前任务直接转为遍历左子树。

二叉树遍历的非递归算法是栈的应用的一个绝好的例子,它充分展示了栈的威力。

6.2.3　二叉树遍历应用举例

遍历二叉树是二叉树各种操作的基础,即很多操作可以在遍历过程中完成。根据遍历算法的程序框架,可以派生出很多关于二叉树的应用算法,如求结点的双亲、结点的孩子、判定结点所在层次等,甚至可以在遍历过程中生成结点,建立二叉树的存储结构。

例 6.1　建立二叉树的存储结构——二叉链表。

为简化问题,设二叉树中结点的元素均为一个单字符。假设按先序遍历的顺序建立二叉链表,T 为指向根结点的指针:首先输入一个根结点,若输入的是一个"♯"字符,则表明该二叉树为空树,即 T＝NULL;否则输入的该字符应赋给 T－＞data,之后依次递归建立它的左子树 T－＞lchild和右子树 T－＞rchild。例如,对图 6.9 所示二叉树,输入的顺序为:AB♯DE♯♯C♯♯,其中♯表示空子树。

按此顺序建立二叉链表的算法如下:

算法 6.3

图 6.9　二叉树一例

```
void CreatebiTree(BiTree &T){
  // 在先序遍历二叉树过程中输入结点字符,建立二叉链表存储结构,
  // 指针 T 指向所建二叉树的根结点
  cin>>ch;
  if(ch=='#') T=NULL;              // 建空树
  else {
    T=new BiTNode;                 // "访问"操作为生成根结点
    T->data=ch;
    CreateBiTree(T->lchild);       // 递归建(遍历)左子树
    CreateBiTree(T->rchild);       // 递归建(遍历)右子树
  }//else
```

```
}//CreateBiTree
```

例 6.2 求二叉树的树深。

在 6.1.1 中曾定义二叉树的深度为二叉树中叶子结点所在层次的最大值。结点的层次需从根结点起递推,设根结点为第一层的结点,第 k 层结点的子树根在第 $k+1$ 层。则可在先序遍历二叉树的过程中求每个结点的层次数,其中的最大值即为二叉树的深度。

算法 6.4

```
void BiTreeDepth(BiTree T, int h, int &depth){
  // h 为 T 指向的结点所在层次,T 指向二叉树的根,则 h 的初值为 1,
  // depth 为当前求得的最大层次,其初值为 0
  if(T){
    if(h>depth) depth=h;
    BiTreeDepth(T->lchild, h+1, depth);
    BiTreeDepth(T->rchild, h+1, depth);
  }
}//BiTreeDepth
```

算法 6.4 是一个"标准"的先序遍历算法。其中访问结点的操作为将当前被访问结点的层次数和当前求得的最大层次值 depth 相比,并令 depth 等于两者中的"大值"。在算法 6.4 的参数表中设置了值参 h,并始终保持它和当前 T 所指的结点(层次)的一致性,这是很多遍历应用算法中采用的一种有效手段。假设在主函数中定义了 BiTree 型的变量 r,则主函数中求 r 所指二叉树的深度的语句为

```
d=0;
BiTreeDepth(r,1,d);
```

若 r 所指为空树,则算法 6.4 什么也不做就结束,则 d 仍然等于 0。对于非空树,算法 6.4 执行的过程如图 6.10 所示。

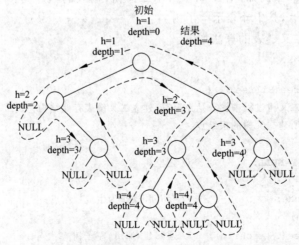

图 6.10 先序遍历求二叉树深度算法执行过程

也可以通过后序遍历求二叉树的深度。从二叉树的定义容易推出下述结论：空树的深度为 0,若二叉树不空,则它的深度等于其左子树深度和右子树深度中的最大值加 1。这就是说,对于非空的二叉树,应该先分别求得其左、右子树的深度,然后取两者中的最大值,再加 1 便得二叉树的深度,如算法 6.5 所示。

算法 6.5

```
int BiTreeDepth(BiTree T) {
  // 后序遍历求 T 所指二叉树的深度
  if(!T) return 0;
  else {
    hL=BiTreeDepth(T->lchild);
    hR=BiTreeDepth(T->rchild);
    if(hL>=hR) return hL+1;
    else return hR+1;
  }
}//BiTreeDepth
```

例 6.3 复制一棵二叉树。

复制二叉树指的是在计算机中已经存在一棵二叉树,现要按原二叉树的结构重新生成一棵二叉树,其实质就是按照原二叉树的二叉链表另建立一个新的二叉链表。类似于求二叉树的深度,“复制”可以在先序遍历过程中进行,也可以在后序遍历过程中进行。但不管是哪一种遍历,其“访问”操作都是“生成二叉树的一个结点”,下面以后序遍历为例写出算法。先写一个生成一个二叉树的结点的算法:

```
BiNode *GetTreeNode(TElemType item, BiNode *lptr , BiNode *rptr){
  // 生成一个其元素值为 item,左指针为 lptr,右指针为 rptr 的结点
  T=new BiNode;    T->data=item;
  T->lchild=lptr;  T->rchild=rptr;
  return T;
}
```

后序遍历复制二叉树的操作即为先分别复制已知二叉树的左、右子树,然后生成一个新的根结点,则复制得到的两棵子树的根指针应是这个新生成的结点的左、右指针域的值,如算法 6.6 所示。

算法 6.6

```
BiNode *CopyTree(BiNode *T){
  // 已知二叉树的根指针为 T,本算法返回它的复制品的根指针
  if(!T)
    return NULL;                    //复制一棵空树
  if(T->lchild)
    newlptr=CopyTree(T->lchild);    // 复制(遍历)左子树
  else newlptr=NULL;
  if(T->rchild)
```

```
      newrptr=CopyTree(T->rchild);      // 复制(遍历)右子树
    else newrptr=NULL;
    newnode=GetTreeNode(T->data, newlptr, newrptr);      // 生成根结点
    return newnode;
}
```

例 6.4 求存于二叉树中算术表达式的值。

一般情况下,一个表达式由一个运算符和两个操作数构成,两个操作数之间有次序之分,并且操作数本身也可以是表达式,这个结构类似于二叉树,因此可以用二叉树表示表达式。

以二叉树表示表达式的递归定义如下:若表达式为数或简单变量,则相应二叉树中只有一个根结点,其数据域存放该表达式的信息;若表达式=(第一操作数)(运算符)(第二操作数),则相应的二叉树中以左子树表示第一操作数,以右子树表示第二操作数,根结点存放运算符(若为一元运算符,则左子树为空)。操作数本身也是表达式。为讨论简单起见,不论是操作数还是运算符,都以单字符表示,即运算符可以是+、−、*、/等单字符,操作数以单字符的简单变量表示。例如表达式

$$exp=(a+b)/((c-d)\times e)\times(-f)$$

可以按运算优先关系分解成:

第一操作数 $(a+b)/((c-d)\times e)$

运算符 $\times$

第二操作数 $-f$

类似地,可将第一操作数分解为 $a+b$、$/$、$(c-d)\times e$

依此类推,得到的二叉树如图 6.11(a)所示。表达式求值的过程实际上是一个后序遍历二叉树的过程,因为二叉树上任何一个运算符的左、右"操作数"都是一个表达式,则处理一个"运算符"之前,其左、右操作数表达式的值必须已经求出(空表达式的值为0)。为了求出算术表达式的值,在算法中可用一维数组存放所有和简单变量操作数对应的数值。二叉树结

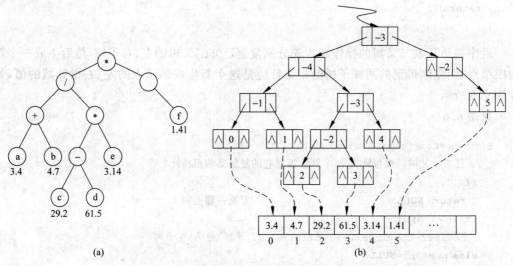

(a)   (b)

图 6.11　表达式二叉树

点数据域为正整数时,其值是操作数所在数组位置的对应下标;数据域为负整数时,其值是运算符,值的绝对值大小用以表示运算类型,如图 6.11(b)所示。算术表达式求值的算法如算法 6.7 所示。

```
const  PLUS=-1;
const  MINUS=-2;
const  ASTERISK=-3;
const  SLANT=-4;
```

算法 6.7

```
double value(BiTree T, float opnd[]){
  // 对以 T 为根指针的二叉树表示的算术表达式求值,
  // 操作数的数值存放在一维数组 opnd 中
  if(!T) return 0;              // 空树的值为 0
  if(T->data>=0) return opnd[T->data];
  Lv=value(T->lchild,opnd); // 遍历左子树求第一操作数
  Rv=value(T->rchild,opnd); // 遍历右子树求第二操作数
  switch(T->data){
    case PLUS: v=Lv +Rv;
    case MINUS: v=Lv -Rv;
    case ASTERISK: v=Lv * Rv;
    case SLANT: v=Lv / Rv;
    default: ERROR("不合法的运算符");
  }//switch
  return v;
}//value
```

6.2.4　线索二叉树

遍历二叉树的过程是沿着某一条搜索路径对二叉树中结点进行一次且仅仅一次访问。换句话说,就是按一定规则将二叉树中结点排列成一个线性序列之后进行依次访问,这个线性序列或是先序序列,或是中序序列或是后序序列。在这些线性序列中每个结点(除第一个和最后一个外)有且仅有一个直接前驱和直接后继(在不至于混淆的情况,我们省去直接两字)[1]。例如对图 6.2 所示的二叉树分别进行先序、中序和后序遍历,得到的结点的先序序列为 ABDEGHCFIJ,中序序列为 DBGEHACIJF,后序序列为 DGHEBJIFCA。元素"E"在先序序列中的前驱是"D",后继是"G";而在中序序列中的前驱是"G",后继是"H";在后序序列中的前驱是"H",后继是"B"。显然,这种信息是在遍历的动态过程中产生的,如果将这些信息在第一次遍历时就保存起来,在需要再次对二叉树进行"遍历"时就可以将二叉树视做线性结构进行访问操作了。为此可以在二叉链表的结点中添加两个指针域,分别存放指向"前驱"和"后继"的**指针**,称这些指针为"**线索**",加上线索的二叉树,便为"**线索二叉**

---

[1]　注意本节下文中提到的"前驱"和"后继"均指以某种次序遍历所得序列中的关系。

树",相应的存储结构,称为"**线索链表**"。例如图 6.12(a)所示为图 6.2 的二叉树的"中序全线索链表",即链表中的线索指向结点在中序序列中的前驱和后继。图中以实线表示指针,虚线表示线索。并为方便起见,仿照线性表的双向链表,在二叉树的全线索链表上也添加一个"头结点",该结点的"左指针"指向二叉树的根结点,"右指针"为空,"左线索"指向中序遍历的第一个结点,"右线索"指向中序遍历的最后一个结点。如此的全线索链表实际上就是一个双向循环链表,如图 6.12(b)所示。若二叉树为空树,则头结点的左线索和右线索都指向头结点。

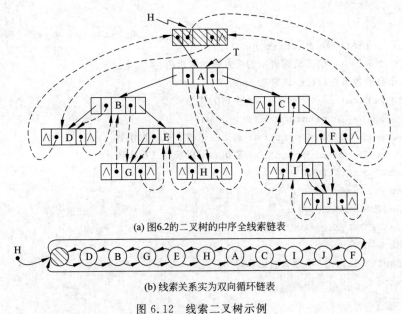

(a) 图6.2的二叉树的中序全线索链表

(b) 线索关系实为双向循环链表

图 6.12 线索二叉树示例

线索链表中的结点结构定义为:

```
typedef struct BiThrNode{
  TElemType data;
  struct BiThrNode *lchild, *rchild;    // 左、右指针
  struct BiThrNode *pred, *succ;        // 前驱、后继线索
} BiThrNode, *BiThrTree;
```

以全线索链表作存储结构时,遍历过程将简单得多,既不需要递归,也无需请栈来帮忙。如算法 6.8 为以中序全线索链表作存储结构时的中序遍历算法。

算法 6.8

```
void InOrder(BiThrTree H,void( *visit) (BiTree)){
  // H 为指向中序线索链表中头结点的指针,
  // 本算法中序遍历以 H->lchild 所指结点为根的二叉树
  p=H->succ;
  while(p !=H) {
    visit(p);
    p=p->succ;
```

```
    }
}//InOrder
```

建立中序线索链表的过程即为中序遍历的过程,只是需要在遍历过程中,附设一个指向"当前访问"的结点的"前驱"的指针 pre,而访问操作就是"在当前访问的结点与它的前驱之间建立线索",由算法 6.9 及算法 6.10 实现。

算法 6.9

```
void InOrderThreading(BiThrTree &H, BiThrTree T){
    // 建立根指针 T 所指二叉树的中序全线索链表,H 指向该线索链表的头结点
    H=new BiThrNode;                     // 创建线索链表的头结点
    H->lchild=T; H->rchild=NULL;
    if(!T) { H->pred=H; H->succ=H;}      // 空树头结点的线索指向头结点本身
    else {
        pre=H;
        InThreading(T,pre);      // 对二叉树进行中序遍历,在遍历过程中进行线索化
        pre->succ=H; H->pred=pre;
    }
}//InOrderThreading
```

算法 6.10

```
void InThreading(BiThrTree p, BiThrTree &pre){
    // 对以根指针 p 所指二叉树进行中序遍历,在遍历过程中进行线索化
    // p 为当前指针,pre 是跟随指针,比 p 慢一拍遍历整个二叉树
    if(p) {
        InThreading(p->lchild,pre);       // 左子树线索化
        pre->succ=p; p->pred=pre;         // 建立线索
        pre=p;                            // 保持 pre 指向 p 的前驱
        InThreading(p->rchild,pre);       // 右子树线索化
    }
}//InThreading
```

线索化是提高重复性访问非线性结构效率的重要手段之一。算法 6.10 给出的是二叉树中序线索化算法,对于前序和后序的线索化算法,与算法 6.10 大致相同,留给读者作为练习。

6.3 树 和 森 林

6.3.1 树和森林的定义

树和二叉树一样,也是一种多层次的数据结构,并且树中每个结点可以存在多个分支,因此它的应用领域更为广泛。

树(tree)是 n ($n \geqslant 0$)个数据元素(结点)的有限集 D,若 D 为空集,则为空树;否则,

（1）在 D 中存在唯一的称为根的数据元素 root，

（2）当 $n>1$ 时，其余结点可分为 m（$m>0$）个互不相交的有限集 $T_1,T_2,\cdots,T_m$，其中每一个子集本身又是一棵符合本定义的树，并称为根 root 的子树。

例如，图 6.13 所示的树中含有 8 个数据元素，其中 A 为根结点，其余 7 个元素分为三个独立的子集：{B}、{C,E,H} 和 {D,F,G}，每个子集都是一棵树，并为 A 的子树，在 {B} 这棵子树中，只有一个根，可类似地对另外两棵子树进行分解。在现实世界中，树的例子也很多，除了图 6.1 所举之例外，如图 6.14 所示的树表示的是一般的函数表达式 $f(\cos(a)\times \mathrm{sqr}(b),g(c,x,\log(y)))$。一本书的结构也是一棵树：全书是根；前言、目录、每一章和附录都是一棵树；章内的节是该章的子树；节内的小节又是该节的子树等。

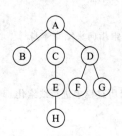

图 6.13 树

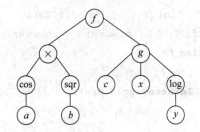

图 6.14 一般表达式的树

6.1 节中有关二叉树的各个术语都可以类似地对树定义，由于树中子树个数没有限定，则对树而言，还有一个"树的度"的术语，一棵树中各结点度的最大值称为该树的度。

虽然从表面上看来，树和二叉树不同似乎只是二叉树的度限定为 2，实际上，二叉树和树是两种不同的树型结构，因为在树中，上一层和下一层的结点之间只有"父-子"一种关系，而二叉树中上一层和下一层的结点之间可以有"父-左子"和"父-右子"两种关系，而且必须分清究竟是哪一种关系，即严格的左右关系。

由于树中有唯一确定的根，并且结点和子树根之间的父-子关系是个有向关系，因此我们讨论的树虽然没有画出箭头，但都是有向树。一般情况下，在我们讨论的树中，子树之间不存在"次序"关系，称它为无序树；在有些问题中需要对子树明确序位关系时，称为有序树。

森林（forest）是 m（$m\geqslant 0$）棵互不相交的树的集合。因此，也可将树定义为树是 n（$n\geqslant 0$）个结点的有限集，若 $n=0$，则为空树；否则，树由一个根结点和 m（$m\geqslant 0$）棵树组成的森林构成，森林中的每棵树都是根的子树。

树的基本操作有：

InitTree（&T）

  操作结果：构造一棵空树 T。

DestroyTree（&T）

  初始条件：树 T 存在。

  操作结果：销毁树 T 结构。

CreateTree（&T, definition）

  初始条件：definition 给出树 T 的定义。

操作结果：按 definition 给出的定义构造树 T。

TreeEmpty(T)

初始条件：树 T 存在。

操作结果：若 T 为空树，则返回 TRUE，否则 FALSE。

TreeDepth(T)

初始条件：树 T 存在。

操作结果：返回 T 的深度。

Parent(T, cur_e)

初始条件：树 T 存在，cur_e 是 T 中某个结点。

操作结果：若 cur_e 是 T 的非根结点，则返回它的双亲，否则函数值为"空"。

LeftChild(T, cur_e)

初始条件：树 T 存在，cur_e 是 T 中某个结点。

操作结果：若 cur_e 是 T 的非叶子结点，则返回它的最左孩子[①]，否则返回"空"。

RightSibling(T, cur_e)

初始条件：树 T 存在，cur_e 是 T 中某个结点。

操作结果：若 cur_e 有右兄弟，则返回它的右兄弟，否则函数值为"空"。

InsertChild(&T, &p, i, C)

初始条件：树 T 存在，p 指向 T 中某个结点，$1 \leqslant i \leqslant$(p 所指结点的度＋1)，非空树 C 与 T 不相交。

操作结果：插入 C 为 T 中 p 所指结点的第 i 棵子树。

DeleteChild(&T, &p, i)

初始条件：树 T 存在，p 指向 T 中某个结点，$1 \leqslant i \leqslant$(p 所指结点的度)。

操作结果：删除 T 中 p 所指结点的第 i 棵子树。

TraverseTree(T)

初始条件：树 T 存在。

操作结果：按某种次序对 T 的每个结点进行一次且至多一次访问。

6.3.2 树和森林的存储结构

树的结构不如二叉树结构规整，因为树中每个结点都可能有多个孩子，因此直接用多个链域表示父子关系的方式有严重缺陷，即结点大小往往难以确定，若按树的度来设计结点大小，则必然会造成存储空间的很大浪费，若按结点的度来设计结点大小，则将使整棵树的结构不统一。

本节将介绍树的几种表示方法，在应用问题中应根据问题的特点和所需进行的操作适当选用。

1. 双亲表示法

在树中，每个结点只有一个双亲，且根结点的双亲为空。利用这个特性可对树中每个结

---

① 这个"最左"孩子是指在确定的存储结构含义下的"最左"而非逻辑含义。

点附加一个指示双亲的指针，并将所有结点以顺序结构组织在一起。定义如下：

```
const MAX_TREE_SIZE=100
typedef struct PTNode {        // 结点结构
    Elem data;                 // 结点数据域
    int parent;                // 双亲位置域
} PTNode;
typedef struct {               // 树结构
    PTNode nodes[MAX_TREE_SIZE];
    int    r, n;               // 根结点的位置和结点个数
} PTree;
```

假设已知 PTree T；则 T.nodes[r].data 为该树的根。如图 6.15 为图 6.13 所示树的双亲链表。显然，双亲链表可以在 $O(1)$ 时间级内完成查询结点双亲的操作，若需查询结点的孩子则需遍历整棵树。

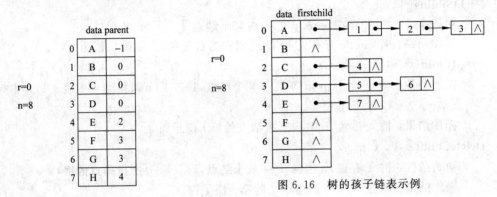

图 6.15　树的双亲链表示例

图 6.16　树的孩子链表示例

2. 孩子链表表示法

如图 6.16 为图 6.13 所示树的孩子链表，从图中可见，在树的孩子链表中，以单链表将所有双亲相同的孩子结点链接在一起，并将该链表的头指针和双亲构成树中一个结点，全部树结点以顺序组织构成树结构。定义如下：

```
typedef struct CTNode {        // 孩子结点结构
    int    child;
    struct CTNode *next;
} * ChildPtr;
typedef struct {               // 双亲结点结构
    Elem   data;
    ChildPtr firstchild;       // 孩子链的头指针
} CTBox;
typedef struct {               // 树结构
    CTBox nodes[MAX_TREE_SIZE];
```

```
    int    n, r;                    // 结点数和根结点的位置
} Ctree;
```

3. 树的二叉链表(孩子-兄弟)表示法

类似于二叉树的二叉链表,只是树结点中的两个指针域分别指向其"最左"孩子结点和"右兄弟"结点,如图 6.17 为图 6.13 所示图的孩子-兄弟链表。

孩子-兄弟链表中结点结构的说明如下:

```
typedef struct CSNode{
    Elem           data;
    struct CSNode *firstchild, *nextsibling;
} CSNode, * CSTree;
```

图 6.17 所示二叉链表也可以看成是图 6.18 所示二叉树的存储结构。由此,以二叉链表作为媒介可在树和二叉树之间建立一个确定的对应关系。对于一棵任意的树,都可以按照以下规则构造与其相应的二叉树:以树的根结点作为二叉树的根结点,树根与最左子树之间的父-子关系改为父-左子关系,去掉根与其他子树之间的父-子关系,并将各子树根(最右子树除外)到其右兄弟之间隐含的关系以父-右子的关系显式表示出来,并对树的所有子树也都实施这一变换。如对图 6.13 实施上述变换即可得到图 6.18 所示二叉树。反之,对任意一棵缺右子树的二叉树施行上述变换的逆变换,同样也能得到一棵树。由于孩子-兄弟链表这种结构在形式上与二叉树的二叉链表一致,我们可充分利用二叉树的有关研究成果用于一般的树。因此"孩子-兄弟链表"是应用较为普遍的一种树的存储表示方法。

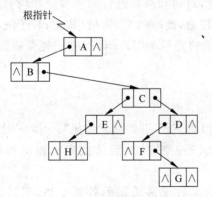

图 6.17　树的二叉链表(孩子-兄弟)示例

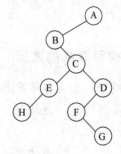

图 6.18　与树对应的二叉树

若将森林中第二棵树的根结点看成是第一棵树的根结点的兄弟,则可将上述变换关系扩展至森林和二叉树之间的对应关系。

假设森林 $F = \{T_1, T_2, \cdots, T_n\}$,其中第一棵树 T_1 由根结点 $\mathrm{ROOT}(T_1)$ 和子树森林 $\{t_{11}, t_{12}, \cdots, t_{1m}\}$ 构成。则可按如下规则转换成一棵二叉树 $B = (\mathrm{LBT}, \mathrm{Node}(\mathrm{root}), \mathrm{RBT})$:

若森林 F 为空集,则二叉树 B 为空树;否则,由森林中第一棵树的根结点 $\mathrm{ROOT}(T_1)$ 复制得二叉树的根 $\mathrm{Node}(\mathrm{root})$,由森林中第一棵树的子树森林 $\{t_{11}, t_{12}, \cdots, t_{1m}\}$ 转换得到二

叉树中的左子树 LBT,由森林中删去第一棵树之后由其余树构成的森林 $\{T_2, T_3, \cdots, T_n\}$ 转换得到二叉树中的右子树 RBT。

例如,图 6.19 展示了森林与二叉树之间的对应关系。

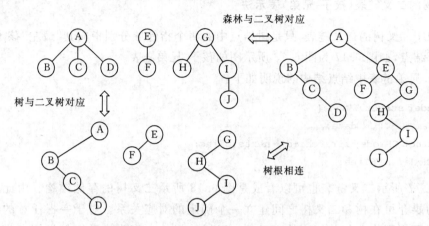

图 6.19　森林与二叉树的对应关系示例

反之,对于任意一棵二叉树 $B=(\text{LBT}, \text{Node(root)}, \text{RBT})$,可按如下规则转换得到由 n 棵树构成的森林 $F=\{T_1, T_2, \cdots, T_n\}$,其中第一棵树 T_1 由根结点 $\text{ROOT}(T_1)$ 和子树森林 $\{t_{11}, t_{12}, \cdots, t_{1m}\}$ 构成。

若二叉树 B 为空树,则与其对应的森林 F 为空集;否则,由二叉树的根结点 Node(root)复制得森林中第一棵树的根结点 $\text{ROOT}(T_1)$,由二叉树中的左子树 LBT 转换构造森林中第一棵树的子树森林 $\{t_{11}, t_{12}, \cdots, t_{1m}\}$,由二叉树中的右子树 RBT 转换构造森林中其余树构成的森林 $\{T_2, T_3, \cdots, T_n\}$。由此,对树和森林进行的各种操作均可通过对"二叉树"进行相应的操作来完成,但同时也必须注意,此时的"二叉树"其左、右子树和根结点之间的关系不再是它的"左、右孩子",而是左子树是根的"孩子们",右子树是根的"兄弟们"。

6.3.3　树和森林的遍历

从树的结构定义容易看出,对树进行遍历可以有下列三种"搜索路径":

(1) 先根(次序)遍历树:若树不空,则先访问根结点,然后依次先根遍历根的各棵子树;

(2) 后根(次序)遍历树:若树不空,则先依次后根遍历根的各棵子树,然后访问根结点;

(3) 按层(次序)遍历树:若树不空,则从根结点起,依结点所在层次从小到大、每一层从左到右依次访问各个结点。

例如:对图 6.13 中的树,先根遍历时结点的访问次序为 ABCEHDFG;后根遍历时结点的访问次序为 BHECFGDA,按层遍历时结点访问的次序为 ABCDEFGH。

根据树和森林相互递归的定义,从树的前两种搜索路径的遍历不难推出森林的两种遍历:

（1）先序遍历森林

若森林非空，则可按下述规则遍历之：

访问森林中第一棵树的根结点；

先序遍历第一棵树中根结点的子树森林；

先序遍历除去第一棵树之后剩余的树构成的森林。

（2）中序遍历森林

若森林非空，则可按下述规则遍历之：

中序遍历森林中第一棵树的根结点的子树森林；

访问第一棵树的根结点；

中序遍历除去第一棵树之后剩余的树构成的森林。

例如，对图 6.19 中森林进行先序遍历和中序遍历，可分别得到森林的先序序列为

$$A \quad B \quad C \quad D \quad E \quad F \quad G \quad H \quad I \quad J$$

中序序列为

$$B \quad C \quad D \quad A \quad F \quad E \quad H \quad J \quad I \quad G$$

由前述森林与二叉树之间转换的规则可知，当森林转换成二叉树时，其第一棵树的子树森林转换成左子树，剩余树的森林转换成右子树，则上述森林的先序和中序遍历即为其对应的二叉树的先序和中序遍历。若对图 6.19 中与森林对应的二叉树分别进行先序和中序遍历，显然得到的是和上述相同的序列。

由此可见，当以二叉链表作树的存储结构时，树的先根遍历和后根遍历可借用二叉树的先序遍历和中序遍历的算法实现之。请看以下树遍历应用的三个例子。

例 6.5 求森林的深度。

首先定义森林的深度为森林中各棵树的深度的最大值，则树的深度可定义为子树森林的深度＋1。当取孩子-兄弟链表作森林的存储结构时，根结点的左分支所指是森林中第一棵树的子树森林，根结点的右分支所指是森林中去掉第一棵树之后，由其余树构成的森林，则

深度（森林）＝max（左分支所指森林的深度＋1，右分支所指森林的深度）

由此，类似于后序遍历求二叉树深度的算法 6.5，可得如算法 6.11 所示的求森林深度的算法，此算法也为求树的深度的算法。

算法 6.11

```
int TreeDepth(CSTree T) {
  if(!T) return 0;
  else {
    h1=TreeDepth(T->firstchild);
    h2=TreeDepth(T->nextsibling);
    return (max(h1+1, h2));
  }
} // TreeDepth
```

例 6.6 输出树中从根结点到所有各个叶子结点的路径。

例如，对图 6.13 所示树输出的结果应为：

AB
ACEH
ADF
ADG

假设仍以孩子-兄弟链表作树的存储结构，也就是说，此时的树就相当于图 6.18 的二叉树，可以利用"先序遍历"，并将"访问结点"的操作具体为"将结点记入路径"。但要搞清两个问题：一是在图 6.18 所示表示图 6.13 的树的"二叉树"中，"树的叶子"结点的特征是什么？二是什么样的结点是"路径上的结点"？ 由于表示树的二叉树中，只有左分支才表示父子关系，而右分支表示的是兄弟关系，因此，在相应的二叉树中，树的叶子结点的特征应为"其左子树为空"。同时，对树中的兄弟结点而言，其"兄长"不应该是路径上的结点，因此在遍历根的右子树时，应将根结点从路径中删除。由此可得实现本例操作的算法 6.12(a)。

算法 6.12(a)

```
void OutPath(CSTree T,Stack &S) {
    // 输出树 T 中从根到所有叶子结点的路径,引入参数栈 S 暂存路径
    while(T) {
        Push(S, T->data);                      // 将当前层访问的结点记入路径
        if(!T->firstchild) StackTraverse(S);   // 输出从栈底到栈顶的一条路径
        else OutPath(T->firstchild ,S);        // 继续遍历左子树
        Pop(S, e);          // 将当前层访问的结点从路径中退出
        T=T->nextsibling;   // 继续遍历右子树求其他叶子结点路径
    } // while
} // OutPath
```

上述求从根到叶的路径只是一般提法，在具体的应用问题中可视需要而变。例如 Internet 的域名系统是一个典型的层次结构，如图 6.20 所示，由根往下的一层是高层域，如 com、edu、net、org 和 cn，中国 cn 域也处该层，往下是第二层，第三层……如清华大学的 Web 站点域名为 www.tsinghua.edu.cn，其中 www 是主机域名，处于叶子结点的位置。因此域名搜索可以看成是一个遍历树的问题，每一个域名服务器提供的区域信息恰为以该结点为根的子树中的全部 IP 地址。例如遍历以 edu 为根的子树便可列出中国区教育站点（edu 域）的所有 www 域名，可由算法 6.12(b)实现。

算法 6.12(b)

```
void OutPath(CSTree T,Stack &S) {
    // 输出某一树 T 中从所有叶子结点到根的路径,在此例中 T 指向 cn 域下的 edu 结点
    // 附设栈 S 暂存路径,初始化后,先将"cn"进栈,S 由参数引入
    while(T) {
        Push(S, T->data);                      // 将当前层访问的结点记入路径
        if(!T->firstchild &&T->data=="www") TraverseStack(S);
                // 输出从栈顶到栈底的一条路径,并在输出的栈元素之间加'.'
```

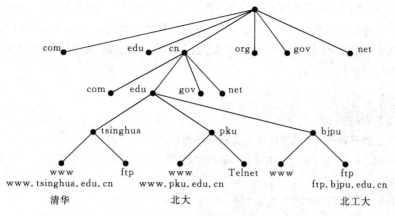

图 6.20　Internet 域的树型结构

```
    else OutPath(T->firstchild,S);      // 继续遍历左子树
    Pop(S, e);                          // 将当前层访问的结点从路径中退出
    T=T->nextsibling;                   // 继续遍历右子树求其他路径
  } // while
} // OutPath
```

显然,算法 6.12(b)和算法 6.12(a)之间只有微小的差别,对图 6.20 所示树输出的结果应为:

```
www.tsinghua.edu.cn
www.pku.edu.cn
www.bjpu.edu.cn
  ⋮
```

例 6.7　**建立树的存储结构——孩子-兄弟链表。**

可有多种算法建立树的存储结构,它取决于所用的输入方法。假设按层次从小到大,且每一层依从左到右的次序输入树中各个双亲-孩子的有序对。例如,对于图 6.18 所示的树,其输入的信息为:

('♯','A'),('A','B'),('A','C'),('A','D'),('C','E'),('D','F'),('D','G'),('E','H'),('♯','♯')
其中第一个'♯'表示'A'的双亲为空,即'A'是树根,最后一对'♯'表示输入结束。显然,应按层次遍历的顺序来建树的孩子-兄弟链表,即先建立树的根结点,然后建立第二层的结点,同时建立根和其孩子结点之间的链接关系……,依此类推。对于每一层建立的新结点,需要查找已建好的双亲结点,以便建立适当的链接关系。根据结点输入顺序"先到先建"的特点,显然应该利用队列作为辅助工具,即按照结点生成的先后顺序,将已建好的结点"指针"入队列。

由此,按上述顺序输入结点信息建立树的孩子-兄弟链表存储结构算法的基本思想为:

假设输入的有序对为(F,C),若 C 不为 '♯',则生成一个新的结点*p(p->data=C),并将指针 p 入队列。若此时 F='♯',则所建结点为树根,令指针 T=p;否则,查询队头元素(指针)所指结点的元素是否等于 F,若不等,则说明该元素不再有"孩子"输入,可将它从队列中删去；当找到 C 的双亲所在结点后，首先应该检查此双亲结点的 firstchild 域是否为"空"，若"是"，则说明当前输入的 C 是它的"最左"孩子，应链入它的 firstchild 域，否则应该找到在这之前建好的最后一个孩子结点，将当前数据域为 C 的结点链入它的 nextsibling 域。

算法 6.13

```
void CreateTree(CSTree &T) {
    // 按自上而下自左至右的次序输入双亲-孩子的有序对,建立树的二叉链表
    // 输入时,以一对'#'字符作为结束标志,根结点的双亲空,亦以'#'表示之
    T=NULL;
    for(cin>>fa>>ch; ch !='#'; cin>>fa>>ch;) {
        p=new CSNode; p->data=ch; p->firstchild=p->nextsibling=NULL;
                                        // 创建结点,指针域暂且先赋空
        EnQueue(Q, p);                  // 指针入队列
        if(fa=='#') T=p;                // 所建结点为根
        else {                          // 非根结点的情况
            GetHead(Q,s);               // 取队列头元素(指针值)
            while(s->data !=fa) {       // 查询双亲结点
                DeQueue(Q,s); GetHead(Q,s);
            } //while
            if(!(s->firstchild)) { s->firstchild=p; r=p; }   // 链接第一个孩子结点
            else {r->nextsibling=p; r=p;}           // 链接其他孩子结点
        } //else
    } //for
} // CreateTree
```

6.4　树 的 应 用

6.4.1　堆排序的实现

回顾第 3 章 3.3.3 节中堆的定义和本章 6.1.2 节中所述完全二叉树的特性，可发现两者有异曲同工之处。若将堆看成一个完全二叉树，则堆的含义表明，该完全二叉树中所有非叶子结点的值均不大于（或不小于）其左、右孩子结点的值，且根结点元素为整棵二叉树中的最小值（或最大值），例如，和下列两个堆对应的完全二叉树如图 6.21 所示。

$\{96, 83, 27, 38, 11, 09\}$

$\{12, 36, 24, 85, 47, 30, 53, 91\}$

由于完全二叉树可按顺序分配的方式进行存储，由此容易导出堆排序的算法。

假设 $\{r_1, r_2, \cdots, r_n\}$ 是堆，称 r_1 为堆顶元素，r_n 为堆底元素。则堆排序的核心问题是在 r_1 和 r_n 交换之后，如何将序列 $\{r_1, r_2, \cdots, r_{n-1}\}$ 重新调整为堆。

从完全二叉树的角度看，和 $\{r_1, r_2, \cdots, r_{n-1}\}$ 对应的二叉树不是堆，但此二叉树中根结

点的"左子树"和"右子树"分别为堆。为使整棵二叉树是个堆,只需要对 r_1 进行自上而下的
"筛选"即可。

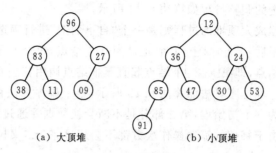

(a) 大顶堆　　　　　(b) 小顶堆

图 6.21　堆的示例

例如,图 6.22(a)所示为大顶堆,将堆顶和堆底相交换之后的二叉树如图 6.22(b)所示,
此时分别以 83 和 55 为根的完全二叉树都是堆,仅需调整根结点 20 即可。因为 83>55,又
20<83,则应将 83 上移至根结点的位置,相当于将 20 交换到左子树根的位置。由于破坏了
左子树的堆的特性,则需进行和上述类似的调整,因为 74>32 和 20<74,则将 74 上移,由
于 16 和 08 都不大于 20,所以最后 20 移到 16 和 08 的双亲位置上,至此如图 6.22(c)所示
已将数列{83,74,55,20,32,27,49,16,08}调整为堆,之后将 08 和 83 交换,重新进行自上而
下的"筛选",得到如图 6.22(d)所示的堆。

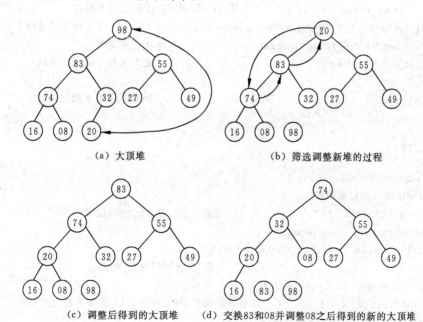

(a) 大顶堆　　　　　　　　　　(b) 筛选调整新堆的过程

(c) 调整后得到的大顶堆　　　(d) 交换83和08并调整08之后得到的新的大顶堆

图 6.22　堆排序的"筛选"过程示例

由上例可见,自上而下进行"筛选"过程的基本思想为:首先暂存根结点的元素,然后比

较左、右子树根的大小，若其中的"大者①"大于"双亲"，则将它上移至双亲的位置，之后继续往下进行筛选，直至"双亲"不小于其左、右子树根或左、右子树均为空止，最后将暂存的元素移至合适的位置。筛选的调整过程如算法 6.14 所示。

从一个无序序列建成大顶堆的过程则是一个"自下而上"进行筛选的过程。由于含 n 个元素的完全二叉树中最后 $n-\lfloor n/2 \rfloor+1$ 个元素为叶子结点，每个叶子结点都是堆，则只要从最后一个有子树的结点，即第 $\lfloor n/2 \rfloor$ 个结点起直至根结点调用算法 6.14，即可将一个无序序列建成一个大顶堆。堆排序算法如算法 6.15 所示，整个排序算法由两部分构成，第一部分是将原始数据调整为一个初始堆，第二部分是不断交换数据并通过筛选来恢复堆，以完成排序每一趟的任务。由于每趟的筛选操作次数都不会超过完全二叉树的树深，可以证明，堆排序的时间复杂度为 $O(n\log n)$。

首先定义堆的存储结构如下：

```
typedef SqTable HeapType;        // 堆的存储结构即为顺序表
```

算法 6.14

```
void HeapAdjust(HeapType &H, int s, int m) {
  // 已知 H.r[s..m]中记录的关键字除 H.r[s].key之外均满足堆的定义,本函数依据
  // 关键字的大小对 H.r[s]进行调整,使 H.r[s..m]成为一个大顶堆(对其中记录的关键字而言)
  rc=H.r[s];                     // 暂存根结点的记录
  for(j=2*s; j<=m; j*=2) {       // 沿 key 较大的孩子结点向下筛选
    if(j<m && H.r[j].key<H.r[j+1].key)++j;   // j 为 key 较大孩子记录的下标
    if(rc.key>=H.r[j].key) break;            // 不需要调整
    H.r[s]=H.r[j]; s=j;                       // 把大关键字记录往上调
  }
  H.r[s]=rc;                     // 回移筛选下来的记录
} // HeapAdjust
```

算法 6.15

```
void HeapSort(HeapType &H) {
  // 对顺序表 H 进行堆排序
  for(i=H.length/2; i>0; --i)     // 把 H.r[1..H.length]建成大顶堆
    HeapAdjust(H, i, H.length);
  w=H.r[1]; H.r[1]=H.r[H.length]; H.r[H.length]=w;
                                  //交换"堆顶"和"堆底"的记录
  for(i=H.length-1; i>1; --i) {
    HeapAdjust(H, 1, i);          // 从根开始调整,将 H.r[1..i]重新调整为大顶堆
    w=H.r[1]; H.r[1]=H.r[i]; H.r[i]=w;
      // 将堆顶记录和当前的"堆底"记录相互交换使已有序的记录堆积到底部
  }
} // HeapSort
```

---

① 取"大者"是为建大顶堆,若建小顶堆则反其行之。升序排序使用大顶堆的结构。

6.4.2 二叉排序树

本节介绍另一种借用二叉树进行排序的方法。首先看一下什么样的二叉树为二叉排序树。

二叉排序树（binary sort tree）或者是一棵空树；或者是具有如下特性的二叉树：(1)若它的左子树不空，则左子树上所有结点的值均小于根结点的值；(2)若它的右子树不空，则右子树上所有结点的值均大于或等于根结点的值；(3)它的左、右子树也都分别是二叉排序树。

例如图 6.23 所示为两棵二叉排序树。

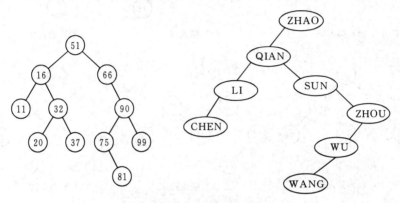

图 6.23 二叉排序树示例

不难发现，对二叉排序树进行中序遍历可以得到一个有序序列。因此，如果一个待排序的关键字序列能得到相应的二叉排序树，也就实现了排序，因为只要对由它生成的二叉排序树进行中序遍历，便可得到关键字的有序序列。

由关键字序列生成二叉排序树的过程，是一个从空树起不断插入结点的过程。例如，关键字序列(49,38,65,76,49,13,27,52)的插入过程如图 6.24 所示。

首先插入关键字 49，由于二叉排序树的初始状态为空树，则新生成的结点(49)应作为它的根结点，之后插入关键字 38，由于此时的二叉排序树不空，且 38＜49，则根据二叉排序树的定义，应插入在它的左子树上，而此时的左子树为空树，则新生成的结点(38)应为左子树的根结点。同理，第三个关键字应插入在它的右子树上，并作为右子树的根结点，下一个关键字 76＞49，且 76＞65，则应插入成为(65)的右子树根结点……，依此类推，最后得到如图 6.24(i)所示二叉排序树。对此二叉排序树进行中序遍历便得到关键字的有序序列

$$(13,27,38,49,49,52,65,76)$$

根据定义，和根相同的关键字插入在它的右子树上，因此，利用二叉排序树进行排序的方法是稳定的排序方法。

通常，取二叉链表作为二叉排序树的存储结构。在二叉排序树上插入关键字数据的算法如算法 6.16 所示。算法 6.17 则为利用二叉排序树对顺序表进行排序的算法。

首先定义存储结构如下：

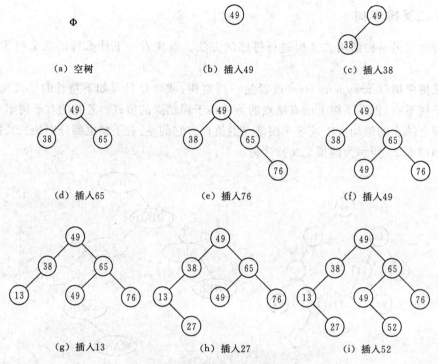

图 6.24 由关键字序列生成二叉排序树的过程

```
typedef TElemType RcdType;
```

算法 6.16

```
void Insert_BST(BiTree &T, KeyType e) {
    // 在以 T 为根指针的二叉排序树中插入记录 e
    s=new BiTNode;                    // 生成新的结点
    s ->data=e; s->lchild=NULL; s->rchild=NULL;
                                      // 新插入结点必为叶子结点
    if(!T) T=s;                       // 插入的结点为根结点
    else {
        p=T;
        while(p)                      // 查找插入位置
            if(e.key<p->data.key)
                { f=p; p=p->lchild; } // 应插入在左子树中
            else
                { f=p; p=p->rchild; } // 应插入在右子树中
        if(e.key<f->data.key) f->lchild=s;  // 插入为 f 所指结点的左子树根
        else f->rchild=s;             // 插入为 f 所指结点的右子树根
    } //else
} // Insert_BST
```

算法 6.17

```
void BSTSort(SqTable &L) {
  // 利用二叉排序树对顺序表 L 进行排序
  BiTree T=NULL;                    // 初始化二叉排序树为空树
  for(i=1; i<L.length; ++i)
    Insert_BST(T, L.r[i]);          // 按待排序的顺序表 L 构造二叉排序树
  i=0;
  InOrder(T,Output(T, L, i));       // 中序遍历二叉排序树
                      // 通过函数指针引用 Output,将排序的记录由小到大输出至 L.r[i]
} // BSTSort
```

其中函数 Output 的具体实现如下:

```
void Output(BiTree T, SqTable &L, int &i){
  L.r[++i]=T->data;
}
```

6.4.3 赫夫曼树及其应用

赫夫曼树,又称最优树,是一类带权路径长度最短的树,有着广泛的应用。本节仅限于讨论最优二叉树。

首先介绍路径和路径长度的概念。从树中一个结点到另一个结点之间的分支构成这两个结点之间的**路径**,路径上的分支数目称**路径长度**。一般情况下,**树的路径长度**指的是从树根到树中其余每个结点的路径长度之和。6.1.1 节中定义的完全二叉树就是这种路径长度最短的二叉树。

若将上述概念推广到带权路径长度的定义,**结点的带权路径长度**为从树根到该结点之间的路径长度与该结点上所带权值的乘积。假设树上有 n 个叶子结点,且每个叶子结点上带有权值为 $w_k(k=1,2,\cdots,n)$,则**树的带权路径长度**定义为树中所有叶子结点的带权路径长度之和,通常记作

$$WPL = \sum_{k=1}^{n} w_k l_k \tag{6-3}$$

其中 l_k 为带权 w_k 的叶子结点的带权路径长度。

假设有 n 个权值 $\{w_1, w_2, \cdots, w_n\}$,试构造一棵有 n 个叶子结点的二叉树,每个叶子结点带权为 w_i。显然,这样的二叉树可以构造出多棵,其中必存在一棵带权路径长度 WPL 取最小的二叉树,称该二叉树为**最优二叉树**或**赫夫曼树**(Huffman Tree)。

例如,图 6.25 中的 4 棵二叉树,都有 5 个叶子结点 a、b、c、d、e,且带相同权值 5、4、7、2、5,它们的带权路径长度分别为:

(a) WPL=$2\times1 + 7\times4 + 5\times4 + 5\times3 + 4\times2=73$

(b) WPL=$7\times3 + 4\times3 + 5\times3 + 5\times3 + 2\times1=65$

(c) WPL=$5\times2 + 5\times2 + 2\times3 + 4\times3 + 7\times2=52$

(d) WPL=$4\times3 + 2\times3 + 7\times2 + 5\times2 + 5\times2=52$

其中以(c)和(d)树的带权路径长度为最小。可以验证,它们恰为最优二叉树,即在所有叶子结点带权为 5、4、7、2、5 的二叉树中,带权路径长度的最小值为 52。

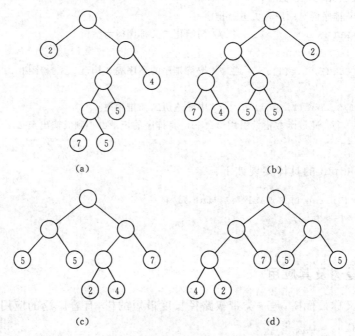

图 6.25　拥有同一组权值的 4 棵二叉树

在解某些判定问题时,利用赫夫曼树可以得到最佳判定算法。

例 6.8　试编制一个将百分制转换成五级分制的程序。显然,此程序很简单,只要利用条件语句便可完成。如:

```
if(a<60) b="bad";
else if(a<70) b="pass";
    else if(a<80) b="general";
        else if(a<90) b="good";
            else b="excellent";
```

这个判定过程可以图 6.26(a)的判定树来表示。如果上述程序需反复使用,而且每次的输入量很大,则应考虑上述程序的质量问题,即其操作所需的时间问题。因为在实际生活中,学生的成绩在五个等级上的分布是不均匀的。假设其分布规律如下表所示:

分数	0~59	60~69	70~79	80~89	90~100
比例数	0.05	0.15	0.40	0.30	0.10

则 80%以上的数据需进行 3 次或 3 次以上的比较才能得出结果。为方便把比例数扩大 100 倍,假设以 5、15、40、30 和 10 为权构造一棵有 5 个叶子结点的赫夫曼树,则可得到如图 6.26(b)所示的判定过程,它可使大部分的数据经过较少的比较次数得出结果。但由于每个判定框都有两次比较,尚需做些变换,得到如图 6.26(c)所示的判定树,按此判定树可

写出相应的程序。假设现在有 10000 个输入数据,若按图 6.26(a)的判定过程进行操作,则总共需进行 31500 次比较;而若按图 6.26(c)的判定过程进行操作,则总共仅需进行 22000 次比较。

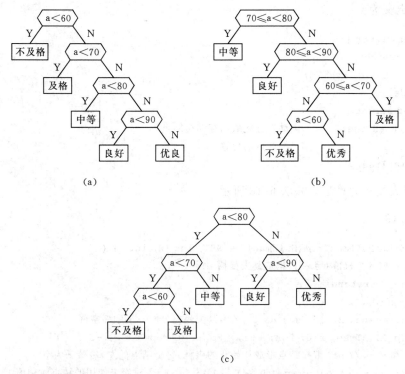

(a)　　　　　　　　　　　　　　　　(b)

(c)

图 6.26　转换五级分制的判定过程

如何构造最优树呢?

赫夫曼最早给出了一个带有一般规律的算法,俗称**赫夫曼算法**。现以最优二叉树为例叙述如下:

(1) 根据给定的 n 个权值$\{w_1, w_2, \cdots, w_n\}$,构成 n 棵二叉树的集合 $F = \{T_1, T_2, \cdots, T_n\}$,其中每棵二叉树 T_i 中只有一个带权为 w_i 的根结点,其左右子树均空。

(2) 在 F 中选取两棵根结点的权值最小的树作为左右子树,构造一棵新的二叉树,且置新的二叉树的根结点的权值为其左、右子树上根结点的权值之和。

(3) 在 F 中删除这两棵树,同时将新得到的二叉树加入 F 中。

重复(2)和(3),直到 F 只含一棵树为止。这棵树便是所求的赫夫曼树。

例如,图 6.27 展示了图 6.25(c)的赫夫曼树的构造过程。其中,结点上标注的数字为所赋的权值。

要在计算机上实现上述算法,首先需要选定赫夫曼树

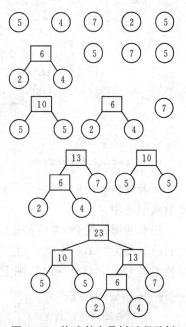

图 6.27　构造赫夫曼树过程示例

的存储表示。由于赫夫曼树中没有度为 1 的结点，则一棵含 n 个叶子结点的赫夫曼树共有 $2n-1$ 个结点，可以存储在一个大小为 $2n-1$ 的一维数组中。结点结构由实际应用所需而定，在此为每个结点设置两个位置指示器，分别指示该结点的左、右孩子结点在数组中的下标(位置)，定义为：

```
typedef struct {
    int  weight;
    int  lchild, rchild;
} HTNode
typedef struct {
    HTNode *HTree;          // 动态分配数组存储树结点
    int root;               // 根结点的位置
} HuffmanTree;
```

构造赫夫曼树的算法如算法 6.18 所示。

算法 6.18

```
void CreateHuffmanTree(HuffmanTree &HT, int *w, int n) {
    // w 存放 n 个权值(均>0)，构造赫夫曼树 HT
    if(n<=1) return;
    m=2*n-1;
    HT.HTree=new HTNode[m];        // 为赫夫曼树分配一组顺序空间
    for(p=HT.HTree, i=0; i<n; ++i, ++p, ++w) * p={ * w, -1, -1 }①;
                // n 个带权结点形成初始化的森林，每个结点的左、右孩子为空
    for(; i<m; ++i, ++p) *p={ 0, -1, -1 };        // 对尚未使用的结点赋初值
    for(i=n; i<m; ++i) {                          // 建赫夫曼树
       Select(HT.HTree, i-1, s1, s2);
                     // 在 HT.HTree[0..i-1]当前可选的结点中选择②权值
                     // 最小的两个结点，其序号分别为 s1 和 s2
       HT.HTree [i].lchild=s1; HT.HTree[i].rchild=s2;
       HT.HTree[i].weight=HT.HTree[s1].weight +HT.HTree[s2].weight;
                     // 取左、右子树根结点权值之和
    }// for
    HT.root=m-1;
} // CreateHuffmanTree
```

赫夫曼树在通信、编码和数据压缩等技术领域有着广泛的应用，下面讨论一个构造通信码的典型应用。

在有的通信场合，需将传送的文字转换成由二进制的字符组成的字符串。例如，假设需传送的电文为"ABACCDA"，它只有 4 种字符，只需两位字符的串便可分辨。若 A、B、C 和 D 的编码为 00、01、10 和 11，则上述 7 个字符的电文便为"00011010101100"，总长 14 位。对方

---

① "-1"表示"指针值"为空。

② 可以采用类似于堆排序的方法进行选择，并在进行两次筛选后插入新添加的权值不为 0 的结点。

接收时,可按两位一分进行译码。

编码的二进制串的长度取决于电文中不同的字符个数,假设电文中可能出现 26 种不同字符,则等长编码串的长度为 5。显然,在传送电文时,希望总长度尽可能的短。自然会想到让电文中出现次数较多的字符采用尽可能短的编码,则传送电文的总长便可减少。例如为上述电文中的 4 个字符 A、B、C 和 D 设计的编码分别为 0、00、1 和 01,则上述 7 个字符的电文可转换成总长为 9 的字符串"000011010"。但是,这样的编码产生一个新的问题,即如何解译成原文,除非在每个字符之间加上空格符,否则将产生多义性。例如上述字符串中前 4 个字符的子串"0000"就可有多种译法,或是"AAAA",或是"ABA",也可以是"BB"等。因此,若要设计长短不等的编码,则必须是任意一个字符的编码都不是另一个字符的编码的前缀,这种编码称为**前缀编码**。

可以利用二叉树来设计二进制的前缀编码。假设有一棵如图 6.28 所示的二叉树,其 4 个叶子结点分别表示 A、B、C 和 D 4 个字符,且约定左分支表示字符"0",右分支表示字符"1",则可以从根结点到叶子结点的路径的分支上的字符组成的字符串作为该叶子结点字符的编码。读者可以证明,如此得到的必为二进制前缀编码。如由图 6.28 所得 A、B、C 和 D 的二进制前缀编码分别为 0、10、110 和 111。

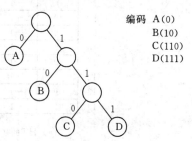

编码 A(0)
B(10)
C(110)
D(111)

图 6.28 前缀编码示例

又如何得到使电文总长最短的二进制前缀编码呢?假设每种字符在电文中出现的次数为 w_i,其编码长度为 l_i,电文中只有 n 种字符,则电文的总长为 $\sum_{i=1}^{n} w_i l_i$。对应到二叉树上,若置 w_i 为叶子结点的权,l_i 恰为从根到叶子的路径长度。则 $\sum_{i=1}^{n} w_i l_i$ 恰为二叉树上带权路径长度。由此可见,设计电文总长最短的二进制前缀编码即为以 n 种字符出现的频率作权,设计一棵赫夫曼树的问题,由此得到的二进制前缀编码便称为赫夫曼编码。

例 6.9 已知某系统在通信联系中只可能出现 8 种字符 a、b、c、d、e、f、g、h,其频率分别为 0.05、0.29、0.07、0.08、0.14、0.23、0.03、0.11,试设计赫夫曼编码。

设权 $w = (5, 29, 7, 8, 14, 23, 3, 11)$,$n = 8$,则 $m = 15$。按照算法 6.18 构造所得的赫夫曼树如图 6.29(c)所示。

从根结点出发对赫夫曼树进行先序遍历,并在遍历过程中"以栈记下所经路径(向左记 0、向右记 1)",则从根到每个叶子结点的路径即为各个对应字符的编码。类似于算法 6.12(a)容易写出求赫夫曼编码的算法,如算法 6.19 和算法 6.20 所示。

首先定义赫夫曼编码的存储结构如下:

```
typedef char **HuffmanCode;        // 动态分配数组空间存储赫夫曼编码
```

算法 6.19

```
void HuffmanCoding(HuffmanTree HT, HuffmanCode &HC, int n) {
    // 先序遍历赫夫曼树 HT,求得树上 n 个叶子结点的编码存入 HC
```

```
Stack S;              // 附设栈记路径
HC=new (char * )[n];
InitStack(S);         // 初始化栈空间
Coding(HT,HT.root, S);
}
```

HT	weight	lchild	rchild
0	5	−1	−1
1	29	−1	−1
2	7	−1	−1
3	8	−1	−1
4	14	−1	−1
5	23	−1	−1
6	3	−1	−1
7	11	−1	−1
8	0	−1	−1
9	0	−1	−1
10	0	−1	−1
11	0	−1	−1
12	0	−1	−1
13	0	−1	−1
14	0	−1	−1

(a) HT的初态

HT	weight	lchild	rchild
0	5	−1	−1
1	29	−1	−1
2	7	−1	−1
3	8	−1	−1
4	14	−1	−1
5	23	−1	−1
6	3	−1	−1
7	11	−1	−1
8	8	6	0
9	15	2	3
10	19	8	7
11	29	4	9
12	42	10	5
13	58	11	1
14	100	12	13

(b) HT的终态

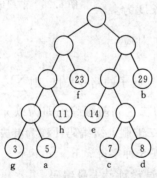

(c) 赫夫曼树

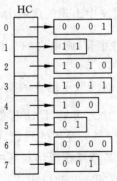

(d) 赫夫曼编码HC

	a	b	c	d	e	f	g	h
	0001	11	1010	1011	100	01	0000	001

(e) 赫夫曼编码表

图 6.29 例 6.9 的赫夫曼树和赫夫曼编码

算法 6.20

```
void Coding(HuffmanTree T, int i,Stack &S) {
  if(T) {
    if((T.HTree[i].lchild==−1)&&(T.HTree[i].rchild==−1)) {
      HC[i]=new char[StackLength(S)];
      StackCopytoArray (S, HC[i]);           // 从栈底到栈顶将栈中字符复制到 HC[i]中
```

```
    }else{
        Push(S,'0');
        Coding(T, T.HTree[i].lchild, S);
        Pop(S, e);
        Push(S,'1');
        Coding(T,T.HTree[i].rchild, S);
        Pop(S, e);
    }
  }//if
}//Coding
```

按上述算法遍历图 6.29(c)所示赫夫曼树所得赫夫曼编码如图 6.29(d)和(e)所示。

解题指导与示例

一、单项选择题

1. 一棵完全二叉树含 1001 个结点,其中叶子结点的个数是( )。

  A. 250   B. 254   C. 501   D. 505

答案:C

解答注释:如果一棵完全二叉树的结点数是奇数,则只含度为 2 和度为 0 的结点(反之,含有 1 个度为 1 的结点),即 $n_0 + n_2 = 1001$,而由二叉树的性质有 $n_2 = n_0 - 1$,解方程得 $n_0 = 501$。

2. 一棵二叉树的先序遍历序列为 ABCDEFG,它的中序遍历序列不可能是( )。

  A. CABDEFG   B. ABCDEFG

  C. FEGDCBA   D. BADCFEG

答案:A

解答注释:由先序遍历序列"ABCDEFG"得知,该二叉树的根为 A,若其中序遍历序列为"CABDEFG",则二叉树的逻辑结构应如图 6.30 所示。而此二叉树的先序遍历序列只能是"AC{BDEFG}",绝不可能是"ABCDEFG"。

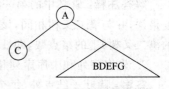

图 6.30 二叉树的逻辑结构

3. 对任一棵二叉树进行遍历,如果只看叶子结点的输出序列,则叶子的先序序列和后序序列所对应的次序关系( )。

  A. 不确定 B. 相同   C. 互为逆序 D. 不相同

答案:B

解答注释:由于目前公众约定的二叉树遍历路径为"先左后右",则无论是先序、中序还是后序,若只留下序列中的"叶子结点",则三者皆相同。

4. 设 F 是由 T_1、T_2 及 T_3 三棵树组成的森林,与 F 对应的二叉树为 B。已知 T_1、T_2、T_3 的结点数分别为 n_1、n_2 和 n_3,则二叉树 B 的左子树中所具有的结点个数是( )。

  A. $n_1 - 1$

B. n_2+n_3-1

C. n_2+n_3

D. $n_1+n_2+n_3$

答案：A

解答注释：从图 6.31 可见,该二叉树中的左子树对应于森林中第一棵树的子树森林。

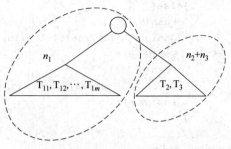

图 6.31　由森林所得二叉树的示意图

二、填空题

5. 结点数为 n 的完全二叉树从上到下、从左至右逐层连续编号(设根的编号为 1),则叶子结点中序号最小的编号为_____,最下层左端的叶子结点编号为_____。

答案：第一个空格填 $\lfloor n/2 \rfloor+1$,第二个空格填 $2^{\lfloor \log n \rfloor}$。

解答注释：编号最大的叶子结点的双亲的右邻结点,即为编号最小的叶子结点;各层最左结点(即该层编号最小的结点),它们的编号依次是 $2^0,2^1,2^2,\cdots,2^{\lfloor \log n \rfloor+1}-1$。

6. 对一棵含 n 个结点的完全二叉树,按层次的顺序从上到下、每层从左至右,对所有结点从 1 到 n 进行编号,那么编号为 i 的结点不存在右兄弟的条件是_____。

答案：$(i\%2==1)\parallel(i==n)$

解答注释：本身就是二叉树的根或是其双亲的右孩子,或是最后一个编号的结点,都不存在"右兄弟"。

7. 一棵完全二叉树有 999 个结点,该树的深度是_____。

答案：10

解答注释：深度为 k 的二叉树至多有 2^k-1 个结点,由 $2^9-1<999<2^{10}-1$ 得到答案。

8. 深度为 k 的满二叉树转化为森林,则森林中最深的一棵树的结点个数是_____。

答案：2^{k-1}

解答注释：森林中的第一棵树由满二叉树的根结点及其左子树转换得到,因此它的深度最深,并与满二叉树相同,该树上的结点总数应为：1+满二叉树的左子树(深度为 $k-1$ 的满二叉树)上的结点数,即 $1+(2^{k-1}-1)=2^{k-1}$。

9. 先序序列和中序序列相同的二叉树的形态特点为_____。

答案：除叶子结点外,每个结点都只有右孩子的单支形态的二叉树。

解答注释：按一般化推证,如果先序序列"DLR"与中序序列"LDR"相同,只有在"L"为空时才有可能。

10. 将一棵结点编号(从上到下,由左至右)为 1 到 7 的满二叉树转变成森林,则中序遍历该森林得到的序列为_____。

答案：4 2 5 1 6 3 7

解答注释：中序遍历森林即为中序遍历与其对应的二叉树,则直接中序遍历该满二叉树即可得出结果,如图 6.32 所示。

三、解答题

11. 已知二叉树的先序遍历序列和中序遍历序列分别为 ABDEHCFI 和 DBHEACIF,

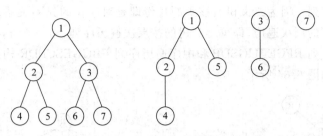

图 6.32 由一棵满二叉树转换成的森林

（1）画出该二叉树以二叉链表形式的存储表示；

（2）写出该二叉树的后序遍历序列。

答案：

（1）依据先序遍历序列和中序遍历序列，可求该二叉树的逻辑结构，过程如图 6.33(a)所示，二叉链表形式的存储表示如图 6.33(b)所示。

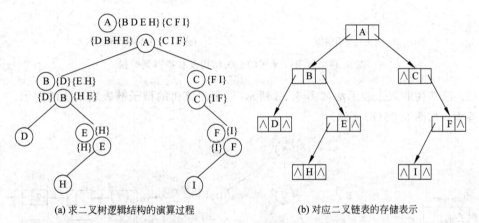

(a) 求二叉树逻辑结构的演算过程　　　(b) 对应二叉链表的存储表示

图 6.33　求二叉树以二叉链表的存储表示

（2）该二叉树的后序遍历序列是：D H E B I F C A

解答注释： 先序序列的第一结点是根，并在中序序列中确定根的位置，进而就框定了左、右子树的结点集；再从左右子树结点集的先序序列和中序序列，可以继续生成规模更小的二叉子树。由此，按递归的思想做下去，直至结点集为空。

本题的求解，其实就是以人工的跟读方式模拟了递归执行的过程，递归求解的演算步骤应有条理，过程细节宜尽量规范。

12. 已知某树的先根遍历序列为 RFCEBUGSDP，后根遍历序列为 FBUGESCPDR。写出按层次访问该树的遍历序列。

答案： 按层次访问该树的遍历序列为：R F C D E S P B U G。

解答注释： 第一步：由于原树的先根遍历序列和后根遍历序列分别为与其对应的二叉树的先序遍历序列和中序遍历序列，则由此可以先构造出这棵二叉树；第二步：由二叉树转换得到原来的树，之后即可求得按层次遍历该树的输出序列。

事实上，可以偷巧而为之，无需再转换到原来的树，仅从所求的二叉树可以直接得到原来树的按层遍历序列。因为二叉树右孩子的身份即是对应树的兄弟关系,只需对该二叉树进行"右斜下方向"的层次遍历,即可得到树的按层次遍历序列。

从先序遍历序列 RFCEBUGSDP 和中序遍历序列 FBUGESCPDR 构造的二叉树,以及对应的原来的树如图 6.34 所示。

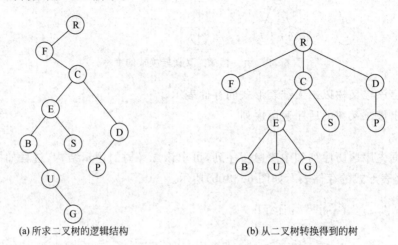

(a) 所求二叉树的逻辑结构   (b) 从二叉树转换得到的树

图 6.34　所求二叉树的逻辑结构及转换得到的树

13. 已知树的双亲表示法如图 6.35 所示,请画出该树的孩子链表表示法的图示。

答案:如图 6.36(b)所示。

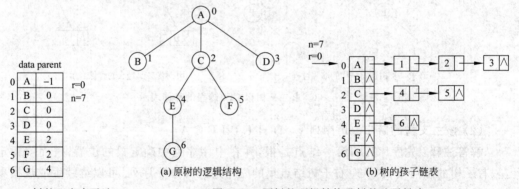

(a) 原树的逻辑结构   (b) 树的孩子链表

图 6.35　树的双亲表示法   图 6.36　原树的逻辑结构及树的孩子链表

解答注释:解题时,首先从给定的双亲表示中找根结点,即双亲为"−1"的结点。此题中为结点 A,因为结点 A 在图中的下标为"0",则双亲为"0"的结点 B、C 与 D 就应该是结点 A 的"孩子";同理,从图中可看出,结点 B 没有"孩子";而结点 E 与 F(其双亲为"2")是结点 C 的"孩子";结点 G 是结点 E 的"孩子"。借助树的逻辑结构,树的孩子链表就可以很容易地画出。

14. 假设某通信电文使用的字符集为{s,t,a,e,i},且每个字符在电文中出现的频率分别为 0.15,0.18,0.14,0.31 及 0.22,按要求完成下列问题:

(1) 按 HuffmanCoding 算法(算法 6.19)和所给的存储空间图示,画出构造赫夫曼树的存储表示及赫夫曼编码；

（2）假设接收到的电文为 11100001010100，请根据赫夫曼编码翻译出原来的电文；

（3）若电文中的字符总数为 1000，估算经赫夫曼编码后得到的电文总长。

答案：

（1）赫夫曼树的存储表示、赫夫曼编码如图 6.37(a)和(c)所示（赫夫曼树的逻辑结构图也作为参考给出，见图 6.37(b)）。

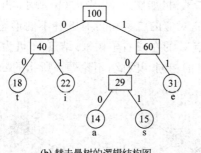

HT	Weight	lchild	rchild
0	15	−1	−1
1	18	−1	−1
2	14	−1	−1
3	31	−1	−1
4	22	−1	−1
5	29	2	0
6	40	1	4
7	60	5	3
8	100	6	7

(a) 赫夫曼树的存储表示

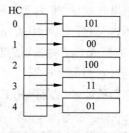

HC	
0	101
1	00
2	100
3	11
4	01

(b) 赫夫曼树的逻辑结构图 (c) 赫夫曼树的编码

图 6.37　赫夫曼树的存储表示、逻辑结构及编码

（2）电文 11100001010100 的译码原文为 eatsit；

（3）若电文中的字符总数为 1000，估算经赫夫曼编码后得到的电文总长为

$$1000\sum_{i=0}^{4}w_il_i = 1000(0.15\times 3 + 0.18\times 2 + 0.14\times 3 + 0.31\times 2 + 0.22\times 2) = 2290$$

15. 已知一棵二叉树的先序遍历序列 ABDFGCEH 和后序遍历序列 FGDBHECA，求出该二叉树的所有叶子结点。

答案： 其中 F、G 及 H 为叶子结点。

解答注释： 从题 11 的解题过程可知，由于二叉树的中序序列能明确分出左、右子树的结点集，因此可以从给定的先序序列及中序序列得到这棵二叉树。若只有该二叉树的先序序列及后序序列，则缺少了结点所属左、右子树的信息，无法复原出唯一一棵确定的二叉树。（换句话说，可由此画出若干个形态的二叉树。）

例如，含三个结点的二叉树只可能有 5 种不同形态，如图 6.38 中的(a)~(e)所示，它们的先序序列为"ABC"，后序序列为"BCA"或"CBA"。

图 6.38(a)~(e)为含三个结点的 5 棵二叉树，显然图 6.38(a)所示二叉树的后序序列

为"BCA",后 4 棵二叉树的后序序列均为"CBA"。

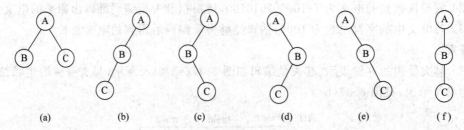

图 6.38　含三个结点的二叉树的形态

由此可见,仅凭二叉树的先序序列及后序序列,缺少的也仅仅是区别子树为"左"或"右"的信息,结点之间确定的"子孙"关系或"兄弟"关系仍可由此获得。假如将二叉树视作"度为 2 的树",则图 6.38 中的(b)～(e)可看成是同一棵树,如图 6.38(f)所示,结点间的"子孙"关系不变。度为 2 的树的先根遍历与后根遍历,即为二叉树的先序遍历与后序遍历,而对于树而言,由其先根遍历序列及后根遍历序列就可唯一确定一棵树了。

由此,类似于题 12,可由给定的"先(根)序序列"及"后(根)序序列"画出这棵"度为 2 的树"。首先画出与这棵"度为 2 的树"对应的二叉树,如图 6.39 中的(b)所示,由此转换得到的"度为 2 的树"如图 6.39 中的(c)所示。与它对应的二叉树可有 8 种不同形态:如结点 D 可为结点 B 的左或右子树根,结点 E 可为结点 C 的左或右子树根,结点 H 可为结点 E 的左或右子树根等,它们的后序遍历序列均与给定的相同。因此,不论题面所指的二叉树是其中的哪一棵,它们的叶子结点都是 F、G 及 H。

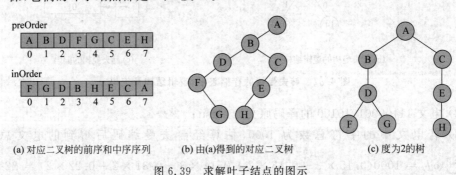

(a) 对应二叉树的前序和中序序列　　　(b) 由(a)得到的对应二叉树　　　(c) 度为2的树

图 6.39　求解叶子结点的图示

四、算法阅读题

16. 已知二叉树的存储表示为二叉链表,阅读算法 treeAndLink,并回答问题:

(1) 对于如图 6.40 所示的二叉树,画出执行该算法后建立的结构;

(2) 说明该算法的功能。

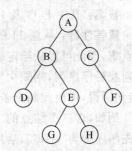

图 6.40　二叉树的数据实例

```
void treeAndLink(BiTree T, LinkList &leafHead ) {
// T 为二叉树的根指针,leafHead 的初值为空 (NULL)
```

```
        LinkList s;
    if (T) {
        treeAndLink(T->lchild, leafHead);
        if ((!T->lchild) && (!T->rchild)) {
            s=new ListNode;
            s->data=T->data;
            s->next=leafHead;
            leafHead=s;
        }
        treeAndLink(T->rchild, leafHead);
    }
}
```

答案：

(1) 如图 6.41 所示。

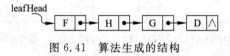

图 6.41　算法生成的结构

(2) 在中序遍历二叉树的过程中，凡遇叶子结点，则将结点复制并插入到一个无头结点的单链表中。

解答注释：首先容易看出，这是一个眼熟的中序遍历的算法；其次，条件语句中进行的操作是典型的链表插入。

17. 根据图 6.42 所给二叉树的实例，阅读算法 someTravel，并回答问题：

(1) 画出栈 S 的动态变化情况及算法的输出结果；

(2) 说明这个算法的功能。

图 6.42　二叉树的数据实例

```
void someTravel(BinTree T) {
// T 为指向二叉树根结点的指针
    Stack S;
    BinTree p, q;
    if(!T) return;
    InitStack( S );
    p=T;
    do {
        while(p) {
            Push( S, p );
            if( p ->lchild ) p=p ->lchild;
            else p=p ->rchild;
        }
        while(!StackEmpty(S) && q=StackTop(S) && q ->rchild==p ) {
            p=Pop(S);
```

```
            printf("% c",p ->data);
        }
        if(!StackEmpty(S)) {
            q=StackTop(S);
            p=q ->rchild;
        }
    } while(!StackEmpty(S));
}
```

答案:

(1) 见图 6.43[①]。

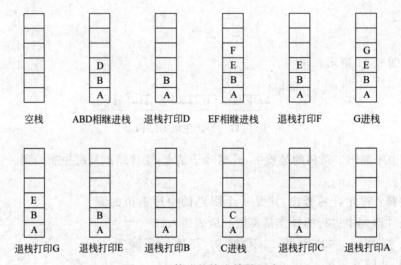

图 6.43　算法的输出结果跟踪

(2) 该算法用一个栈,实现了非递归形式的二叉树后序遍历打印输出结点值的功能。

18. 假设以"孩子-兄弟二叉链表"表示树,阅读算法 TreeLevelTravel 并回答问题,算法中使用了一个循环队列结构 Q。

(1) 以图 6.44 所示的树为例,画出算法执行过程中循环队列 Q[0..5]的动态变化情况,并写出输出的结果;

(2) 说明该算法的功能。

```
typedef struct CSNode { // 树的存储结构定义
    char data;
    struct CSNode *firstchild, *nextsibling;
} CSNode, *CSTree;
void TreeLevelTravel(CSTree T ) {
```

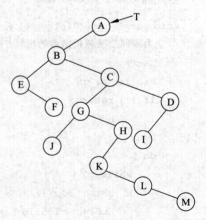

图 6.44　孩子-兄弟二叉链表的逻辑结构

---

① 在图中将进栈的指针改画成结点的元素值,以便于阅读,类似情况均做如此处理。

```
        if(!T) return printf("EmptyTree");
        else {
                InitQueue(Q);
                EnQueue(Q, T);
                p=NULL;
                while(!QueueEmpty(Q)|| p ) {
                   if(!p) DeQueue( Q, p);
                   printf( p->data );
                   if( p->firstchild )
                        EnQueue( Q, p->firstchild );
                   p=p->nextsibling;
                }
        }
}
```

答案:

(1) 队列 Q[0..5]的动态变化情况如图 6.45 所示。

图 6.45 队列 Q[0..5]的动态变化情况

输出结果: ABCDEFGHIJKLM

(2) 该算法的功能是,按层次遍历一棵以"孩子-兄弟二叉链表"表示的树的结点。

解答注释: 对于比较复杂的阅读问题,建议可以配合数据模型,边跟读,边在模型上标出巡游的路线,对特殊的操作做好记号(本题对入过队的结点做了星号),填写算法涉及的主要数据结构的动态变化值(例如队列 Q 的情态);同时可对逐步理解的算法语句加注释。标出巡游路线、做过记号的数据模型见图 6.46(a)。

从跟读的结果可以看出,算法对"孩子-兄弟二叉链表"进行了按右支的斜方向巡游,相当于原来对应树的按层次遍历(参考图 6.46(b))。

已加过注释的算法如下:

```
void TreeLevelTravel( CSTree T ) {
   // T 为孩子-兄弟二叉链表的根指针
   if(!T) return printf("EmptyTree");        // 处理空树情况
   else {
```

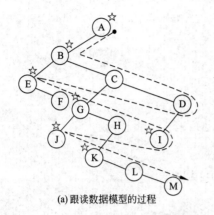

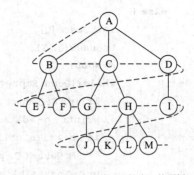

(a) 跟读数据模型的过程　　　　　　　　(b) 表示成 "孩子-兄弟二叉链表" 的原树

图 6.46　跟读数据模型的过程及对应树的按层次遍历

```
InitQueue(Q);                         // 初始化队列
EnQueue(Q, T);                        // 根结点入队
p=NULL;                               // p 为搜索指针,初值置空
while(!QueueEmpty(Q)|| p ) {
    if(!p) DeQueue( Q, p);           // 退队操作,p 初值为空,根结点符合退队条件
    printf( p->data );               // 访问结点
    if( p->firstchild )
        EnQueue( Q, p->firstchild );// 最左孩子入队列
    p=p->nextsibling;                // 搜索右邻兄弟
    }
}
}
```

　　扩展讨论:值得注意的是,在本算法中,除根结点外,只将其"存在的左孩子结点"进入队列,同时连续输出它的"兄弟结点",如本题中只将图(b)中标有星号的结点入队列。由于以孩子-兄弟链表作为存储结构,所有兄弟结点均链接在一个"单链表"中,则对树进行按层次遍历时,只需要将当前输出结点的"第一个孩子结点"入队即可,因为其他孩子结点均可在它之后顺着链表依次进行访问。如此处理可显著提升算法的实际效率,当然在算法的描述上不如所有孩子结点均入队直观易读。读者也可自行写出将所有孩子结点均入队的算法。

　　将此算法稍加改动还可以派生出许多其他很有实用价值的应用算法,例如分出层次的横向遍历;单独输出指定的第 k 层结点;如果结点的数据域是数值,找出每层的最大、最小元素等。

　　五、算法设计题

19. 写一个递归算法,删除二叉树中所有叶子结点。
答案:

```
void deleteLeaf(BiTree &T) {
    if(T){
        if(T ->lchild==NULL && T ->rchild==NULL)
```

```
            T=NULL;
        else {
            deleteLeaf (T ->lchild );
            deleteLeaf (T ->rchild );
        }
    }
}
```

解答注释：此算法简洁明了，关键在于利用了引用调用的参数 T（前加修饰符 &），则当 T 被赋值为 NULL 时，此信息将传递到上一个层次，以达到删除的目的。

20. 设计一个算法，将二叉排序树 T 的结点值输出到一个初值为空的循环链表 head 中，实现以下两个功能的算法：

(1) 使链表结点的值按降序排列；

(2) 使链表结点的值按增序排列。

二叉排序树和循环链表的类型定义如下：

```
typedef struct BiTNode {          // 二叉排序树的结点结构
    int data;                     // 数据域
    struct BiTNode *lchild, *rchild;  // 左、右孩子指针
} BiTNode, *BSTree;
typedef struct LNode {            // 链表的结点结构
    int data;                     // 数据域
    struct LNode *next;           // 指针域
} LNode, *LinkList;
```

答案：

(1) 使链表结点的值按降序排列的算法

```
void degression(BSTree T, LinkList &head) {
    if(T){
        degression(T ->lchild);
        new(s);
        s->data=T ->data;
        s->next=head->next;
        head->next=s;
        degression(T ->rchild);
    }
}
```

解答注释：由于中序遍历二叉排序树的输出序列是递增有序的，则为了得到按降序排列的链表，每次应将输出的新值插入到链表的表头，即头指针 head 之后。

(2) 使链表结点的值按增序排列的算法

```
void increase(BSTree T, LinkList &head) {
    if(T){
```

```
            increase(T->rchild);
            new(s);
            s->data=T->data;
            s->next=head->next;
            head->next=s;
            increase(T->lchild);
        }
    }
```

解答注释：显然,可以将上述算法中插入链表的过程改为每次插入在表尾。但也可以改变中序遍历的次序为"先右后左",而不是"先左后右",则中序遍历的结果将是递减有序的。

21. 设计递归算法,输出二叉树中所有叶子结点及其所在层数。例如,对于图 6.47(a)所示的二叉树实例,输出格式如图 6.47(b)所示。

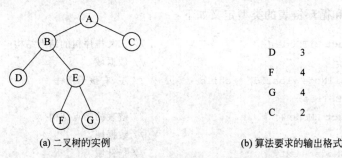

(a) 二叉树的实例   (b) 算法要求的输出格式

图 6.47 二叉树叶子结点及所在层数的输出格式

答案：

```
void outputLeaf(BiTree T, int level) {
    // level 的初值为 0
    if(T) {
        level=level+1;
        outputLeaf(T->lchild, level);
        if(T->lchild==NULL && T->rchild==NULL)
            cout<<T->data<<level<<endl;
        outputLeaf(T->rchild, level);
    }
}
```

解答注释：此题的关键在于如何标识"结点的层数"。最简单的方法是,在参数表中加入一个表示二叉树的根结点所在层数的传值参数 level。可按任何序遍历二叉树,并在遍历过程中保持这两个参数 T 和 level 的一致性,则在打印输出叶子结点时,当前递归的 level 值恰为叶子结点所在层数。

22. 设计算法,求一棵二叉树中最浅层的叶子结点层次数。例如,图 6.48 所示二叉树中最浅层叶子结点的层次数是 3。

答案：队元素、队列的类型定义如下：

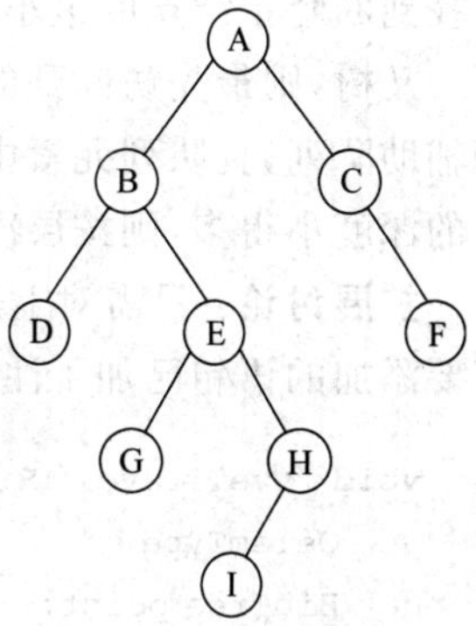

```
typedef struct {
    BinTree point;              // 指向二叉树结点的指针
    int level;                  // 记载结点所在的层次数
} QElemType;                    // 队列元素定义
typedef struct {
    QElemType *elem;
    int front;                  // 头指针
    int rear;                   // 尾指针
} SqQueue;
```

图 6.48　二叉树示例

```
int levelTravel(BinTree T) {
    // 按层次遍历二叉树,返回树中叶子结点所在最小层次数
    QElemType e;
    BinTree point;
    int m;
    if(!T)
        return 0;
    InitQueue(Q);
    e.point=T;
    e.level=1;
    EnQueue(Q, e);
    while(!QueueEmpty(Q)) {
        e=DeQueue(Q);
        q=e.point;
        m=e.level;
        if(q->lchild==NULL && q->rchild==NULL)
            return m;           // 遇到"第一个"叶子结点,返回结点的层次数
        else {
            if(q->lchild) {
                e.point=q->lchild;
                e.level=++m;
                EnQueue(Q, e);
            }
            if(q->rchild) {
                e.point=q->rchild;
                e.level=++m;
                EnQueue(Q, e);
            }
        }
    }
}
```

解答注释：此题可以有两种做法。一是类似于题 21,在算法中添加一个"记录遍历过程

中找到的叶子结点的最小层次数"的参数,读者可自行写出。二是如上答案所示的按层次遍历二叉树,则最先访问到的叶子结点即为最浅层的叶子结点。按层次遍历过程中需设置一个辅助队列,且队列元素中应包含记录层次的信息 level。若叶子结点所在最小层次较二叉树的深度小得多,则按层次遍历的效率更高。

扩展讨论:只需对上述算法稍加改动,便可输出最浅层的所有叶子结点的数据值,其中需要添加的语句已加了注释。

```c
void levelTravel (BinTree T) {
    QelemType e;
    BinTree point;
    int m,
    int levelTag=0; // 初值为 0,当找到最浅层叶子时,用以记载层次的值
    if(!T)
        return 0;
    InitQueue(Q);
    e.point=T;
    e.level=1;
    EnQueue(Q, e);
    while(!QueueEmpty(Q)) {
        e=DeQueue(Q);
        q=e.point;
        m=e.level;
        if(q->lchild==NULL && q->rchild==NULL) {
            if(levelTag==0) {                 // 首次遇到叶子结点
                levelTag=m;                   // 记录该叶子的层号,即为最浅层
                printf( " %d:", levelTag );   // 输出该叶子的层号
            }
            if(m==levelTag)      // 如果当前的层号仍是最浅层,则继续输出
                printf( " %c:", q->data );
        }
        else if(levelTag==0) {    // 仅当没找到最浅层的叶子时,才让该结点的孩子入队列
            if(q->lchild) {
                e.point=q->lchild;
                e.level=++m;
                EnQueue(Q, e);
            }
            if(q->rchild) {
                e.point=q->rchild;
                e.level=++m;
                EnQueue(Q, e);
            }
        }
    }
}
```

23. 假设用二叉（孩子-兄弟）链表存储森林，设计算法，后根遍历森林中的第 k 棵树（$1 \leqslant k \leqslant n, n$ 为森林中树的个数）。树结构的类型定义参见题 18。

答案：

```
void TreeLevelTravel( CSTree T,int k ) {
    // T 为孩子-兄弟链表的根指针,若森林中存在第 k 棵树,则后根遍历之
    if(T) {
        q=found( T, k );                // 查找第 k 棵树
        if(q) {
          inorder(q->firstchild);       // 后根遍历"第 k 棵树"的子树森林
          cout<<q->data;                // 单独访问"第 k 棵树的根结点"
        }
    }
}
```

其中查找"第 k 棵树"的算法如下：

```
BiTree found( BiTree T, int k ){
    if((k<1)||(!T))
        return NULL;
    p=T;
    count=1;
    while( p->nextsibling )&&(count<k) {
        p=p->nextsibling;
        count++;
    }
    if(count==k)
        return p;
    else
        return NULL;
}
```

解答注释：如图 6.49 所示，当森林用二叉链表表示时，就相当于在逻辑上转换成了二叉树，从第二棵树起，所有树的根结点均被链接到前一棵树的根结点的右指针上。则沿根最右支扫描并记数，查得第 k 个结点，即为对应森林中第 k 棵树的根结点（参见图 6.49）。

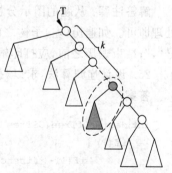

图 6.49 对应森林中的第 k 棵树

后根遍历树，即为中序遍历其对应二叉树。由此可先中序遍历第 k 个结点的左子树，再访问第 k 个结点，便完成了对应森林中的第 k 棵树的后根遍历。

24. 树也可以用某种形式的广义表表示，如图 6.50(a) 所示树的广义表的字符序列形式为 A(B，C(E(G)，F)，D(H))。试写一个递归算法，以广义表的字符序列形式，打

印输出"孩子-兄弟链表"作存储表示的树。树结构的类型定义参见题 18。

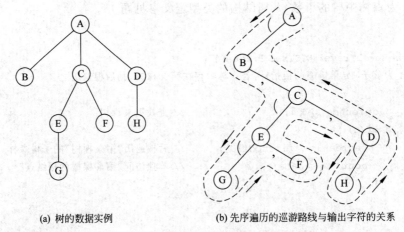

(a) 树的数据实例   (b) 先序遍历的巡游路线与输出字符的关系

图 6.50 树的遍历

答案:

```
void outputTree(CSTree T) {
    if(T) {
        printf("%c",T->data);              // 输出当前结点的数据域值
        if(T->firstchild) {
            printf("(");                    // 左孩子不空打印左括弧"("
            for(p=T->firstchild; p; p=p->nextsibling ) {
                outputTree(p);              // 递归遍历子树,实现子树的打印输出
                if(p->nextsibling)          // 右兄弟不空,用逗号","分割子树的打印输出
                    printf(",");
            }
            printf(")");                    // 遇到最后的右兄弟,打印右括弧")"
        }
    }
}
```

解答注释: 从题的图示分析即可看出,只要对树进行先根遍历,并在遍历过程中作相应处理即可。如遍历(左)子树之前,应打印输出左括弧"(";遍历(右)兄弟之前,应打印输出逗号",";结束遍历之前,应打印输出右括弧")"等见图 6.50(b)。

25. 设计递归算法,求以"孩子-兄弟链表"表示的树的度。

答案:

```
int degreeOfTree(CSTree T) {
    if(T) {
        if(!T->firstchild)
            return 0;                       // 树的度为 0
        else {
            for(degree=0, p=T->firstchild; p; p=T->nextsibling)
```

```
            degree++;      // 计算根结点的度
    for( p=T->firstchild; p; p=T->nextsibling ) {
        d=degreeOfTree(p)
        if(d >degree)     // 筛选子树中的最大的度
            degree=d;
    }
    return degree;
    }
}
```

解答注释：树的度即为树中结点度的最大值，则只要在先根遍历的过程中，在根结点的度与各子树的度中选取最大值即可。而结点的度即为该结点的子树个数，则只要计数统计该结点的子树根的个数即可。

配合阅读的数据模型实例，可得该树的度为 4，见图 6.51。

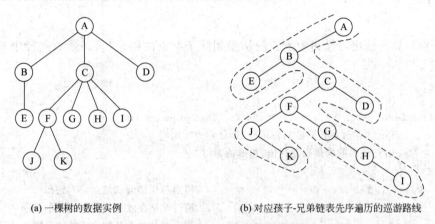

(a) 一棵树的数据实例　　　　　　　　(b) 对应孩子-兄弟链表先序遍历的巡游路线

图 6.51　以"孩子-兄弟链表"表示树的度

扩展讨论：以上两题都是对以孩子-兄弟链表作存储结构的树进行先根遍历，差别仅是访问结点时所进行的操作不同。对以此类存储结构表示的树，其先根遍历算法的一般形式如下：

```
void preOrderTree(CSTree T) {
    if(T) {
        visit(T);                    // 访问根结点
        for(p=T->firstchild; p; p=p->nextsibling)
                preOrderTree(p);
    }
}
```

也可以将这种存储结构的树看成是一棵"二叉树"，则类似于二叉树的先序遍历，其先根遍历的算法可写成如下形式：

```
void preOrderTree(CSTree T ) {
```

```
if(T) {
    visit(T->data);                    // 访问根结点
    preOrderTree( T->firstchild );
    preOrderTree( T->nextsibling );
}
}
```

前一种写法只能应用于对树的遍历,后一种写法同时可应用于对森林的遍历,它和本章中的算法 6.12 一致。

```
void preOrderTree(CSTree T) {
    while(T) {
        visit(T);                      // 访问根结点
        preOrderTree(T->firstchild);
        T=T->nextsibling;
    }
}
```

26. 编写算法输出二叉树中最长的从根到叶子结点的路径(多条最长路径中只输出一条即可)。

答案:

```
void maxLengthPath(Bitree T, Stack &S, Stack &Smax, int &len) {
    // Smax 为存放最长路径的备用栈,作最后的输出
    // len 记载当前的最长路径值,初始值为 0
    if(T) {
        Push( S, T->data );                  // 将当前层访问的结点记入路径
        if(!T->Lchild && !T->Rchild ) {      // 遇叶子结点才进行最长路径的判断
            if(StackLength(S)>len){          // 如果找到一个长度更长的路径则
                len=StackLength(S);          // 记载新的路径长度 len
                Smax=StackCopy(S);           // 用栈的拷贝函数 StackCopy 把缓存在栈 S 中的
                                             // 路径信息复制到备用栈 Smax 中

            }
        } else {
                maxLengthPath(T->Lchild, S, Smax, len);
                maxLengthPath(T->Rchild, S, Smax, len);
        }
        Pop(S);
    }
}
```

解答注释:此题实际是分两步来完成的。首先,类似于书中算法 6.12,很容易写出如下递归形式的"求二叉树所有路径"算法:

```
void allPath( Bitree T, Stack &S ) {              // S 为存放路径的栈
    if(T) {
```

```
        Push( S, T->data );                    // 将当前层访问的结点记入路径
        if(!T->Lchild && !T->Rchild )
            PrintStack(S);                      // 输出栈里存储的路径
        else {
            allPath( T->Lchild, S );           // 继续遍历左子树
            allPath( T->Rchild, S );           // 继续遍历右子树
        }
        Pop(S);                                // 将当前层访问的结点从路径中退出
    }
}
```

然后,在此基础上再继续改写。为求最长路径,则需要对遍历过程中求得的每一条路径进行筛查,为此需设一个备用栈暂存当前求得的"最长"路径。算法终止时,备用栈中从栈顶到栈底存留的恰为二叉树中的一条最长路径。

扩展讨论:很多算法不是一次就写成的,相对复杂的算法大都有一个发展的脉络和演变的过程。用心留意一些成熟、典型的算法,以此作为框架的基础,不断地进行完善、丰富和扩充,无疑会派生出丰硕的成果。丰富和扩充到一定的层次,必然会盼来创新思维的喜悦。

27. 设计一个部分排序问题的算法,即在不进行整体排序的前提下,从长度为 n 的无序序列中,仅挑选 $m(m\ll n)$ 个值最大的元素,形成一个子序列,并按递减顺序排列。要求算法的时间复杂度不超过 $O(m\log n)$,空间复杂度为 $O(1)$。

答案:

```
void selectHeapSort( HeapType &H, int m, HeapType &Result ) {
    // H 放置原始的数据,结果数据由 Result[1..m]存放
    for( i=H.length/2; i>0; --i )
        HeapAdjust( H.r, i, H.length );        // 建立初始化堆
    Result[1]=H.r[1];                          // 输出最大元素
    H.r[1]=H.r[H.length];
    for( i=1; i<m; i++) {
        // 调整 m-1 次,筛选出次大的 m-1 个元素
        HeapAdjust(H.r, 1, H.length-i);
        Result[i+1]=H.r[1];
        H.r[1]=H.r[H.length-i-1];
    }
}
```

解答注释:从题意看,这是一个"选择排序"的问题,则可以利用简单选择排序,或堆排序的算法,也可以利用起泡排序的算法。鉴于时间复杂度的要求,则在此只能利用堆排序的方法进行,并在建堆之后只执行 $m-1$ 趟的"重新调整堆",从而选出 m 个最大元素,每趟选出的最大元素可直接输出到结果数组 Result 中。由于只执行了 $m-1$ 趟调整,每一趟调整的深度显然不超过堆的深度 $\log n$,所以时间复杂度不大于 $O(m\log n)$,而空间复杂度与堆排序相同,为 $O(1)$。

事实上,此题的实际问题背景可出现在"推荐免试研究生"的名单选择等应用需求中。例

如，无需进行整体排序，从 300 多人中求得加权总分从高到低有序排名最高的 20 名学生。

习 题

6.1 已知一棵二叉树如图题 6.1 所示，回答下列问题：

(1) 列出图中所含所有二叉树以及各二叉树之间的关系；

(2) 树中哪些是叶子结点？

(3) 哪些结点互为兄弟？哪些结点互为"堂兄弟"？

(4) 哪些结点是结点 G 的祖先？

(5) 哪些结点是结点 B 的子孙？

(6) 结点 B、C、D、E 和 F 的度各为多少？

(7) 结点 C 和 K 的层次号分别是什么？

(8) 树的深度是多少？

(9) 以结点 C 为根的子树的深度是多少？

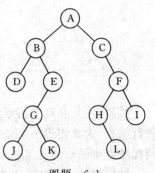

图题 6.1

6.2 图题 6.2 所示是否为二叉树？

6.3 试画出具有 3 个结点的二叉树的所有不同形态。

6.4 一棵含有 20 个结点的完全二叉树的深度为多少？

6.5 对题 6.3 所得各种形态的二叉树，分别写出前序、中序和后序遍历的序列。

图题 6.2

6.6 假设 n 和 m 为二叉树中两结点，用"1"、"0"或"Φ"（分别表示肯定、恰恰相反或者不一定）填写下表：

答　　　　问 已知	前序遍历时 n 在 m 前？	中序遍历时 n 在 m 前？	后序遍历时 n 在 m 前？
n 在 m 左方			
n 在 m 右方			
n 是 m 祖先			
n 是 m 子孙			

注：在二叉树中，如果(1)离 a 和 b 最近的共同祖先 p 存在，且(2)a 在 p 的左子树中，b 在 p 的右子树中，则称 a 在 b 的左方（即 b 在 a 的右方）。

6.7 找出所有满足下列条件的二叉树：

(a) 它们在先序遍历和中序遍历时，得到的结点访问序列相同；

(b) 它们在后序遍历和中序遍历时，得到的结点访问序列相同；

(c) 它们在先序遍历和后序遍历时，得到的结点访问序列相同。

6.8 编写递归算法，在二叉树中求位于先序序列中第 k 个位置的结点的值。

6.9 编写递归算法，计算二叉树中叶子结点的数目。

6.10 编写递归算法，将二叉树中所有结点的左、右子树相互交换。

6.11 编写递归算法：求二叉树中以元素值为 x 的结点为根的子树的深度。

6.12 编写递归算法：对于二叉树中每一个元素值为 x 的结点，删去以它为根的子树，并释放相应的空间。

6.13 已知一棵完全二叉树存于顺序表 sa 中，sa.elem[1..sa.last]含结点值。试编写算法，由此顺序存储结构建立该二叉树的二叉链表。

6.14 将下列二叉链表改为先序线索链表。

	1	2	3	4	5	6	7	8	9	10	11	12	13	14
Info	A	B	C	D	E	F	G	H	I	J	K	L	M	N
Pred														
Lchild	2	4	6	0	7	0	10	0	12	13	0	0	0	0
Succ														
Rchild	3	5	0	0	8	9	11	0	0	0	14	0	0	0

6.15 已知一棵树边的集合为 {〈I,M〉,〈I,N〉,〈E,I〉,〈B,E〉,〈B,D〉,〈A,B〉,〈G,J〉,〈G,K〉,〈C,G〉,〈C,F〉,〈H,L〉,〈C,H〉,〈A,C〉}，请画出这棵树。

6.16 分别画出如图题 6.16 所示各棵树对应的二叉树。

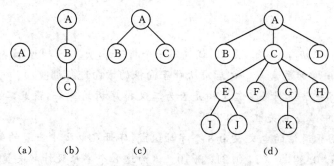

图题 6.16

6.17 画出如图题 6.17 所示二叉树对应的森林。

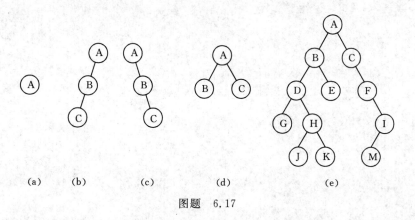

图题 6.17

6.18 对于题 6.16 中给出的各树分别求出以下遍历序列：

(1) 先根序列;

(2) 后根序列。

6.19 试编写 C 语言程序,求一棵以孩子-兄弟链表表示的树的度。

6.20 试编写算法,对一棵以孩子-兄弟链表表示的树,统计叶子的个数。

6.21 编写算法完成下列操作:无重复地按层次输出以孩子兄弟链表存储的树 T 中所有的边。输出的形式为 $(k_1,k_2),\cdots,(k_i,k_j),\cdots$,其中,$k_i$ 和 k_j 为树结点中的结点标识。

6.22 编写按层次顺序(同一层自左至右)遍历二叉树的算法。

6.23 假设以二叉链表存储的二叉树中,每个结点所含数据元素均为单字母,试编写算法,按下列缩格格式打印二叉树的算法。例如:对如图题 6.23(a)所示的二叉树打印出如图题 6.23(b)所示的形状。

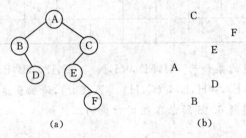

图题 6.23

6.24 已知 $(k_1,k_2,\cdots,k_p)$ 是堆,试编写一个将 $(k_1,k_2,\cdots,k_p,k_{p+1})$ 调整为堆的算法。(提示:在堆中增加元素 k_{p+1} 之后应从叶子向根的方向进行调整。)

6.25 试编写一个判别给定二叉树是否为二叉排序树的算法,设此二叉树以二叉链表作存储结构,且树中结点的关键字均不同。

6.26 假设用于通信的电文仅由 8 个字母组成,字母在电文中出现的频率分别为0.07,0.19,0.02,0.06,0.32,0.03,0.21,0.10。试为这 8 个字母设计赫夫曼编码。使用0~7的二进制表示形式是另一种编码方案。对于上述实例,比较两种方案的优缺点。

第7章 图和广义表

图是一种比线性表和树更复杂的数据结构。在线性表中，数据元素之间仅有线性关系，每个元素只有一个直接前驱和一个直接后继。在树形结构中，数据元素之间存在明显的层次关系，并且每层的元素可能和下一层的多个元素（即其孩子结点）相邻，但只能和上一层的一个元素（即其双亲结点）相邻。而在图形结构中，结点之间的关系可以是任意的，图中任意两个元素之间都可能相邻。图的应用极为广泛，俗话说"千言万语不如一张图"，因此图是计算机应用过程中对实际问题进行数学抽象和描述的强有力的工具。图论是专门研究图的性质的一个数学分支，在离散数学中占有极为重要的地位。图论注重研究图的纯数学性质，而数据结构中对图的讨论则侧重于在计算机中如何表示图以及如何实现图的操作和应用等。

7.1 图的定义和术语

图（graph）由一个顶点（vertex）的有穷非空集 $V(G)$ 和一个弧（arc）的集合 $E(G)$ 组成，通常记作 $G=(V,E)$。图中的**顶点**即为**数据结构中的数据元素**，弧的集合 E 实际上是定义在顶点集合上的一个关系。以下用有序对 $\langle v,w \rangle$ 表示从 v 到 w 的一条弧（arc）。弧有方向性，需以一带箭头的线段表示，通常称 v（没有箭头的出发端）为**弧尾**（tail）或**始点**（initial node），称 w（带箭头的终止端）为**弧头**（head）或**终点**（terminal node），此时的图称为**有向图**（digraph）。若图中从 v 到 w 有一条弧，同时从 w 到 v 也有一条弧，则以无序对 (v,w) 代替这两个有序对 $\langle v,w \rangle$ 和 $\langle w,v \rangle$，表示 v 和 w 之间的一条**边**。此时的图在顶点之间不再强调方向性的特征，称为**无向图**（undigraph）。

例如图 7.1(a)中的 G_1 是有向图

$$G_1 = (V_1, \{A_1\})$$

其中：
$$V_1 = \{A,C,B,F,D,E,G\}$$
$$A_1 = \{\langle A,B \rangle, \langle B,C \rangle, \langle B,F \rangle, \langle B,E \rangle, \langle C,E \rangle, \langle E,D \rangle,$$
$$\langle D,C \rangle, \langle E,B \rangle, \langle F,G \rangle\}$$

图 7.1(b)中的 G_2 为无向图

$$G_2 = (V_2, \{E_2\})$$

其中：$V_2 = \{A,B,C,D,E,F\}$
$$E_2 = \{(A,B),(A,C),(B,C),(B,E),(B,F),(C,F),(C,D),(E,F),(C,E)\}$$

在实际应用中，图的弧或边往往与具有一定意义的数相关，称这些数为"**权**（weight）"。分别称带权的有向图和无向图为**有向网**（network）和**无向网**，如图 7.1(c)和(d)所示。

有关图的几个常用术语有：

稀疏图和稠密图 假设用 n 表示图中顶点数目，用 e 表示边或弧的数目。若不考虑顶点到其自身的弧或边，则对于无向图，边数 e 的取值范围是 0 到 $n(n-1)/2$。称具有 $n(n-$

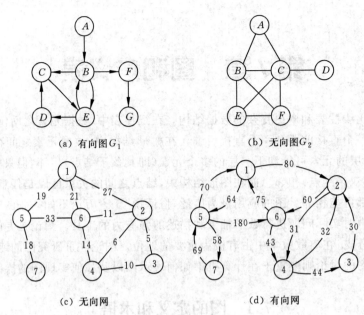

(a) 有向图 G_1 (b) 无向图 G_2

(c) 无向网   (d) 有向网

图 7.1   图和网络的示例

1)/2 条边的无向图为**完全图**(completed graph)。对于有向图,弧的数目 e 的取值范围是 0 到 $n(n-1)$。称具有 $n(n-1)$ 条弧的有向图为**有向完全图**。若 $e < n\log n$,则称为**稀疏图** (sparse graph),反之称为**稠密图**(dense graph)。

子图   假设有两个图 $G=(V,\{E\})$ 和 $G'=(V',\{E'\})$,如果 $V'\subseteq V$ 且 $E'\subseteq E$,则称 G' 为 G 的**子图**(subgraph)。例如,图 7.2 是子图的一些例子。

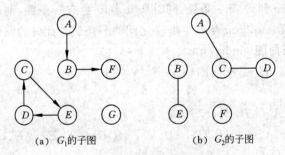

(a) G_1的子图   (b) G_2的子图

图 7.2   子图的示例

度、入度和出度   若 $u \rightarrow v$ 是图中一条弧,则称 **u 邻接到 v**,或 **v 邻接自 u**。图中所邻接到该顶点 v 的弧(即以它为弧头的弧)的数目,称为该顶点的入度(indegree),记作 $\mathrm{ID}(v)$;反之,从某顶点 u 出发的弧(即邻接自该顶点的弧)的数目,称为该顶点的出度(outdegree),记作 $\mathrm{OD}(u)$。顶点 v 的入度和出度之和称为该顶点的总度,简称为度(degree),记作 $\mathrm{TD}(v)$。例如,图 G_1 中顶点 B 的入度 $\mathrm{ID}(B)=2$,出度 $\mathrm{OD}(B)=3$,度 $\mathrm{TD}(B)=5$。无向图中顶点的度定义为与该顶点相连的边的数目。一般情况下,如果顶点 v_i 的度记作 $\mathrm{TD}(v_i)$,则一个含 n 个顶点,e 条边或弧的图,满足如下关系

$$e = \frac{1}{2} \sum_{i=1}^{n} \mathrm{TD}(v_i) \tag{7-1}$$

路径和回路　若有向图 G 中 $k+1$ 个顶点之间都有弧存在(即 $\langle v_0 , v_1 \rangle$，$\langle v_1 , v_2 \rangle$，$\cdots$，$\langle v_{k-1} , v_k \rangle$ 是图 G 中的弧)，则这个顶点的序列 $\{v_0 , v_1 , \cdots , v_k\}$ 为从顶点 v_0 到顶点 v_k 的一条**有向路径**，路径中弧的数目定义为**路径长度**。若序列中的顶点都不相同，则为简单路径。对无向图，相邻顶点之间存在边的 $k+1$ 个顶点序列构成一条长度为 k 的无向路径。如果 v_0 和 v_k 是同一个顶点，则是一条由某个顶点出发又回到自身的路径，称这种路径为**回路**或**环**(cycle)。

连通图和连通分量　若无向图中任意两个顶点之间都存在一条无向路径，则称该无向图为连通图。对有向图而言，若图中任意两个顶点之间都存在一条有向路径，则称该有向图为强连通图。例如，图 7.1(b) G_2 为连通图，图 7.1(a) G_1 为非强连通图。非连通图中各个连通子图称为该图的连通分量。如图 7.3(b) 为由两个连通分量构成的非连通图，图 7.3(a) 所示为图 7.1 中 G_1 的 4 个强连通分量。

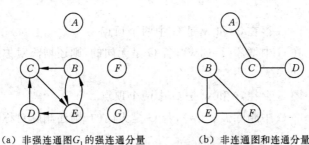

(a) 非强连通图 G_1 的强连通分量　　　　(b) 非连通图和连通分量

图 7.3　图的连通性示例

图的基本操作定义如下：

CreateGraph($\&$G，V，VR)

　　初始条件：V 是图的顶点集，VR 是图中弧的集合。

　　操作结果：按 V 和 VR 的定义构造图 G。

DestroyGraph($\&$G)

　　初始条件：图 G 存在。

　　操作结果：销毁图 G。

LocateVex(G，u)

　　初始条件：图 G 存在，u 和 G 中顶点有相同特征。

　　操作结果：若 G 中存在顶点 u，则返回该顶点在图中的位置；否则返回其他信息。

GetVex(G，v);

　　初始条件：图 G 存在，v 是 G 中某个顶点。

　　操作结果：返回 v 的值。

PutVex($\&$G，v，value)

　　初始条件：图 G 存在，v 是 G 中某个顶点。

　　操作结果：对 v 赋值 value。

FirstAdjVex(G, v)

初始条件：图 G 存在，v 是 G 中某个顶点。

操作结果：返回 v 的第一个邻接点[①]。若该顶点在 G 中没有邻接点，则返回"空"。

NextAdjVex(G, v, w)

初始条件：图 G 存在，v 是 G 中某个顶点，w 是 v 的邻接顶点。

操作结果：返回 v 的（相对于 w 的）下一个邻接点[②]。若 w 是 v 的最后一个邻接点，则返回"空"。

InsertVex(&G, v)

初始条件：图 G 存在，v 和图中顶点有相同特征。

操作结果：在图 G 中增添新顶点 v。

DeleteVex(&G, v)

初始条件：图 G 存在，v 是 G 中某个顶点。

操作结果：删除 G 中顶点 v 及其相关的弧。

InsertArc(&G, v, w)

初始条件：图 G 存在，v 和 w 是 G 中两个顶点。

操作结果：在 G 中增添弧〈v,w〉，若 G 是无向的，则还增添对称弧〈w,v〉。

DeleteArc(&G, v, w)

初始条件：图 G 存在，v 和 w 是 G 中两个顶点。

操作结果：在 G 中删除弧〈v,w〉，若 G 是无向的，则还删除对称弧〈w,v〉。

DFSTraverse(G, v, visit())

初始条件：图 G 存在，v 是 G 中某个顶点，visit() 是针对顶点的应用函数。

操作结果：从顶点 v 起深度优先遍历图 G，并对每个顶点调用函数 visit() 一次且仅一次。一旦 visit() 失败，则操作失败。

BFSTraverse(G, v, visit())

初始条件：图 G 存在，v 是 G 中某个顶点，visit() 是针对顶点的应用函数。

操作结果：从顶点 v 起广度优先遍历图 G，并对每个顶点调用函数 visit() 一次且仅一次。一旦 visit() 失败，则操作失败。

7.2　图的存储结构

图是一种典型的复杂结构，图中顶点可能同任意一个其他的顶点之间有关系。因此图没有顺序存储表示的结构。图有两种常用的存储结构。

7.2.1　图的数组（邻接矩阵）存储表示

邻接矩阵是用于描述图中顶点之间关系（及弧或边的权）的矩阵，假设图中顶点数为 n，则邻接矩阵 $A=(a_{i,j})_{n \times n}$ 定义为

---

①② 从逻辑上讲，图的顶点之间及其邻接点之间本无次序关系，因此，所谓"第一个"邻接点和"下一个"邻接点都是对存储结构中自然形成的次序而言。

$$A[i][j]=\begin{cases}1 & \text{若 } V_i \text{ 和 } V_j \text{ 之间有弧或边存在} \\ 0 & \text{反之}\end{cases} \tag{7-2}$$

例如，图 G_1 和图 G_2 的邻接矩阵分别如图 7.4(a)和(b)所示。由于一般情况下，图中都没有邻接到自身的弧，因此矩阵中的主对角线为全零。由于无向图中的一条边视为一对弧，则无向图的邻接矩阵必然是对称矩阵。网的邻接矩阵的定义中，当 v_i 到 v_j 有弧相邻接时，$a_{i,j}$ 的值应为该弧上的权值，否则为∞，如图 7.4(c)所示为图 7.1(d)有向网的邻接矩阵。

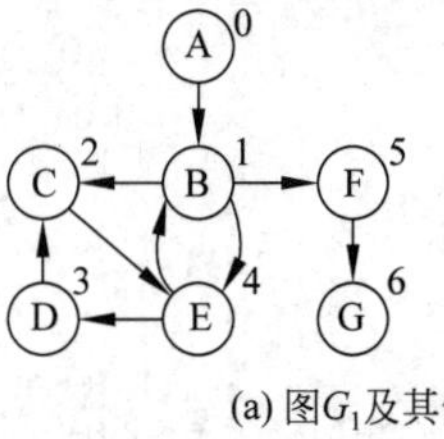

$$\begin{bmatrix} 0&1&0&0&0&0&0\\ 0&0&1&0&1&1&0\\ 0&0&0&0&1&0&0\\ 0&0&1&0&0&0&0\\ 0&1&0&1&0&0&0\\ 0&0&0&0&0&0&1\\ 0&0&0&0&0&0&0 \end{bmatrix}$$

(a) 图 G_1 及其邻接矩阵

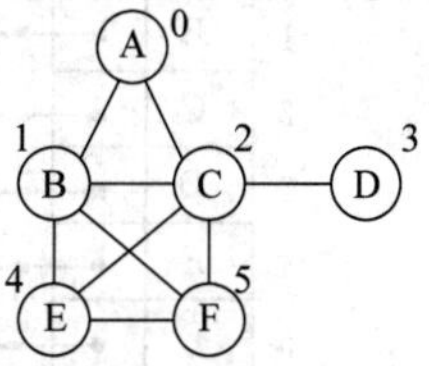

$$\begin{bmatrix} 0&1&1&0&0&0\\ 1&0&1&0&1&1\\ 1&1&0&1&1&1\\ 0&0&1&0&0&0\\ 0&1&1&0&0&1\\ 0&1&1&0&1&0 \end{bmatrix}$$

(b) 图 G_2 及其邻接矩阵

$$\begin{bmatrix} \infty&80&\infty&\infty&64&\infty&\infty\\ \infty&\infty&\infty&31&\infty&60&\infty\\ \infty&30&\infty&\infty&\infty&\infty&\infty\\ \infty&32&44&\infty&\infty&\infty&\infty\\ 70&\infty&\infty&\infty&\infty&180&58\\ 75&\infty&\infty&43&\infty&\infty&\infty\\ \infty&\infty&\infty&\infty&69&\infty&\infty \end{bmatrix}$$

(c) 有向网图7.1(d)的邻接矩阵

图 7.4　邻接矩阵示例

实际应用中的有向图的邻接矩阵大多为稀疏矩阵，除非矩阵特大才考虑采用第 5 章 5.3 节中介绍的压缩存储表示。通常情况下用二维数组表示更为方便，它和顶点信息等其他图的信息一起构成图的一种存储表示方法，定义如下：

```
//----- 图的数组(邻接矩阵)存储表示 -----
const INFINITY  INT_MAX=MAX;              // 最大值∞设为 MAX;
const MAX_VERTEX_NUM=20;                  // 最大顶点个数
typedef enum {DG, DN, AG, AN} GraphKind;
                   // 图类型(有向图,有向网,无向图,无向网)
typedef struct ArcCell {
  VRType    adj;  // VRType 是顶点关系类型。对无权图,用 1 或 0 表示相邻否;
                  // 对带权图,则为权值类型
  InfoType *info; // 指向该弧相关信息的指针
} ArcCell, AdjMatrix[MAX_VERTEX_NUM][MAX_VERTEX_NUM];
typedef struct {
  VertexType vexs[MAX_VERTEX_NUM];        // 描述顶点的数组
  AdjMatrix    arcs;                      // 邻接矩阵
  int          vexnum, arcnum;            // 图的当前顶点数和弧(边)数
  GraphKind kind;                         // 图的种类标志
} MGraph;
```

7.2.2　图的邻接表存储表示

邻接表(adjacency list)是图的一种链式存储表示方法，它类似于树的孩子链表。例如，

图 7.1(a) G_1 和图 7.1(b) G_2 的邻接表分别如图 7.5(a)和(b)所示。从图中可见,在有向图的邻接表中,从同一顶点出发的弧链接在同一链表中,邻接表中结点的个数恰为图中弧的数目,而在无向图的邻接表中,同一条边有两个结点,分别出现在和它相关的两个顶点的链表中,因此无向图的邻接表中结点个数是边数的两倍。在邻接表中,顶点表结点的排列次序取决于建立图结构时输入信息的次序。

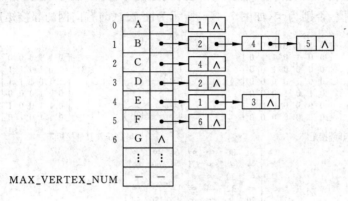

(a) 有向图G_1的邻接表

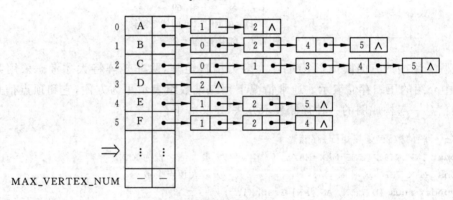

(b) 无向图G_2的邻接表

图 7.5 邻接表示例

邻接表的定义如下:

```
//----- 图的邻接表存储表示 -----
const MAX_VERTEX_NUM=20;
typedef struct ArcNode {
    int          adjvex;        // 该弧所指向的顶点的位置
    struct ArcNode *nextarc;    // 指向下一条弧的指针
    InfoType     *info;         // 指向该弧相关信息的指针
} ArcNode;
typedef struct VNode {
    VertexType  data;           // 顶点信息
    ArcNode    *firstarc;       // 指向第一条依附该顶点的弧
```

```
    } VNode, AdjList[MAX_VERTEX_NUM];
typedef struct {
    AdjList    vertices;
    int        vexnum, arcnum;          // 图的当前顶点数和弧数
    int        kind;                    // 图的种类标志
} ALGraph;
```

只要输入顶点和弧的相应信息,即可建立图的邻接表存储结构。在算法 7.1 中,首先输入顶点的信息,建成一个邻接表的"表头向量",由此自然形成了顶点之间的次序关系。之后每输入一个顶点对$(v1,v2)$[①],首先必须找到它们各自在表头向量中的"位置",才能建立相应的弧或边的结点。例如在图 7.4(b)G_2 中,顶点对(F,C)所对应的顶点位置序号为(5,2)。

算法 7.1

```
void CreateUDG(ALGraph &G)
{
// 采用邻接表存储表示,构造无向图 G(G.kind=UDG)
    cin >>G.vexnum >>G.arcnum >>IncInfo;
                                        // IncInfo 为 0 表明各弧不含其他信息
    for(i=0; i<G.vexnum; ++i) {         // 构造表头向量
        cin >>G.vertices[i].data;       // 输入顶点值
        G.vertices[i].firstarc=NULL;    // 初始化链表头指针为"空"
    }//for
    for (k=0; k<G.arcnum; ++k) {        // 输入各边并构造邻接表
        cin>>v1 >>v2;                   // 输入一条弧的始点和终点
        i=LocateVex(G, v1); j=LocateVex(G, v2);
                // 确定 v1 和 v2 在 G 中位置,即顶点在 G.vertices 中的序号
        pi=new ArcNode;
        pi ->adjvex=j;                  // 对弧结点赋邻接点"位置"信息
        pi ->nextarc=G.vertices[i].firstarc; G.vertices[i].firstarc=pi;
                                        // 插入链表 G.vertices[i]
        pj=new ArcNode;
        pj ->adjvex=i;                  // 对弧结点赋邻接点"位置"信息
        pj ->nextarc=G.vertices[j].firstarc; G.vertices[j].firstarc=pj;
                                        // 插入链表 G.vertices[j]
        if(IncInfo)                     // 若弧含有相关信息,则输入
            {cin>>pj->info; pi->info=pj->info;}
    }//for
} // CreateUDG
```

7.3 图 的 遍 历

与二叉树和树的遍历类似,图结构也有遍历操作,即从某个顶点出发,沿着某条路径对图中其余顶点进行访问,且使每一个顶点只被访问一次。然而,图的遍历要比树的遍历复杂

----

① 注意:这里输入的 $v1$ 和 $v2$ 是顶点名称的值,而非顶点的序号。

得多,因为在图中和同一顶点有弧或边相通的顶点之间也可能有弧或边,则在访问了某个顶点之后,可能顺着某条回路又回到该顶点。例如图 7.1(b)中的 G_2,由于图中存在回路,因此从顶点 A 出发,在访问了 B、C 之后,又可以访问到顶点 A。为了避免同一顶点被重复访问多次,则在遍历过程中,必须为已经被访问过的顶点加上标识,以便再次途经这样的顶点时不再重访。为此,需附设一维数组 visited$[0..n-1]$,令其每个分量对应图中一个顶点,各分量的初值均置为"FALSE"或"0",一旦访问了某个顶点,便将 visited 中相应分量的值置为"TRUE"或"被访问时的次序号"。

通常,对图进行遍历可有两种搜索路径:深度优先搜索和广度优先搜索,以下分别讨论之。

7.3.1 深度优先搜索遍历图

深度优先搜索(depth first search)遍历类似于树的先根遍历,可以看成是树的先根遍历的推广。

假设初始状态是图中所有顶点均未被访问,则从某个顶点 v 出发,首先访问该顶点,然后依次从它的各个**未被访问**的邻接点出发**深度优先遍历图**,直至图中所有和 v 有路径相通的顶点都被访问到,若此时尚有其他顶点未被访问,则另选一个未被访问过的顶点作起始点,重复上述过程,直至图中所有顶点都被访问到为止。

显然,深度优先搜索是一个递归的过程。可将图的深度优先搜索遍历和树的先根遍历相比较,图中遍历的起始顶点对应于树的根结点,起始顶点的邻接点 w_i 对应于树根各孩子结点,从邻接点出发的遍历对应于从子树根出发的遍历,不同的是,树中各子树互不相交,因此对任一子树的遍历决不会访问到其他子树中的结点,而从图中某一邻接点 w_i 开始的遍历有可能访问到起始点的其他邻接点 w_j,因此在图的遍历算法中必须强调"从各个未被访问的邻接点起进行遍历"。算法 7.2 为从图中某个顶点出发进行深度优先搜索的递归描述,其中顶点参数 v 是顶点的序号,若在实际应用问题中需从某个特定顶点起进行遍历,则需先调用函数 LocateVex(G,u)求得该顶点的序号,然后再调用算法 7.2。

算法 7.2

```
void DFS(Graph G, int v)
{
  // 从第 v 个顶点出发递归地深度优先遍历图 G
  visited[v]=TRUE; VisitFunc(v);      // 访问第 v 个顶点
  for(w=FirstAdjVex(G, v); w!=0; w=NextAdjVex(G, v, w))
    if(!visited[w])
      DFS(G, w);                // 对 v 的尚未访问过的邻接顶点 w 递归调用 DFS
}//DFS
```

上述算法中的函数 FirstAdjVex(G, v)返回的是图 G 中顶点 v 的第一个邻接点,函数 NextAdjVex(G, v, w)返回的是图 G 中顶点 v 相对于 w 的下一个邻接点,w!=0 说明尚有邻接点存在。例如,从 v_3 出发深度优先搜索遍历图 7.6(a)所示连通图,首先访问顶点 v_3,之后从 v_3 的邻接点 v_2 出发进行深度优先搜索,先后访问 v_4、v_9 和 v_1,由于 v_3 的第二个邻接

点 v_1 已被访问,则不再从 v_1 出发进行搜索,而 v_3 的下一个邻接点 v_6 未被访问,则再从 v_6 出发进行搜索。从 v_2 出发的深度优先搜索的递归过程可用图 7.6(b)来说明,图中以箭头标出搜索路径,且以实线表示向前搜索,虚线表示往后回溯,搜索过程中访问顶点的次序为:

$$v_3 \rightarrow v_2 \rightarrow v_4 \rightarrow v_9 \rightarrow v_1 \rightarrow v_6 \rightarrow v_5 \rightarrow v_8 \rightarrow v_7$$

在实际应用中,首先要为图选定存储结构。假设选用邻接表表示图,则算法 7.2 具体化为算法 7.4。由于算法 7.4 只能访问到所有和起始点有路径相通的顶点,则对非连通图尚需从所有未被访问的顶点起调用算法 7.4 来完成,此外尚需对各顶点的访问标识进行初始化,由此对图(无论是连通图或非连通图)进行深度优先遍历的通用算法为算法 7.3。

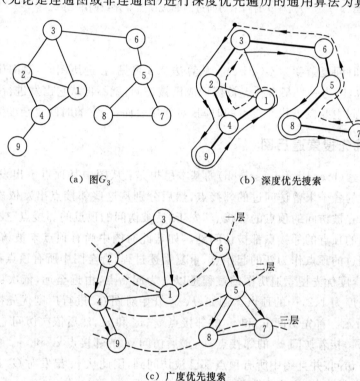

(a) 图 G_3 (b) 深度优先搜索

(c) 广度优先搜索

图 7.6 图的遍历示例

算法 7.3

```
void DFSTraverse(ALGraph G)
{
  // 对以邻接表表示的图 G 做深度优先遍历
  bool visited[G.vexnum];                    // 附设访问标识数组
  for(v=0; v<G.vexnum; ++v) visited[v]=FALSE; // 访问标识数组初始化
  for(v=0; v<G.vexnum; ++v)
    if(!visited[v]) DFS(G, v);               // 对尚未访问的顶点调用 DFS
}
```

算法 7.4

```
void DFS(ALGraph G, int v)
{
  // 从第 v 个顶点出发递归地深度优先遍历图 G
  visited[v]=TRUE; VisitFunc(G.vertices[v].data);   // 访问第 v 个顶点
  for(p=G.vertices[ v ].firstarc; p; p=p->nextarc;) {
    w=p->adjvex;
    if(!visited[w])
      DFS(G, w);      // 对 v 的尚未访问过的邻接顶点 w 递归调用 DFS
  }
}//DFS
```

算法 7.3 的时间复杂度为 $O(n+e)$。从算法 7.3 可见,在遍历图时,对图中每个顶点至多调用 DFS 一次,因为一旦某个顶点被标识成已被访问,就不再从它出发进行搜索,而 DFS 过程中耗费的时间主要在于找邻接点的时间,对邻接表而言,它的时间复杂度为 $O(e)$。

7.3.2　广度优先搜索遍历图

广度优先搜索(breadth first search)的基本思想是:从图中某顶点 v 出发,在访问了 v 之后依次访问 v 的各个未曾访问过的邻接点,然后分别从这些邻接点出发依次访问它们的邻接点,并使得"先被访问的顶点的邻接点"先于"后被访问的顶点的邻接点"被访问,直至图中所有已被访问的顶点的邻接点都被访问到。 如若此时图中尚有顶点未被访问,则需另选一个未曾被访问过的顶点作为新的起始点,重复上述过程,直至图中所有顶点都被访问到为止。 换句话说,广度优先搜索遍历图的过程是以 v 为起始点,由近至远,依次访问和 v 有路径相通且路径长度为 $1,2,\cdots$ 的顶点。 例如,从 v_3 开始对图 G_3 进行广度优先搜索遍历的过程如图 7.6(c)所示。 首先访问 v_3 和 v_3 的邻接点 v_2、v_1 和 v_6,然后依次访问 v_2 的邻接点 v_4 和 v_6 的邻接点 v_5,接着访问 v_4 的邻接点 v_9,最后访问 v_5 的邻接点 v_8 和 v_7。 由于这些顶点的邻接点均已被访问,并且图中所有顶点都已被访问到,因此从 v_3 出发对 G_3 进行的广度优先遍历到此结束,得到"广度优先"所访问的顶点序列为

$$v_3 \rightarrow v_2 \rightarrow v_1 \rightarrow v_6 \rightarrow v_4 \rightarrow v_5 \rightarrow v_9 \rightarrow v_8 \rightarrow v_7$$

可见,图的广度优先搜索过程类似于树的按层次遍历。和深度优先搜索类似,在遍历的过程中也需要借助于访问标志数组 visited。并且,为了实现"按照顶点被访问的先后次序"查询它们的邻接点,需附设一个队列(依访问次序)存储已被访问的顶点。对以邻接矩阵表示方法存储的图进行广度优先遍历,如算法 7.5 所示。

算法 7.5

```
void BFSTraverse(MGraph G)
{
  // 对以数组存储表示的图 G 进行广度优先搜索遍历
  bool visited[G.vexnum];                      // 附设访问标识数组
  SqQueue Q;                                   // 附设循环队列 Q
  for(v=0; v<G.vexnum; ++v) visited[v]=FALSE;
```

```
    InitQueue(Q,G.vexnum);                          // 设置空队列 Q
    for(v=0; v<G.vexnum; ++v)
      if(!visited[v]) {
        visited[v]=TRUE; VisitFunc(G.vexs[v]);      // 访问图中第 v 个顶点
        EnQueue_Sq(Q, v);                           // v 入队列
        while(!QueueEmpty_Sq(Q)) {
          DeQueue_Sq(Q, u);                         // 队头元素出队并置为 u
          for(w=0; w<G.vexnum; w++;)
            if(G.arcs[u, w].adj && !visited[w]) {
              visited[w]=TRUE; VisitFunc(w);        // 访问图中第 w 个顶点
              EnQueue_Sq(Q, w);                     // 当前访问的顶点 w 入队列 Q
            } //if
        } //while
      } //if
    } // BFSTraverse
```

从以上三个算法可见,遍历图的过程实质上是通过边或弧找邻接点的过程,其消耗时间取决于所采用的存储结构。因此若采用同样的存储结构,广度优先遍历的时间复杂度和深度优先遍历相同。由于算法 7.5 中的存储结构为邻接矩阵,因此算法 7.5 的时间复杂度为 $O(n^2)$。

图遍历是图的基本操作,也是一些图的应用问题求解算法的基础,以此为框架可以派生出许多应用算法。在此以寻找迷宫的最短路径为例说明图遍历的应用。

例 7.1 求迷宫的最短路径。

在计算机中可用二维数组表示迷宫。如图 7.7(a)中所示,maze[6][8]表示一个 6 行 8 列的迷宫,数组中每个分量 maze$[i][j]$ 的值或为 0 或为 1,前者表示可以走通,后者表示受阻。不失一般性,可设迷宫入口的坐标为$[0][0]$,出口的坐标为$[m-1][n-1]$,且设 maze$[0][0]=0$ 和 maze$[m-1][n-1]=0$。

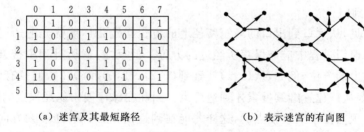

(a) 迷宫及其最短路径   (b) 表示迷宫的有向图

图 7.7 迷宫示例

可将上述迷宫看成是一个有向图,迷宫中值为 0 的坐标(方位)视为图中一个顶点,两个值为 0 的"相邻顶点"之间存在一条弧。根据迷宫中所设坐标值,弧的方向应从迷宫的起始点开始逐渐向"四周"扩散,图 7.7(a)所示迷宫对应的有向图如图 7.7(b)所示。为求迷宫中从始点到终点的一条最短路径,显然可按图的广度优先搜索进行,只要路径存在,则从始点出发的搜索过程中必能访问到终点,并且一旦到达终点,得到的必为最短路径。例如对图 7.7 的迷宫进行广度优先搜索的搜索路径如图 7.8 所示,图中以数字表示从起始点到达

该坐标点的路径长度。由广度优先遍历求得迷宫最短路径，尚需解决下列两个问题：

（1）如何得到和迷宫相应的有向图？

显然不应该在算法执行之前先由人工画出图 7.7(b)的有向图，然后输入。实际上它可以从二维数组 maze 表示的迷宫自然生成得到。从迷宫中任意一个方位(i,j)出发，在一般情况下，它可能有 8 个方向可走，如图 7.9(a)所示，假设可以到达的下一方位的坐标为(g,h)，则

$$\begin{cases} g = i + d_i[v] \\ h = j + d_j[v] \end{cases} \qquad v = 0,1,2,\cdots,7 \qquad (7\text{-}3)$$

其中下标增量数组 d_i 和 d_j 如图 7.9(b)所示（v 的值 $=0$ 为向东方向，之后顺时针旋转增加）。如果当前方位(i,j)是有向图中的一个"顶点"（即相应坐标的元素值为 0），则它的"邻接点"就是按公式(7-3)计算所得那些元素值为 0 的方位(g,h)。

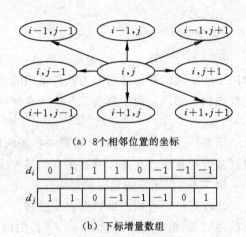

（a）8个相邻位置的坐标

d_i	0	1	1	1	0	-1	-1	-1
d_j	1	1	0	-1	-1	-1	0	1

（b）下标增量数组

图 7.8　最短路径的搜索过程　　　　图 7.9　迷宫中相邻位置之间的坐标关系

（2）如何得到路径？

从图 7.8 可见，从入口到出口的最短路径上的方位必定是广度优先遍历过程中搜索到的顶点。因此在遍历过程中应该保存所经过的方位。但反之，遍历过程中搜索到的顶点不一定是最短路径上的方位，例如，从(1,1)搜索到(1,2)、(2,0)和(0,2)，但只有(1,2)是最短路上的方位，因为从该位置继续搜索才到达终点。因此在保存搜索途经顶点的同时，还应该记录是从哪一个顶点搜索到该顶点的，这样才能在到达出口方位时逆搜索方向"倒退"回到入口，确定从入口到出口的最短路径。在此采用的办法是，改变广度优先遍历时所用的链队列结构和它们的操作：一是在出队列时"只修改队头指针而不删除队头结点"；二是入队列时，在新插入的队尾结点中"加上弧尾顶点（方位）的信息"。为此，在链队列的结点中增加一个指针域，它的值为指向当前出队列的顶点（即从"队头"到"队尾"之间存在一条弧）。例如，如图 7.8 的迷宫搜索过程中到达方位(3,1)时的队列如图 7.10 所示。

以下为满足上述要求的队列类型说明及其操作的实现。

```
typedef struct {
```

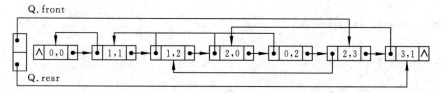

Q. front

| ∧ | 0,0 | • |→| • | 1,1 | • |→| • | 1,2 | • |→| • | 2,0 | • |→| • | 0,2 | • |→| • | 2,3 | • |→| • | 3,1 | ∧ |

Q. rear

图 7.10　最短路径搜索过程中的队列

```
    int xpos;                  // 顶点在迷宫数组位置的 x 下标
    int ypos;                  // 顶点在迷宫数组位置的 y 下标
}PosType;
typedef struct DQNode{
  PosType seat;
    struct DQNode *next;
    struct DQNode *pre;        // 指向弧尾位置的指针
}DQNode, *DqueuePtr;
typedef struct{
  DQueuePtr front;            // 队列的头指针
  DQueuePtr rear;             // 队列的尾指针
}DLinkQueue;

void InitQueue(DlinkQueue &Q)
{
  Q.front=NULL;
  Q.rear=NULL;
}
void EnQueue(DLinkQueue &Q, PosType e)
{
  p=new DQNode;
  p->seat.xpos=e.xpos;
  p->seat.ypos=e.ypos;
  p->next=NULL;
  if(!Q.rear) {
    p->pre=NULL;
    Q.rear=p; Q.front=p;
}
  else {
      p->pre=Q.front;          // 链接到和弧尾顶点对应的结点
      Q.rear->next=p; Q.rear=p;
  }
}//EnQueue
void GetHead(DLinkQueue Q, PosType &e)
{
  e.xpos=Q.front->seat.xpos;
  e.ypos=Q.front->seat.ypos;
```

```
}
void DeQueue(DLinkQueue &Q)
{
  Q.front=Q.front->next;
}
bool QueueEmpty(DLinkQueue Q)
{
  return (Q.front==NULL);
}
```

求迷宫最短路径的算法如算法 7.6 所示。

算法 7.6

```
bool ShortestPath(int maze[][], int m, int n,Stack &S)
{
    // 求 m 行 n 列的迷宫 maze 中从入口[0][0]到出口[m-1][n-1]的最短路径
    // 若存在,则返回 TRUE,此时栈 S 中从栈顶到栈底为最短路径所经过的各个方位
    // 若该迷宫不通,则返回 FALSE,此时栈 S 为空栈
    DLinkQueue Q;
    bool visited[m][n];
    InitQueue(Q);                           // 队列初始化
    for(i=0; i<m; i++)                      // 对访问标志数组置初值
        for(j=0; j<n; j++) visited[i][j]=FALSE;
    if(maze[0][0]!=0) return FALSE;
    e.xpos=0; e.ypos=0; EnQueue(Q, e);      // 入口顶点入队列
    found=FALSE;
    while(!found && !QueueEmpty(Q)) {
        GetHead(Q, curpos);                 // 取当前的队头顶点 curpos
        for(v=0; v<8,!found; v++) {         // 搜索 8 个方向的邻接点
            npos=NextPos(curpos, v);
                         // 类型为 PosType 的 npos 是搜索到的下一点
            if(Pass(npos)) {    // 如果下一点可走通,则入队列
                EnQueue(Q, npos);
                visited[npos.xpos][npos.ypos]=TRUE;          // 置访问标志
            }//if
            if(npos.xpos==n-1 && npos.ypos=m-1) found=TRUE;      // 找到出口
        }//for
        DeQueue(Q);                         // 出队列,准备从下一邻接点搜索
    }//while
    if(found) {
        InitStack(S);                       // 栈初始化
        p=Q.rear;                           // 从出口顶点以 pre 指针为导向,反向查看
        while(!p) {
```

```
            Push(S,p->seat);          // 把属于最短路径的顶点压入栈中
            p=p->pre;
        }//while
      return TRUE;
    }//if
  else return FALSE;
}//ShortestPath
```

在算法 7.6 中,Pass()为判断迷宫中某一方位是否可行或受阻的函数。

若 $0<=$ npos. xpos$<m-1,0<=$ npos. ypos$<n-1$,maze[npos. xpos][npos. ypos]$==0$ 且 visited[npos. xpos][npos. ypos]$==$**FALSE**,则 Pass 的函数值为 **TRUE**,否则为 **FALSE**。

算法 7.6 的时间复杂度为 $O(m\times n)$。

7.4 连通网的最小生成树

在一个含有 n 个顶点的连通图中,必能从中选出 $n-1$ 条边构成一个极小连通子图,它含有图中全部 n 个顶点,但只有足以构成一棵树的 $n-1$ 条边,称这棵树为连通图的生成树。例如图 7.6(b)中由粗线描的边(即深度优先遍历过程中向下搜索经过的边)和全部顶点构成的极小连通子图为图 7.6(a)所示连通图的一棵生成树。连通网的最小生成树则为权值和取最小的生成树。

如果用一个连通网表示 n 个居民点和各个居民点之间可能架设的通信线路,则网中每一条边上的权值可表示架设这条线路所需经费。由于在 n 个居民点间架构通信网只需架设 $n-1$ 条线路,则工程队面临的问题是架设哪几条线路能使总的工程费用最低。这个问题等价于,在含有 n 个顶点的连通网中选择 $n-1$ 条边,构成一棵极小连通子图,并使该连通子图中 $n-1$ 条边上权值之和达到最小,则称这棵连通子图为连通网的最小生成树。例如图 7.11 所示为连通网和它的三棵权值总和分别为 43、36 和 64 的生成树,其中以图 7.11(c)所示生成树的权值总和最小,且为图 7.11(a)中连通网的最小生成树。那么如何

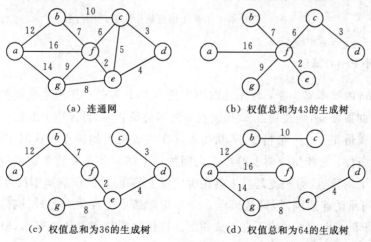

图 7.11　连通网和生成树

构造连通网的最小生成树？以下介绍求得最小生成树的两种算法。

1. 克鲁斯卡尔（Kruskal）算法

克鲁斯卡尔算法的基本思想为：为使生成树上总的权值之和达到最小，应使每一条边上的权值尽可能小，自然应从权值最小的边选起，直至选出 $n-1$ 条权值最小的边为止，然而这 $n-1$ 条边必须不构成回路。因此并非每一条居当前权值最小的边都可选。

具体做法如下：首先构造一个只含 n 个顶点的森林，然后依权值从小到大从连通网中选择边加入到森林中去，并使森林中不产生回路，直至该森林变成一棵树为止。例如，对图 7.11(a) 所示连通网按克鲁斯卡尔算法构造最小生成树的过程如图 7.12 所示，在选择了权值最小（分别为 2、3 和 4）的 3 条边之后，下一条权值最小的边是 (c,e)，但由于顶点 c 和 e 已在同一棵树上，加上边 (c,e) 将产生回路，因此不可取。同理权值为 6 的边 (c,f) 也不可取。之后在选择了权值分别为 7 和 8 的边之后权值为 10 的边 (b,c) 也不可取，最后选择边 (a,b)。至此图中 7 个顶点都已落在同一棵树上，最小生成树构造完毕。从上述过程可见，对图 7.11(a) 所示连通网，不可能再找到权值总和小于 36 的生成树了。

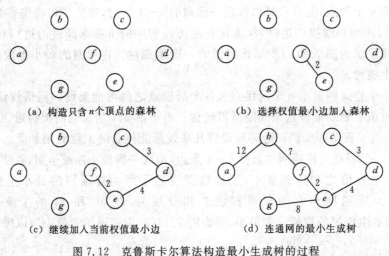

(a) 构造只含 n 个顶点的森林　　　　(b) 选择权值最小边加入森林

(c) 继续加入当前权值最小边　　　　(d) 连通网的最小生成树

图 7.12　克鲁斯卡尔算法构造最小生成树的过程

2. 普里姆（Prim）算法

普里姆算法的基本思想是：首先选取图中任意一个顶点 v 作为生成树的根，之后继续往生成树中添加顶点 w，则在顶点 w 和顶点 v 之间必须有边，且该边上的权值应在所有和 v 相邻接的边中属最小。在一般情况下，从尚未落在生成树上的顶点中选取加入生成树的顶点应满足下列条件：它和生成树上的顶点之间的边上的权值是在连接这两类顶点（一类是已落在生成树上的顶点，另一类是尚未落在生成树上的顶点）的所有边中权值属最小。例如对图 7.11(a) 所示的连通网，假设从顶点 a 开始构建最小生成树。此时只有顶点 a 在生成树中，其余顶点 b、c、d、e、f、g 均不在生成树上。连接这两类顶点的边有 (a,b)、(a,f) 和 (a,g)，其中以边 (a,b) 的权值最小，则选择边 (a,b) 之后，顶点 b 加入到生成树中，之后在链接

$\{a,b\}$和$\{c,d,e,f,g\}$这两类顶点的边集$\{(b,c),(b,f),(a,f),(a,g)\}$中,选择权值最小($=7$)的边$(b,f)$加入到生成树中,之后应在链接顶点$\{c,d,e,g\}$的边集$\{(b,c),(f,c),$$(f,e),(f,g),(a,g)\}$中选择权值最小的边$(f,e)$……,依此类推,直至所有顶点都落到生成树上为止。上述构筑生成树的过程如图7.13所示。

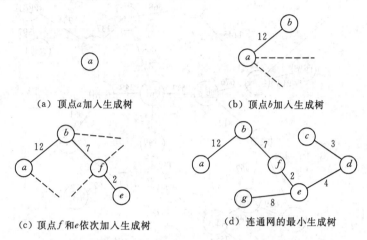

(a) 顶点a加入生成树 (b) 顶点b加入生成树

(c) 顶点f和e依次加入生成树 (d) 连通网的最小生成树

图7.13 普里姆算法构造最小生成树的过程

比较以上两个算法可见,克鲁斯卡尔算法主要对"边"进行操作,其时间复杂度为$O(e)$,而普里姆算法主要对"顶点"进行操作,其时间复杂度为$O(n^2)$。因此前者适于稀疏图,后者适于稠密图。

7.5 单源最短路径

假若要在计算机上建立一个交通咨询系统,可采用图或网的结构表示实际的交通网络。如图7.14中,以顶点表示城市,边表示城市间的交通联系。这个咨询系统可以回答旅客提出的各种问题。例如,一位旅客要从A城到B城,他希望选择一条途中中转次数最少的路线。假设图中每一站都需要换车,则这个问题反映到图上就是要找一条从顶点A到B所含边的数目最少的路径。类似于求迷宫的最短路径,只需从顶点A出发对图作广度优先搜索即可。但这只是一类最简单的图的最短路径问题。对于某些休闲旅游的旅客来说,可能更关心的是如何花钱最少,而对于司机来说,里程和速度则是他们感兴趣的信息。为了在图上表示有关信息,可对边赋以权,权值表示两城市间的距离,或途中所需时间,或交通费用等。此时对路径长度的度量就不再是路径上边的数目,而是路径上边的权值之和。

单源最短路径问题的背景是,从某个城市出发,能否到达其他各城市?走哪条路线花费最少?习惯上称给定的出发点即路径上的第一个顶点为源点,其他各点即路径上最后一个顶点为终点,则单源最短路径的一般提法为:从有向网中的源点到其余各终点有否路径?其最短路径及其长度是什么?

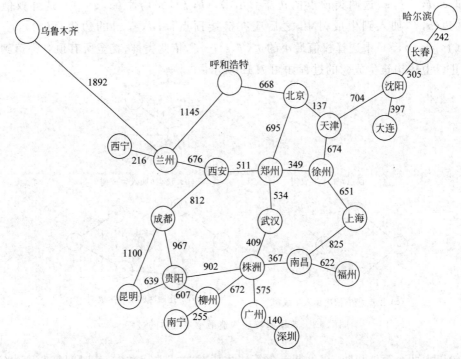

图 7.14　一个交通网的例图

从源点到终点的路径可能存在三种情况：一种是没有路径；另一种是只有一条路径，则该路径即为最短路径；第三种情况是，存在多条路径，则其中必存在一条最短路径。

例如，图 7.15 所示有向网，假设顶点 b 为源点，则从源点 b 到终点 f 没有路径；从源点 b 到终点 a 只有一条路径 (b,a)；从源点 b 到终点 d 有三条路径，其中以长度为 27 的路径 (b,c,e,d) 为最短路径。

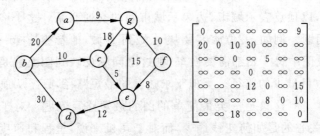

图 7.15　有向网及其邻接矩阵

如何求得从源点到各终点的最短路径？迪杰斯特拉（Dijkstra）提出了一种按路径长度递增的次序求从源点到各终点最短路径的算法。

假设从源点 v_0 到各终点 $v_1,v_2,\cdots,v_k$ 间存在最短路径，其路径长度分别为 $l_1,l_2,\cdots,l_k$，并且 $l_p(1\leqslant p\leqslant k)$ 为其中的最小值，即从源点 v_0 到终点 v_p 的最短路径是从源点到其他终点的最短路径中长度最短的一条路径。显然这条路径上只有一条弧，否则它就不可能是所有最短路径中长度最短者。换句话说，和源点之间存在路径并且其路径长度值为最小的终点必定是和源点之间有弧(以源点为弧尾的弧)相通,并且弧上的权值是所有从源点出发的弧中取值最小的。例如,图 7.15 所示有向网中,以顶点 b 为弧尾的弧有三条,其中弧 $\langle b,c \rangle$ 上的权值最小,则从源点 b 到终点 c 的路径 (b,c) 不仅是从源点 b 到终点 c 的最短路径,并且其长度是所有从源点 b 到终点的最短路径中长度为最小的。

第二条长度次短(从源点 v_0 到终点 v_q)的最短路径只可能产生在下列两种情况之中:一是从源点到该点有弧 $\langle v_0,v_q \rangle$ 存在,另一是从已求得最短路径的顶点 v_p 到该点有弧 $\langle v_p,v_q \rangle$ 存在,且 $\langle v_0,v_p \rangle$ 和 $\langle v_p,v_q \rangle$ 上的权值之和小于 $\langle v_0,v_q \rangle$ 上的权值。依此类推,一般情况下,假设已求得最短路径的顶点有 $\{v_{p1},v_{p2},\cdots,v_{pk}\}$,则下一条最短路径的产生只可能是已求出的这些最短路径的"延伸",也就是从源点间接到达终点;或者是从源点直接通过一条弧到达终点。

按上述思想求最短路径的迪杰斯特拉算法可描述如下:

(1) 假设 $\text{AS}[n][n]^{①}$ 为有向网的邻接矩阵,S 为已找到最短路径的终点的集合,其初始状态为只含一个顶点,即源点。另设一维数组 $\text{Dist}[n]$,其中每个分量表示当前所找到的从源点出发(经过集合 S 中的顶点)到各个终点的最短路径长度。显然,Dist 的初值为

$$\text{Dist}[k] = \text{AS}[i,k]^{②} \qquad (7\text{-}4)$$

(2) 选择 u,使得

$$\text{Dist}[u] = \min\{\text{Dist}[w] \mid w \notin S,\ w \in V(G)^{③}\} \qquad (7\text{-}5)$$

则 u 为目前找到的从源点出发的最短路径的终点。将顶点 u 并入集合 S。

(3) 修改 Dist 数组中所有尚未找到最短路径的终点的对应分量值。如果 $\text{AS}[u,w]$ 为有限值,即从顶点 u 到顶点 w 有弧存在,并且

$$\text{Dist}[u] + \text{AS}[u,w] < \text{Dist}[w]$$

则令

$$\text{Dist}[w] = \text{Dist}[u] + \text{AS}[u,w] \qquad (7\text{-}6)$$

(4) 重复上述(2)和(3)的操作 $n-1$ 次,即可求得从源点到所有终点的最短路径。

为了记下长度为 $\text{Dist}[w]$ 的最短路径,尚需附设路径矩阵 $\text{Path}[n][n]$。

例如对图 7.15 施行迪杰斯特拉算法过程中 Dist 和 Path 的变化状况如图 7.16 所示。

---

① n 为有向网中的顶点数。

② i 为源点在图中的序号。

③ $V(G)$ 表示图 G 中的顶点集。

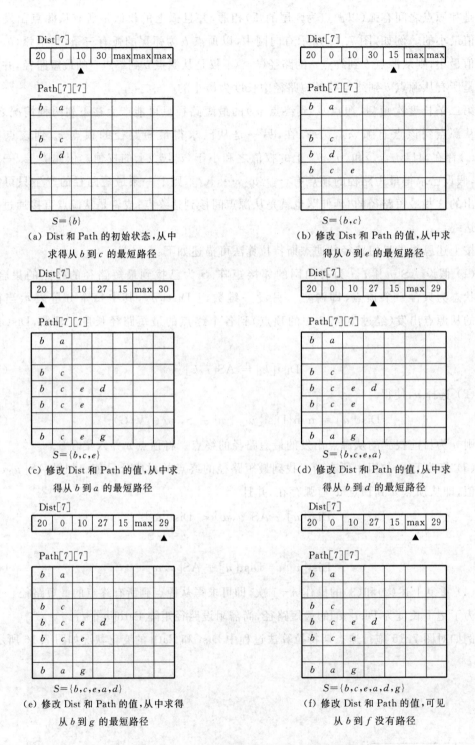

(a) Dist 和 Path 的初始状态,从中
求得从 b 到 c 的最短路径

(b) 修改 Dist 和 Path 的值,从中求
得从 b 到 e 的最短路径

(c) 修改 Dist 和 Path 的值,从中求
得从 b 到 a 的最短路径

(d) 修改 Dist 和 Path 的值,从中求
得从 b 到 d 的最短路径

(e) 修改 Dist 和 Path 的值,从中求得
从 b 到 g 的最短路径

(f) 修改 Dist 和 Path 的值,可见
从 b 到 f 没有路径

图 7.16 单源最短路径算法执行过程示例

7.6 拓扑排序

无环的有向图在工程计划和管理方面有着广泛而重要的应用。本节和下节将介绍图在两种活动网络中的应用技术。

一项工程往往可以分解为一些具有相对独立性的子工程，通常称这些子工程为活动。子工程之间在进行的时间上有着一定的相互制约关系，例如室内装修必须在房子盖好之后才能开始进行。可以用有向图表示子工程及其相互制约的关系，其中以顶点表示活动，弧表示活动之间的优先制约关系，称这种有向图为活动在顶点上的网络，简称**活动顶点网络**，或 AOV 网(activity on vertex)。

例如，图 7.17(a)所示为对一个程序员进行系统化训练的课程计划，每个接受训练的人都必须学完和通过计划中的全部课程才能颁发合格证书。整个培训过程就是一项工程，每门课程的学习就是一项活动，一门课程可能以其他某几门课程为先修基础，而它本身又可能是另一些课程的先修基础，各课程之间的先修关系可以图 7.17(b)的活动顶点网络表示。

课　程　号	课　程　名	先　修　课
C_1	C 语言程序设计	无
C_2	计算机导论	无
C_3	数据结构	C_1, C_{12}
C_4	计算机系统结构	C_2
C_5	编译原理	C_3
C_6	操作系统	C_3, C_4
C_7	计算机网络	C_5
C_8	数据库	C_5, C_6
C_9	高等数学	无
C_{10}	数值分析	C_1, C_9
C_{11}	C++ 语言	C_1, C_3
C_{12}	软件工程	C_7, C_8
C_{13}	离散数学	C_9

(a) 课程计划

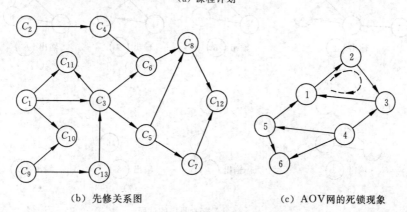

(b) 先修关系图　　　　(c) AOV网的死锁现象

图 7.17　活动顶点网络示例

在活动网络中是不允许存在回路的,因为回路的出现将意味着某项活动的开工将以自己工作的完成为先决条件,这种情况称为死锁现象(如图7.17(c)所示)。检测有向图中是否存在回路的方法之一是求有向图中顶点的一个满足下列性质的排列:若在有向图中从 u 到 v 有一条弧,则在此序列中 u 一定排在 v 之前,称有向图的这个操作为拓扑排序,所得顶点序列为拓扑有序序列。例如,下列两个序列是图7.17(b)的拓扑有序序列。

$$C_1, C_9, C_{10}, C_{13}, C_3, C_{11}, C_2, C_4, C_5, C_6, C_7, C_8, C_{12}$$

$$C_2, C_4, C_1, C_9, C_{13}, C_3, C_6, C_5, C_8, C_7, C_{10}, C_{11}, C_{12}$$

通常顶点的拓扑有序序列是不唯一的,如上例便知。但反之,若 AOV 网中存在回路,就不可能得到拓扑有序序列。

如何进行拓扑排序?从上述拓扑排序的定义可知,在拓扑有序序列中的第一个顶点必定是在 AOV 网中没有前驱的顶点,则首先在 AOV 网中选取一个没有前驱的顶点,输出它并从 AOV 网中删去此顶点以及所有以它为尾的弧,重复这个操作直至所有顶点都被输出为止。如果在此过程中找不到没有前驱的顶点,则说明尚未输出的子图中必有回路。图7.18展示一个 AOV 网及其拓扑排序的过程。如果将图7.18(a)的有向图中②→③和③→⑧的弧改为⑧→③和③→②,则在输出⑤和⑦两个没有前驱的顶点之后,就找不到没有前驱的顶点,显然是因为图中已存在回路。

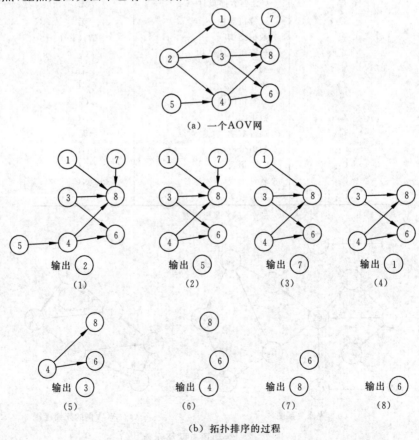

(a) 一个AOV网

(b) 拓扑排序的过程

图 7.18　拓扑排序示例

在计算机中实现此算法时,需以"入度为零"作为"没有前驱"的量度,而"删除顶点及以它为尾的弧"的这类操作可不必真正对图的存储结构来进行,可用"弧头顶点的入度减1"的办法来替代。由此,拓扑排序的算法框架可如下描述:

```
建有向图的邻接表并统计各顶点的入度;
取入度为零的顶点 v;
while(v<>0) {              // 尚有入度为零的顶点存在
  cout <<v; ++m;          // 输出入度为零的顶点,并计数
  w=FirstAdj(v);          // w 为 v 的邻接点
  while(w<>0) {           // 尚有 v 的邻接点存在
    inDegree[w]--;        // w 的入度减 1
    w=nextAdj(v,w);       // 取 v 的下一个邻接点
  }
  取下一个入度为零的顶点 v;
}// while
if (m<n) cout <<("图中有回路");
```

7.7 关键路径

对于一项工程而言,还可以用弧表示活动,用顶点表示"事件"。所谓事件是一个关于某(几)项活动开始或完成的断言:指向它的弧所表示的活动已经完成,而从它出发的弧所表示的活动开始进行。每条弧可以带一个权值,以表示活动进行所需时间等。称这种网络为活动在边上的网络,简称为**活动边网络**,或 **AOE 网**(activity on edge)。

图 7.19 表示一项假想工程的 AOE 网络,其中 a_i 表示第 i ($i=1, 2, \cdots, 11$)项活动,弧上的数字表示完成子工程所需天数。V_1 表示整个工程开始,V_9 表示整个工程结束,V_5 则表示活动 a_4 和 a_5 已经完成,同时 a_7 和 a_8 可以开始进行的事件。通常称起始点 V_1 为源点(入度为零的顶点),称终结点 V_7 为汇点(出度为零的顶点),一个工程的 AOE 网应是一个单源点和单汇点的有向无环图。

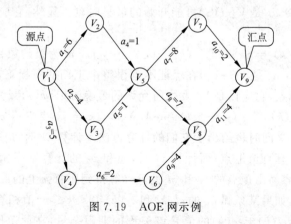

图 7.19　AOE 网示例

AOE 网在工程项目的管理、计划和评估方面非常有用,利用它可以估算整个工程完工

的最短时间;哪些活动是关键的,即它的提前或拖延完成将直接关系到整个工程的提前或拖延完成。工程进度控制的关键在于抓住关键活动。在一定范围内,非关键活动的提前完成对于整个工程的进度没有直接的好处,它的稍许拖延也不会影响整个工程的进度。工程的指挥者可以把非关键活动的人力和物力资源暂时调给关键活动,加速其进展速度,以使整个工程提前完工。

在 AOE 网络中,一条路径上各弧权值之和称为该路径的**带权路径长度**。由于 AOE 网络中某些活动可以并行进行,则完成整个工程的最短时间即为从原点到汇点最长的带权路径长度的值,称这样的路径为关键路径。关键路径上的弧为**关键活动**。例如图 7.19 中,$(V_1, V_2, V_5, V_8, V_9)$ 是关键路径,其上的活动 a_1,a_4,a_8,a_{11} 为关键活动,工程完工的最短时间为 18 天。

如何求得关键路径? 首先定义 4 个描述量。假设顶点 V_1 为源点,V_n 为汇点,事件 V_1 的发生时刻作为事件原点(0 时刻)。

$ve(j)$:事件 V_j 可能发生的最早时刻,它是从 V_1 到 V_j 的最长带权路径长度

$$ve(j) = \begin{cases} 0, & j = 1 \\ \max\{ve(i) + w(V_i \to V_j)\}, & j = 2, 3, \cdots, n \\ V_i \to V_j \text{ 是弧}, \end{cases} \qquad (7\text{-}7)$$

其中,$w(V_i \to V_j)$ 表示该弧的权值。对于一个特定的顶点 $V_j(2 \leqslant j \leqslant n)$,式(7-7)表示考察 V_j 的所有前驱结点 $V_{i1}, V_{i2}, \cdots, V_{ip}$,在 $ve(i_1) + w(V_{i1} \to V_j), \cdots, ve(i_p) + w(V_{ip} \to V_j)$ 中选最大值。

$vl(i)$:在保证不延误整个工期(即保证 V_n 在 $ve(n)$ 时刻发生)的前提下,事件 V_i 发生所允许的最晚时刻。它等于 $ve(n)$ 减去 V_i 到 V_n 的最长带权路径长度。

$$vl(i) = \begin{cases} ve(n) & i = n \\ \min\{vl(j) - w(V_i \to V_j)\} & i = n-1, \cdots, 2, 1 \\ V_i \to V_j \text{ 是弧} \end{cases} \qquad (7\text{-}8)$$

对于一个特定的顶点,$V_i(1 \leqslant i \leqslant n-1)$,式(7-8)表示考察 V_i 的所有后继结点 $V_{j1}, V_{j2}, \cdots,$ V_{jq},在 $vl(j_1) - w(V_i \to V_{j1}), \cdots, vl(j_q) - w(V_i \to V_{jq})$ 中选最小值。

$ee(k)$:活动 a_k(令 a_k 是 $V_i \to V_j$)可能开始的最早时刻。显然,它应该是 V_i 可能发生的最早时刻 $ve(i)$,即

$$ee(k) = ve(i) \qquad (k = 1, 2, \cdots, m, \; m \text{ 为弧的数目}) \qquad (7\text{-}9)$$

$el(k)$:活动 a_k(令 a_k 是 $V_i \to V_j$)在保证不延误整个工期的前提下,活动 a_k 开始所允许的最晚时刻。不难想象,它应该是 V_j 发生所允许的最晚时刻 $vl(j)$ 减去 $w(V_i \to V_j)$,即

$$el(k) = vl(j) - w(V_i \to V_j) \qquad (k = 1, 2, \cdots, m) \qquad (7\text{-}10)$$

上述 4 个量的定义同时也给出了它们的计算方法。计算 ve 时,应按顶点的拓扑有序次序从源点开始向下推算直至汇点;而计算 vl 时,应和 ve 的计算顺序相反,从汇点开始向回推算直至源点,之后容易由顶点的 ve 和 vl 的值计算得到所有弧上的 ee 和 el 的值。由 $ee(k)$ 和 $el(k)$ 的定义可知,如果某条弧 a_k 的 $el(k)$ 和 $ee(k)$ $(1 \leqslant k \leqslant m)$ 值相等,则为关键活动。反之,对于非关键活动,$el(k) - ee(k)$ 的值是该工程的期限余量,在此范围内的适度延误不影响整个工程的工期。对图 7.19 所示 AOE 网,上述 4 个量的计算过程如图 7.20 所示。

在实际中,每个活动的进行事件都是估计值,需要在子工程进行过程中不断调整,而每一次调整后都有可能改变关键路径,需要重新计算关键路径。还应当指出,当存在多条关键路径时,单纯缩短并行部分中某一个子工程的执行时间,不能使整个工程的工期缩短。

	ve	vl
V_1	0	0
V_2	6	6
V_3	4	6
V_4	5	8
V_5	7	7
V_6	7	10
V_7	15	16
V_8	14	14
V_9	18	18

	ee	el	$el\text{-}ee$	权值
a_1	0	0	0	6
a_2	0	2	2	4
a_3	0	3	3	5
a_4	6	6	0	1
a_5	4	6	2	1
a_6	5	8	3	2
a_7	7	8	1	8
a_8	7	7	0	7
a_9	7	10	3	4
a_{10}	15	16	1	2
a_{11}	14	14	0	4

图 7.20　图 7.19 所示 AOE 网关键路径的计算结果

7.8 广 义 表

7.8.1 广义表的定义

广义表是 $n(n{\geqslant}0)$ 个数据元素 $\alpha_1,\alpha_2,\cdots,\alpha_n$ 的有限序列,通常记做

$$\text{LS} = (\alpha_1,\alpha_2,\cdots,\alpha_n) \tag{7-11}$$

其中,α_i 或为不可分割的单元素,或为广义表,分别称为广义表 LS 的单原子或子表。例如在如下列举的几个广义表的例子中,A 为空表($n=0$),D 为含 3 个数据元素的广义表,其中 E、A 和 F 都是广义表[①],被称为是 D 的子表。

$$D=(E,A,F)$$
$$E=(e)$$
$$F=(a,(b,c,d))$$
$$A=()$$
$$B=(a,B)=(a,(a,(a,\cdots,)))$$
$$C=(A,D,F)$$

可见,广义表是一种递归定义的数据结构。因此,虽然它也是一种线性结构[②],但和线性表有着明显的差别,正是这一特点使得广义表在处理有层次特点的线性结构问题时有着独特的效能。例如在计算机图形学、人工智能等领域的实际应用中,广义表发挥着越来越大的作用。

从以上的定义和例子可见广义表有如下特性:

① 在以后的叙述中将一律以大写字母表示广义表,以小写字母表示单元素。

② 线性结构的定义是由广义表的数据元素之间存在的线性关系而得。

(1) 广义表是一种线性结构。因此广义表中的数据元素彼此间有着固定的相对次序，如同线性表。式(7-11)中的数据元素 α_i 是广义表 LS 中第 i 个数据元素，广义表的长度则定义为最外层包含的元素个数。如广义表 D 的长度为 3，广义表 F 的长度为 2，广义表 A 的长度则为 0。

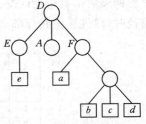

图 7.21　广义表的图形表示

(2) 广义表也是一种多层次的结构，例如图 7.21 所示是广义表 D 的一种图形表示，广义表 D 由 3 个子表 E、A 和 F 构成，而 F 又由一个原子 a 和一个子表 (b, c, d) 构成。广义表的深度则定义为所含括弧的重数，因此对广义表而言，"空表"的深度为 1(注意和空树的深度定义不同)，而"原子"的深度为"0"。例如广义表 D 的深度为 3，广义表 F 的深度为 2。

(3) 广义表可为其他广义表共享。例如广义表 F 可同时为广义表 D 和 C 的子表。在 D 表和 C 表中不必列出子表的值，而可以通过子表的名称来引用。在应用问题中，利用广义表的共享特性可以减少存储结构中的数据冗余，以节约存储空间。详见第 10 章 10.4.5 节的示例。

(4) 广义表可以是一个递归的表，即广义表可以是其自身的子表，如广义表 B。值得注意的是，递归表的深度是无穷值，而长度是有限值，如 B 表的长度为 2。

(5) 任何一个非空广义表均可分解为表头和表尾两部分。对于广义表
$$LS = (\alpha_1, \alpha_2, \cdots, \alpha_n)$$
其表头为 $\text{Head(LS)} = \alpha_1$；其表尾为 $\text{Tail(LS)} = (\alpha_2, \cdots, \alpha_n)$。可见非空广义表的表头可以是原子，也可以是广义表，而表尾必定是一个广义表。

例如广义表 $G = (E, E)$ 的表头是子表 E，表尾是广义表 (E)；而表 E 的表头是原子 e，表尾是空表( )。

7.8.2　广义表的存储结构

由于广义表中的数据元素可以是原子，也可以是广义表，显然难以用顺序存储结构表示之，并且为了在存储结构中便于分辨原子和子表，令表示广义表的链表中的结点为"异构"结点，如图 7.22 所示，结点中设有一个"标志域 tag"，并约定 tag＝0 表示原子结点，tag＝1 表示表结点。原子结点中的 data 域存储原子，表结点中指针域的两个值分别指向表头和表尾。用 C 语言描述图 7.22 广义表的结点结构如下：

```
//----- 广义表的存储表示 -----
typedef enum {ATOM=0, LIST=1} ElemTag;
                    // ATOM(=0)标志原子,LIST(=1)标志子表
typedef struct GLNode {
   ElemTag tag;        // 公共部分, 用于区分原子结点和表结点
   union {             // 原子结点和表结点的联合部分
     AtomType data; // data是原子结点的值域, AtomType由用户定义
     struct {   struct GLNode *hp, *tp;} ptr;
           // ptr是表结点的指针域, ptr.hp和ptr.tp分别指向表头和表尾
```

```
    };
} * GList;                    // 广义表类型
```

以上述定义的存储结构表示的广义表 A、D、E 和 F 如图 7.23 所示。提请读者注意,广义表 D 中第一、三结点的表头指针分别指向了 E 表和 F 表,即通过指针有效地实现了存储结构的共享。

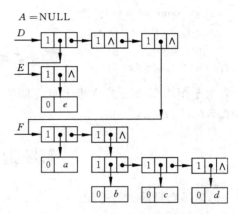

图 7.22 广义表的结点结构   图 7.23 广义表的存储结构示例

7.8.3 广义表的遍历

如果将广义表和其"表头"和"表尾"之间的关系以及存储结构与树的孩子-兄弟链表存储结构相对照,可以发现"在某种意义上"极其相似,由此在上节定义的存储结构上实现广义表的操作的算法也和树的操作算法十分相似。在此仅以广义表的遍历为例进行讨论。

类似于图的遍历,对广义表也可以有两种搜索路径:深度优先搜索遍历和广度优先搜索遍历。其深度优先遍历的操作类似于树的先根遍历。若广义表非空,则从前往后依次访问广义表的各个"数据元素",若该数据元素为原子,则直接进行访问,否则"递归"深度优先搜索遍历该子表。从存储结构来看,假设 LS 是广义表的头指针,若 LS 非空,则 LS->ptr.hp 指向它的第一个子表,LS->ptr.tp->ptr.hp 指向它的第二个子表……,依此类推。由此容易写出和树的先根遍历十分相似的算法,以下以输出广义表逻辑结构为例写出具体算法。

例 7.2 编写"以广义表的书写形式输出以 LS 为头指针的广义表"的算法。
算法 7.7

```
void OutputGList(Glist LS)
  //由广义表存储结构递归打印广义表逻辑结构
  {
    if(!LS)cout<<"()";                       // 输出空表
    else{
      if(LS->tag==ATOM) cout<<LS->data;      // 输出单原子
      else{
        cout <<'(';                          // 输出广义表的左括弧
```

```
      p=LS;
      while(p){
       OutputGList(p->ptr.hp);                    // 输出第 i 项数据元素
       p=p->ptr.tp;
       if(p) cout<<',';                           // 表尾不空时输出逗号
      }//while
      cout<<')';                                  // 输出广义表的右括弧
    }//else
   }//else
 }// OutputGList
```

若对于图 7.23 所示广义表 F 的存储结构,执行算法 7.7(OutputGList(F)),输出结果将为 $(a,(b,c,d))$。

解题指导与示例

一、单项选择题

1. 在一个具有 n 个顶点的有向图中,所有顶点的出度之和为 D_{out},则所有顶点的入度之和为(   )。

    A. D_{out} B. $D_{out}-1$ C. $D_{out}+1$ D. n

答案：A

解答注释：有向图中每添加一条弧,将使弧尾顶点的出度增 1,弧头顶点的入度增 1。因此,所有顶点的入度之和等于所有顶点的出度之和,即为有向图中弧的数。

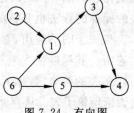

2. 图 7.24 所示有向图的拓扑排序序列个数是(   )。

    A. 5   B. 6

    C. 7   D. 8

图 7.24　有向图

答案：C

解答注释：此问题是在拓扑排序问题上叠加了一个组合排列的问题,可借助"解答树"来求解所有的拓扑排序序列,解的个数也就确定了,参见图 7.25。

二、填空题

3. 在含 91 个顶点的无向连通图的邻接矩阵中,非零元素的个数至多为_____。

答案：8190

解答注释：除主对角线外,其余位置上的元素皆为 1,则 $n \times n$ 的矩阵中值为 1 的元素个数为 $n^2-n=n(n-1)$。

4. 一个广义表的表头和表尾均为 $(a,(b,c))$,原广义表的长度和深度分别是_____和_____。

答案：第一空填 3;第二空填 3。

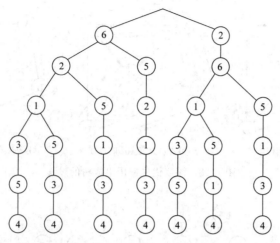

图 7.25　借助"解答树"求解所有的拓扑排序序列

解答注释：先求出广义表的表达式((a，(b，c))，a，(b，c))。

三、解答题

5. 已知一个图的邻接表如图 7.26 所示，并依此邻接表进行从顶点 A 出发的深度优先遍历，画出由此得到的深度优先生成树。

答案：见图 7.27。

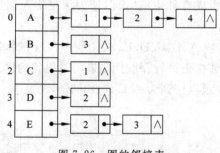

图 7.26　图的邻接表

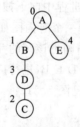

图 7.27　深度优先生成树

解答注释：深度优先生成树的根结点为遍历的出发顶点，即 A。从邻接表得知，之后首先访问的第一个邻接点应该是 B，则 B 为生成树上 A 的一棵子树根，由于 B 只有一个邻接点 D，因此它是下一个被访问的顶点，同理，之后被访问的是顶点 C。即 D 为 B 的子树根，C 为 D 的子树根。因为 C 的邻接点 B 已被访问，则从顶点 B 出发的深度优先遍历至此完成，算法回溯到顶点 A，从"下一个"未被访问的邻接点 E 出发进行。因此 E 是以 A 为根的生成树上的另一个子树根。具体解答过程可参阅图 7.28 所示。

6. 已知有向图 G 的深度优先生成森林与广度优先生成森林如图 7.29 所示。请写出该图的深度优先遍历序列和广度优先遍历序列。

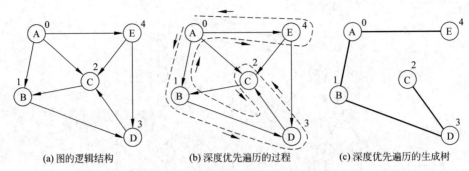

(a) 图的逻辑结构   (b) 深度优先遍历的过程   (c) 深度优先遍历的生成树

图 7.28　深度优先遍历生成树的过程

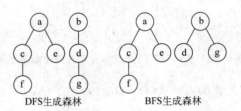

DFS生成森林　　　　　BFS生成森林

图 7.29　有向图 G 的深度优先生成森林与广度优先生成森林

答案：

深度优先遍历序列：a,c,f,e,b,d,g

广度优先遍历序列：a,c,e,f,b,d,g

解答注释：深度优先生成森林或广度优先生成森林中的"边"，即为深度优先遍历或广度优先遍历过程中向下搜索经过的边。

7．已知一个有向图如图 7.30 所示，其顶点按 A、B、C、D、E、F、G 顺序存放在邻接表的顶点表中，请画出该图的完整邻接表，使得按此邻接表进行深度优先遍历时得到的顶点序列为 A C F G D E B，进行广度优先遍历时得到的顶点序列为 A C B D F E G。

答案：见图 7.31。

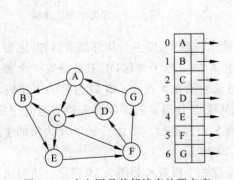

图 7.30　有向图及其邻接表的顶点表

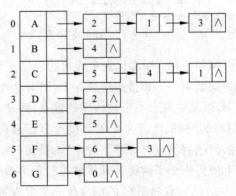

图 7.31　有向图的完整邻接表

解答注释：可首先依据逻辑结构图和广度优先遍历的顶点序列，确定邻接表中部分弧结点；然后添加那些逻辑图中存在，而邻接表中还没有画上的弧结点。最后可通过深度优先遍历的顶点序列校验或微调弧结点的位置次序。例如此题,从逻辑图得知,顶点 A 有三个邻接点,而广度优先遍历的顺序为 CBD,则可首先画出邻接表中顶点 A 的三个弧结点;接着因之后访问的顶点 FE 均为 C 的邻接点,可画出顶点 C 的前两个弧结点;而 G 只能从 F 出发访问得到,由此画出顶点 F 的第一个弧结点。

8. 已知一个带权无向图的邻接表如图 7.32 所示,从 $v=A$ 开始进行深度优先搜索的遍历,写出依据遍历次序得出的到达各顶点的路径及带权路径长度。输出格式如下:

A->U：28

A->X->Y->Z：125 等。

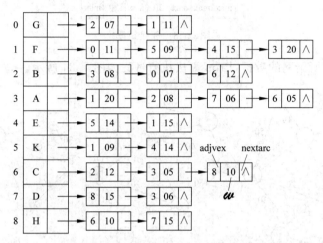

图 7.32 带权无向图的邻接表

答案：

路　　　径	路径长度
A ->F	20
A ->F ->G	31
A ->F ->G ->B	38
A ->F ->G ->B ->C	50
A ->F ->G ->B ->C ->H	60
A ->F ->G ->B ->C ->H ->D	75
A ->F ->K	29
A ->F ->K ->E	43

9. 依 Prim 算法,求图 7.33 所示的邻接矩阵表示的网的最小生成树,且 $u_0=4$。要求以 (u,v) 的形式输出该最小生成树的边,并计算其权值的和。

答案： 依次求得的最小生成树的边为：$(4,6),(6,7),(6,3),(3,1),(3,2),(2,5)$；最小生成树上边权值的和为 170。

	1	2	3	4	5	6	7
1	max	60	10	50	max	max	max
2	60	max	50	max	30	max	max
3	10	50	max	50	60	40	max
4	50	max	50	max	max	20	30
5	max	30	60	max	max	60	max
6	max	max	40	20	60	max	20
7	max	max	max	30	max	20	max

图 7.33　邻接矩阵

解答注释：按所给网的数据，Prim 算法执行过程如图 7.34 所示。

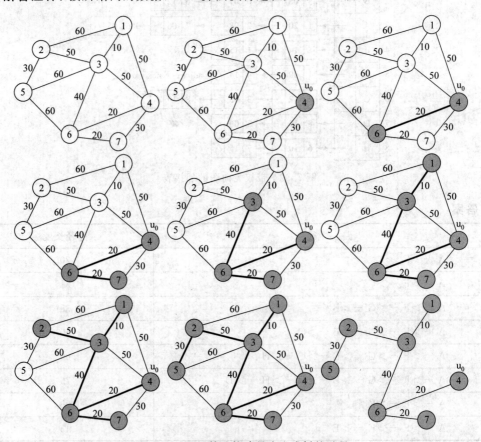

图 7.34　Prim 算法构建最小生成树的过程

10. 依照克鲁斯卡尔(Kruskal)算法，重做题 9。

答案：依次求得最小生成树的边为：(1,3)，(4,6)，(6,7)，(2,5)，(3,6)，(2,3)；最小生成树的边权值的和为 170。

解答注释：按所给网的数据，Kruskal 算法执行过程如图 7.35 所示。

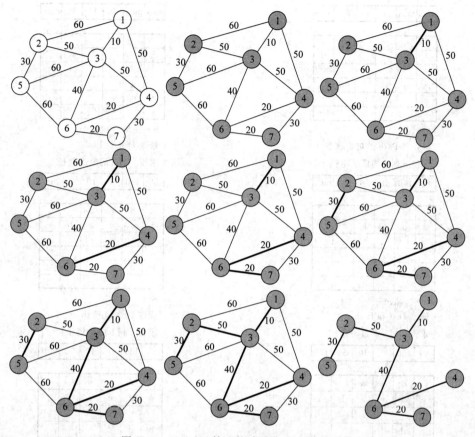

图 7.35 Kruskal 算法构建最小生成树的过程

11. 利用 Dijkstra 算法求图 7.36 从顶点 c 出发到达各顶点的最短路径,画出相应的求解步骤。

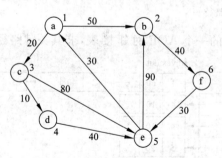

图 7.36 有向网的数据实例

答案:

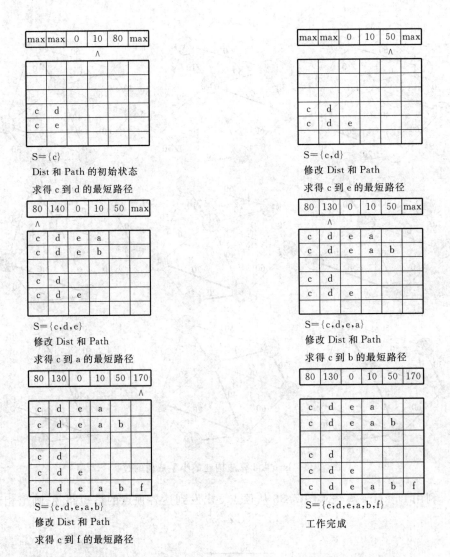

max max 0 10 80 max

S={c}
Dist 和 Path 的初始状态
求得 c 到 d 的最短路径

max max 0 10 50 max

S={c,d}
修改 Dist 和 Path
求得 c 到 e 的最短路径

80 140 0 10 50 max

S={c,d,e}
修改 Dist 和 Path
求得 c 到 a 的最短路径

80 130 0 10 50 max

S={c,d,e,a}
修改 Dist 和 Path
求得 c 到 b 的最短路径

80 130 0 10 50 170

S={c,d,e,a,b}
修改 Dist 和 Path
求得 c 到 f 的最短路径

80 130 0 10 50 170

S={c,d,e,a,b,f}
工作完成

12. 根据图 7.37 所示的一个 AOE 网邻接表，求其关键路径。将计算过程的相关量值

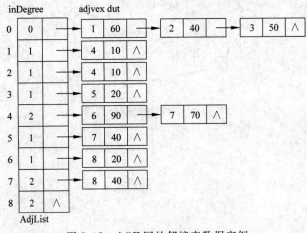

图 7.37　AOE 网的邻接表数据实例

填在给出的事件顶点表和弧的活动表中,并标出关键活动。

答案:

顶点	V_0	V_1	V_2	V_3	V_4	V_5	V_6	V_7	V_8
ve	0	60	40	50	70	70	160	140	180
vl	0	60	60	70	70	100	160	140	180

弧 (活动)	<0,1> a_1	<0,2> a_2	<0,3> a_3	<1,4> a_4	<2,4> a_5	<3,5> a_6	<4,6> a_7	<4,7> a_8	<5,7> a_9	<6,8> a_{10}	<7,8> a_{11}
a_i	60	40	50	10	10	20	90	70	40	20	40
ee	0	0	0	60	40	50	70	70	70	160	140
el	0	20	20	60	60	80	70	70	100	160	140
关键活动 (打√)	√			√			√	√		√	√

为便于理解这两个表,可参考图 7.38 所示的 AOE 网的逻辑图,其中的关键路径弧已用加重的线条标出。

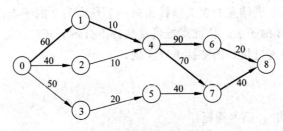

图 7.38　AOE 网的逻辑图

扩展讨论:此题答案是多条关键路径,其中 $60+10+90+20=180,60+10+70+40=180$,可以明显看出,缩短关键路径并行部分的子工程,并不能缩短整个工程的完工期限。例如将代表活动时间量值的 90 减少至 80,但整个 AOE 网的关键路径长仍为 180。而缩短非并行部分的子工程,则可使整个工期提前。

13. 已知广义表的类型定义为:

```
typedef enum { ATOM, LIST } ElemTag;
// ATOM==0:原子,LIST==1:子表
typedef struct GLNode {
    ElemTag tag;
    union {
        char atom;
        struct { struct GLNode *hp, *tp; } ptr;
            // ptr 是表结点的指针域,ptr.hp 和 ptr.tp 分别指向表头和表尾
    };
} *GList;
```

请画出广义表((e),(),(a,(b,c,d)),(b,c,d)) 的存储表示。

答案：见图 7.39。

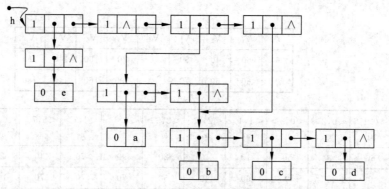

图 7.39 广义表的存储表示

解答注释：解此题有两种分析方法：即按层次分解或按表头、表尾进行分解。若按层次分解，首先判断出该广义表的长度为 4（含 4 个元素），则第一层由表尾指针相链接的 4 个表结点构成：第一个表结点的表头指针指向一个含单原子 e 的子表（该子表的长度为 1，只含一个表结点，其表头指针指向原子结点，表尾指针为"空"）；第二个表结点的表头指针为"空"（指向空表）；第三个表结点的表头指针指向一个长度为 2 的子表；第四个表结点的表头指针指向一个长度为 3 的子表。依此类推可逐层往下分解。还应注意，子表(b,c,d)是共享的结构，在存储表示中通过指针的链接予以实现。

四、算法阅读题

14. 阅读下列算法，并回答问题：

(1) 根据给定的数据模型（有向图的邻接表，见图 7.40），执行 someAlgorithm(G，6)，写出算法的返回值；

(2) 说明该算法的功能。

```
int someAlgorithm( ALGraph G, int v ) {
    d=0;
    for( j=0; j<G.vexnum; j++) {
        p=G ->AdjList[j].firstarc;
        while( p ) {
            if( p ->adjvex==v) {
                d++;
                break;
            }
            p=p ->nextarc;
        }
    }
    return d;
}
```

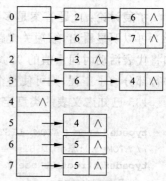

图 7.40 有向图的邻接表

答案：

(1) 算法的返回值为 3。

（2）该算法的功能是求有向图 G 中顶点 v 的入度。

解答注释：阅读此类算法，首先需要熟悉图的邻接表的描述。在此基础上容易看出，算法中双重循环的综合效果是对有向图的邻接表中所有表结点巡视一遍，循环内的核心操作自然就是：统计"邻接点（弧头）为 v"的表结点的个数。

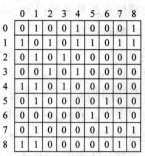

	0	1	2	3	4	5	6	7	8
0	0	1	0	0	1	0	0	0	1
1	1	0	1	0	1	1	0	1	1
2	0	1	0	1	0	0	0	0	0
3	0	0	1	0	1	0	0	0	0
4	1	1	0	1	0	0	0	0	0
5	0	1	0	0	0	0	1	0	0
6	0	0	0	0	0	1	0	1	0
7	0	1	0	0	0	0	1	0	1
8	1	1	0	0	0	0	0	1	0

15. 配合图 7.41 所示的无向连通图的邻接矩阵，阅读下列算法，并回答问题：

（1）按实际参数跟踪 DFSearch(G，0，6) 的运行，画出栈的动态变化情况；

（2）试说明 DFSearch 算法的功能及栈的作用。

图 7.41　无向连通图的邻接矩阵

```
void DFSearch(MGraph G, int v, int u) {
    // 算法中使用了栈结构 S 的操作,之前栈已被初始化
    visited[v]=TRUE;
    Push(S, v);
    for( w=FirstAdjVex(v); w!=0 && !found; w=NextAdjVex(v)) {
        if(w==u) {
                found=TRUE;
                Push(S, w); // 栈 S 中保存搜索到的路径顶点
        }
        else if(!visited[w])
                DFSearch(G, w, u);
    } // for
    if(!found) Pop(S);
}
```

答案：

（1）

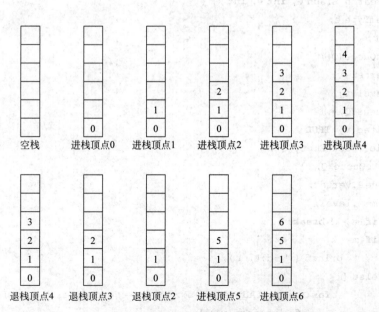

图 7.42　栈的动态变化情况

237

（2）该算法的功能：利用图的深度优先搜索算法的框架，实现寻找从 v 到 u 之间的一条简单路径，辅助空间栈用作存储路径上的顶点序号。对所给的问题实例，最终栈中从栈底到栈顶所存放的路径是 $0->1->5->6$。

解答注释：在学习过程中应善于利用已经获得的知识。阅读此算法，自然会联想到课文中的算法 7.4，可见这是一个在深度优先遍历基础上进行的操作。对照算法 7.4，可发现有三处不同：一是，"访问第 v 个顶点"具体化为"v 入栈"；二是，在从 v 出发的遍历过程中，一旦访问到 u，即结束该遍历过程；三是，若从 v 出发的遍历过程中没有访问到 u，则将 v 从栈中退出。自然，遍历算法的参数中多了一个"终点 u"。由此可见，栈中保留的是从 v 到 u 的遍历过程中"能由它（w）出发搜索到 u"的顶点。

16. 已知图 G 及队列 Q，阅读算法，并回答下列问题：

（1）配合图的邻接矩阵实例（见图 7.43），写出执行 BFSearch(G, 2, 3) 的输出；

（2）简要说明算法 BFSearch 的功能。

其中的队列元素和队的类型定义参考如下：

	0	1	2	3	4	5	6	7	8
0	0	1	1	1	0	0	0	0	0
1	1	0	0	0	0	0	1	0	0
2	1	0	0	0	0	1	0	0	0
3	1	0	0	0	1	0	0	1	0
4	0	0	0	1	0	0	0	0	0
5	0	0	1	0	0	0	0	1	0
6	0	1	0	0	0	0	0	1	0
7	0	0	0	1	0	1	1	0	1
8	0	0	0	0	0	0	0	1	0

图 7.43　数据实例的邻接矩阵

```
typedef struct {
    int vertex;              // 图的顶点序号
    int level;               // 记录顶点所在的层次
} QElemType;
typedef struct {
    QElemType *elem;
    int front;               // 头指针
    int rear;                // 尾指针
} SqQueue;
void BFSearch(Graph G, int v, int k) {
    QElemType e;
    int m;
    InitQueue(Q);
    e.vertex=v;
    e.level=0;
    EnQueue(Q, e);
    visited[v]=TRUE;
    while(!QueueEmpty(Q)) {
        DeQueue(Q, e);
        u=e.vertex;
        m=e.level;
        if(m>k) break;
        if(m==k)
            printf ( "%d:", u);
        else {
            for( w=FirstAdjVex(G, u); w!=0; w=NextAdjVex(G,u,w) )
                if( !visited[w]){
```

```
                                              visited[w]=TRUE;
                                              e.vertex=w;
                                              e.level=++m;
                                              EnQueue(Q, e);
                            }
                    }
            }
    }
```

答案：

（1）依次输出 6、4 及 8。

（2）该算法的功能：利用图的广度优先搜索算法的框架，输出从 v 开始的最短路径长度为 k 的顶点。

解答注释： 对照算法 7.5 可见，本题在对图进行广度优先遍历的过程中，将"顶点的访问层次（参见图 7.6（c））"与该顶点一起存入队列。遍历出发顶点 v 的访问层次为 0。遍历在"访问层次大于 k"时提前结束。

17. 阅读算法，并根据给定的邻接表数据实例（见图 7.44）回答下列问题：

（1）写出运行 manyTravel(g) 的输出结果；

（2）简述算法功能。

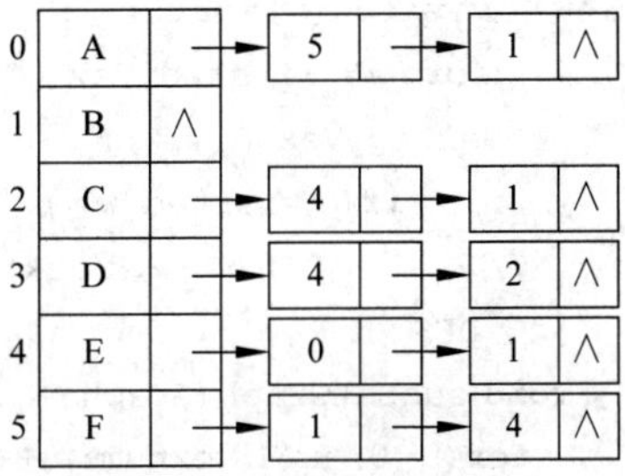

图 7.44　图 g 的数据实例

```
void manyTravel(ALGraph G) {
    for(v=0; v<G.vexnum; v++) {
        for( w=0; w<G.vexnum; w++)
            visited[w]=FALSE;
        cout<<v;
        cout<<":"
        selfXP(G, v);
        cout<<endl;
    }
}


void selfXP(ALGraph G, int v) {
    visited[ v ]=TRUE;
    cout<<G.vertices[v].data; // 输出当前顶点的数据值
    for( w=FirstAdjVex(G, v); w>=0; w=NextAdjVex(G, v, w))
        if( !visited[ w ])
            selfXP(G, w);
}
```

答案：

（1）0：A F B E

　　1：B

2：C E A F B

3：D E A F B C

4：E A F B

5：F B E A

（2）依次从每个顶点出发进行深度优先搜索遍历，输出所得到的各顶点序列。

解答注释：参照算法 7.4，将"访问第 v 个顶点"具体化为"输出第 v 个顶点信息"。算法 manyTravel 为依次从每个顶点出发进行深度优先搜索遍历，因此每一次的遍历之前都必须将所有顶点的访问标识设为"FALSE"。

18. 根据图 7.45，阅读算法 subSetGraph，并回答下列问题：

（1）写出运行 subSetGraph 算法后 visited[ ] 的最终结果；

（2）简述这个算法的功能。

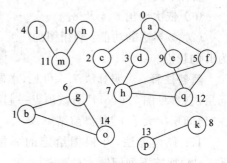

图 7.45　非连通图实例

```
void DFS(Graph G, int v, int mark) {
    visited[v]=mark;
    for(w = FirstAdjVex (G, v); w != 0; w =
    NextAdjVex(G,v,w))
        if( !visited[w] )
            DFS(G, w, mark);
} // DFS
void subSetGraph(Graph G, int visited[]) {
    for(u=0; u<G.vexnum; u++)
        visited[u]=0; // 访问标识数组初始化
    s=0;
    for(u=0; u<G.vexnum; u++)
        if(!visited[u]) {
            s++;
            DFS(G, u, s);
        }
}
```

答案：

（1）

	0	1	2	3	4	5	6	7	8	9	10	11	12	13	14
visited：	1	2	1	1	3	1	2	1	4	1	3	3	1	4	2

（2）该算法对非连通图进行遍历，通过给顶点赋予标记值 mark，对各连通子图的顶点做归属的划分，例如顶点 10 属于第 3 个连通分量（连通子图）。

解答注释：这依然是一个深度优先遍历的操作，只是在 DFS 的算法中多了一个参数 mark，为遍历过程中的访问标识，且对每一个与顶点 v 有路径相通的顶点，它们的"访问标识"与顶点 v 相同，均为 mark。从 subSetGraph 函数得知，mark 的值恰为对非连通图的连通分量进行计数。例如题面所给例图，从第一个未被访问的顶点（0 号顶点）出发进行深度优先遍历,依次访问到的顶点的标识值 mark 为 1;从第二个未被访问的顶点(1 号顶点)出发进行深度优先遍历,依次访问到的顶点的标识值 mark 为 2;依此类推。

19. 阅读算法 TopoSeq(G, order[]),并回答下列问题:

(1) 对于如图 7.46 所示的存储表示,写出 order[ ]的最后结果;

(2) 简要说明该算法的功能。

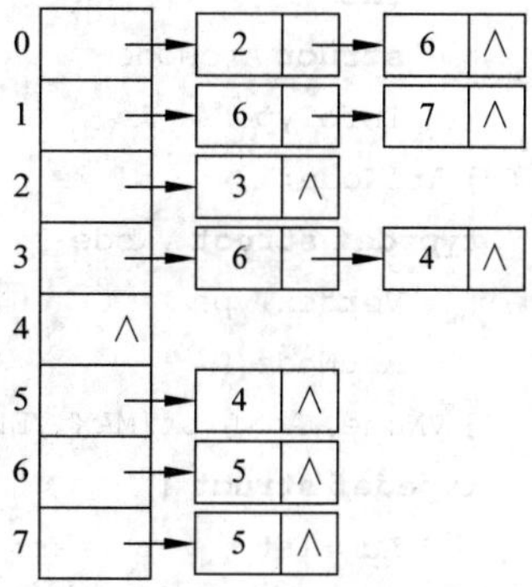

图 7.46　图的存储表示实例

```
Status TopoSeq(ALGraph G, int order[]) {
    FindIndegree(G,indegree);
    Initstack(S);
    for(i=0; i<G.vexnum; i++)
        if(!indegree[i])
    Push(S,i);
    count=0;
    while(!stackEmpty(S)) {
        Pop(S,i);
        order[i]=++count;
        for(p=G.vertices[i].firstarc; p; p=p->nextarc) {
            k=p->adjvex;
            if(!(--indegree[k]))
            Push(S,k);
        }
    }
    if(count<G.vexnum) return ERROR;
    return OK;
}
```

答案:

(1)

order[ ]	0	1	2	3	4	5	6	7
	3	1	4	5	8	7	6	2

(2) 算法对有向图进行拓扑排序,它通过 order 向量记载每一个顶点在拓扑排序序列中的位序,例如顶点 3 在拓扑序列中的位序是 5。

解答注释:与本章 7.6 节的拓扑排序算法描述对照后容易看出,这是对有向图进行拓扑排序操作的算法,利用栈保存当前入度为零的顶点,count 用以计数,则 order[i]即为该顶点在拓扑排序过程中的序列号。

五、算法设计题

20. 设计算法在以邻接表表示的无向图 G 中删除一条边(u,v),邻接表的类型定义如下:

```
#define MAX_VERTEX_NUM 20
typedef struct ArcNode {
    int                 adjvex;
    struct ArcNode      *nextarc;
    InfoType            *info;
} ArcNode;
typedef struct VNode {
    VertexType          data;
    ArcNode             *firstarc;
} VNode, AdjList[MAX_VERTEX_NUM];
typedef struct {
    AdjList    vertices;
    int        vexnum, arcnum;
    int        kind;
} ALGraph;
```

答案：

```
int deleteEdge(ALGraph G, int v, int u) {
    // v和u是待删边的一对顶点序号,成功删除后返回1,否则返回0
    if(v<0||v>vexnum||u<0||u>vexnum)
        return 0;                    // v和u取值范围的合法性判定
    p=G.vertices[v].firstarc;
    while( p && p->adjvex!=u ) { // 从 v 下标的表头查找 u 对应的表结点
        pre=p;
        p=p->nextarc;
    }
    if( p ) { // 删除顶点 u 对应的表结点
        pre->nextarc=p->nextarc;
        free ( p );
    } else return 0;                 // 顶点 u 对应的表结点不存在,无法进行删除

    q=G.vertices[u].firstarc;
    while( q && q->adjvex!=v ) { // 从 u 下标的表头查找 v 对应的表结点
        qre=q;
        q=q->nextarc;
    }
    if( q ) { // 删除顶点 v 对应的表结点
        qre->nextarc=q->nextarc;
        free ( q );
    } else return 0;                 // 顶点 v 对应的表结点不存在,无法进行删除
    return 1;
}
```

解答注释：无向图的一条边对应于邻接表中两个表结点,则只要分别找到这两个结点,进行单链表的删除操作即可。

21. 改写题 15 中的图 7.40 的深度优先遍历算法,实现在有向图中求从 u 到 v 的所有简单路径,并以图 7.47 所给的数据实例说明改写的理由。

答案：

	0	1	2	3	4	5
0	0	1	1	0	0	1
1	1	0	0	0	0	0
2	0	1	0	1	0	0
3	0	1	0	0	0	1
4	0	0	0	1	0	0
5	0	0	0	0	1	0

图 7.47　数据实例模型的邻接矩阵

```
int path[MAXSIZE]; // 暂存遍历过程中的路径
void findAllPathOfDG(ALGraph G, int u, int v,
int k) {
    // 求有向图 G 中顶点 u 到 v 之间的所有简单路径
    // k 表示当前路径长度,初值为 0
    visited[u]=1;
    path[k]=u;                          // 顶点 u 被加入到当前路径中
    if(u==v){                           // 找到了一条简单路径
        cout<<"Found one path!\n";
        for(i=0; path[i]; i++)          // 输出一条路径的顶点
            cout<<path[i];
    } else {
            for(w=FirstAdjVex(G, v); w!=0; w=NextAdjVex(G,v,w))
                if(!visited[w]) findAllPathOfDG(G, w, v, k+1);  // 继续寻找
            }
    visited[u]=0;                       // 回溯时,将访问标志重置为 0
    path[k]=0;                          // 曾走过的路径也重新抹掉
} // findAllPathOfDG
```

解答注释：由于本题是求从 v 到 u 的所有路径,则在题 15 的基础上需要修改两处：第一,遍历过程在访问到 u 时,不是终止搜索,而是输出当前的一条路径；第二,每当回溯,即退出从 v 出发的遍历时,不仅要从路径中退出顶点 v,还要将 v 的访问标识从 1 再翻转到 0,以便从其他路径再次访问到该顶点时能够走通。如图 7.48 所示,0 —>2 —>3 —>5 —>4 是已走通的一条路径,逐层回退时应将 4、5、3 及 2 的访问标识恢复为 0。这样才能求得另一条路径 0 —>5 —>4。第二,借用一个 path[] 数组记录路径,存取数据的下标 k 恰为调用参数,因此随着递归的调用与返回,k 也跟着进退,此时 path[] 的动作机制类似于栈。

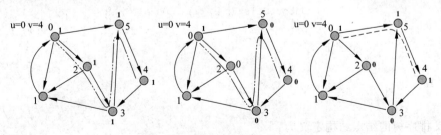

图 7.48　搜索所有路径的过程图示

22. 设计一个算法,按字典序列出给定广义表中所有值不同的原子,并统计值相同的原子结点个数。例如图 7.49(a)所示广义表,其输出格式如图 7.49(b)所示:

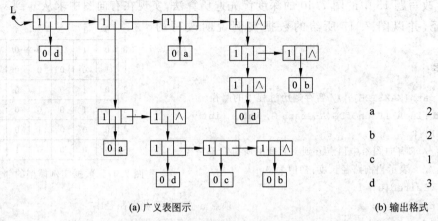

(a) 广义表图示   (b) 输出格式

图 7.49 广义表及原子结点输出格式

解答注释:不难看出,此题的基本操作为遍历广义表,但由于题面的要求是"按字典序"输出广义表中值不同的原子,且统计值相同的原子个数,则遍历过程中每访问到原子结点时不能直接进行"输出"的操作,而是将值不同的原子暂时保存在某个结构内,并统计值相同的原子个数。这个缓存结构可以是线性表(输出之前先进行排序),或有序表,或二叉排序树。其中二叉排序树的效率最高。在此以二叉排序树为例,整个算法应包含三个函数:遍历广义表、二叉排序树的插入及输出。

答案:

```
void OutputGList( GList L, BiTree &T ) {
    // 遍历广义表,将原子结点存入以 T 为根指针且初始状态为空的二叉排序树中,
    if(L) {
        if( L->tag==ATOM )
            Insert_BST( T, L->atom ),
            // 将广义表原子结点插入到二叉排序树 T 中
        else {
            p=L;
            while( p ) {
                OutputGList(p->ptr.hp);
                p=p->ptr.tp;
            }
        }
    }
}
```

二叉排序树的结点结构定义为:

```
typedef struct BTNode {              // 二叉排序树的结点结构
    char elem;
```

```
    int count;                          // 数据域
    struct BTNode *lchild, *rchild;     // 左、右孩子指针
} BTNode, *BSTree;


void Insert_BST ( BiTree &T, char e ) {
    // 遍历广义表,将原子结点存入以 T 为根指针且初始状态为空的二叉排序树中,
    if(!T) {
            T=new BTNode;
            T->elem=e;
            T->count=1;
            T->lchild=T->rchild=NULL;
    }
    else {
            if( T ->elem==e )
                    T->count++;         // 值相同的原子结点计数增 1
            else {
                    s=new BiTNode;
                    s->elem=e;
                    s->count=1;
                    s->lchild=s->rchild=NULL; // 按值大小进行插入
            }
    }
}


void Output_BST ( BiTree T ) {
    // 中序遍历该二叉排序树,实现原子结点按字典序的输出
    // 打印结点的原子值及相同原子结点的个数
}
```

对应于本题所示广义表例子,构造所得二叉排序树及中序遍历的输出结果如图 7.50
所示。

(a) 由遍历广义表得到的二叉排序树　　　　　(b) 中序遍历二叉排序树所得的输出

图 7.50　构造所得二叉排序树及中序遍历的输出结果

扩展讨论：如果按最坏情况分析,假设无相同原子的结点,建立二叉排序树的时间复杂
度即是对二叉排序树进行查找的时间复杂度,因该树是逐步生成的。若原子结点数为 n,则

插入所有结点耗时为

$$\log 1 + \log 2 + \log 3 + \cdots + \log n = \log(n!) \approx n\log n$$

同时,遍历广义表的过程与最后的中序遍历还要耗用 $O(n)$ 级的时间复杂度,因此总的算法时间复杂度应为 $O(n\log n)$。

习　题

7.1 已知图题 7.1 所示的有向图,请给出该图的

(1) 每个顶点的入度和出度;

(2) 邻接矩阵;

(3) 邻接表;

(4) 逆邻接表;

(5) 强连通分量。

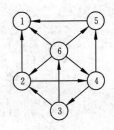

图题　7.1

7.2 已知以二维数组表示的图的邻接矩阵如图题 7.2 所示。试分别画出自序号为 0 的顶点出发进行遍历所得的深度优先生成树和广度优先生成树。

	0	1	2	3	4	5	6	7	8	9
0	0	0	0	0	0	0	1	0	1	0
1	0	0	1	0	0	0	1	0	0	0
2	0	0	0	0	0	0	0	1	0	0
3	0	0	0	0	1	0	0	0	1	0
4	0	0	0	0	0	1	0	0	0	1
5	1	1	0	0	0	0	0	0	0	0
6	0	0	1	0	0	0	0	0	0	1
7	1	0	0	1	0	0	0	0	1	0
8	0	0	0	0	1	0	1	0	0	1
9	1	0	0	0	0	1	0	1	0	0

图题　7.2

7.3 基于图的深度优先搜索策略写一算法,判别以邻接表方式存储的有向图中是否存在由顶点 v_i 到顶点 v_j 的路径($i \ne j$)。

7.4 已知图题 7.3 的无向带权图

(1) 写出它的邻接矩阵,并按普里姆算法求其最小生成树;

(2) 写出它的邻接表,并按克鲁斯卡尔算法求其最小生成树。

7.5 按迪杰斯特拉算法求图题 7.4 从顶点 a 到其他各顶点间的最短路径,并写出执行过程中 Dist 和 Path 的值的变化状况。

7.6 列出图题 7.5 中全部可能的拓扑有序序列,并指出按 7.6 节中所描述的算法求得的是哪一个序列(注意:应先确定其存储结构)。

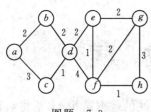

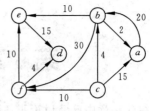

图题 7.3　　　　　　　　　　　　　　图题 7.4

7.7 对于图题 7.6 所示的 AOE 网络,计算各事件(顶点)的 $ve(v_i)$ 和 $vl(v_j)$ 函数值以及各活动弧的 $ee(a_i)$ 和 $el(a_j)$ 函数值。并列出各条关键路径。

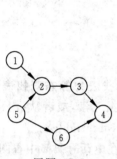

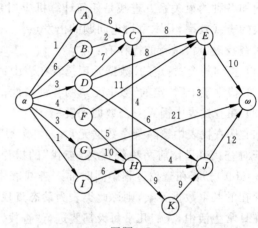

图题 7.5　　　　　　　　　　　　　图题 7.6

7.8 画出下列广义表的存储结构图,并指明其表头和表尾以及它的深度。

(1) $(((\ )),a,((b,c),(\ ),d),(((e))))$

(2) $((((a),b)),(((\ ),d),(e,f)))$

7.9 画出下列广义表的具有共享结构的存储结构图。

$$(((b,c),d),(a),((a),((b,c),d)),e,(\ ))$$

7.10 按表头表尾的分析方法编写求广义表的深度的递归算法。

第8章 查 找 表

本书在前几章中已经讨论了各种典型的线性和非线性的数据结构,本章将讨论在实际应用中大量使用的一种数据结构——查找表。

查找表(search table)是由同一类数据元素(或记录)构成的集合。由于"集合"中的数据元素之间的关系未作限定,因此在实现时,可以根据实际应用对查找操作的要求,对数据元素附加各种约束关系。查找是任何计算机应用系统中使用频度都很高的操作,设法提高查找表的查找效率,是本章讨论问题的出发点。

对查找表经常进行的操作有:

(1) 查询某个"特定的"数据元素是否在表中;

(2) 检索某个"特定的"数据元素的各种属性;

(3) 在查找表中插入一个数据元素;

(4) 从查找表中删除某个数据元素。

若对查找表只作前两种统称为"查找"的操作,则称此类查找表为**静态查找表**(static search table)。若在查找过程中同时插入查找表中不存在的数据元素,或者从查找表中删除已存在的某个数据元素,则称此类表为**动态查找表**(dynamic search table)。

在日常生活中,人们几乎每天都要进行"查找"工作。例如,在电话号码簿中查阅某单位或某人的电话号码,在字典中查阅某个字的读音和意义等。"电话号码簿"和"字典"都可看做是一张查找表。

在各种系统软件或应用软件中,查找表是最常用的数据结构之一。如编译程序的符号表、信息处理系统的信息表等。

由上述可见,所谓"查找"是在一个含有众多的数据元素的查找表中找出某个"特定的"数据元素。

为了便于讨论,必须给出这个"特定的"词的确切含义。首先需要引入"关键字"的概念。

关键字(key)是数据元素中某个数据项的值,用它可以标识(识别)一个数据元素。若此关键字可以唯一地标识一个元素,则称此关键字为**主关键字**(primary key)(对不同的元素,其主关键字均不同);反之,称用以识别若干元素的关键字为**次关键字**(secondary key)。当数据元素只有一个数据项时,其关键字即为该数据元素的值。

查找(searching)根据给定的某个值,在查找表中确定一个其关键字等于给定值的数据元素。若表中存在这样的一个元素,则称查找是成功的,此时查找的结果为给出整个数据元素的信息,或指示该数据元素在查找表中的位置;若表中不存在这样的元素,则称查找不成功,此时查找的结果可给出一个"null"元素(或空指针)。

例如,当计算机处理大学入学考试成绩时,全部考生的成绩可以用图 8.1 所示查找表的结构存储在计算机中。表中每一行为一个数据元素,考生的准考证号码为元素的关键字。假设给定值为179326,通过查找可得考生陆华的各科成绩和总分,此时查找成功。若给定值为 179238,则由于表中没有关键字为 179238 的元素,查找不成功。

准考证号	姓名	各 科 成 绩							总分
		政治	语文	外语	数学	物理	化学	生物	
⋮	⋮	⋮	⋮	⋮	⋮	⋮	⋮	⋮	⋮
179325	陈红	85	86	88	100	92	90	85	626
179326	陆华	78	75	90	80	95	88	74	580
179327	张平	82	80	78	98	84	96	80	598
⋮	⋮	⋮	⋮	⋮	⋮	⋮	⋮	⋮	⋮

图 8.1 高考成绩表示例

如何进行查找? 显然,在一个结构中查找某个数据元素的过程依赖于这个数据元素在结构中所处的位置。因此,对查找表进行查找的方法取决于表中数据元素依何种关系(这个关系是人为地加上的)组织在一起的。例如查电话号码时,由于电话号码簿是按用户(集体或个人)的名称(或姓名)分类且按笔画顺序编排,所以查找的方法就是先顺序查找待查用户的所属类别,然后在此类中顺序查找,直到找到该用户的电话号码为止。又如,由于字典是按单词的字母在字母表中的次序编排的,所以在查阅英文单词时,不需要从字典的第一个单词比较起,只要根据待查单词中每个字母在字母表中的位置就可以缩小查找范围,快速查到该单词。

同样,在计算机中进行查找的方法也随数据结构的不同而异。如前所述,本章讨论的查找表是一种非常灵便的数据结构。但也正是由于表中数据元素之间仅存在着"同属一个集合"的松散关系,给查找带来不便。为了提高查找效率,需要在数据元素之间人为地附加某种确定的关系,换句话说,用另一种数据结构来表示查找表。由于静态查找表和动态查找表所进行的基本操作不同,则表示方法也不同。本章将分别就这两类查找表讨论它们的各种表示及其主要操作的实现方法和效率。

在本章以后各节讨论中涉及的数据元素(记录)将统一定义为如下描述的类型:

```
typedef struct {
    KeyType key;          // 关键字项
    …                     // 其他数据项
} ElemType;              // 数据元素
```

其中的关键字类型可以为整型、实型、字符型、串类型等。

8.1 静态查找表

对静态查找表进行的基本操作有:

Create(&ST, n)

  操作结果:构造一个含 n 个数据元素的静态查找表 ST。

Destroy(&ST)

  初始条件:静态查找表 ST 存在;

  操作结果:销毁表 ST。

Search(ST, kval)

    初始条件:静态查找表 ST 存在,kval 是和查找表中元素的关键字类型相同的给
               定值;

    操作结果:若 ST 中存在其关键字等于 kval 的数据元素,则函数值为该元素的值
               或在查找表中的位置,否则为"空"。

Traverse(ST)

    初始条件:静态查找表 ST 已存在。

    操作结果:按某种次序输出 ST 中的每个数据元素。

由于静态查找表基本上不进行插入或删除的操作,因此通常以顺序存储结构的线性表或有序表表示,用 C 语言描述为:

```
//-----静态查找表的顺序存储表示-----
typedef struct {
  ElemType *elem;   // 数据元素存储空间基址,建表时按实际长度分配,0号单元留空
  int      length; // 表中元素个数
} SSTable;
```

其主要操作——查找可以有三种实现方法。

8.1.1　顺序查找

若以顺序线性表表示静态查找表,则查找过程最为简单,只要从第一个元素的关键字起,依次和给定值相比较直至相等或不存在。类似于第 2 章中的算法 2.5,在循环条件中必须加上不使循环变量出界的判别。当表中记录数超过 1000 时,因判出界操作的时间消耗很可观,它将使整个算法的执行时间几乎增加一倍。为此,可类似于插入排序的算法,在数组的"0 下标"处增设"哨兵",并令查找过程自最后一个元素的关键字开始。称此查找过程为顺序查找,其算法如算法 8.1 所示。

算法 8.1

```
int Search_Seq(SSTable ST, KeyType kval)
{
  // 在顺序表 ST 中顺序查找其关键字等于 kval 的数据元素
  // 若找到,则函数值为该元素在表中的位置,否则为 0
  ST.elem[0].key=kval;                          // 设置"哨兵"
  for(i=ST.length; ST.elem[i].key !=kval; --i); // 从后往前查找
  return i;                                     // 找不到时,i 为 0
} // Search_Seq
```

例 8.1　已知顺序线性表中数据元素的关键字如图 8.2 所示。假设给定值 kval=19,则算法 8.1 执行的结果返回 i=7,若给定值 kval=61,则由于 ST.elem[0].key 预先被赋值 61,则循环变量 i 的值自 11 减至 0 时 ST.elem[0].key=kval 成立,故算法 8.1 返回 0 值,意味查找不成功。

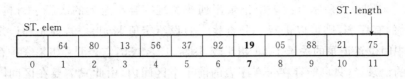

图 8.2　顺序表示例

如何评价查找算法的时间效率？由于查找算法中的基本操作为"记录的关键字和给定值相比较"，因此通常以查找过程中关键字和给定值比较的平均次数作为比较查找算法的度量依据。

定义：查找过程中先后和给定值进行比较的关键字个数的期望值称做查找算法的**平均查找长度**（average search length）。

对于含有 n 个记录的查找表，查找成功时的平均查找长度为

$$ASL = \sum_{i=1}^{n} P_i C_i \tag{8-1}$$

其中 P_i 为查找表中第 i 个记录的概率，且

$$\sum_{i=1}^{n} P_i = 1 \tag{8-2}$$

C_i 为找到表中第 i 个记录（其关键字等于给定值）时，曾和给定值进行过比较的关键字的个数，显然，C_i 的值随查找过程的不同而不同。

从算法 8.1 可见，顺序查找过程中，C_i 的值取决于记录在表中的位置。若所查记录是表中最后一个记录，则仅需比较 1 次，而查找表中第一个记录时，给定值和表中 n 个关键字都进行了比较，因此一般情况下，$C_i = n-i+1$。

由此，顺序查找的平均查找长度为

$$ASL = nP_1 + (n-1)P_2 + \cdots + 2P_{n-1} + P_n \tag{8-3}$$

若查找表中每个记录的概率相等，即

$$P_i = 1/n \qquad (i = 1, 2, \cdots, n)$$

则等概率查找时顺序查找的平均查找长度为

$$ASL_{ss} = \frac{1}{n} \sum_{i=1}^{n} (n-i+1) = \frac{n+1}{2} \tag{8-4}$$

和其他查找方法相比，顺序查找的缺点是其平均查找长度较大，特别是当表中记录数 n 很大时，查找效率较低。反之，它的优点是算法简单且适应面广，无论表中记录是否按关键字有序排列均可应用，而且，上述讨论对线性链表也同样适用。

8.1.2　折半查找

当以顺序有序表（表中记录按关键字的有序性排列）表示静态查找表时，查找过程可按"折半"进行。

折半查找（binary search）又称**二分查找**。其查找过程是，先确定待查记录所在范围（区间），然后逐步缩小范围，直至找到该记录，或者当查找区间缩小到 0 也没有找到关键字等于给定值的记录为止。

例 8.2 对图 8.2 所示查找表中记录序列按关键字自小至大的次序进行排序,得到如图 8.3 所示的有序表,则可以进行二分查找。假设给定值 kval＝19,首先和记录所在区间 [1..11] 的中间位置记录的关键字 56 相比较,因为 19 ＜ 56,它表明:如果表中存在其关键字等于 19 的记录,它只可能存在于有序表的前半个区间内,由此只需要在区间[1..5]内继续查找,和上述查找过程相同,首先和查找区间中间位置记录的关键字进行比较,由此找到了该关键字等于 19 的记录。假设分别以指针 low 和 high 指示待查区间的下界和上界,则中间位置为 mid＝$\lfloor$(low＋high)/2$\rfloor$,上述查找过程如图 8.3(a)所示。图 8.3(b)展示了一

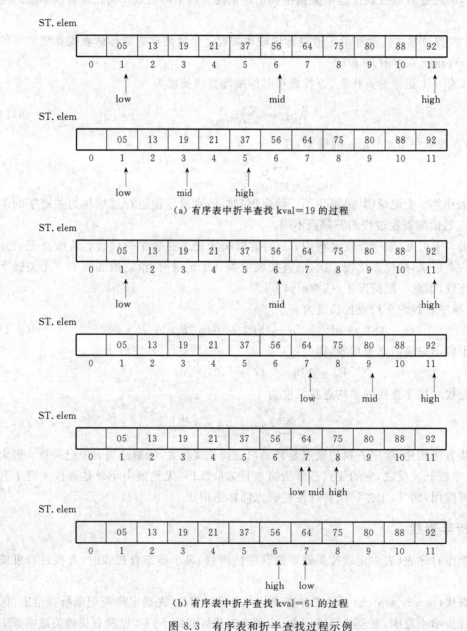

（a）有序表中折半查找 kval＝19 的过程

（b）有序表中折半查找 kval＝61 的过程

图 8.3　有序表和折半查找过程示例

个查找不成功(kval＝61)的例子。从图中可见,在进行了 3 次 ST.elem[mid].key 和给定值 kval＝61 的比较之后,查找区间缩小到 0(此时 high ＜ low),表明表中没有关键字等于 61 的记录。

折半查找的算法如算法 8.2 所示。

算法 8.2

```
int Search_Bin(SSTable ST, KeyType kval)
{
    // 在有序表 ST 中折半查找其关键字等于 kval 的数据元素
    // 若找到,则函数值为该元素在表中的位置,否则为 0
    low=1; high=ST.length;                    // 置区间初值
    while(low<=high) {
        mid= (low +high) / 2;
        if(kval==ST.elem[mid].key) return mid;      // 找到待查元素
        else
            if(kval<ST.elem[mid].key) high=mid-1;   // 继续在前半区间内进行查找
            else low=mid+1;                         // 继续在后半区间内进行查找
    } //while
    return 0;                                 // 顺序表中不存在待查元素
} // Search_Bin
```

可以用一棵二叉树来描述折半查找的过程,称此二叉树为折半查找的判定树。例如对上述含 11 个记录的有序表,其折半查找过程可如图 8.4 所示判定树表示。二叉树中结点内的数值表示有序表中记录的序号,如二叉树的根结点表示有序表中第 6 个记录,图中的两条虚线分别表示上述查找关键字等于 19 和 61 的记录的过程,虚线经过的结点正是查找过程中和给定值比较过的记录,因此,记录在判定树上的"层次"恰为找到此记录时所需进行的比较次数。例如在长度为 11 的表中查找第 8 个记录时需要的比较次数为 4,因为该记录在判定树上位于第 4 层,查找过程中给定值先后和表中第 6、第 9、第 7 和第 8 个记录的关键字相比较。假设每个记录的查找概率相同,则从图 8.4 所示判定树可知,对长度为 11 的有序表进行折半查找的平均查找长度为

$$ASL=(1+2+2+3+3+3+3+4+4+4+4)/11=33/11=3$$

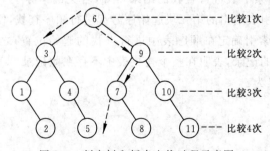

图 8.4　判定树和折半查找过程示意图

一般情况下,假设有序表的长度为 $n=2^h-1$,则在每个记录的查找概率都相等的情况

下,可证明得到折半查找的平均查找长度为

$$\text{ASL}_{\text{bs}} = \frac{n+1}{n}\log_2(n+1) - 1 \tag{8-5}$$

对于任意表长 n 大于 50 的有序表,其折半查找的平均查找长度近似为

$$\text{ASL}_{\text{bs}} \approx \log_2(n+1) - 1 \tag{8-6}$$

可见,折半查找的效率要好于顺序查找,特别在表长较大时,其差别更大。但是折半查找只能对顺序存储结构的有序表进行。对需要经常进行查找操作的应用来说,以一次排序的投入而使多次查找收益,显然是合算的。

8.1.3 分块查找

分块查找又称**索引顺序查找**,其性能介于顺序查找和折半查找之间,它适合对关键字"分块有序"的查找表进行查找操作。

所谓"分块有序"是指查找表中的记录可按其关键字的大小分成若干"块",且"前一块"中的最大关键字小于"后一块"中的最小关键字,而各块内部的关键字不一定有序。

例 8.3 已知如图 8.5 中的查找表符合分块有序的约定,每一块含有 4 个记录,第一块中最大关键字 21 小于第二块中最小关键字 22,第二块中最大关键字 33 小于第三块中最小关键字 37,依此类推。

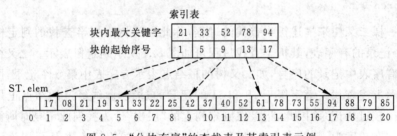

图 8.5 "分块有序"的查找表及其索引表示例

索引顺序查找的基本思想是,先从各块中抽取最大关键字构成一个索引表。由于查找表分块有序,则索引表为有序表。查找过程分两步进行:先在索引表中进行折半或顺序查找,以确定待查记录"所在块";然后在已限定的那一块中进行顺序查找。例如,给定值 kval=73 时,从对图 8.5 中索引表进行查找的结果得知,若关键字等于 73 的记录存在,必在顺序表的第 4 块中,由索引表给出的第 4 块起始序号起进行顺序查找,便可找到该记录。若给定值 kval=75,同样由索引确定在顺序表中进行查找的起始位置,之后由于在第 4 块中没有找到关键字等于 75 的记录,表明在整个查找表中不存在此记录。

假设索引表的定义为:

```
typedef struct {
    KeyType key;
    int        stadr;
} indexItem;
typedef struct {
    indexItem *elem;
```

```
    int          length;
} indexTable;
```

则分块查找的算法如算法 8.3 所示。

算法 8.3

```
int Search_Idx(SSTable ST, indexTable ID, KeyType kval)
{
  // 在顺序表 ST 中分块查找其关键字等于给定值 kval 的数据元素,ID 为索引表
  // 若找到,则返回该数据元素在 ST 中的位置,否则返回 0
  low=0; high=ID.length-1; found=FALSE;
  if(kval>ID.elem[high].key)return 0;   //给定值 kval 比表中所有关键字都大
  while(low<=high && !found) {   // 折半查找索引表,确定记录查找区间
    mid=(low+high)/2;
    if(kval<ID.elem[mid].key) high=mid-1;
    else if(kval>ID.elem[mid].key) low=mid+1;
       else { found=TRUE; low=mid; }
  }//while
  s=ID.elem[low].stadr;     // 经索引表查找后,下一步的查找范围定位在第 low 块
  if(low<ID.length-1) t=ID.elem[low+1].stadr-1;
  else t=ST.length;      // s 和 t 为在 ST 表进行查找的下界和上界
  if(ST.elem[t].key==kval) return t;
  else {        // 在 ST.elem[s] 至 ST.elem[t-1]的区间内进行顺序查找
    ST.elem[0]=ST.elem[t];        // 暂存 ST.elem[t]
    ST.elem[t].key=kval;          // 设置哨兵
    for (k=s; ST.elem[k].key !=kval; k++);
    ST.elem[t]=ST.elem[0];        // 恢复暂存值
    if(k !=t) return k;
    else return 0;
  } // else
} // Search_Idx
```

由于分块查找实际上是进行了两次查找,则整个算法的平均查找长度是两次查找的平均查找长度之和。假设索引表的长度为 b,顺序表的长度为 n,则以二分查找确定块时整个分块查找的平均查找长度为:

$$\text{ASL}_{idx}(n) = \text{ASL}(b) + \text{ASL}(n/b) \approx \log_2(b+1) - 1 + (n/b+1)/2 \qquad (8\text{-}7)$$

一般情况下为进行索引顺序查找,不一定要将顺序表等分成若干块并提取每块的最大关键字作为索引项,有时也可根据顺序表中关键字的特征来分块。例如对于学生记录的顺序表,可以按"系别"或"班号"等,每块中记录的个数也不一定要相等,并且还可以为记录的插入在每一块中留出若干空位。索引顺序查找也适用于线性链表。

8.2　动态查找表

在某些应用软件中,查找表不是一次性生成的,而是在应用中逐渐形成的。例如,在仓库管理的软件中需要建立一个"商品名称表",对每一批新进的商品,首先"查找"是否存在同

类商品,若存在,则只需要增加同类商品的数量,否则需要在表中"插入"新的商品名,反之,当仓库中某种商品清仓时,需将该商品名称从表中"删除"。通常称这种在程序运行过程中动态生成的查找表为"动态查找表"。因此,对动态查找表进行的基本操作有:

InitDSTable(&DT)

　　操作结果:构造一个空的动态查找表 DT。

DestroyDSTable(&DT)

　　初始条件:动态查找表 DT 存在;

　　操作结果:销毁动态查找表 DT。

SearchDSTable(DT,kval)

　　初始条件:动态查找表 DT 存在,kval 是和关键字类型相同的给定值;

　　操作结果:若 DT 中存在其关键字等于 kval 的数据元素,则函数值为该元素的值或在表中的位置,否则为"空"。

InsertDSTable(&DT,e)

　　初始条件:动态查找表 DT 存在,e 为待插入的数据元素;

　　操作结果:若 DT 中不存在其关键字等于 e.key 的数据元素,则插入 e 到 DT。

DeleteDSTable(&T,kval)

　　初始条件:动态查找表 DT 存在,kval 是和关键字类型相同的给定值;

　　操作结果:若 DT 中存在其关键字等于 kval 的数据元素,则删除之。

TraverseDSTable(DT)

　　初始条件:动态查找表 DT 存在;

　　操作结果:按某种次序输出 DT 中的每个数据元素。

由于插入和删除是动态查找表经常进行的基本操作,因此,上一节讨论的顺序结构的线性表和有序表显然不宜用于表示动态查找表。

有两类表示动态查找表的方法:查找树和哈希表。本书将分别在本节和下节介绍其中之一二。

8.2.1 　二叉查找树

在第 6 章 6.4.2 节中曾经介绍过如何利用二叉排序树进行排序。从 6.4.2 节中的叙述可见,二叉排序树可以从空树起,逐个插入关键字生成,而由此得到的二叉排序树有着和折半查找的判定树相同的特性,即其关键字比根结点关键字小的记录必定在根的左子树中,而其关键字比根结点关键字大的记录必定在根的右子树中。换句话说,如果二叉排序树是由查找表中的记录生成的,则在查找表中进行查找的过程可以类似折半查找进行。

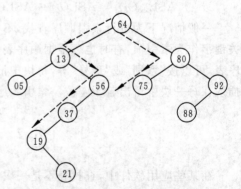

图 8.6　二叉排序树表示的查找表

例 8.4　已知由例 8.1 中讨论的查找表构成的二叉排序树如图 8.6 所示。假设给定值 kval

=19,则在图 8.6 所示的二叉排序树上进行查找的过程如下:首先将给定值 19 和根结点的关键字 64 相比较,因为 19<64,由二叉排序树的定义得知,如果关键字等于 19 的记录存在,必在根的左子树上,则只需要在左子树上继续进行查找。同理,因为 19>13,则应在 13 的右子树上继续进行查找,之后因为 19<37,在 37 的左子树上继续查找。最后因为根结点的关键字 19 等于给定值,查找成功。类似地,当给定值 kval=61 时,从根结点起,给定值 61 先后和关键字 64、80 和 75 相比较,最后因为关键字为 75 的结点的左子树为"空树"而得出查找不成功的结论。图 8.6 中的虚线指示了上述两次查找的过程。

从上述例子可见,在二叉排序树中进行查找的过程为:首先将给定值和根结点的关键字进行比较,若相等,则查找成功,否则依据给定值小于或大于根结点的关键字,继续在左子树或右子树中进行查找,直至查找成功或者因左或右子树为空树止,后者说明查找不成功。二叉排序树的这种特性——"通过和根结点关键字的比较可将继续查找的范围缩小到某一棵子树中"被称做是"查找树"的特性,即具有这种特性的二叉树和树均称为**查找树**。因此,二叉排序树又称"**二叉查找树**(binary search tree)"。

二叉查找树的查找算法如算法 8.4 所示。

算法 8.4

```
bool Search_BST(BiTree T, KeyType kval, BiTree &p, BiTree &f)
{
    // 在根指针 T 所指二叉查找树中查找其关键字等于 kval 的数据元素
    // 若查找成功,则指针 p 指向该数据元素结点,并返回 TRUE, 否则返回 FALSE
    // 无论查找成功与否,f 总是指向 p 所指结点的双亲,其初始调用值为 NULL
    p=T;                            // p 指向树中某个结点,f 指向其双亲结点
    while (p) {
        if(kval==p->data.key)
            return TRUE;            // 查找成功
        else if(kval<p->data.key)
            {f=p; p=p->lchild;}     // 在左子树中继续查找
            else {f=p; p=p->rchild;} // 在右子树中继续查找
    } // while
    return FALSE;                   // 查找不成功
} // SearchBST
```

和第 6 章算法 6.16 类似,在上述算法中,以指针 p 指示查找过程中和给定值比较的结点,指针 f 指向 p 所指结点的双亲,当指针 p 在查找过程中移向其左或右子树之前,先令 f=p,其目的是当查找不成功时,指针 f 将指示结点"插入"的位置。

二叉查找树的插入算法如算法 8.5 所示。

算法 8.5

```
bool Insert_BST(BiTree &T, ElemType e) {
    // 当二叉查找树 T 中不存在关键字等于 e.key 的数据元素时
    // 插入 e 并返回 TRUE,否则不再插入并返回 FALSE
    f=NULL;
```

```
    if(Search_BST(T, e.key, p, f))  return FALSE;
                            // 树中已有关键字相同的结点,不再插入
    else {                  // 查找不成功,插入结点
      s=new BiTNode;
      s->data=e; s->lchild=s->rchild=NULL;
      if(!f) T=s;           // T 为空树,插入的 s 结点为新的根结点
      else if(e.key<f->data.key) f->lchild=s;    // 插入 s 结点为左孩子
          else f->rchild=s;                      // 插入 s 结点为右孩子
      return TRUE;
    }//else
} // Insert_BST
```

读者可自行检验,图 8.6 所示二叉查找树就是从空树起,调用算法 8.5,依次插入下列关键字

$$(64, 80, 13, 56, 37, 92, 19, 05, 88, 21, 75) \tag{8-8}$$

动态生成的。

可见,在二叉查找树的插入过程中,插入的每一个记录都是作为叶子结点挂接到树上的,不涉及树的整体改动。

又如何从二叉查找树中删除一个结点呢? 显然,要求删除结点之后的二叉查找树仍然保持查找树的特性。可以分三种情况来分析:(1)假设被删除的结点为叶子结点,如图 8.6 中关键字为 21 或 88 等结点。容易看出,删除这类结点不会影响到其他结点之间的关系,由此只需要修改它们的双亲结点的左指针或右指针即可;(2)假设被删除的结点只有左子树而没有右子树,或者只有右子树而没有左子树,如图 8.6 中关键字为 56 或 19 等结点。此时删除结点之后只影响其双亲和它们的左或右子树之间的关系,则只需要将它们的左或右子树叶子结点挂到其双亲结点上即可,分别如图 8.7(a)和(b)所示;(3)第三种情况则是一般情况,即被删结点既有左子树又有右子树,如图 8.6 中关键字为 64 或 80 等结点。可以有两种处理方法,这里介绍一种不增加查找树深度的方法为:以其左子树中关键字最大的结点替代被删结点,即以左子树上关键字最大的结点中的数据元素顶替被删结点中的数据元素,然后从左子树中删除这个关键字最大的结点,由于该结点没有右子树(否则它就不是左子树中关键字最大的结点),等同于上述第二种情况。如图 8.7(c)所示为从图 8.6 所示二叉查找树中删除关键字为 64 的结点之后的二叉查找树。二叉查找树的删除算法如算法 8.6 所述。

算法 8.6

```
void Delete_BST(BiTree &T, KeyType kval) {
  // 若二叉查找树 T 中存在关键字等于 kval 的数据元素,则删除之
  f=NULL;
  if(Search_BST(T,kval,p,f)) {      // 找到其关键字等于 kval 的数据元素
    if(p->lchild && p->rchild) {  // 左右子树均不空
      q=p; s=p->lchild;
      while(s->rchild) {q=s; s=s->rchild;}
      p->data=s->data;            // s 指向左子树中关键字最大的结点
      if(q !=p) q->rchild=s->lchild;
```

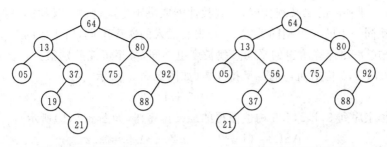

(a) 删除关键字为56的结点　　　　　　(b) 删除关键字为19的结点

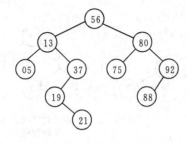

(c) 删除关键字为64的结点

图 8.7　从图 8.6 所示二叉查找树中删除结点之后的情况

```
      else q->lchild=s->lchild; // s 结点即为 p 结点的左子树根
      delete s;
   }// if
   else {
      if(!p->rchild) {                // 右子树空则只需挂接它的左子树
         q=p; p=p->lchild;
      }//if
      else {                          // 左子树空,只需挂接它的右子树
         q=p; p=p->rchild;
      }
      // 将指针 p 所指子树挂接到被删结点的双亲(指针 f 所指的)结点上
      if (!f) T=p;                     // 被删结点为根结点
      else if(q==f->lchild) f->lchild=p;
           else f->rchild=p;          // 完成子树的挂接
      delete q;                        // 释放被删结点空间
   }//else
}//if
}//Delete_BST
```

从图 8.6 所示的查找过程可见,在二叉查找树上查找其关键字等于给定值的过程,恰是走了一条从根结点到该记录所在结点的过程,和给定值比较的关键字个数和结点所在层次相等,最多不会超过二叉查找树的深度。可以证明,平均情况(当生成二叉查找树的关键字序列是"随机"的,且 n 个记录的查找概率相等)下,二叉查找树的平均查找长度为

$$P(n) = 2\frac{n+1}{n}\log n + C \tag{8-9}$$

然而,对于每一棵具体的二叉查找树,其查找性能取决于生成这棵二叉树的查找表中的关键字,并且,即使同一组的 n 个相同关键字,若先后插入的次序不同,所生成的二叉查找树的形态不同,由公式(8-1)计算所得的平均查找长度也不同,甚至可能差别很大。例如,对于由关键字序列 $1,2,3,4,5$ 构造而得的二叉排序树(如图 8.8(a)所示):

$$\text{ASL} = (1+2+3+4+5)/5 = 3$$

而对于由关键字序列 $3,1,2,4,5$ 构造而得的二叉排序树(如图 8.8(b)所示):

$$\text{ASL} = (1+2+3+2+3)/5 = 2.2$$

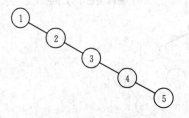 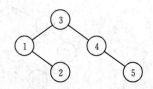

(a) 由关键字$(1,2,3,4,5)$生成的 二叉查找树　　(b) 由关键字$(3,1,2,4,5)$生成的 二叉查找树

图 8.8　不同形态的二叉查找树

因此,当查找表对查找性能要求比较高时,需要在生成二叉查找树的过程中进行"平衡旋转操作",使所生成的二叉查找树始终保持"平衡"状态,即树中每个结点的左、右子树深度之差的绝对值均不大于 1,称有这种特性的二叉查找树为**二叉平衡(查找)树**。例如,由式(8-8)所列关键字生成的二叉平衡树如图 8.9 所示。假设各个记录的查找概率相等,则利用公式(8-1)所得图 8.6 所示二叉查找树的平均查找长度为

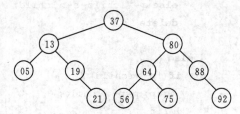

图 8.9　由式(8-8)所示关键字生成 的二叉平衡(查找)树

$$\text{ASL} = \frac{1}{11}(1+2\times2+3\times4+4\times2+5+6)$$
$$= \frac{36}{11} = 3.27$$

图 8.9 所示二叉平衡(查找)树的平均查找长度为

$$\text{ASL} = \frac{1}{11}(1+2\times2+3\times4+4\times4) = \frac{33}{11} = 3$$

恰好和图 8.3 所示有序表进行折半查找时的平均查找长度相等。

如何利用平衡旋转技术构造二叉平衡(查找)树的方法在此不再详细阐述,有兴趣的读者请参见其他参考书。

8.2.2　键树

键树又称数字查找树(digital search trees)。键树是一种特殊的查找树,它和其他查找树不同,在于树中每个结点不是通常意义的关键字,而是关键字中的一个字符,从根到叶子

结点的一条"路径①"才对应一个关键字。例如,图 8.10 所示为一棵键树,它表示下列 11 个关键字的集合:

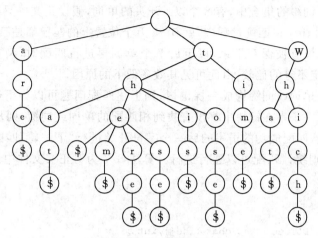

图 8.10　键树示例

$$\{are,that,the,them,there,these,this,those,time,what,which\} \tag{8-10}$$

容易看出,上述集合中的关键字有着明显的特点,即可以分成若干组,每一组都有相同的前缀。因此键树也适用于数值型的关键字,此时每个结点包含一个 0 至 9 的数位。为了查找和插入方便,通常约定键树为有序树,即同一层中兄弟结点之间依所含符号自左至右有序,并约定结束符 $ 小于任何字符。

在键树上进行查找的过程和二叉查找树类似,也是走了一条从根结点到叶子结点的路径,其平均查找长度和树的深度成正比。从 8.2.1 节的讨论中可见,含 n 个结点的二叉查找树的最小深度为 $[\log_2 n]+1$,和查找表中记录数成正比,而键树的深度和关键字的个数无关。因此键树通常用以作为记录数目很大的查找表的"索引"。除此之外,还可以利用键树特有的特性实现如"一组正文模式的高效匹配"等其他算法。键树在全文检索、互联网搜索引擎的查找中都可以派上用场。

例 8.5　统计正文中某些单词或词缀的出现次数。假设正文中的单词均由小写字母组成且不跨行,并假设被统计的单词或词缀即为式(8-10)所示。

这是一个有实用意义的问题。以英文作品为例,每个作者在使用词语上都会有自己的风格和习惯,就某些特定的单词而言,在作品中出现的频度基本上是稳定的,它客观地反映了作家的写作风格在统计意义上的稳定趋势。由此可以"统计某些典型单词在作品中出现的频度"来推断一部作品的真实作者。这套方法已被用于判明佚文作者真实身份的研究中。该方法对中文作品同样适用,例如有人利用此法用以研究《红楼梦》后四十回的真实作者身份。

显然利用第 5 章 5.3 节介绍的正文模式匹配算法,可以完成题目中所要求的任务,只需

---

①　严格地说,应从路径中去掉根结点和叶子结点。实际上由关键字集合构成的是一个森林,虚加根结点之后变成一棵树,而叶子结点中的符号 $ 表示字符串的结束。

分别将每个词在整个文件中进行匹配一遍即可。但由于待判定的作品一般来说都很长（以每页 2000 个字符计，500 页的小说就有 100 万个字符），每匹配一遍所付出的代价都很高。例如在上述单词或词缀的集合中，有 8 个以 t 开头的单词，假设正文中只有 5％的字符是字母 t，则第一个单词 that 在匹配过程中，就有 95 万个位置上的匹配都是第一次比较就不等，而这个重要信息却没有被保存下来，以至后 7 个单词再进行匹配时，又重复地进行了 665（＝95×7）万次注定不等的比较，由此可见其效率低下的原因。

若将待统计的单词或词缀构成一棵键树，则上述匹配问题可以如下进行：假如从文件中某个字符起的任一子串在键树中都没有找到相匹配的单词或词缀，则从下一个字符起重新开始匹配，否则从匹配成功的子串的后一个字符开始进行"下一轮"匹配。假设正文文本中的单词不跨行，则统计匹配可以逐行进行。算法 8.7 为对正文文件中的一行 line[]进行统计匹配的算法。

算法 8.7

```
void setmatch(DLTree root, char line[],int count[])
{
  // 统计以 root 为根指针的键树中各关键字在文本串 line 中重复出现的次数
  // 并将其累加到统计数组 count 中去
  i=0;
  while(i<=LINESIZE) {
    if(!Search_DLTree(root,i,k)) i++;
                      // 查找不成功,从下一个字符起重新开始匹配
    else i +=k-1;     //从匹配成功的子串的后一个字符开始进行下一单词的匹配
  }//while
}//setmatch
```

上述算法中的核心操作是从文本串的某个字符起，在键树中查找有否以该字符为首字符的单词，若存在，则统计该单词出现的次数，并从文本串中该单词（长度为 k）的下一个字符起进行新一轮的匹配，否则从该字符的下一字符起重新进行匹配。

在详细讨论此算法之前，首先需要确定键树的存储结构。键树有两种存储结构，在此以树的孩子-兄弟链表表示键树，则每个结点包括三个域：symbol 域存储关键字的一个字符，first 域存储指向第一棵子树的指针，next 域存储指向右兄弟的指针，同时由于叶子结点没有子树，则可以不设 first 指针，而改为指向统计数组 count 中的对应下标。通常称以孩子-兄弟链表表示的键树为**双链树**。例如图 8.10 所示键树的双链树如图 8.11 所示。

```
//-----键树的双链树表示-----
const LINESIZE=80;        // 设一行字符数为 80
const MAXKEYLEN=16;       // 关键字的最大长度
const MAXNUM=100;         // 统计单词的最大数
typedef struct {
  char ch[MAXKEYLEN];     // 关键字
  int num;               // 关键字的长度
}KeysType;               // 关键字类型
```

```
typedef enum {LEAF, BRANCH} NodeKind;        // 结点种类:{叶子,分支}
typedef struct {
  char symbol;
  struct DLTNode *next;       // 指向兄弟结点的指针
  NodeKind kind;              // 结点标志
  union {
    struct DLTNode *first;    // 分支结点的孩子链指针
    int idx;                  // 叶子结点的 count 数组下标指针
  }
}DLTNode, *DLTree;            // 双链树类型
```

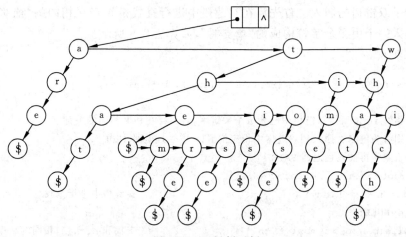

图 8.11　双链树示例

假设进行匹配的首字符为 line[j]。首先在键树的第一层(设键树的根结点为 0 层)结点中查找和该首字符相同的结点,找到后顺此结点的左指针找到以它为根的子树,继续查找和字符 line[j+1] 相同的根结点,以此类推,直至叶子结点,说明 line 串中从第 j 个字符起的一个子串和键树中一个单词相同;反之,若在键树的某一层上没有找到 line 中相应字符,则说明从 line[j] 起的任意子串都不和键树中的单词相同。算法 8.8 描述了这个过程。

实际问题中,组成西文文本行的单词是由"空格"自然分隔的,考虑空格情况的统计匹配算法留给读者思考。

算法 8.8

```
bool Search_DLTree(DLTree rt, int j, int &k)
{
    // 若 line 中从第 j 个字符起长度为 k 的子串和指针 rt 所指双链树中单词相同
    // 则全局量数组 count 中相应分量增 1,并返回 TRUE,否则返回 FALSE
    k=0; found=FALSE;
    p=rt->first;                           // p 指向双链树中第一棵子树的树根
    while(p && !found) {
        while(p && p->symbol<line[j+k]) p=p->next;
        if(!p||p->symbol>line[j+k]) break;      // 在键树的第 k+1 层上匹配失败
```

```
        else {                                    // 继续匹配
          p=p->first; k++;
          if(p->kind==LEAF) {                      //找到一个单词
            count[p->idx]++; found=TRUE;
          }// if
        }// else
      }//while
    return found;
  }//Search_DLTree
```

双链树的建立可从只含一个根结点(空的键树)起,逐一插入匹配的模式串(单词)进行。问题的关键是双链树的插入。首先需在双链树中进行查找是否存在相同的"前缀",然后在适当位置插入一个由剩余字符构成的"单支树",如算法 8.9 所示。

算法 8.9

```
bool Insert_DLTree(DLTree &root, KeysType K, int &n)
{
    // 指针 root 所指双链树中已含 n 个关键字,若不存在和 K 相同的关键字
    // 则将关键字 K 插入到双链树中相应位置,n 增 1 且返回 TRUE
    // 否则不再插入且返回 FALSE
    p=root->first; f=root; j=0;
    while(p && j<K.num) {                        // 在键树中进行查找
     pre=NULL;
     while(p && p->symbol<K.ch[j])                // 查找和 K.ch[j]相同的结点
       {pre=p; p=p->next;}
     if(p && p->symbol==K.ch[j])
       {f=p; p=p->first; j++;}                   // 找到后进入到键树的下一层
     else {      // 没有找到和 K.ch[j]相同的结点,插入 K.ch[j]
        s=new DLNode; s->kind=BRANCH; s->symbol=K.ch[j++];
        if(pre) pre->next=s;
        else f->first=s;
        s->next=p; p=s;
        break;
     }//else
    }//while
    if(p && j==K.num)
     if(p->first->kind==LEAF) return FALSE;       // 键树中已存在 K
     else {      // 键树中已存在相同前缀的单词,插入由剩余字符构成的单支树
       while(j <=K.num) {
        s=new DLNode;
        s->next=p->first; p->first=s; p=s;
        if(j<K.num)
          {s->kind=BRANCH; s->symbol=K.ch[j++]; s->first=NULL;}
        else
```

```
            {s->kind=LEAF; s->symbol='$ '; n++; s->idx=n; }
      }//while
      return TRUE;
   }//else
}//Insert_DLTree
```

当键树作为"索引"结构时,通常键树中所含关键字的数量较大,此时宜采用多叉链表作为存储结构。若关键字仅由小写英文字母组成时,树中每个结点可由 27 个指针域组成。显然这种结构占的空间较大,然而可极大地提高查找速度。用这种存储结构存储的键树称为 Trie 树。

8.3 哈希表及其查找

8.3.1 什么是哈希表

从上两节的讨论可知,由于记录在线性表中的存储位置是随机的,和关键字无关,因此在查找关键字等于给定值的记录时,需将给定值和线性表中记录的关键字逐个进行比较,查找的效率基于历经比较的关键字的个数。试设想,若在记录的关键字和其存储位置之间建立一个确定的函数关系 f,即将关键字为 key 的记录存储在 $f(\text{key})$ 的位置上,则对于给定值 kval,若存在关键字等于 kval 的记录,则必在 $f(\text{kval})$ 的存储位置上。通常是设定一个一维数组的空间来存放各个记录,$f(\text{key})$ 便为数组的下标。按这种方法组织数据,在进行查找时将会有效减少针对关键字的比较次数,也就可以从根本上降低平均查找长度 ASL 的值。下面先看几个具体例子。

例 8.6 假设有一个含 80 个记录的查找表,记录的关键字均为两位十进制数,则设存储这组记录的一维数组为

ElemType hashtable[100];

并且令关键字为 key 的记录存在数组的第 i 个分量 hashtable[i]中,

$$i = f_1(\text{key}) = \text{key} \tag{8-11}$$

例 8.7 假设一组记录的关键字为

S＝{ZHAO, QIAN, SUN, LI, CHEN, DIAO, MA, BAI, OU, NAN,
     TANG, JIN, XIAO, WU, GAO, YI}[①]

则设存储这组记录的一维数组为

ElemType　hashtable[26];

并且关键字为 key 的记录存放在数组的第 i 个分量 hashtable[i]中,

$i = f_2(\text{key}) = $(关键字的第一个字母的 ASCII 码)$-$('A'的 ASCII 码) $\tag{8-12}$

如图 8.12(a)所示。

例 8.8 假设在例 8.7 的关键字集合 S 中增添 4 个关键字{BA,HA,ZHOU,DAI},则存储这组记录的一维数组同例 8.7,但记录的关键字与其存储位置的函数关系不同。设关

---

① 此为中国人姓氏的汉语拼音。

键字为 key 的记录在数组中的存储位置。

$$i=f_3(\text{key})=((f_2(关键字中第一个字符)+f_2(关键字中最后一个字符))/2 \qquad (8\text{-}13)$$

如图 8.12(b)所示。

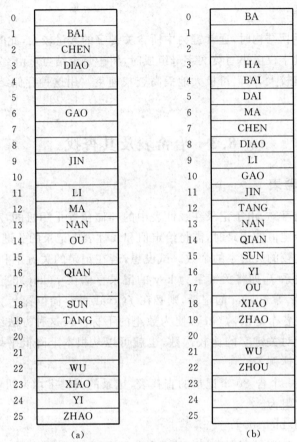

图 8.12 哈希表示例

综合上述三个例子可得下述结论。

(1) 上述三个例子中存储记录的一维数组 hashtable 被称为哈希表,函数 f_1、f_2 和 f_3 被称为哈希函数。由于在记录的关键字和其存储位置(数组下标)之间设定了一个确定的对应关系 f,则在哈希表中查找关键字等于给定值 kval 的记录时,仅需直接对给定值进行某种运算,求得记录的存储位置 $f(\text{kval})$,而不需要和其他记录的关键字进行比较。如对例 8.6 的哈希表,假定给定值为 kval,若 $0\leqslant\text{kval}\leqslant99$ 且 hashtable[kval]不空,则 hashtable[kval]中的记录即为待查记录。

(2) 一般情况下,所设哈希表的空间较记录集合大,此时虽浪费了空间,但提高了查找效率。假设哈希表的空间大小为 m,在表中填入的记录数为 n,定义

$$\alpha = n/m \qquad (8\text{-}14)$$

为哈希表的**装填系数**,实际应用时,常取 α 为 $0.65\sim0.85$。

(3) 哈希函数可设定为对关键字作简单的算术运算或逻辑运算,然而类似式(8-11)的

哈希函数在实际应用中很少碰到。从例8.7和例8.8可见,哈希函数的设定与关键字的分布情况及哈希表的表长有关。显然,哈希函数的值域必须在表长的范围之内,同时希望关键字不同,所得哈希函数值也不同。如在例8.7的关键字集合 S 中各关键字的第一个字母均不同,则可选 f_2 作哈希函数,而对例8.8的关键字集合取 f_3 作哈希函数较合适。

(4) 若对例8.8的关键字集合取 f_2 作为哈希函数构造哈希表,则产生“对不同的关键字 key_1 和 key_2 得到相同的哈希地址(即哈希函数值) $f_2(key_1)=f_2(key_2)$”的现象,称这种现象为冲突。此时的 key_1 和 key_2 对哈希函数 f_2 来说为“同义词”。产生冲突的现象会给建哈希表带来困难,即由于在数组中下标为 $f_2(key_2)$ 的分量中已填入关键字为 key_1 的记录,那么关键字为 key_2 的记录该如何存储呢?

因此在设定哈希函数时要考虑不发生冲突。然而在实际应用中,理想的类似 f_1 的不发生冲突的哈希函数极少存在,只能设定对给定的关键字集合冲突尽可能少的“均匀的”哈希函数,同时在产生冲突时进行**再散列**,即为那些哈希地址位置已被其他记录占用的记录安排另外的存储位置。因此在建哈希表的时候,**不仅要设定一个哈希函数,而且还要设定一个处理冲突的方法**。

由此,哈希表是根据设定的哈希函数和处理冲突的方法为一组记录建立的一种存储结构。哈希函数又称散列函数,构造哈希表的方法又称散列技术。下面先分别介绍哈希函数的构造方法和处理冲突的方法,然后讨论哈希表的查找及其查找效率。

8.3.2　构造哈希函数的几种方法

构造哈希函数的方法很多,在此介绍三种最常用的方法,用它可以构造“冲突尽可能少”的哈希函数。

1. 除留余数法

取关键字被某个不大于哈希表表长 m 的数 p 除后所得余数为哈希地址,即设定哈希函数为

$$Hash(key)=key \bmod p^{①}(p \leqslant m) \tag{8-15}$$

为了尽可能少地产生冲突,通过取 p 为不大于表长且最接近表长 m 的素数,例如表长 $m=1000$ 时,可取 $p=997$。除留余数法是一种最简单,也最常用的构造哈希函数的方法,不仅可以如上所述对关键字直接取模,也可以在对关键字进行其他运算之后取模。

2. 平方取中法

取关键字平方后的中间几位为哈希地址。因为一个数的平方值的中间几位和这个数的每一位都相关,则对不同的关键字得到的哈希函数值不易产生冲突。若设哈希表长为1000,则可取关键字平方值的中间3位,如图8.13所示。

---

① key mod p 表示 key 被 p 取模,下同。

关键字	(关键字)^2	哈希函数值
1234	15 **227** 56	227
2143	45 **924** 49	924
4132	170 **734** 24	734
3214	103 **297** 96	297

图 8.13 平方取中哈希函数示例

3. 折叠法

将关键字分割成位数相同的几部分(最后一部分的位数可以不同),然后取这几部分的叠加和(舍去进位)作为哈希地址。当关键字的位数很多且每一位的值都随机出现时,则采用折叠法可得到冲突较少的哈希地址。

在折叠法中,数位叠加可以有移位叠加和间界叠加两种方法。移位叠加是将分割后的每一部分的最低位对齐,然后相加;间界叠加是从一端向另一端沿分割界来回折叠,然后对齐相加。例如,当哈希表长为 1000 时,关键字 key=110108331119891 的这两种叠加情况如图 8.14 所示。

如果关键字不是数值而是字符串,则可先转化为数,转化的办法可以用 ASCII 字符或字符的次序值。

```
        移位叠加      间界叠加
         891          891
         119          911
         331          331
         108          801
       +)110        +)110
      (1) 559      (3) 044
      H(key)=559   H(key)=044
```

图 8.14 由折叠法求得哈希地址

8.3.3 处理冲突的方法和建表示例

一个"好"的哈希函数只能尽量减少冲突,而不能避免冲突。因此如何处理发生冲突是建哈希表不可缺少的一个方面。

假设哈希表的存储结构为一维数组,"产生冲突"是指,由关键字 key 求得哈希地址 Hash(key)后,发现表中下标为 Hash(key)的分量"不空(已存有记录)",则"处理冲突"就是在哈希表中为关键字是 key 的记录安排另一个"空"的存储位置。常用的处理冲突的方法有两种:开放定址法和链地址法。

1. 开放定址法

开放定址处理冲突的做法是,从哈希地址 Hash(key)求得一个地址序列 $H_1, H_2, \cdots,$ $H_k, (0 \leqslant H_1 \leqslant m-1, i=1,2,\cdots,k)$,即哈希表中下标为 $H_1, H_2, \cdots, H_{k-1}$ 的分量均"不空"(即已存有记录),直至下标为 H_k 的分量为空止(若哈希表不满,必能找到 $k < m$)。

$$H_i = (Hash(key) + d_i) \bmod m \quad i=1,2,\cdots,k,(k \leqslant m-1) \tag{8-16}$$

其中,Hash(key)为哈希函数,m 为哈希表的表长,d_i 为增量序列。增量序列可有下列三种取法:(1) $d_i = 1, 2, \cdots, m-1$,称为线性探测再散列;(2) $d_i = 1^2, -1^2, 2^2, -2^2, \cdots, k^2, -k^2$ $(k \leqslant m/2)$,称为二次探测再散列;(3) d_i 是一个伪随机序列,称为随机探测再散列。其中以线性探测再散列的方法最简单,并且只要哈希表没有填满,总能找到一个"空"的位置,但容易造成"二次聚集",即对在这之后填入的记录增加了冲突的机会;在用二次探测处理冲突时,要求表长 m 必须是形如 $4j+3(j=1,2,\cdots)$ 的素数,如 7,11,19,23,31,…等;在用随机探测再散列时,需选择一个伪随机函数产生伪随机数列,并且在建表装填和查找时应使用同一个伪随机函数来生成伪随机数列。

例 8.9 假设一组关键字为

$$(07, 15, 20, 31, 48, 53, 64, 76, 82, 99)$$

试为这组记录构造哈希表。

设哈希表表长 $m=11$,用除留余数法构造哈希函数,取 $p=11$,即

$$H(key) = key \bmod 11$$

并用开放定址处理冲突。分别用线性探测和二次探测再散列所得哈希表,如图 8.15(a)和(b)所示。图中显示了处理冲突的过程,例如,用线性探测再散列建哈希表时,关键字 53 的哈希地址为 $53 \bmod 11 = 9$,此时在哈希表中下标为 9 的分量中已填有关键字为 20 的记录,则处理冲突求得下一地址为 $(9+1) \bmod 11 = 10$,又因表中下标为 10 的分量中已填有关键字为 31 的记录,则再求得下一地址为 $(9+2) \bmod 11 = 0$,此时下标为 0 的分量为"空"。由此可将关键字为 53 的记录填入下标为 0 的分量中。类似地,当以二次探测再散列时,关键字为 53 的记录应填入下标为 $(9-1) \bmod 11 = 8$ 的分量中。

2. 链地址法

利用链地址法处理冲突的具体做法是:将所有关键字为同义词的记录存储在同一线性链表中,而哈希表中下标为 i 的分量存储哈希函数值为 i 的链表头指针。如对例 8.9 的这组关键字用链地址处理冲突所得哈希表如图 8.15(c)所示。

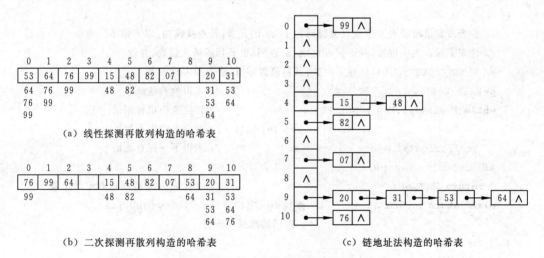

(a) 线性探测再散列构造的哈希表

(b) 二次探测再散列构造的哈希表

(c) 链地址法构造的哈希表

图 8.15 哈希表构造示例

8.3.4 哈希表的查找及其性能分析

哈希表的查找过程和建表过程一致,以开放定址处理冲突为例。假设哈希函数为 $\text{Hash}(x)$,则查找过程为:对给定值 kval,求得哈希地址为 $j = \text{Hash}(kval)$,若哈希表中下标为 j 的分量为空,则查找不成功,可将关键字等于 kval 的记录填入;若表中该分量不空且所

填记录的关键字等于 kval,则查找成功,否则按建表时设定的散列方法重复计算处理冲突后的各个地址,直至表中相应分量为空或者所填记录的关键字等于 kval,前者表示查找不成功,可将关键字等于 kval 的记录填入,后者则表明查找成功。开放定址处理冲突的哈希表的定义如下所示,其查找算法如算法 8.10 所示,通过调用查找算法实现的插入算法如算法 8.11 所示。应当注意,建表时需要对哈希表先进行初始化,将每一位置均置为 NULLKEY,即一种认定的特殊标识。

```
//----- 开放定址哈希表的存储结构 -----
int hashsize[]={997, ...};          // 哈希表容量递增表,一个合适的素数序列
typedef struct {
   ElemType *elem;                  // 记录存储基址,动态分配数组
   int       count;                 // 当前表中含有的记录个数
   int       sizeindex;             // hashsize[sizeindex]为当前哈希表的容量
} HashTable;


const SUCCESS=1;
const UNSUCCESS=0;
const DUPLICATE=-1;
```

算法 8.10

```
Status SearchHash(HashTable H, KeyType kval, int &p, int &c)
{
   // 在开放定址哈希表 H 中查找关键码为 kval 的元素,若查找成功,以 p 指示
   // 待查记录在表中位置,并返回 SUCCESS;否则,以 p 指示插入位置,并返
   // 回 UNSUCCESS,c 用以计冲突次数,其初值置零,供建表插入时参考
   p=Hash(kval);                               // 求得哈希地址
   while(H.elem[p].key !=NULLKEY &&            // 该位置中填有记录
                  (H.elem[p].key !=kval) )     // 并且关键字不相等
       collision(p, ++c);                      // 求得下一探查地址 p
   if(H.elem[p].key==kval)
      return SUCCESS;                          // 查找成功,p 返回待查记录位置
   else return UNSUCCESS;        // 查找不成功(H.elem[p].key==NULLKEY),
                                 // p 返回的是插入位置
} // SearchHash
```

算法 8.11

```
Status InsertHash(HashTable &H, Elemtype e)
{
   // 若开放定址哈希表 H 中不存在记录 e 时则进行插入,并返回 OK
   // 若在查找过程中发现冲突次数过大,则需重建哈希表
   c=0;
   if(HashSearch(H, e.key, j, c)==SUCCESS)
```

```
      return DUPLICATE;                        // 表中已有与 e 有相同关键字的记录
    else if(c<hashsize[H.sizeindex]/2) {       // 冲突次数 c 未达到上限 (阈值 c 可调)
        H.elem[j]=e; ++H.count; return OK;     // 插入记录 e
  }//if
    else RecreateHashTable(H);                 // 重建哈希表
} // InsertHash
```

  若利用链地址法处理冲突,则查找过程更简单,只要在和哈希地址对应的链表中进行顺序查找即可,若该链表为"空"或链表中不存在关键字等于给定值的结点,则查找不成功,否则找到该待查记录结点。相信读者很容易能写出此算法,在此不再详述。

  从上述查找过程可见,在哈希表中查找关键字等于给定值的记录时,仍需进行一次或多次"关键字和给定值的比较",因此它的平均长度不为 0。例如由开放定址处理冲突构造的哈希表,若记录填入哈希表时没有发生冲突,则查找时只需进行一次(与 NULLKEY 的)比较,否则比较次数为"产生冲突的次数+1"。例如在图 8.15(a)中查找关键字等于 20 的记录时,仅需进行一次比较,若给定值为 64,则需进行 4 次比较(曾产生 3 次冲突)。对应表中各关键字查找的比较次数如图 8.16(a)所示,类似地,和图 8.15(b)的哈希表中各关键字对应的比较次数如图 8.16(b)所示。对链地址处理冲突的哈希表,比较次数取决于待查记录结点在链表中的位置,图 8.15(c)所示哈希表中各关键字对应的比较次数如图 8.16(c)所示。假设表中各记录的查找概率相等,则这 3 个表的平均查找长度分别为

$$\text{ASL}_{(a)} = (1+1+1+2+2+3+4+4+2+4)/10 = 2.4$$
$$\text{ASL}_{(b)} = (1+1+1+2+2+3+4+2+2+2)/10 = 2.0$$
$$\text{ASL}_{(c)} = (1+1+1+2+2+3+4+1+1+1)/10 = 1.7$$

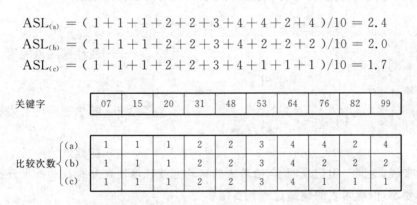

图 8.16　查找哈希表中各记录所需比较次数

  从这个例子可见,(1)虽然哈希表在关键字和记录的存储位置之间直接建立了一个对应关系,然而由于"冲突"的产生,哈希表的查找过程仍然包括关键字和给定值进行比较的过程。因此,我们仍以平均查找长度来衡量哈希表的查找效率。(2)查找过程中所需进行的比较次数取决于建哈希表时所选的哈希函数和处理冲突的方法。哈希函数的"好坏",首先影响出现冲突的频繁程度,在同一个"好"的哈希函数(即产生冲突的可能性很小)的前提下,哈希表的查找效率就取决于处理冲突的方法。(3)哈希表的查找效率还取决于装填系数 α。直观地看,α 越小,发生冲突的可能性就越小;α 越大,即表越满,发生冲突的可能性越大,查找时所用的比较次数也就越多。例如例 8.9 所设哈希表的装填系数 $\alpha=0.91$,假如对同样这组关键字,设表长为 13,则哈希函数为 key mod 13,由于装填系

数 $\alpha=0.77$，即使是用线性探测处理冲突，由于建表时发生冲突较少，其（等概率查找）平均查找长度只有 0.12。因此，在一般情况下，对长度为 m 的哈希表，若所选哈希函数是"好"的，且表中 n 个记录的查找概率相等，则哈希表的平均查找长度仅取决于装填系数 α（$=n/m$）和处理冲突的方法。可以证明[①]，对线性探测再散列的哈希表，查找成功时的平均查找长度为

$$\mathrm{ASL_{sl}}(\alpha) \approx \frac{1}{2}\left(1+\frac{1}{1-\alpha}\right) \tag{8-17}$$

对二次探测再散列或随机探测再散列的哈希表，查找成功时的平均查找长度为

$$\mathrm{ASL_{sr}}(\alpha) \approx -\frac{1}{\alpha}\ln(1-\alpha) \tag{8-18}$$

对链地址的哈希表，查找成功时的平均查找长度为

$$\mathrm{ASL_{sc}}(\alpha) \approx 1+\frac{\alpha}{2} \tag{8-19}$$

从上述查找过程还可看到，和前两节讨论的几种查找表的表示方法不同，哈希表在查找不成功时所需进行的比较次数和给定值有关。如对图 8.15(a) 的哈希表，若给定值 kval=8，其哈希函数值也等于 8，则仅需进行一次比较，因表中下标为 8 的分量中为空记录；若给定值为 18，其哈希函数值等于 7，则需进行两次比较；若给定值为 42，其哈希函数值为 9，则必须进行 11 次比较才能确定表中不存在关键字等于 42 的记录。故哈希表在查找不成功时的平均查找长度也取决于表的装填系数和处理冲突的方法。分别为

$$\mathrm{ASL_{ul}} \approx \frac{1}{2}\left(1+\frac{1}{(1-\alpha)^2}\right) \tag{8-20}$$

——线性探测再散列

$$\mathrm{ASL_{ur}} \approx \frac{1}{1-\alpha} \tag{8-21}$$

——随机探测再散列等

$$\mathrm{ASL_{uc}} \approx \alpha+\mathrm{e}^{-\alpha} \tag{8-22}$$

——链地址

一般来说，对同一组记录而言，哈希表的平均查找长度比顺序查找和折半查找的平均查找长度都要小，但哈希表的建造过程耗费稍多。

本节最后要讨论的一个问题是，如何从哈希表中删除一个记录？对链地址的哈希表，只要从相应链表中删除该记录的结点即可；对开放定址的哈希表则不然，必须在该记录的位置上填入一个特殊的关键字记录，而不能用空记录代之，其原因是以免找不到在它之后填入的"同义词"记录。

8.3.5 哈希表的应用举例

在编译过程中，编译程序需要不断汇集和反复查证出现在源程序中各种名字的属性和特征等有关信息。这些信息通常记录在一张或几张符号表中，如常数表、变量名表和过程名

---

① 证明详见参考书目。

表,等等。对于这些符号表,它所涉及的基本操作大致可归纳为 5 类:

(1) 对给定名字,确定此名是否已在表中;

(2) 填入新的名字;

(3) 对给定名字,访问它的有关信息;

(4) 对给定名字,填写或更新它的某些信息;

(5) 删除一个或一组无用的名字。

编译开始时,符号表或者是空的,或者预先存放了一些保留字和标准函数名的有关项。在整个编译过程中,符号表的查填频率是非常高的,编译工作的相当一大部分时间花费在查填符号表上。因此如何构造和查填符号表是一件重要的事情。

最简单的办法是用线性表。每碰到一个名字就按顺序填入表中,但查找时只能进行顺序查找,查找效率比较低。或者用链表作存储结构,并且将每次最近访问或最新填入的记录结点作为链表的第一个结点,称这种链表为**自适应线性表**。

也可以按有序表来构造符号表。此时可进行折半查找,提高查找的效率。但由于每次填入新的名字时必须插入在表的适当位置上,同样很费时间。一个变通的办法是将符号表做成二叉排序树。

由于哈希表的造表和查表的过程是统一的,都可较快地进行,并且由于哈希表的平均查找长度是装填系数 α 的函数,可以用调整表长的办法以达到所期望的平均查找长度的值。因此在编译过程中常用哈希表来构造可边填、边查和边删的符号表。

例 8.10 试构造存放 C 语言中 32 个关键字的查找表,并希望达到的平均查找长度不超过 2。

假设以二次探测再散列处理冲突,按式(8-18)进行估算,为达到 $\mathrm{ASL_{sr}} \leqslant 2$,则要求 $\alpha \leqslant 0.795$,因关键字个数 $n=32$,应取表长 $m>40$。对于二次探测再散列,应取 $4j+3$ 型的素数,故设表长 $m=43$。最后根据所设表长设计哈希函数。采用除留余数法,并取 $p=41$,设

$$\mathrm{hash(key)}=[(\mathrm{key\ 的第一个字符序号)} \times 100 + (\mathrm{key\ 的最后一个字符序号)}] \bmod 41$$

(8-23)

图 8.17 所示为 C 语言中的每个关键字根据式(8-23)计算所得哈希函数值以及发生冲突的次数和经二次探测处理冲突之后记录在哈希表中的下标值。

实际所得哈希表的平均查找长度为 2.5,比期望所得要大得多,这是因为公式(8-17)至式(8-22)是在"哈希函数是均匀的"前提下证明得到的,而此例题中所选的哈希函数不是"好"的,如其中 6 个关键字的哈希地址等于 40。因此在构造哈希函数时应分析关键字集合的特性,尽可能使不同的关键字得到不同的哈希地址。如对此题关键字集合,由于"词尾"字母的倾向性造成冲突过多,考虑单词整体特征(所有字母和长度)则可能增加它们之间的差异性,读者可另试之。

key	Hash(key)	i	c
Auto(0014)	14		0
break(0110)	28		0
case(0204)	40		0
char(0217)	12		0
const(0219)	14	15	1
continue(0204)	40	41	1
default(0319)	32		0
do(0314)	27		0
double(0304)	17		0
else(0404)	35		0
enum(0412)	2		0
extern(0413)	3		0
float(0519)	27	26	2
for(0517)	25		0
goto(0614)	40	39	2
if(0805)	26	30	3

key	Hash(key)	i	c
int(0819)	40	1	3
long(1106)	40	36	4
register(1717)	36	37	1
return(1713)	32	33	1
short(1819)	15	16	1
signed(1803)	40	31	6
sizeof(1805)	1	0	2
static(1802)	39	38	2
struct(1819)	15	11	4
switch(1807)	3	4	1
typedef(1905)	19		0
union(2013)	4	5	1
unsigned(2003)	35	34	2
void(2103)	12	13	1
volatile(2104)	13	9	4
while(2204)	31	22	6

图 8.17　C 语言中关键字的哈希地址和冲突次数

另需说明一点的是,高级编程语言中的关键字表是一个静态查找表,一次造成之后不再进行插入或删除,并且查找频繁,更宜构造一个"不产生冲突"的哈希表。对于这种"预先知道且规模不大"的关键字集合在经过多次试验的基础上是有可能做到这一点的,如已有人为 PASCAL 语言中 26 个关键字设计出无冲突的哈希函数。

解题指导与示例

一、单项选择题

1. 由 130 个关键字逐个插入后生成的二叉查找树可能达到的最低深度为( )。

A. 7　　　　　B. 8　　　　　C. 9　　　　　D. 10

答案:B

解答注释:因为含 n 个结点的二叉查找树可能达到的最低深度与含 n 个结点的完全二叉树相同,又因为与 130 个结点最接近的满二叉树有 127 个结点,且该满二叉树的深度为 7(即 2^7-1)。

2. 一棵深度为 k 的平衡二叉树,其每个非终端结点的平衡因子均为 0,则该树所含有的结点个数是( )。

A. $2^{k-1}-1$　　　B. 2^{k-1}　　　C. $2^{k-1}+1$　　　D. 2^k-1

答案:D

解答注释:按题意,非满二叉树莫属,所含结点个数当是 2^k-1。

3. 请指出在顺序有序表(2、5、7、10、14、15、18、23、35、41、52)中,用二分法查找关键字 14 需做的比较次数为( )。

A. 3   B. 4   C. 5   D. 6

答案：A

4. 在以下的查找算法中，平均查找长度与元素个数 n 无关的查找方法是（   ）。

     A. 分块查找   B. 顺序查找   C. 哈希表查找   D. 二分查找

答案：C

二、填空题

5. 对 17 个值各不相同的元素构造的顺序有序表，其平均查找长度 ASL 为 _____ 。

答案：$59/17 \approx 3.47$

解答注释：借助对应于二分查找的判定树进行计算，各结点所在的层数即为查找成功时所需的比较次数（参见图 8.18）。

$$ASL = (1 \times 1 + 2 \times 2 + 4 \times 3 + 8 \times 4 + 2 \times 5)/17 = 59/17$$

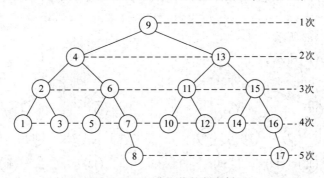

图 8.18   二分查找的判定树

6. 在含有 n 个结点的二叉排序树中，如果某个结点的关键字不是最大值，则所含关键字均大于它的所有结点应是 _____ 。换句话说，当中序遍历该二叉排序树时，_____ 。

答案：

第一空填：其右子树上所有结点、该结点是其左子孙的祖先结点以及它们的右子树上所有结点。

第二空填：所得中序遍历序列中，该结点之后的那些后继结点。

7. 已知一个递增有序的查找表 $(a_1, a_2, a_3, \cdots, a_{256})$，对给定值 k 进行二分查找，在查找不成功的情况下，最多需要比较关键字的个数应为 _____ 。

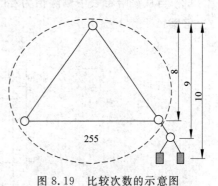

图 8.19   比较次数的示意图

答案：9

解答注释：借助二分查找的判定树进行分析，从 $255 = 2^h - 1$，知 256 个结点的判定树深为 9；在查找不成功的情况下，需要比较到矩形的"失败结点"才结束查找，最多需要比较 9 个关键字，具体参见图 8.19。

三、解答题

8. 设 a_1、a_2、a_3 是不同的关键字且 $a_1 > a_2 > a_3$，可组成 6 种不同的输入顺序，生成得到形态各异的二叉查找树，写出其中深度为 3 的输入序列。

答案：

a_1, a_2, a_3

a_1, a_3, a_2

a_3, a_1, a_2

a_3, a_2, a_1

9. 给定序列$(24, 36, 10, 17, 12, 30, 60, 19, 8, 50, 40)$，完成下列操作：

(1) 依次取用序列中的数据元素，构建二叉查找树，画出建成的这棵二叉查找树；

(2) 先后删除 60 和 24，画出删除这两个数值后的二叉查找树。

答案：

(1) 如图 8.20(a)所示；

(2) 如图 8.20(b)所示。

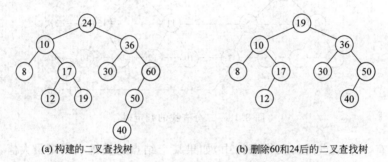

(a) 构建的二叉查找树　　　　　　(b) 删除60和24后的二叉查找树

图 8.20　用序列构建二叉查找树

10. 已知含 9 个关键字的序列$(19, 01, 23, 82, 55, 14, 11, 68, 36)$，试完成下列问题：

(1) 构造链地址法处理冲突的哈希表，哈希函数为 $H(key) = key \% 7$，且要求同义词串接的链表递增有序，求所得哈希表在查找成功时的平均查找长度 ASL；

(2) 当从该哈希表中删除值为 68 的关键字时，需要进行多少次关键字的比较操作？

答案：

(1)

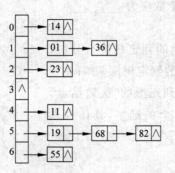

$$ASL = (6×1+2×2+1×3)/9 = 13/9 = 1.44$$

(2) 删除关键字 68 需比较 2 次。

11. 已知一个哈希表如图 8.21 所示,其中哈希函数为 h(key)=key % 13,处理冲突的方法为双重散列法,探查序列为 h_i=(h(key)+i·h1(key))% m,其中 i=1,2,…,m-1,而 h1(key)=key % 11+1。若当前的平均查找长度 ASL 为 1.8,完成下列问题:

(1) 相继插入两个关键字 91 和 82,统计各需进行的比较次数,画出更新后的哈希表;

(2) 求更新后的哈希表的平均查找长度 ASL。

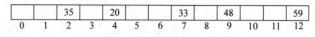

图 8.21　题目所给的已知哈希表

答案:

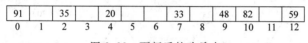

图 8.22　更新后的哈希表

(1) 插入 91 和 82 时,分别需进行 1 次比较和 2 次比较;

(2) (5×1.8+1+2)/7=12/7≈1.71

12. 假设哈希表 H[0..17] 所使用的哈希函数为 H(key)=key MOD 17,并以线性探测再散列法解决冲突,完成以下问题:

(1) 为关键字序列(13,21,32,18,31,30,46,47,41,63,59)构造哈希表,并画出构造的哈希表;

(2) 写出对关键字 47 进行查找时所需进行的比较次数;

(3) 列出查找关键字 49 时依次比较过的关键字;

(4) 计算查找成功时的平均查找长度 ASL。

答案:

(1) H[0..17]

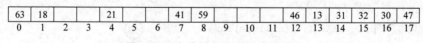

图 8.23　为关键字序列构造哈希表

(2) 查找关键字 47 时,所需进行的比较次数是 5,具体见图 8.24。

0	1	2	3	4	5	6	7	8	9	10	11	12	13	14	15	16	17
63	18			21			41	59				46	13	31	32	30	47

查找 47
| | | | | | | | | | | | | | 47 | 47 | 47 | 47 | 47 |
| | | | | | | | | | | | | | × | × | × | × | √ |

查找 49
| 49 | 49 | null | | | | | | | | | | | 49 | 49 | 49 | | |
| × | × | × | | | | | | | | | | | × | × | × | | |

图 8.24　查找 47 和 49 时的比较过程

(3) 查找关键字 49 时,依次比较过的关键字为：32、30、47、63、18 和 null("空关键字"标记),具体见图 8.24。

(4) ASL＝(1+1+1+1+1+4+1+5+1+7+1)/11＝24/11＝2.18

13. 可按如下所述由关键字有序序列 A[1..n] 构造一棵二叉查找树：以 A[⌊(1+n)/2⌋] 为根,由子序列 A[1..⌊(1+n)/2⌋-1] 和子序列 A[⌊(1+n)/2⌋+1..n] 分别递归生成其根的左子树和右子树。按上述原则构造由下列关键字有序序列建立的二叉查找树：

(03,07,16,19,23,28,31,43,44,47,51,69,70,88)

答案：

图 8.25　构造二叉查找树

四、算法阅读题

14. 阅读算法,并回答下列问题：

(1) 已知二叉查找树如图 8.26 所示,写出 a＝37 时算法的最终返回值；

(2) 说明该算法的功能。

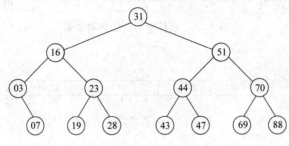

```
void programXP(BiTree T, int a, int &sum) {
    // sum 的初值为 0
    if( T ) {
        programXP(T->lchild,a,sum);
        if (T->data<=a) {
            sum++;
            programXP(T->rchild,a,sum);
        }
    }
}
```

图 8.26　题目所给的二叉查找树

答案：

(1) 返回值为 6；

(2) 算法的功能是,对于给定整数值 a,统计二叉查找树中不大于 a 的结点个数。

解答注释：初看算法容易得知,这是对二叉查找树进行中序遍历,即对二叉查找树中结点进行值从小到大的访问,访问结点的操作是"对不大于 a 的结点进行计数",并在遇到第一个值大于 a 的结点时即终止对右子树的遍历。

扩展讨论：在此算法中,利用一个"引用参数"返回统计结果,这种用法读者在前几章中也曾见到,特别是在递归形式的算法中,常以它解决参数的传带问题。一般情况下,函数的运算结果还可以采用其他的形式获得,如"返回值"或"指针"。本题算法可改写为如下采用返回值形式传带结果:

```
int programXP( BiTree T, int a ) {
    if(T) return 0;
    else {
            sum=programXP( T->lchild,a );
            if(T->data<=a) {
                sum++;
                sum=sum+programXP( T->rchild,a );
            }
            return sum;
    }
}
```

如果采用指针的形式传带结果参数,算法如下:

```
void programXP(BiTree T, int a, int *sum) {
  // * sum 的初值为 0
    if(T) {
            programXP(T->lchild,a,sum);
            if (T->data<=a) {
                *sum++;
                programXP(T->rchild,a,sum);
            }
    }
}
```

一般来说,这三种形式的风格都可以解决类似的数据结构算法描述问题,哪一种形式更值得推荐? 有道是"公说公有理,婆说婆有理。"通常而言,"返回值传带"更贴近实际工程化的编程要求,尤其是使用面向对象的语言工具时。"引用方式传带"对描述数据结构的算法,特别是在需要涉及多个参数传带的递归算法描述中,更便于阅读和理解。早期的 C 语言没有"引用参数"的机制,常采用"指针传带"的风格。

15. 已知顺序表 L 的值为(28,19,27,49,56,12,10,25,20,50),阅读算法,并回答下列问题:

(1) 若初始调用参数为 cullElement(L, 4),写出程序的返回值;

(2) 简要说明算法 cullElement 的功能。

```
int cullElement( SqList L, int k ) {
    low=1;
    high=L.length;
    if(k<low||k>high)
            return -1;
    do {
```

```
            i=Partition(L, low, high);            // 调用"快排一趟"的划分函数
            if(i<k)
                  low=i+1;
            else if(i>k)
                  high=i-1;
      } while(i!=k)
      return L.elem[i];
}
```

答案：

(1) cullElement(L，4)的返回值是排行第 4 的元素 20。

(2) cullElement 的功能是在无序表中查找"排行为 k"的元素。

解答注释：这是一个按排行大小，而不是按值来进行查找的问题。在快速排序中，由于每一次划分都将一个待排序的序列划分为两个子序列，分别继续进行排序。换句话说，此时的"枢轴"已被确定位置（它不需要再参加后续的排序），一次划分的返回值即为枢轴在有序序列中的"排行值"。由此，算法利用了划分函数 Partition（L，low，high）的结果，进行类似于"折半查找"的区间取舍（不是均等的划分区间），以缩小查找的范围，提高定位的效率，直至其定位在 k 值的下标位置。由于算法利用了 Partition（L，low，high）进行定位，仅恢复了部分表的有序性，一般情况下，比整体排序后再定位的方法要迅捷。

五、算法设计题

以下算法设计题中的二叉查找树的类型定义如下：

```
typedef struct BiTNode {
    int data;
    struct BiTNode *lchild, *rchild;
} BiTNode, * BiTree;
```

16. 编写算法判别给定的一棵二叉树是否为二叉查找树。

答案：

```
void divideBST(BiTree T, Bitree &pre, bool &verdict) {
    // T 为二叉查找树的根指针
    // pre 在遍历过程中始终指向 T 的前驱,其初值为 NULL
    // 判定结果由 verdict 给出,其初值为 TRUE,否定后为 FALSE,并终止遍历
    if(T) {
        divideBST( T->lchild, pre, verdict );
        if(!pre || verdict && T->data >pre->data ) { // 当前结点数据域值大于前驱时
            pre=T; // 把当前指针交给前驱,pre 比 T 迟一步完成中序遍历
            divideBST( T->rchild, pre, verdict );
        } else
            verdict=FALSE; // 当前结点数据域值不比前驱大,给出否定的结论
    }
}
```

解答注释：读者可能首先会想到按二叉查找树的定义来进行判别,但请注意第 6 章 6.4.2 节定义中(1)与(2)中的叙述,必须判别左子树和右子树中"所有结点"的值均小于和大于根结点的值,显然按这个思路构思的算法效率很低。若换个角度考虑,二叉查找树本质上是一个有序表,则测试有序性的简单方法是依次检测相邻两个元素间的有序性。由此只需按中序遍历该二叉树,如果是二叉查找树,遍历的序列一定是递增的。在中序遍历算法的基础上稍加改写,访问结点的操作变为：判断当前结点的数据域值是否大于其前驱,是则继续遍历右子树,否则给出否定的结论。

扩展讨论：一般判定性问题的算法常采用"无罪推断法"的思路安排算法的语句,即先假设算法可判定的命题为真,如发现否定的证据条件,则予以"定罪",并尽快终止算法的运行。通常要设一个布尔量担负其责,初值为真,遇否定结论时翻转成为假,以结束算法。

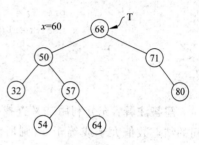

图 8.27　题目实例的图示

17. 对于给定的正整数 x,设计递归算法,在一棵二叉查找树中,找出最接近 x 且小于 x 的值。例如图 8.27 所示二叉查找树,给定值 $x=60$,答案应为 57。

答案：

参考答案 1

```
void nearSmall(Bitree T, int x, Bitree &pre, bool &found) {
    // 在以 T 为根指针的二叉查找树中查找小于 x 的最大值,若存在,则指针 pre 所指
    // 结点的元素即为所求,pre 在遍历过程中始终指向 T 的前驱,其初值为 NULL,
    // 布尔量 found 作为提前终止遍历的标记,初值为 FALSE,找到时改为 TRUE
    if(T) {
        nearSmall(T->lchild, x, pre, found);    // 遍历左子树
        if( !found && x>T->data ) {
            pre=T;              // 把当前指针交给前驱,pre 比 T 迟一步完成中序遍历
            nearSmall(T->rchild, x, pre, found);    // 继续遍历右子树
        } else
            found=TRUE;         // 遇到第一个大于或等于 x 的结点时终止遍历,
                                // 此时 pre 恰好指向所求结点
    }
}
```

解答注释：受上一题的启发,对于有序表,只要找到第一个大于或等于 x 的数据元素时,其前驱即为所求。由此可类似于上一题,中序遍历该二叉查找树,访问结点的操作是,将当前结点的数值和 x 相比较,若它大于或等于 x,则停止遍历,此时 pre 刚好指向小于且最接近 x 的结点;如果 x 大于该二叉查找树的所有结点数据,则遍历过程中访问的最后一个结点的数值,也就是二叉查找树中最大的数值即为所求;如果 x 小于该二叉查找树的所有结点数据,即遍历过程中访问的第一个结点的数值大于或等于 x,则说明"不存在"所求值。

本答案中只给出所求结点的指针,尚需继续由调用程序输出相关的信息。

参考答案 2

```
void nearSmall(Bitree T, int x, Bitree &pre) {
    // 在以 T 为根指针的二叉查找树中查找小于 x 的最大值,若存在,则指针 pre 所指结点
    // 的值即为所求,pre 在遍历过程中始终指向 T 的前驱,其初值为 NULL,
    if(T) {
        if( T->data >=x )
            nearSmall( T->lchild, x, pre );
                                // 遍历左子树,树的"前驱"即为其左子树的"前驱"
        else {
            pre=T;              // 当前访问结点为其右子树的"前驱"
            nearSmall(T->rchild, x, pre );      // 遍历右子树
        }
    }
}
```

解答注释:充分利用二叉查找树的特性,按"二分搜索"的思想进行查找。若当前被访问的结点数值大于或等于 x,则所求值若存在,则必定在其左子树上,由此只需要遍历左子树;反之,只需要在右子树中进行搜索即可,见图 8.28。在极端情况下,如当给定整数值小于或大于二叉查找树中所有值时,则整个遍历过程只是一味向左或一味向右,遍历过程结束后,pre 为"NULL"或指向树中值最大的结点。

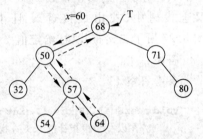

图 8.28 按"二分搜索"思路所写算法的执行路线

扩展讨论:显然,参考答案 1 算法执行的巡游路线是中序遍历,其时间复杂度为 $O(n)$。仔细观察参考答案 2 的算法,可见其查找过程类似于在有序表中进行(递归形式的)二分查找,逐步缩小查找区间直至零(在此左或右指针为空)止。整个遍历过程中只走了一条从根到某个(至多只有一棵子树的)结点的路径,平均情况下的算法时间复杂度为 $O(\log n)$。

综合评价,参考答案 2 比参考答案 1 的效率更好,但参考答案 1 依据的是中序遍历思想,写起来或许容易上手。

18. 假设以"孩子-兄弟链表"表示键树,设计递归算法,实现按字典序输出给定键树中的所有关键字。例如,对于图 8.29 所示的键树,应输出如下关键字序列:

HAD,…,HE,HER,HERE,HIGH,HIS

设双链树的类型定义为:

```
#define MAXKEYLEN 16                    // 关键字的最大长度
typedef struct {
    char ch[MAXKEYLEN];                 // 关键字
    int num;                            // 关键字长度
} KeysType;                             // 关键字类型
typedef enum { LEAF, BRANCH } NodeKind; // 结点种类:{ 叶子,分支 }
typedef struct DLTNode {
```

```
        char symbol;
        struct DLTNode *next;              // 指向兄弟结点的指针
        NodeKind kind;
        union {
            char *infoptr;                 // 叶子结点的关键字字符串指针
            struct DLTNode *first;         // 分支结点的孩子链指针
        }
} DLTNode, *DLTree;                         // 双链树类型
```

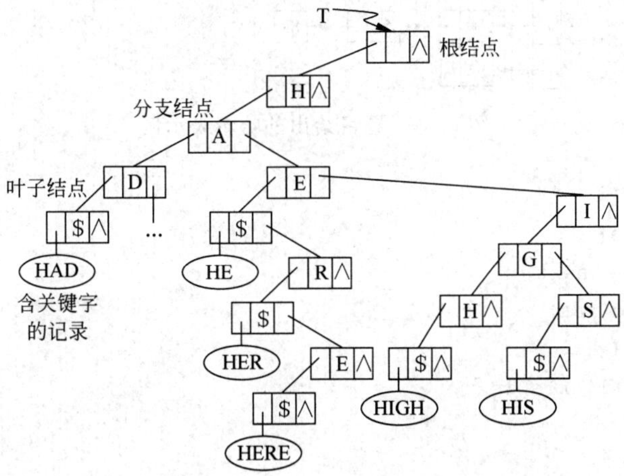

图 8.29 双链树的实例模型

答案:

```
void preDictionary( DLTree T ) {
    if(T){
        if(T->kind==LEAF)
            cout<<T->infoptr<<",";
        else
            preDictionary(T->first);        //T->kind==BRANCH
        preDictionary(T->next);
    }
}
```

解答注释: 键树以二叉链表表示之后,左分支为孩子,右分支为原来的兄弟。所有的单词字符串都挂接在相当左孩子的指针域,按字典序输出,实为输出叶子的信息。遍历过程中,通过 kind 的值选用 union 的具体域,逢叶子结点输出相应的词汇字符串并加","。

19.设计算法,由带头结点单链表的结点构建链地址法处理冲突的哈希表(利用原链表的结点直接充当哈希表的结点,不再申请新的资源)。要求同义词所串接的每个链表内的关键字按递增有序排列,并设哈希函数为 H(key),其取值范围是 $0..m-1$。

示例如图 8.30 所示(其中 H(key)=key MOD 7)。

哈希表的结构类型定义如下:

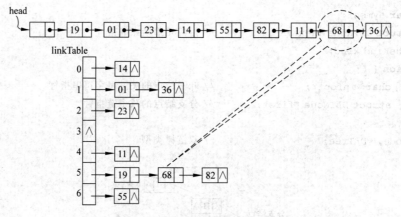

图 8.30　题目给出的哈希表示例

```
typedef struct {
    keyType data;
    struct LNode *next;
} LNode, *LinkedList;
typedef struct {
    LinkedList *linkTable;
    int count;
} hashLinkList;
```

答案：

```
void createHashLInkList( hashLinkList &HTable, int m; LinkedList head ) {
    HTable.linkTable=new LinkedList[m];
    LinkedList hashHeadPoint;
    for(k=0; k<m; k++)
        HTable.linkTable[k]=NULL;    // 初始化表头
    p=head->next;
    while(p) {
        hashHeadPoint=HTable.linkTable[ H(p->data)];
                        // 由哈希函数计算得出哈希表某个链表的头指针
        insertOrderedList( hashHeadPoint, p ); // 调用有序表的插入算法
        p=p->next;
    }
}
```

其中 insertOrderedList 为在有序的、不含头结点的单链表中插入结点的算法：

```
void insertOrderedList( LinkedList &head, LinkedList s ) {
    p=head;
    while(p && (s->data>p->data)) {
                            // 扫描定位,pre 比 p 滞后一步扫过链表
        pre=p;
        p=p->next;
```

```
    }
    s->next=p;                    // s 的指针所指的结点接入链表
    if(head==NULL || s->data<=head->data)
        head=s;                   // 特殊插入点,即空表或作为第一结点插入
    else
        pre ->next=s;             // 一般情况,链接到 s 结点
}
```

习　题

8.1　若对大小均为 n 的有序的顺序表和无序的顺序表分别进行顺序查找,在下列三种情况下分别讨论两者在等概率时的平均查找长度是否相同:

(1) 查找不成功,即表中没有关键字等于给定值 K 的记录;

(2) 查找成功,且表中只有一个关键字等于给定值 K 的记录;

(3) 查找成功,且表中有若干个关键字等于给定值 K 的记录,一次查找要求找出所有记录。此时的平均查找长度应考虑找到所有记录时所用的比较次数。

8.2　分别画出在线性表 (a,b,c,d,e,f,g) 中进行折半查找,以查关键字等于 e、f 和 g 的过程。

8.3　画出对长度为 10 的有序表进行折半查找的判定树,并求其等概率时查找成功的平均查找长度。

8.4　已知如下所示长度为 12 的表

(Jan,Feb,Mar,Apr,May,June,July,Aug,Sep,Oct,Nov,Dec)

(1) 按表中元素的顺序依次插入一棵初始为空的二叉排序树(按字典序大小进行比较),请画出插入完成之后的二叉排序树,并求其在等概率的情况下查找成功的平均查找长度。

(2) 若对表中元素先进行排序构成有序表,求在等概率的情况下对此有序表进行折半查找时查找成功的平均查找长度。

8.5　按下述查找过程编写查找算法:已知一非空有序表,表中记录按关键字递增排列,以不带头结点的单循环链表作存储结构,外设两个指针 h 和 t,其中 h 始终指向关键字最小的结点,t 则在表中浮动,其初始位置和 h 相同,在每次查找之后指向刚查到的结点。查找算法的策略是:首先将给定值 K 和 t->key 进行比较,若相等,则查找成功;否则因 K 小于或大于 t->key 而从 h 所指结点或 t 所指结点的后继结点起进行查找。

8.6　可以生成图题 8.1 所示二叉查找树的关键字初始排列有几种?请写出其中的任意 4 个。

8.7　选取哈希函数为 $H(k)=(3k) \bmod 11$,并采用增量序列为 $d_i=i((7k) \bmod 10+1)$ $(i=1,2,3,\cdots)$ 的开放定址法处理冲突,在 0～10 的散列地址空间中对关键字序列 (22,41,53,46,30,13,01,67) 构造哈希表,并求等概率情况下查找成功时的平均查找长度。

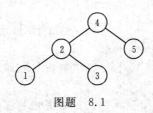

图题 8.1

8.8 为下列关键字建立一个装载因子不小于 0.75 的哈希表,并计算你所构造的哈希表的平均查找长度。

(ZHAO, QIAN, SUN, LI, ZHOU, WU, CHEN, WANG, CHANG, CHAO, YANG, JIN)

8.9 假设哈希表长为 m,哈希函数为 $H(x)$,用链地址法处理冲突。试编写输入一组关键字并建造哈希表的算法。

第9章 文　件

文件是类型相同的记录的集合，习惯上称存储在内存储器（主存储器）中的记录集合为查找表，称存储在外存储器中的记录集合为文件。和存储在内存中的查找表类似，为了能实现文件中的记录的快速查找，必须按一定的方式组织数据。这就是本章讨论的内容：文件的各种组织方式和操作的实现。

9.1　基本概念

9.1.1　外存储器简介

目前广泛使用的外存储器有磁带机和磁盘机两种。前者为顺序存取的存储设备，后者为直接存取的存储设备。

1. 磁带存储器

磁带是薄薄涂上一层磁性材料的一条窄带。现在使用的磁带大多数有 1/2in 宽，最长可达近千米，绕在一个卷盘上。使用时，将磁带盘放在磁带机上，驱动器控制磁带盘转动，带动磁带向前移动。通过读写头读出磁带上的信息或者将信息写入磁带，如图 9.1 所示。

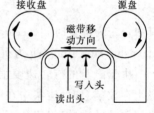

图 9.1　磁带运动示意图

在 1/2in 宽的带面上可以记录 9 位或 7 位二进制信息（通常称为 9 道带或 7 道带），每一横排表示一个字符，其中 8 位或 7 位表示字符，另一位作奇偶校验位。

磁带是一种启停设备，它可以根据读写需要随时启动和停止。由于读写信息应在旋转稳定状态下进行，而磁带从启动到稳定旋转或从旋转到静止都需要一个"启停时间"（即加速或减速的过渡时间），为了适应启停时间，信息在磁带上不能连续存放，而要在相邻两个"字符组"之间留出一定长度（通常为 1/4～1/3in）的空白区，称为"间隙 IRG"，两个间隙之间的字符组称为一个"**物理记录**"或者"**页块**"。页块是内外存信息交换的单位，内存中用来暂时存放一个页块的区域称"**缓冲区**"。

在磁带上存取一个页块信息所需时间由两部分组成：

$$T_{I/O} = t_a + n \cdot t_w \tag{9-1}$$

其中，t_a 为延迟时间，即读写头到达存取信息所在页块起始位置所需时间；t_w 为存取一个字符的时间，n 为页块内的字符个数。

显然，磁带信息存取时间主要花在将磁带转到所需位置上，和信息所在页块及读写头当前的位置密切相关，差别很大，可从几十毫秒到几十分钟，与磁带录音机相似。

2. 磁盘存储器

磁盘是一种直接存取的存储设备，与磁带相比，最大的优点是存取速度快，既能顺序存取，又能随机存取。

目前使用多为活动头磁盘，如图9.2所示。它由若干盘片组成一个盘片组，固定在一个主轴上，随着主轴顺一个方向高速旋转。除最顶上和最底下的两个外侧盘面外，其余用于存储数据的盘面称为"记录盘面"，简称"**记录面**"，记录面上存储数据的同心圆称为"**磁道（track）**"。每个记录面有一个读写磁头，所有读写头安装在一个活动臂装置上，可以一起作径向移动。当磁道在读写头下通过时，便可以进行信息的读写。

各记录盘面上直径相同的磁道组成一个"**柱面（cylinder）**"，柱面的个数就是记录面上的磁道数目。一个磁道又可分为若干弧段，称为"**扇面（sector）**"。磁盘信息存取的单位为一个扇面的字符组，称为一个"**页块**"，因此需用一个三维地址来表明磁盘信息：柱面号、记录面号和页块号。

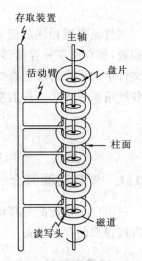

图9.2　活动头盘示意图

为了访问一块信息，首先必须移动活动臂使磁头移动到所需柱面（称为定位或寻查），然后等待页块起始位置转到读写头下，最后读写所需信息。所需时间由这三个动作所需时间组成：

$$T_{I/O} = t_{seek} + t_{la} + n \cdot t_{wm} \qquad (9\text{-}2)$$

其中，t_{seek}为寻查时间（seek time）；t_{la}为等待时间（latency time）；t_{wm}为传输（一个字符）时间（transmission time）；n为页块内字符数目。

由于磁盘的旋转速度很快，读写磁盘信息的时间主要花在移动磁头的时间上，因此在磁盘上存放信息时，应集中在一个柱面或相邻的几个柱面上，以求在读写信息时尽量减少磁头来回移动的次数，以避免不必要的寻查时间。

9.1.2　有关文件的基本概念

文件（file）是由大量性质相同的记录组成的集合。可按记录的不同类型分为操作系统的文件和数据库的文件两类。

操作系统中的文件仅是一维连续字符序列，无结构、无解释。

数据库中的文件是带有结构的记录的集合。此类记录由一个或多个数据项组成。记录中能唯一确定（或识别）一个记录的数据项或数据项的组合，称为"**关键码**"。若文件所含记录具有相同类型，而且长度相等，则称"**定长文件**"；反之，若文件中各记录的类型不同，或者类型相同而长度不等，这称为"**非定长文件**"或"**变长文件**"。

上述文件中的记录称为"**逻辑记录**"，它是用户表示和存取信息的单位。"**物理记录**"则指外存信息存取的单位（即一个页块内的信息）。在物理记录和逻辑记录之间可能存在下列三种关系：（1）一个物理记录存放一个逻辑记录；（2）一个物理记录包含多个逻辑记录；（3）多个物理记录表示一个逻辑记录。

文件的操作有两类：检索和修改。

检索可有三种方式：按记录的逻辑顺序号进行顺序存取或直接存取以及按关键码进行存取。按关键码进行存取时，可查询关键码等于给定值的记录，或查询关键码属某个区域的记录，或以关键码的某个函数作为查询条件，甚至可以根据多种条件的组合进行查询。

修改则包括插入记录、删除记录或更新记录的某些数据项。

文件操作的方式可有联机（实时）处理和批处理两种。

文件的**存储结构**指的是文件在外存储器中的不同组织方法：

（1）顺序结构。记录在外存储器中的存放顺序与记录在文件中的逻辑顺序完全一致，称按这种存储方式组织的文件为"顺序文件"。

（2）计算寻址结构。类似于哈希表，记录在外存储器中的存储位置由选定的哈希函数和处理冲突的方法确定。称按这种存储方式组织的文件为"哈希文件"或"直接存取文件"。

（3）索引结构。为顺序文件中的每个记录建立一个索引项（由记录的关键码和记录的存储位置两项组成），所有记录的索引项构成一个索引，由索引和顺序文件构成的文件为索引文件。若顺序文件中记录按关键码有序，则为索引顺序文件。

（4）表结构。类似于线性表的链表存储结构，记录之间利用"指针"进行相互链接。在此，"指针"通常指的是页块的物理地址。

文件组织采用什么样的组织方式取决于对文件进行哪些操作和采用何种外存储介质。

9.2 顺 序 文 件

顺序文件是记录的物理顺序和逻辑顺序完全一致的文件。换句话说，记录在外存储器中的顺序是由建立文件时记录输入的顺序自然形成的。假如记录按关键码（指主码）自小而大或自大而小的顺序输入，则生成的文件为顺序有序文件，否则称为"堆文件"，堆文件中记录的存储顺序和关键码无关。

9.2.1 存储在顺序存储器上的文件

一切存储在顺序存储器（如磁带）上的文件，都是顺序文件，这种文件只能进行"顺序存取"和成批处理。顺序存取是指按记录的逻辑（或物理）顺序实现逐个存取，若要查询第 i 个记录则必须先检索前 $i-1$ 个记录，插入新的记录只能加在文件的末尾。由于顺序存储设备不可能做到修改某个确切位置上的信息，即使更新一个记录也必须对整个文件进行复制。因此对顺序文件的操作更多的情况下是按批处理的方式进行的，即在积累了一批更新要求之后，统一进行一次性处理。

批处理的工作原理如图 9.3 所示。首先需根据更新要求建立一个事务文件，文件中的记录至少应包含操作类别（插入、删除、修改）和关键码两项，除删除操作外，对于插入和修改的操作还应包括主文件记录中的其他全部数据项。为了便于批处理的进行，要求主文件和事务文件都按主关键码有序，由于事务文件的记录一般是按提出修改要求的次序形成的，不一定有序，则在批处理之前首先应对事务文件进行（按主关键码）排序，然后与主文件归并，生成新文件。

修改请求
事务文件、流水文件
排序
有序主文件
有序事务文件
修改程序
新主文件

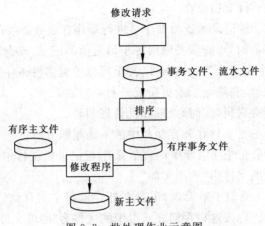

图 9.3　批处理作业示意图

归并时,顺序读入主文件和事务文件中的记录,比较它们的关键码,按事务文件记录中提出的要求对主文件的记录进行相应修改。对于主文件中没有修改请求的记录(当前读入的主文件记录的关键码小于当前读入的事务文件记录关键码),则将它直接写入新的主文件;修改和删除则要求两个当前读入的记录的关键码相匹配,应要求删去的记录不再写入新的主文件,修改的要按修改后的新记录写入(这里及以后介绍的修改都不包括修改关键码,修改关键码可用删除和插入来完成);插入记录则按关键码大小顺序插入即可,如图 9.4 所示为进行批处理之前后的学籍管理的文件和排序之前后的事务文件。

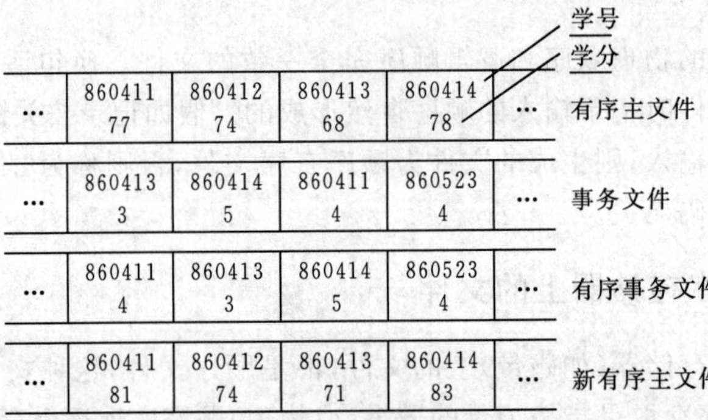

学号
学分
… 860411 77 860412 74 860413 68 860414 78 … 有序主文件
… 860413 3 860414 5 860411 4 860523 4 … 事务文件
… 860411 4 860413 3 860414 5 860523 4 … 有序事务文件
… 860411 81 860412 74 860413 71 860414 83 … 新有序主文件

图 9.4　学籍文件批处理示例

上述批处理过程和两个有序表的归并相类似,但有两点不同:一是事务文件中对同一主关键码可能有多个记录(即针对同一记录的多次修改请求);二是归并时首先要判别修改类型并检验修改请求的合法性,如不能删除或更新主文件中不存在的主关键码的记录,不能插入主文件中已有的主关键码的记录等。

顺序文件的优点是连续存取时速度快,批处理效率高,存储节省(除存储文件本身外,不需要其他附加存储)。它的缺点是随机处理效率低,特别是对更新要求,一般不做随机处理。顺序文件通常用以存储有历史保留价值的海量数据,例如气象部门的逐日气象记录数据。

9.2.2　存储在直接存储器上的文件

存储在磁盘等直接存取设备上的顺序文件的处理方法和存储在顺序存取存储器上的文件相同，此外由于设备本身所具有的可进行随机存取的特性，它还可以对文件记录进行随机存取和修改。

对直接存取设备上的顺序文件可按记录号或关键码进行随机存取，如果是顺序有序文件，并且记录大小相等，还可应用二分查找或插值查找等进行快速存取；修改记录时，如果更新后的记录不比原记录大，则可在原存储位置上进行随机修改；随机删除记录需采用暂作删除标记的方式加以解决，待进行批处理时才真正将它们删除；插入记录时，为了减少数据移动，可用下述两种方法进行：一是最初在每个页块中预留空闲空间，插入时，只在块内移动记录，但只能解决少量记录的插入；第二种方法是将插入记录先存在一个附加文件中。这样，又给查找增加了麻烦。查找时，同时要查附加文件和主文件。当附加文件较小时，可先查附加文件，在未查到之后再去查主文件。当附加文件达到一定规模时，就应做一次批处理，把附加文件和主文件进行归并，此时应同时删去做过已删记号的记录，并在新主文件产生之后删去老主文件。

9.3　索　引　文　件

索引文件由"索引"和"主文件(顺序文件)"两部分构成，其中索引为指示逻辑记录和物理记录之间对应关系的表，表中每一个记录称为索引项，包含(逻辑记录的)关键码和物理记录位置两个数据项。若主文件中记录按关键码有序的顺序排列，则称"索引顺序文件"，反之称"索引非顺序文件"，简称"索引文件"。无论是索引顺序文件还是索引文件，其索引总是按关键码有序。在索引文件中进行按关键码存取时，首先在索引中进行查找，然后按索引项中指示的记录在主文件中的物理位置进行存取。

组织索引文件的关键是如何组织索引。索引本身可以是顺序结构，也可以是树型结构。由于大型文件的索引都相当大，则对顺序结构的索引需要建立多级索引，而树型结构本身就是一种"层次"结构，因此常用以作为索引文件的索引。本节主要介绍大型索引文件和索引顺序文件的索引——B 树和 B^+ 树。

9.3.1　B 树

索引文件的索引称为"稠密索引"，即对主文件中的每个记录建立一个索引项，因此索引也是文件，其记录个数和主文件中的记录个数相同。显然，当记录数目较大时，不宜用二叉查找树表示，因为对于 n 个记录的文件，二叉排序树的深度和 $\log_2 n$ 成正比，例如 $n=10^5$ 时，$\log_2 n=14$，当内存容量不足以容纳整个索引表时，查找索引就需要多次访问外存。而从9.1 节所述得知，内、外存信息交换的单位是一个页块，它可以容纳比二叉查找树中一个结点更多的信息。解决的方法之一是采用平衡的多叉查找树(B 树)作为索引文件的索引。

1. B 树的定义

一棵"m 阶的 B 树"，或为空树，或为具有以下特性的 m 叉查找树：

（1）树中每个结点至多有 m 棵子树；

（2）除根以外的所有非叶结点至少有 $\lceil m/2 \rceil$ 棵子树，根结点若是非叶结点，则至少有两棵子树；

（3）所有的非叶结点中含有如下信息：

$$(n,A_0,(K_1,D_1),A_1,(K_2,D_2),\cdots,A_{n-1},(K_n,D_n),A_n)$$

其中：$(K_i,D_i)(i=1,2,\cdots,n)$ 为索引项，且 $K_i<K_{i+1}(i=1,2,\cdots,n-1)$；$A_i(i=0,1,\cdots,n)$ 为指向子树根结点的指针，且 A_{i-1} 所指子树中所有索引项的关键码小于 $K_i(i=1,2,\cdots,n)$，A_n 所指子树中索引项的关键码大于 $K_n,n(\lceil m/2 \rceil-1 \leqslant n \leqslant m-1)$ 为结点中索引项的个数；

（4）所有叶结点都在同一层上，且不含任何信息。

如图 9.5 所示为一棵 4 阶的 B 树，其深度为 4（即第 4 层为不带任何信息的叶子结点）。图中省去了物理记录的指针 D_i。

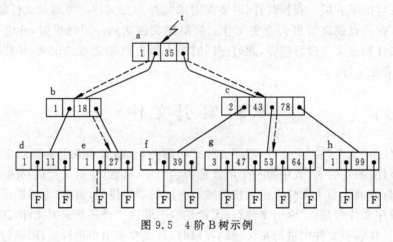

图 9.5　4 阶 B 树示例

2. B 树的操作

（1）查找

假设要查找关键码等于 kval 的记录，首先将根结点读入内存进行查找，若找到，即找到了该记录所对应的物理记录位置，算法结束；否则沿着指针所指，读入相应子树根结点继续进行查找，直至找到关键码等于 kval 的索引项或者顺指针找到某个叶子结点，前者可由索引项取得主文件中的记录，后者说明索引文件中不存在关键码等于 kval 的记录，其中的 F 结点意味着查找不成功（Fail）。

例如，图 9.5 上的两条虚线表示在所示 B 树上查找关键码分别等于 53 和 24 的记录的过程。

（2）插入

插入是在查找的基础上进行的。若在 B 树上找到关键码等于 kval 的索引项，则不再进行插入，否则先将关键码等于 kval 的记录插入主文件，然后将索引项插入 B 树。插入索引项的结点应是查找路径上最后一个非叶结点，如关键码等于 24 的索引项应插入在图 9.5 所示 B 树索引中物理地址为 e 的结点中，由于 m 阶 B 树结点中的索引项不能超过 $m-1$，则当插入不能满足这个约定时,要对结点进行"分裂"操作,有时还会产生分裂连续发生直至生成新的根结点为止,详情请参见参考文献[1]。

(3) 删除

删除关键码等于 kval 的记录,同样也在查找的基础上进行。若在 B 树上没有找到关键码等于 kval 的索引项,不再进行删除操作,否则只要删除相应索引项即可。和 B 树的插入操作相反,在 B 树上删除索引项要受到"结点中索引项的个数不得少于$\lceil m/2 \rceil - 1$"的约定,为此有时需进行"合并"结点的操作。

9.3.2 B$^+$树和索引顺序文件

索引顺序文件是提高文件组织效率的有力措施,它既能随机存取,又能顺序存取。因而大型文件和数据库系统几乎都采用这种组织形式,在实际中应用较广。

索引顺序文件的索引,分静态索引和动态索引两类,前者以 ISAM(Indexed Sequential Access Method)文件为代表,它是一种专为磁盘存取设计的文件组织方式,由索引区、数据区和溢出区三部分组成。索引区通常是与硬件层次一致的三级索引:总索引,柱面索引和磁道索引。溢出区用来存放后插入的记录。当文件主要用于检索时,ISAM 文件效率高,既能随机查找,又能顺序查找,但若增删频繁,则存取效率退化,且需定期重组,所以,不宜做更新型的操作。此时,就应考虑建立宜更新的动态索引,这种索引以 B$^+$树为代表,其典型的文件组织以 VSAM(Virtual Storage Access Method)为代表。由于是动态索引,既便于检索又便于更新。

1. B$^+$树的结构特点

B$^+$树是 B 树的一种变型树,其结构和 B 树的差异在于:

(1) B$^+$树的每个叶子结点中含有 n 个索引项(即 n 个关键码和 n 个指向记录的指针);并且,所有叶子结点彼此相链接构成一个有序链表,该有序链表的头指针指向含最小关键码的结点。

(2) B$^+$树上每个非叶结点中的关键码 K_i 是其相应指针 A_i 所指子树的索引项,即该关键码为该子树中关键码的最大值。

(3) 一棵 m 阶的 B$^+$树中每个结点至多含 m 个关键码(即至多有 m 棵子树),除根结点至少含两个关键码外,其余结点至少含$\lceil m/2 \rceil$个关键码,所有叶子结点都处在同一层次上。

例如图 9.6 为一棵深度为 3 的 4 阶 B$^+$树。

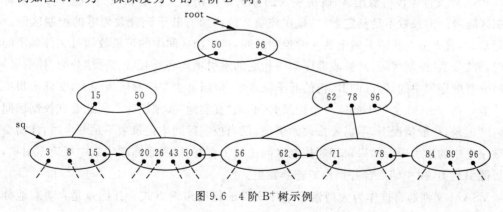

图 9.6 4 阶 B$^+$树示例

2. B⁺ 树的操作

在 B⁺ 树上,既可以进行从根结点开始的缩小范围的查找,也可以从最小关键码开始进行顺序查找。在进行缩小范围的查找时和 B 树稍有不同,不管查找成功与否,都必须查到叶子结点才能结束,在结点内进行查找时,若给定值 $\leqslant K_i$,则应继续在 A_i 所指子树中进行查找。在 B⁺ 树上进行插入和删除索引项时,类似于 B 树,必要时也需要进行结点的"分裂"或"合并"操作,分裂和合并的规则和 B 树相同。

3. VSAM 文件

VSAM 文件的结构如图 9.7 所示。它由索引集、顺序集和数据集三部分组成。其中**数据集**即为主文件,而**顺序集**和**索引集**构成主文件的"索引",是一棵 B⁺ 树。其中顺序集中的每个结点即为 B⁺ 树的叶子结点,包含主文件的全部索引项。索引集中的结点即为 B⁺ 树的非叶结点,可看成是文件索引的高层索引。

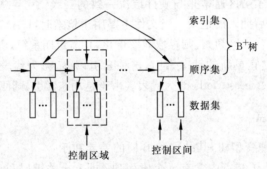

图 9.7　VSAM 文件的结构示意图

数据集由若干**控制区域**组成,而控制区域由若干**控制区间**组成,每个控制区间内含一个或多个记录,当含多个记录时,同一控制区间内的记录按关键码自小至大有序排列,且文件中第一个控制区间中记录的关键码值最小。在 VSAM 文件中,控制区间是用户进行一次存取的逻辑单位,可看成是一个逻辑磁道(其实际大小和物理磁道无关),控制区域由若干控制区间和它们的索引项组成,可看成是一个逻辑柱面。

VSAM 文件中没有溢出区,解决插入的办法是在初建文件时留有适当空间,一是每个控制区间内的记录数不足额定数,二是在控制区域内留有若干记录数为零的控制区间。插入记录时,首先由查找结果确定插入的控制区间,当控制区间中的记录数超过文件规定的大小时,要"分裂"控制区间,并修改顺序集中相应的索引项。必要时,还需要"分裂"控制区域,同时分裂顺序集中的结点(即 B⁺ 树的叶子结点)。但通常由于控制区域较大,实际上很少发生分裂。在 VSAM 文件中删除一个记录时,必须"真实地"实现删除。因此要在控制区间内"移动"记录,一般情况下,不需要修改索引项,仅当控制区间中记录数不足一半时,才需要修改顺序集中的索引项。如果对相邻控制区间进行了合并,则需删除顺序集中相应索引项,并有可能引起 B⁺ 树中结点合并操作的连续发生。

VSAM 文件通常被作为大型索引顺序文件的标准组织方式。其优点是:动态地分配和释放空间,不需要重组文件,并能较快地实现对"后插入"的记录的检索。其缺点是:占有较多的存储空间,一般只能保持约 75% 的存储空间利用率(因此,一般情况下,极少产生需要分裂控制区域的情况)。

9.4 哈 希 文 件

9.4.1 文件组织方式

哈希文件又称**直接存取文件**。其特点是,由记录的关键码"直接"得到记录在外存(磁盘)上的映像地址。哈希文件的组织方法类似于构造一个哈希表。根据文件中关键码的特点设计一种"哈希函数"和"处理冲突的方法",然后将记录散列到外存储设备上,故又称"散列文件"。

哈希文件由若干个"桶"组成,根据设定的哈希函数将记录"映像"到某个桶号。处理冲突通常采用链地址法,即每个桶可以包括一个或几个页块,页块之间以指针相链。每个页块中的记录个数则由逻辑记录和物理记录的大小决定。例如:假设有 18 个记录,它们的关键码分别为:278,109,063,930,589,184,505,269,008,083,164,215,330,810,620,110,384,355。设哈希文件中桶的个数为 7,则可设哈希函数为 key mod 7,假设每个页块可以容纳两个记录,则所得哈希文件如图 9.8 所示。

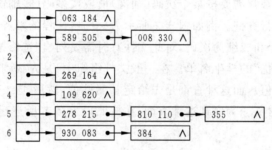

图 9.8　哈希文件示意图

图 9.8 中左侧为桶目录表,它由 m 个指针组成,分别指向第 0 至第 $m-1$ 个桶的第一个页块。若某记录的关键码为 kval,哈希函数为 H,则 H(kval)为桶号。存放一个记录的空间称子块,在页块首部对应每个子块置一个二进制位,作空满标志,表明子块中是否存有记录,每个页块尾部的指针或指向下一个页块或为空指针。

每个桶中页块的多少,由散列到该桶的记录数决定。桶的多少要适当,若太少,则每桶包含的页块就多,将增大存取时访问外存的次数,若桶的数目过多,则必然会有一部分桶只有一个页块且其中仅含少量记录,造成空间浪费。至于"空桶"倒不致造成浪费,因为它只在桶目录中占用一个空指针,并不占用空页块。

通常,应使桶数与文件所能填满的页块数大致相等。若文件有 n 个记录,每个页块可存放 w 个记录,则可设 $m=\lceil n/w \rceil$,这样在哈希函数为均匀的前提下,平均只需访问外存 1.5 次($\alpha \approx 1$)即可。如果目录不大,使用时,可将它保留在内存,否则尚需对目录进行组织,或为顺序文件,或建立索引。

9.4.2 文件的操作

在哈希文件中进行查找时,首先根据给定值 kval 求得桶号(即哈希函数值)i,先查目录文件,把包含第 i 个桶目录的目录页块调入内存,从而得到指向第 i 个桶的第一个页块的指针,再调入该页块进行顺序查找,检查页块中的每个非空子块,看是否有关键码等于 kval 的记录,如果找不到,再按此块尾部的指针找到下一个页块,继续查找直至找到该记录。若顺链查遍全桶的每一页块都未找到,则表示该记录不存在。

插入时,首先查找该记录是否存在,是则出错,否则在桶中找一空子块,将其插入,同时修改页块首部相应位置的空满标志位。若桶中没有空子块,则向系统申请一个新页块,链入桶链表的链尾,然后将新记录存入它的第一子块中,并置块首各子块的空满标志位。

删除记录时,首先查找待删记录是否存在,不存在则出错,否则就删除之。只需修改块首该子块的空满标志位,令其为空,以便再次使用该子块。

哈希文件的优点是存取速度快,容易实现文件的扩充,缺点是不适用于对文件进行顺序存取和批处理。

9.5 多关键码文件

在数据库查询中,常常需要按某个次码(辅键)值或按多码(多辅键)值的组合(常用布尔表达式的形式给出)进行查询。例如图 9.9 所示为一选修课程的教务文件,其中学号为记录的主码,选修课程、学分和成绩为次码,对此文件有时需要列出"选修某门课程"的学生名单,或者"选修课程成绩得优"的学生名单。在一般文件组织中,是先找到记录,然后再找到该记录的各种属性(即次码值),而这种查询是先给定某属性值,然后查含有该属性的各个记录,这就是所谓"倒排"的含义。为实现这种查询,在按照以上各节所述建立文件的同时还需要建立次码索引。

学 号	姓 名	系 别	选修课程名	选修课学分	成 绩
981201	王国强	机 械	证券投资	2	优
981202	赵济实	精 仪	电脑音乐	1	良
981203	刘 晖	机 械	摄影艺术	1	良
981204	叶桑林	机 械	金融保险	2	中
981205	田华民	精 仪	摄影艺术	2	优
981206	陈小红	精 仪	摄影艺术	1	中
981207	王玲玲	机 械	电脑音乐	1	良
981208	刘建平	机 械	金融保险	2	良
981209	张立立	机 械	电脑音乐	1	优
981210	李 苇	精 仪	金融保险	2	中
981211	叶葳琦	精 仪	电脑音乐	1	良
⋮	⋮	⋮	⋮	⋮	⋮

图 9.9 选修课程学生文件

9.5.1 倒排文件

在倒排文件中,为每个需要查找的次码建立一个次码索引表,每个索引项包含一个具体的次码索引值及一组具有该次码值的各记录地址或主关键码,称此次码索引表为**倒排表**,具有这种倒排索引的文件为"**倒排文件**"。例如,图9.9所示文件的倒排表如图9.10所示。

电脑音乐	981202,981207,981209,981211
金融保险	981204,981208,981210
摄影艺术	981203,981205,981206
证券投资	981201

(a) 选课倒排表

优	981201,981205,981209
良	981202,981203,981207,981208,981211
中	981204,981206,981210

(b) 选课成绩倒排表

1个学分	981202,981203,981205,981206,981207,981209,981211
2个学分	981201,981204,981208,981210

(c) 学分倒排表

机械系	981201,981203,981204,981207,981208,981209
精仪系	981202,981205,981206,981210,981211

(d) 系别倒排表

图9.10 倒排文件的倒排表

对图9.10的倒排表进行次码查询时,首先得到的是主码信息,然后从主索引得到记录地址。这种次码索引的优点是,对于主文件的存储具有相对独立性,只要不是增添和删除记录,无论主文件中记录的地址如何变化,都无需修改次索引。对于多码查找的情况,也可先在主关键码的集合中,进行交或并运算,再对所得结果按主关键码查记录地址。例如,对上述选课文件查询"精仪系选课得2个学分的学生",只需对图9.10(c)和(d)中所得两个主码集合进行"交"的逻辑运算,得到满足条件只有学号为981210的学生。它的缺点是存取速度慢,需要先查次码索引得到相应的主关键码,再查主索引得到记录地址。

9.5.2 索引链接文件

索引链接文件是按次码值进行链接并建立链头索引的一种多码文件组织方式。在这种组织方式中,只对主码建索引,对于需要建立索引的次码进行链接,并建立链头索引。链头索引的索引项是:次码值,链首地址和链长。如图9.11所示为选课文件的索引链接文件。文件中建立了两个次码(所选课程和成绩)的链接索引,其链头索引分别如图9.11(b)和(c)所示。

地址	学 号	姓 名	系 别	选修课程名		选修课学分	成 绩	
100	981201	王国强	机 械	证券投资	0	2	优	104
101	981202	赵济实	精 仪	电脑音乐	106	1	良	102
102	981203	刘 晖	机 械	摄影艺术	104	1	良	106
103	981204	叶桑林	机 械	金融保险	107	2	中	105
104	981205	田华民	精 仪	摄影艺术	105	1	优	108
105	981206	陈小红	精 仪	摄影艺术	0	1	中	109
106	981207	王玲玲	机 械	电脑音乐	108	1	良	107
107	981208	刘建平	机 械	金融保险	109	2	良	110
108	981209	张立立	机 械	电脑音乐	110	1	优	0
109	981210	李 苇	精 仪	金融保险	0	2	中	0
110	981211	叶葳琦	精 仪	电脑音乐	0	1	良	0
⋮	⋮	⋮	⋮	⋮		⋮	⋮	
				选课链			成绩链	

(a) 索引文件

选修课程	链头地址	长度
电脑音乐	101	4
金融保险	103	3
摄影艺术	102	3
证券投资	100	1

(b) 选课链头索引

成绩	链头地址	长度
优	100	3
良	101	5
中	103	3

(c) 成绩链头索引

图 9.11　索引链接文件示意图

在索引链接文件中进行次码查询时,先查该次码值的链头地址,如要查选修摄影艺术课程的学生有哪些,先查图 9.11(b)得链头地址为 102,通过它得到第一个记录,并由这个记录中的选课链,得到选同一门课的下一个学生记录地址 104,依次查下去,直到某记录的选课链指针为 0 止。

对多码查找的情况,只需沿着多个码值所在的多条链中链长较短的一条进行查找即可。如要查"选修电脑音乐成绩得优"的学生,因为选课为电脑音乐的链长为 4,成绩为优的链长为 3,所以,可按成绩为优的链进行查找,对该链上所有记录,只要看其所选是否为电脑音乐,就可确定是否为所需记录。

最后还应当说明,在程序级对文件进行具体操作时,要考虑具体的硬件设备特征和与此相配合的驱动程序和开发工具。因此单纯用伪码语言来描述文件组织过程会受到一定限制。另一方面,在具体的实际应用中,商用关系数据库的使用已很普遍,数据库中常用的库表就是一种具有结构的文件形式。对库表的操作是由数据库管理系统所提供的通用查询语言(SQL 语言)来完成的。虽然在大多数情况下,读者直接从底层构建一个文件系统的机会不会很多,但从概念上了解文件结构及其特性,对进一步学习有关数据库的知识是大有裨益的。

解题指导与示例

一、单项选择题

1. 在下列各种文件中,不能进行顺序查找的文件是(   )。

  A. 顺序文件 B. 索引文件 C. 哈希文件 D. VSAM 文件

答案: C

2. 索引非顺序文件的特点是(   )。

  A. 主文件无序,索引有序   B. 主文件有序,索引无序

  C. 主文件有序,索引有序   D. 主文件无序,索引无序

答案: A

3. 倒排文件的主要优点是(   )。

  A. 便于进行插入和删除运算   B. 便于进行文件的恢复

  C. 便于进行多码的组合查询   D. 节省存储空间

答案: C

4. 若在文件中查询年龄在 60 岁以上的男性及年龄在 55 岁以上的女性的所有记录,则查询条件为(   )。

  A.(性别="男")OR(年龄>60)OR(性别="女")OR(年龄>55)

  B.(性别="男")OR(年龄>60)AND(性别="女")OR(年龄>55)

  C.(性别="男")AND(年龄>60)OR(性别="女")AND(年龄>55)

  D.(性别="男")AND(年龄>60)AND(性别="女")AND(年龄>55)

答案: C

二、填空题

5. 文件上的两类主要操作为_____和_____。

答案: 第一个空填:检索。第二个空填:修改。

6. 索引文件中的索引指示文件中的_____与_____之间一一对应的关系。

答案: 第一个空填:逻辑记录。第二个空填:物理记录。

7. 控制区间和控制区域是_____文件的逻辑存储单位。

答案: VSAM

8. 倒排文件和索引链接文件的主要区别在于_____不同。

答案: 次码的索引结构

9. 在索引链接的文件中,次码索引的组织方式是将_____的记录链接成一个链表。

答案: 次码值相同

三、解答题

10. 一个 3 阶的 B 树如图 9.12 所示,分别画出插入关键字 38 和 105 之后的 B 树形态。

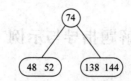

图 9.12 题目所给的 3 阶 B 树示例

答案：见图 9.13。

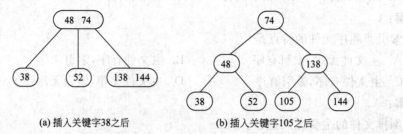

(a) 插入关键字38之后   (b) 插入关键字105之后

图 9.13 插入关键字后的 B 树形态

习　题

9.1 比较顺序文件、索引文件和索引顺序文件各有什么特点。

9.2 简单比较文件的次码索引链接和倒排表组织方式各有什么优缺点。

9.3 请你为图书馆中如下所示的部分目录建立一个索引链接文件。要求该文件允许用户按书名查找，或按作者查找，或按分类查找。

作 者	书 名	分类号	书号	出版社	藏书量	版本
甲	数学分析	A	002	ABC	5	2
甲	高等代数	A	015	ABC	3	1
乙	普通物理	B	030	ABC	5	2
乙	理论物理	B	042	ABC	2	1
甲	微分方程	A	027	ABC	2	1
乙	数学分析	A	004	ABC	3	1
丙	微分方程	A	023	ABC	2	1
乙	普通化学	C	044	RST	3	1
戊	分析化学	C	057	RST	2	1
戊	普通物理	B	036	RST	4	1

若相继插入下列记录，文件将发生什么变化？

	作者	书名	分类号	书号	出版社	藏书量	版本
①	甲	数学分析	A	003	ABC	10	3
②	戊	普通化学	C	049	RST	10	3
③	丁	理论物理	B	040	RST	10	2
④	丙	高等代数	A	013	RST	10	2

第 10 章　数据结构程序设计示例

本书的前几章中已分别讨论了各类数据结构的特性和基本操作的实现,虽然在每一章中都列举了一些实例,但大多只是作为某一种数据结构的应用例子。而在实际的应用问题中,经常会涉及多种类型的数据结构以及它们之间的复杂操作,这就需要综合运用已学过的数据结构知识。

在第 1 章的讨论中曾提到,对具体问题编制程序之前,首先要求我们从分析问题出发,选取适当的数据结构将问题形式化,并为此设计相应算法。在 1.1 节中曾以 3 个简单例子说明数据结构的选用,本章将通过 8 个完整的程序设计例子说明数据结构的综合应用。在这 8 个例子中,将改变以往"从分解程序功能着手"的做法,而是首先分析程序中的"主要操作对象"并定义其数据类型,将数据结构及其操作"封装"在一起,对于在多个例子中用到的数据类型,尽可能实现"复用"。但由于在程序设计中没有采用 C++ 程序设计语言,尚不能实现纯粹的"面向对象的编程",并且对一些大型软件的开发而言,首先需要进行"面向对象的分析",然后进行"面向对象的设计",最后才是"面向对象的编程"。因此,本章的目的只是引导读者如何进行操作对象的分析,并实现简单的封装和复用。

10.1　抽象数据类型

抽象数据类型 ADT(abstract data type)是指一个数学模型及定义在该模型上的一组操作。抽象数据类型的定义仅取决于它的一组逻辑特性,有意暂时回避了具体实现的技术细节,即不论其内部实现的方式方法如何变化,只要它的数学特性不变,都不会影响它的外部使用。抽象的作用是便于人们在系统分析和设计阶段能够集中精力把握全局,从宏观上考虑核心算法问题,以提高软件模块的复用性。

抽象数据类型的概念并不深奥,当我们使用任何程序设计语言的时候,都会用到"整数"类型的数。程序设计语言中的"整数"类型就是一个抽象数据类型,尽管它们在不同处理器上实现的方法可以不同,但由于其定义的数学特性相同,从用户的使用角度来看都是相同的。除了程序设计语言中已经实现的数据类型,例如整数、浮点数、字符串等,抽象数据类型的概念还包括用户在编程中自己定义的数据类型。通常称程序设计语言中已经实现的数据类型为固有数据类型,用户自行定义的抽象数据类型则需通过固有数据类型来构建并实现。

一个抽象数据类型的软件模块通常应包含定义、表示和实现三个部分。

抽象数据类型的定义可以用三元组表示

$$(D,S,P)$$

其中,D 是数据对象,S 是 D 上的关系集,P 是对 D 的基本操作集。可采用以下格式描述:

ADT 抽象数据类型名〈

　　数据对象:〈数据对象的定义〉

数据关系：〈数据关系的定义〉

基本操作：〈基本操作的定义〉

　　} **ADT** 抽象数据类型名

其中,数据对象和数据关系的定义可用形式化的伪码描述。基本操作的定义格式如下:

　　基本操作名(参数表)

　　　　初始条件：〈初始条件描述〉

　　　　操作结果：〈操作结果描述〉

　　例 10.1　抽象数据类型复数的定义。

ADT Complex {

　　　　数据对象：$D=\{e1,e2|e1,e2\in RealSet\}$

　　　　数据关系：$R1=\{\ <e1,e2>|e1$ 是复数的实数部分, $e2$ 是复数的虚数部分}

　　　　基本操作:

　　　　InitComplex$(\&z,v1,v2)$

　　　　　操作结果：构造复数 z,其实部和虚部分别赋予参数 $v1$ 和 $v2$ 的值。

　　　　GetReal$(z,\&RealPart)$

　　　　　初始条件：复数已存在。

　　　　　操作结果：用 RealPart 返回复数 z 的实部值。

　　　　GetImag$(z,\&ImagPart)$

　　　　　初始条件：复数已存在。

　　　　　操作结果：用 ImagPart 返回复数 z 的虚部值。

　　　　Add$(z1,z2,\&sum)$

　　　　　初始条件：z1 和 z2 复数。

　　　　　操作结果：用 sum 返回两个复数 $z1$ 和 $z2$ 的和值。

　　　　Subtract$(z1,z2,\&sub)$

　　　　　初始条件：z1 和 z2 复数。

　　　　　操作结果：用 sub 返回两个复数 $z1$ 和 $z2$ 的差值。

　　　　Multiply$(z1,z2,\&mult)$

　　　　　初始条件：z1,z2 复数。

　　　　　操作结果：用 mult 返回两个复数 $z1$ 和 $z2$ 的积值。

　　　　Division$(z1,z2,\&div)$

　　　　　初始条件：z1 和 z2 复数。

　　　　　操作结果：用 div 返回两个复数 $z1$ 和 $z2$ 的商值。

　　　} ADT Complex

　　至此,利用 **ADT Complex** 的操作接口就可以编写有关复数应用的算法了。如果需要,还可以定义 **Complex** 的其他操作,例如求复数的幅角等。值得注意的是,抽象数据类型定义的每一个操作应力求功能单一而且明确,并减少各操作之间的功能重叠。从编程的角度看,各模块之间必须有严格约定的接口,因此首先需利用固有数据类型表示并描述上述定义的各个操作。

例 10.2　ADT Complex 的表示和实现。

```
const OK=1;                      // 常量定义
const ERROR=0;
const NULL=0;

typedef int Status;              // 状态类型定义

//-----复数类型的存储表示-----
typedef struct {                 // 复数类型定义
    float real, imag;            // real 和 imag 分别为复数的实部和虚部
}//complex;

//-----复数操作的定义 (限于篇幅,具体实现从略)-----
Status InitComplex(complex &z, float v1, float v2)
// 复数初始化,由用户给定的实部 v1 和虚部 v2 构造一个复数 z,并返回 OK
Status GetReal(complex z, float &RealPart)
// 取得已知复数 z 的实部 RealPart,并返回 OK
Status GetImag(complex z, float &ImagPart)
// 取得已知复数 z 的虚部 ImagPart,并返回 OK
Status Add(complex z1, complex z2, complex &sum)
// 求得两个已知复数 z1 和 z2 相加的和 sum,并返回 OK
Status Subtract(complex z1,complex z2,complex &sub)
// 求得已知复数 z1 减去 z2 所得差值 sub,并返回 OK
Status Multiply(complex z1,complex z2,complex &mult)
// 求得两个已知复数 z1 和 z2 相乘的积 mult,并返回 OK
Status Division(complex z1,complex z2,complex &div)
// 若复数 z2 的实部和虚部不同时为 0,则求得 z1 除以 z2 所得商 div,并返回 OK
//否则返回 ERROR,div 无意义
```

有了以上复数及其操作的函数定义,不管这些函数如何实现,均可利用它们编写复数的应用程序。当然首先要将它们作成一个头文件,譬如 complex. h,并嵌入应用程序中。例如,下列程序段为利用 complex 计算复数

$$z=\frac{(8+6i)(4+3i)}{(8+6i)+(4+3i)}$$

```
#include<iostream.h>
#include "complex.h"

void main()
{
    complex z1,z2,z3,z4,z;
    float RealPart,ImagPart;
    InitComplex(z1,8.0,6.0);
    InitComplex(z2,4.0,3.0);
```

```
    Add(z1,z2,z3);
    Multiply(z1,z2,z4);
    if(Division(z4,z3,z))
    {
        GetReal(z, RealPart);
        GetImag(z, ImagPart);
        cout<<"z="<<RealPart <<"+"<<ImagPart <<"i"<<endl;
    }
}
```

C 语言本身并不提供复数的数据类型,由于将复数定义为抽象数据类型 **Complex** 并加以实现,通过 C 语言提供的头文件机制就可以将复数当成和整数一样的数据类型在程序的任何地方加以使用。在上述程序段中定义的复数,是作为复数的对象实例来对待的。一个抽象数据类型相当于一个类型模板,用它可以说明多个对象实例,例如上述程序段中的 z_1、z_2、z_3、z_4 和 z。在使用时只须关心 Add、Multiply、Division 等对象操作的外部特性,并由此研究复数的应用算法,这体现了抽象数据类型的"抽象性"。对复数的应用程序而言,它不知道复数在计算机中是如何表示的,复数的操作是如何实现的,它不能直接存取任何一个复数的实部和虚部,而只能通过"复数类型"提供的"取实部"和"取虚部"的操作进行访问,这体现了"封装",不论其内部如何实现或作任何改变,只要"接口定义"不变,都不影响应用程序中对复数的使用。作为类型模板,还可以在不同的应用程序中反复使用,这体现了抽象数据类型具有可重用的特点。

显然,抽象数据类型的基本操作集里的每个操作都应经过严格的测试。使用抽象数据类型时,凡涉及对象的操作都限定为通过该抽象数据类型提供的操作来进行,避免使用其他方式操纵或改变对象。抽象数据类型的这种操作规则称为"封装",它极其有效地提高了对象数据的安全程度。然而对抽象数据类型的这种使用要求只是使用者的一种编程行为规范,并无语法方面的约束力,如果使用非面向对象(或非纯面向对象)的编程语言,即使违反了这个行为规范,仍可使程序通过,但容易给开发的系统带来安全隐患。

大型的实际问题会涉及多种类型的对象,需要我们设计多种抽象数据类型并形成各自的头文件,这些工作完全可以由专门的开发人员或某一专业领域的人员来完成,使正确性和复用性得以充分保证。而使用这些头文件软件模块的又可以是另外一些应用开发工作者,软件开发的这类分工是软件开发进步的里程碑。

10.2　从问题到程序的求解过程

从提出实际问题到编出程序并最后调试通过形成软件,这是一个难以用较少篇幅叙述清楚的问题,它是软件工程学(研究大型软件的设计方法)和程序设计方法学(研究小规模程序的设计方法)研究的范畴。这里我们仅以面向对象编程的思想讨论以抽象数据类型为中心的程序设计方法。这个程序设计方法大致可以分为以下几个步骤进行:

(1) 建立数据结构模型,设计抽象数据类型;

(2) 进行主算法的设计;

（3）实现抽象数据类型；

（4）编制可以上机的程序代码并进行静态测试和动态调试。

下面以第 2 章的有序表为基础，研究分析一个整数集合求并运算的实例，对上述 4 个步骤分别予以讨论。

10.2.1　建立数据结构模型设计抽象数据类型

面向对象编程的关键是分析客观问题中的主要操作对象，并与计算机世界里特定抽象数据类型的实例对象相对应，形成对象模型。程序的主要流程可归结为各种实例对象之间的相互操作。

集合是现代数学的重要基础，也是当今计算机科学中经常用到的基本概念，在很多应用问题中集合及其成员也是其中主要的操作对象。如何在计算机中表示和实现集合，取决于该集合的大小和所进行的操作。假设现在讨论的问题中的集合操作仅限于"求并"，而集合的大小和集合的成员不限，则宜采用有序表来表示（这可从第 2 章的学习得知）。由此首先需要设计一个有序表的抽象数据类型并加以实现。集合求并的算法则通过有序表的实例对象的操作完成。其算法思想是，依次比较两个有序表对象的每个元素，将符合"并"条件的元素复制到结果有序表对象中。

抽象数据类型"有序表"定义如下：

ADT OrderedList ${

　　　数据对象：$D = \{a_i \,|\, a_i \in \mathrm{ElemType}, i = 1, 2, \cdots, n, n \geqslant 0\}$

　　　数据关系：$R1 = \{<a_{i-1}, a_i> \,|\, a_{i-1}, a_i \in D, a_{i-1} < a_i, i = 2, \cdots, n\}$

　　　基本操作：

　　　　InitList$(\&L)$

　　　　　操作结果：构造一个空的有序表 L。

　　　　DestroyList$(\&L)$

　　　　　初始条件：有序表 L 已存在。

　　　　　操作结果：销毁有序表 L。

　　　　ListEmpty(L)

　　　　　初始条件：有序表 L 已存在。

　　　　　操作结果：若 L 为空表，则返回 TRUE,否则返回 FALSE。

　　　　ListLength(L)

　　　　　初始条件：有序表 L 已存在。

　　　　　操作结果：返回 L 中数据元素个数。

　　　　GetElem(L, i)

　　　　　初始条件：有序表 L 已存在，并且 $1 \leqslant i \leqslant$ ListLength(L)。

　　　　　操作结果：返回 L 中第 i 个数据元素。

　　　　LocatePos(L, e)

　　　　　初始条件：有序表已存在，e 为和有序表中元素同类型的值。

　　　　　操作结果：若有序表 L 中已存在值和 e 相同的元素，则返回它在有序表中的序号,否则返回 0。

InsertElem($\&$L,e)

初始条件:有序表 L 已存在。

操作结果:在有序表 L 中按有序关系插入值和 e 相同的数据元素。

DeleteElem($\&$L,i)

初始条件:有序表 L 已存在。

操作结果:删除有序表 L 中第 i 个数据元素。

ListTraverse(L,visit())

初始条件:有序表 L 已存在。

操作结果:依次对 L 的每个数据元素调用函数 visit()。一旦 visit()失败,则操作失败。

}ADT OrderedList

10.2.2　算法设计

在上述设计的抽象数据类型的基础上可着手编写核心的伪码算法,它是最后要解决问题的程序原型。这是一种能反映程序主要控制结构且可读性很强的算法描述形式,它既便于验证算法的正确性,又易于转化成实际的程序。基于 **ADT OrderedList**,集合求并运算 C $=$A$\bigcup$B 的伪码算法如下,其中 La、Lb 和 Lc 为抽象数据类型 OrderedList 的具体对象实例,并假设 La 和 Lb 中都不含重复元素。

```
void UnionSet(OrderedList La, OrderedList Lb, OrderedList &Lc)
{
// 用有序表表示集合,La 和 Lb 中元素按值递增次序排列
// 合并后的集合 Lc 中元素仍按值递增次序存放在有序表 Lc 中
    InitList(Lc);                    // 构造一个空的有序表 Lc
    ia=1; ib=1                       // ia 和 ib 分别指示 La 和 Lb 中元素序号
    while((ia<=Listlength(La))&&ib<=Listlength(Lb)) {     // La 和 Lb 均非空表
        a=GetElem(La, ia); b=GetElem(Lb, ib);
                                     // a 和 b 为两集合中进行比较的当前元素
        if(a<=b) {                   // 处理 a<=b 的情况
            InsertElem(Lc, a);       // 在 Lc 中插入一个其值和 a 相同的元素
            ia++;
            if(a==b) ib++;
        }//if
        else {                       // 处理 b<a 的情况
            InsertElem(Lc, b);       // 在 Lc 中插入一个其值和 b 相同的元素
            ib++;
        }//else
    }//while
    while (ia<=ListLength(La)) {
        InsertElem(Lc,GetElem(La, ia));
```

```
        ia++;
    }// 处理 La 中的剩余元素
    while(ib<=ListLength(Lb)) {
        InsertElem(Lc, GetElem(Lb, ib));
        ib++;
        }// 处理 Lb 中的剩余元素
}//UnionSet
```

在编写和阅读算法时,我们看重的是操作的外部特性。算法当中使用了抽象数据类型 **ADT** OrderedList 提供的 4 个操作:InitList、ListLength、GetElem 和 InsertElem,通过这些操作接口的外部特性实现了集合求并的算法,算法没有直接对有序表的元素进行具体操作。这里,**ADT** OrderedList 提供的基本操作恰好能满足集合求并算法的需要。实际上,**ADT** 的设计和主算法的设计是相辅相成的。在进行算法设计的过程中,有时需要修改或增加 **ADT** 中的基本操作。也可以考虑将有序表设计成一个通用抽象数据类型,即包含所有可能进行的操作,以备在以后的程序中可以多次复用。

10.2.3 实现抽象数据类型

实现抽象数据类型这一步,主要完成两项工作:其一,是在语言的层面上,确定抽象数据类型的存储表示;其二,在已确定存储表示的基础上,对抽象数据类型的每一个操作确定程序级接口的确切形式,即每个函数的规格说明和复杂操作的伪码算法,并由此修正主算法。

抽象数据类型 **ADT** OrderedList 的实现(限于篇幅,只列出主要的框架):根据有序表的基本操作的特点,采用带头结点的有序链表作存储结构。结点的数据域元素类型 ElemType 是通过类型定义说明的,其作用是提高抽象数据类型 **ADT** 的可重用性,以适应各类不同的数据形式。这里 ElemType 暂且定义为整型数。

```
//-----------OrdList.h----------
typedef int ElemType;              // 元素类型
typedef struct {
    ElemType data;
    NodeType *next;
}NodeType, *LinkType;              // 结点类型和指针类型

typedef struct {
    LinkType head,tail;            // 分别指向有序链表的头结点和尾结点
    int size;                      // 链表当前的长度
    int curpos;                    // 当前被操作的元素在有序表中的位置
    LinkType current;              // 当前指针,指向链表中第 curpos 个元素
}OrderedList;                      // 有序链表类型
```

有序链表操作的规格说明如下:

```
status InitList(OrderedList &L);
```

```
    //构造一个带头结点的空的有序链表 L,并返回 TRUE
    //若分配空间失败,则令 L.head 为 NULL,并返回 FALSE
void DestroyList(OrderedList &L);
    //销毁有序表 L,释放所有结点空间,令 L.head=L.tail=NULL
status ListEmpty(OrderedList L);
    //若 L 为空表,则返回 TRUE,否则返回 FALSE
int ListLength(OrderedList L);
    // 返回有序表 L 中元素个数
ElemType GetElem(OrderedList L, int i);
    // 若 1≤i≤ListLength(L),则返回 L 中第 i 个元素,否则返回 INT_MAX
    // INT_MAX 为预设常量,其值大于有序表中所有元素
int LocatePos(OrderedList L, ElemType e);
    // 若有序表 L 中已存在值和 e 相同的元素,则返回它在有序表中的序号
    // 否则返回 0
void InsertElem(OrderedList &L, ElemType e);
    // 若有序表 L 中不存在其值和 e 相同的元素,则按有序关系插入
    // 否则空操作
void DeleteElem(OrderedList &L, int i);
    // 若 1≤i≤ListLength(L),则删除有序表 L 中第 i 个数据元素,否则空操作
void ListTraverse(OrderedList L, void( *visit)(LinkType));
    // 依次对 L 的每个数据元素调用函数 visit()。一旦 visit()失败,则操作失败
```

实现各操作的伪码算法和主算法参见 10.4.1 节所述。

10.2.4　编制程序代码并进行静态测试和动态调试

这一步将完成最后的编码工作。首先完善有序表类型的程序编码,并对每个操作都进行严格的测试,考验在正常情况下和边界条件下的运行稳定性,最后才做成头文件形式的软件模块。随着工作的积累,这些成熟的软件模块也会越来越丰富,当常用数据结构都以抽象数据类型的形式实现以后,编程工作也就会比较顺手了。然后将抽象数据类型作为头文件包含进工程文件。集合求并应用程序的工程文件组织形式如图 10.1 所示。

在上机之前应对编制好的程序进行静态跟踪检查,然后再对应用程序完成上机动态调试。

所谓静态跟踪检查就是用人工模拟计算机,对一个简单的数据模型试运行程序。宜选择小尺寸的数据模型,但应包含各种边界情况,如涉及各种集合运算的程序,应考虑空集、一个元素的集合和元素相同的集合等各种情况;对于二叉树的问题,应考虑空树、一个结点的二叉树和两个结点的二叉树等各种情况。静态跟踪检查应访遍程序的各条路径(即各种分支的情况)。通过静态跟踪检查使程序尽可能排除由于程序员的疏漏而产生的错误,也可为接下去的动态调试找到一种"程序感觉",提高动态调试的效率。

经过静态调试的程序在上机运行时还可能发生下列 3 种类型的错误:①语法错误;②连接装配错误;③运行错误。前两种错误在编译或连接时发生,一般由系统提示指出后,只要按语言的语法和系统的环境要求加以改正即可。第三种错误与算法和程序有关,大致又

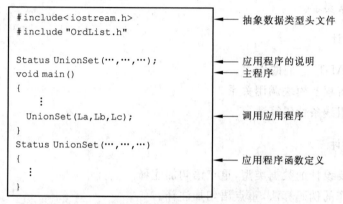

有序表类型模块 **OrdList. h**

```
typedef int ElemType;
typedef struct {
    ⋮
} NodeType, *LinkType;
typedef struct{
    ⋮
} OrderedList;
status InitList(OrderedList &L)
{
    ⋮
}
    ⋮
```

> 数据类型定义

> 数据类型操作接口

主程序模块 **SetUnion. cpp**

```
#include<iostream.h>
#include "OrdList.h"

Status UnionSet(…,…,…);
void main()
{
       ⋮
   UnionSet(La,Lb,Lc);
}
Status UnionSet(…,…,…)
{
   ⋮
}
```

◄—— 抽象数据类型头文件

◄—— 应用程序的说明
◄—— 主程序

◄—— 调用应用程序

◄—— 应用程序函数定义

图 10.1　使用抽象数据类型的整体工程文件布局

有两种情况：一种是因存储结构使用不当引起的，例如最常见的无效指针和数组下标越界等；另一种是纯粹的逻辑性错误，例如程序不能正常终止，输出与问题的要求有出入等，在很大程度上是由于控制条件考虑不周所至。这类错误是初学数据结构编程者最易犯的毛病，而当运行出现这类错误时又往往感到束手无策。为了从程序中尽快地排除这类错误，首要是对错误的出处准确定位，常用的简便办法是利用集成环境提供的 Debug 功能加以定位。在程序中的适当位置临时加入一些反映调试信息的输出语句，以此来反映动态运行状况有时也比较有效。调试中出现的警告性提示也是不能轻易放过的，必须究其原因排除之。

对某一组数据运行成功，并不意味程序正确。在进行整个程序的联调时，特别要注意对多组数据模型进行试验，并分别选择几种具有一般性和特殊性的数据模型进行调试。

上面我们从 4 个步骤讨论了从问题到程序的求解过程，这只是以抽象数据类型为中心的程序设计方法的大致轮廓，有时候这 4 步也可通盘考虑，根据具体问题加以把握。

10.3　程序的规范说明

对于每一个应用程序所解决的问题，都应有规范说明的文档。书写合格的文档和编程调试同等重要，文档是合格软件必不可少的文献。本节采用的规范说明格式如下。

题目：

一、问题描述

1. 题目内容。
2. 基本要求。
3. 测试数据。

二、需求分析

1. 程序所能达到的基本功能。
2. 输入的形式和输入值的范围。
3. 输出的形式。
4. 测试数据要求。

三、概要设计

1. 所需的 ADT,它们的作用。
2. 主程序流程及模块调用关系。
3. 核心的粗线条伪码算法。

四、详细设计

1. 实现概要设计的数据类型,重点语句加注释。
2. 每个操作的伪码算法,重点语句加注释。
3. 主程序和其他模块的伪码算法,重点语句加注释。
4. 函数调用关系图。

五、调试分析

1. 设计与调试过程中遇到的问题及分析、体会。
2. 主要和典型算法的时空复杂度的分析。

六、使用说明

简要说明程序运行操作步骤。

七、测试结果

包括输入和输出,输入集应多于需求分析的数据。

八、附录(带注释的源程序)

其中,问题描述旨在建立问题提出的背景环境,指明问题求解的要求。需求分析以无歧义的方式陈述说明程序设计的任务和功能。概要设计说明程序中用到的所有抽象数据类型的定义、主程序流程和模块之间的层次关系。详细设计实现概要设计中定义的所有数据类型,对每个操作和核心模块写出伪码算法,画出函数的调用关系图。调试分析主要记载调试过程、经验体会,并进行算法的时空分析。使用说明讲述操作步骤和运行环境。测试结果应包括运行的各种数据集和所有的输入、输出情况。附录主要指源程序代码和下达任务的其他原始文件。

10.4   应用示例分析

在这一节里将分析 8 个典型的应用程序示例,给出以抽象数据类型为中心的问题求解过程,这 8 个示例都是从实际问题中提炼归纳出来的,它们是:

(1) 使用有序链表表示集合,实现集合的并、交和差运算。

(2) 利用栈结构通过回溯算法求解最佳任务分配方案。

(3) 使用队列模拟理发馆的排队现象,通过仿真手段评估其营业状况。

(4) 在以二叉树表示的算术表达式的基础上,设计并实现一个可进行四则运算的计算器。

(5) 利用广义表可共享存储结构的特性,实现一个自行车零部件库的库存模型。

(6) 扩展拓扑排序算法,用以辅助制定教务课程计划。

(7) 利用键树结构实现一个全文检索的查找模型。

(8) 使用多关键字排序和二分查找的算法思想对一批汽车牌照进行排序和快速查找。

这些应用示例几乎涵盖了所有的常见数据类型,具有典型性,也有一定的难度。从这里可以清晰地看出数据结构的实际应用价值,读者也会得到触类旁通的启示。

在下面的所有例子的程序中都有一些包含文件和常数定义的说明,我们把相同的部分提出来,作为一个头文件 common. h,以简化编程和问题描述。其中 common. h 的内容包括:

```
#include<iostream.h>
#include<iomanip.h>
#include<stdlib.h>
#include<process.h>
#include<string.h>

const TRUE=1;
const FALSE=0;
const OK=1;
const ERROR=0;

const INFEASIBLE=-1;
const OVERFLOW=-2;
const MAXINT=30000;

typedef int status;
```

所有例题都在与本书配套的光盘中给出了经调试后的原代码,读者可通过 Microsoft

Visual C++ 5.0 或 6.0 来运行。进入工作界面后,建立新工程,选择 Windows 32 Console Application 方式,加入每一例题的相关配套程序文件,编译、连接和运行程序,按要求输入数据,进行实验。为了突出程序的主要功能和便于阅读源程序,所附源程序中没有对输入数据的合法性进行严格的语法检查,因而可能因输入数据的偶然失误而出现某些问题,此时只需再次运行即可。然而,程序的"健壮性"对一个实用软件来说是非常重要的,读者可试以对它们进行改进。

附带说明,这些示例也曾是作者布置给学生的大型作业题,示例分析说明的有些内容,例如调试分析等仅是学生体会的总结,光盘所附的源程序也只是实现了基本的功能要求,尚有进一步优化的余地。

10.4.1 含并、交和差运算的集合类型

由于集合的操作仅限于求并、交、差,因此在这个示例中仍以有序表表示集合,但进一步将集合本身设计成抽象数据类型,以便以后可以在集合类型的操作基础上,构造高一层次的算法,以完成更复杂的应用。

一、问题描述

1. 题目内容:利用有序链表表示正整数集合,实现集合的交、并和差运算。

2. 基本要求:由用户输入两组整数分别作为两个集合的元素,由程序计算它们的交、并和差集,并将运算结果输出。

3. 测试数据:$S1 = \{3,5,6,9,12,27,35\}$

$\qquad\qquad S2 = \{5,8,10,12,27,31,42,51,55,63\}$

运行结果应为:$S1 \bigcup S2 = \{3,5,6,8,9,10,12,27,31,35,42,51,55,63\}$

$\qquad\qquad S1 \bigcap S2 = \{5,12,27\}$

$\qquad\qquad S1 - S2 = \{3,6,9,35\}$

二、需求分析

1. 本程序用以求出任意两个正整数集合的交、并和差集。

2. 程序运行后显现提示信息,用户输入两组整数。程序将自动滤去输入的重复整数及负数。

3. 用户输入数据完毕,程序将输出运算结果。

4. 测试数据应为两组正整数,范围最好在 0~35000 之间。

三、概要设计

为实现上述程序功能,应以有序链表表示集合。为此需要有序表和集合两个抽象数据类型。

1. 有序表的抽象数据类型定义为:

ADT OrderedList {

$\qquad$(同 10.2.1 节的定义描述,这里从略)

｝ADT OrderedList

2. 集合的抽象数据类型定义为：

ADT Set ｛

数据对象：$D = \{a_i | a_i \in \text{ElemSet}$ 且 a_i 互不相同，$i = 1, 2, \cdots, n, n \geq 0\}$

数据关系：$R1 = \{\ \}$

基本操作：

　　CrtNullSet($\&$T)

　　　操作结果：构造一个空集 T。

　　DestroySet($\&$T)

　　　初始条件：集合 T 已存在。

　　　操作结果：销毁集合 T。

　　AddElem($\&$T, e)

　　　初始条件：集合 T 已存在。

　　　操作结果：若集合 T 中不含和 e 相同的元素，则添加元素 e，否则空操作。

　　DelElem($\&$T, e)

　　　初始条件：集合 T 已存在。

　　　操作结果：若集合 T 中存在元素 e，则从 T 中删除该元素，否则空操作。

　　Union($\&$T, S1, S2)

　　　初始条件：集合 S1 和 S2 已存在。

　　　操作结果：生成一个由 S1 和 S2 的并集构成的集合 T。

　　Intersection($\&$T, S1, S2)

　　　初始条件：集合 S1 和 S2 已存在。

　　　操作结果：生成一个由 S1 和 S2 的交集构成的集合 T。

　　Difference($\&$T, S1, S2)

　　　初始条件：集合 S1 和 S2 已存在。

　　　操作结果：生成一个由 S1 和 S2 的差集构成的集合 T。

　　PrintSet(T)

　　　初始条件：集合 T 已存在。

　　　操作结果：输出集合 T 中的全部元素。

｝ADT Set

3. 本程序包含 3 个模块：

主程序模块；

集合单元模块（实现集合的抽象数据类型）；

有序表单元模块（实现有序表的抽象数据类型，包含结点和指针的定义）；

模块之间的调用关系如图 10.2 所示。

图 10.2　模块间的调用关系

四、详细设计

1. 元素类型、结点类型和指针类型

```
typedef int ElemType;                          // 元素类型
typedef struct NodeType {
        ElemType data;
        NodeType *next;
}NodeType, *LinkType;                           // 结点类型和指针类型
```

2. 有序表类型

```
typedef struct {
    LinkType head,tail;                // 分别指向有序链表的头结点和尾结点
    int size;                          // 链表当前的长度
    int curpos;                        // 当前被操作的元素在有序表中的位置
    LinkType current;                  // 当前指针,指向链表中第 curpos 个元素
}OrderedList;                          // 有序链表类型
```

部分基本操作实现的伪码算法如下：

```
status InitList(OrderedList &L)
{
  // 构造一个带头结点的空的有序链表 L,并返回 TRUE
  // 若分配空间失败,则令 L.head 为 NULL,并返回 FALSE
    L.head=new NodeType;
    if(!L.head) return FALSE;
    L.head->data=0;                        // 头结点的数据域暂虚设元素为 0
    L.head->next=NULL;
    L.current=L.tail=L.head;
    L.curpos=L.size=0;
    return TRUE;
}//InitList
void DestroyList(OrderedList &L)
{
    // 销毁链表
    while(L.head->next){
      p=L.head->next;
      L.head->next=p->next;
      delete p;
    }//while
    delete L.head;
}//DestroyList
ElemType GetElem(OrderedList L, int i);
{
    // 若 1≤i≤ListLength(L),则返回 L 中第 i 个元素,否则返回 MAXINT
```

```
    // MAXINT 为预设常量,其值大于有序表中所有元素
    if((i<1)||(i>L.size))
      return MAXINT;
    if(i==L.curpos)
      return L.current->data;
    if(i<L.curpos) {
      L.curpos=0; L.current=L.head;
    }
    else {
      L.curpos++; L.current=L.current->next;
    }
    while(L.curpos<i) {
      L.curpos++; L.current=L.current->next;
    }
    return L.current->data;
}//GetElem
int LocatePos(OrderedList &L, ElemType e)
{
    // 若有序表 L 中已存在值和 e 相同的元素,则返回它在有序表中的序号
    // 否则返回 0,此时 L.current 指示插入位置,即插在它所指结点之后
    if(!L.head)
      return 0;      // 有序表不存在
    if(e==L.current->data)
      return L.curpos;
    if(e<L.current->data)
    {
      L.current=L.head; L.cuepos=0;
    }
    while((L.current->next) && (e>L.current->next->data))
    {  L.current=L.current->next; L.curpos++; }
    if((!L.current->next) || (e<L.current->next->data))
      return 0;
    else return L.curpos+1;
}//LocatePos
void InsertElem(OrderedList &L, ElemType e)
{
    // 若有序表 L 中不存在其值和 e 相同的元素,则按有序关系插入
    // 否则空操作。插入之后,当前指针指向新插入的结点
    if(!LocatePos(L, e)) {
      s=new NodeType; S->data=e;
      s->next=L.current->next; L.current->next=s;
      if(L.tail==L.current)
        L.tail=s;
      L.current=s; L.curpos++; L.size++;
```

```
    }//if
}//InsertElem
void DeleteElem(OrderedList &L, int i)
{
    // 若 1≤i≤ListLength(L),则删除有序表 L 中第 i 个数据元素,否则空操作
    if((i>=1) && (i<=L.size)) {
        pre=GetElem(L, i-1);
        q=L.current->next;
        L.current->next=q->next;        // 删除第 i 个元素
        if(L.tail==q)
            L.tail=L.current;
        delete q;                       // 释放结点空间
        L.size--;
    }//if
}//DeleteElem
void output(LinkType p)
{
    // 作为被 visit 导入的指针函数
    cout <<p->data <<",";
}// output
void ListTraverse(OrderedList &L, void( *visit)(LinkType))
{
    // 依次对 L 的每个结点元素调用函数 visit()
    if(L.head) {
        p=L.head->next;
        while(p) {visit(p); p=p->next; }
    }
}//ListTraverse
```

3. 利用有序链表类型 OrderedList 实现集合类 Set,定义为有序集 OrderedSet。

```
typedef OrderedList OrderedSet;
```

集合类型的基本操作的伪码算法如下:

```
status CrtNullSet(OrderedSet &T)
{
    // 构造一个空集 T
    if(InitList(T))
        return TRUE;
    else return FALSE;
}//CrtNullSet
void DestroySet(OrderedSet &T)
{
    // 销毁集合 T 的结构
    DestroyList(T);
```

```
}//DestroyList
void AddElem(OrderedSet &T, ElemType e)
{
   // 若集合 T 中不含和 e 相同的元素,则添加元素 e,否则空操作
      if(e > 0)
        InsertElem(T,e);
}//AddElem
void DelElem(OrderedSet &T, ElemType e)
{
   // 若集合 T 中含和 e 相同的元素,则删除之,否则空操作
   if(k=LocatePos(T,e))
        DeleteElem(T,k);
}//DelElem
int SetLength(OrderedSet T)
{
   // 求集合元素的个数
   return T.size;
}
void Union(OrderedSet &T, OrderedSet S1, OrderedSet S2)
{
   // 求集合 S1 和 S2 的并集 T
   if(InitList(T)){                      // 构造空的结果集 T 并开始求并集
     ia=1; ib=1;                         // ia 和 ib 分别指示 S1 和 S2 中元素序号
     na=SetLength(s1); nb=SetLength(s2);
     while((ia<=na) || (ib<=nb)) {       // S1 或 S2 尚有元素
       a=GetElem(S1, ia); b=GetElem(S2, ib);
                                         //a 和 b 为两集合中进行比较的当前元素
       if(a<=b) {                        //处理 a≤b 的情况
           InsertElem(T, a);             在 T 中插入一个其值和 a 相同的元素
           ia ++;
           if(a==b) ib++;
       }//if
       else {                           // 处理 b<a 的情况
           InsertElem(T, b);            // 在 T 中插入一个其值和 b 相同的元素
           ib++;
       }//else
     }//while
   }//if
}//Union
void Intersection(OrderedSet &T, OrderedSet S1, OrderedSet S2)
{
   // 求集合 S1 和 S2 的交集 T
   if (InitList(t)) {                    // 构造空的结果集 T 并开始求交集
     ia=1; ib=1;                         // ia 和 ib 分别指示 S1 和 S2 中元素序号
```

```
        na=SetLength(s1); nb=SetLength(s2);
        while((ia<=na)&&(ib <=nb)) {
            a=GetElem(S1, ia); b=GetElem(S2, ib);
                                            // a 和 b 为两集合中进行比较的当前元素

            if(a<b) ia++;
            else if(a>b) ib++;
                else {                      // 处理 a=b 的情况
                        InsertElem(T, a);   // 在 T 中插入一个其值和 a 相同的元素
                        ia++; ib++;
                    }//else
            }//while
        }//if
}//Intersection
void Difference(OrderedSet &T, OrderedSet S1, OrderedSet S2)
{
    // 求集合 S1 和 S2 的差集 T
    if(InitList(T)) {                       // 构造空的结果集 T 并开始求差集
        ia=1; ib=1;                         // ia 和 ib 分别指示 La 和 Lb 中元素序号
        na=SetLength(s1); nb=SetLength(s2);
        while((ia<=na) || (ib<=nb)){        // S1 和 S2 尚有元素
            a=GetElem(S1, ia); b=GetElem(S2, ib);
                                            // a 和 b 为两集合中进行比较的当前元素
            if(b<=a) {                      // 处理 b≤a 的情况
                        ib++;
                        if (a==b) ia++;
                }//if
            else {                          // 处理 a<b 的情况
                    InsertElem(T, a);       // 在 T 中插入一个其值和 a 相同的元素
                    ia++;
                }//else
            }//while
        }//if
}//Difference
void CreateSet(OrderedSet &ST)
{
    // 通过输入元素的数据,构建一个集合,输入以-1 为结束符
    CrtNullSet(ST);
    cin>>elem;
    while(elem !=-1){
        AddElem(ST, elem);
        cin>>elem;
    }//while
}//CreateSet
void PrintSet(OrderedSet T)
```

```
{
    // 输出集合的全部元素
    cout<<endl<<"{";
    ListTraverse(T,output);
    cout <<"}";
}//PrintSet
```

4. 主函数的伪码算法

```
void main ()
{
    cout<<endl<<"Input S1: ";          // 构造集合 S1
    CreateSet(S1);
    cout<<endl<<"Input S2: ";          // 构造集合 S2
    CreateSet(S2);
    PrintSet(S1);
    PrintSet(S2);                      // 显示集合 S1 和 S2
    Union(T1,S1,S2);                   // 对集合作并、交、差运算,显示结果
    cout<<endl<<"Union: ";
    PrintSet(T1);
    Intersection(T2,S1,S2);
    cout<<endl<<"Intersection: ";
    PrintSet(T2);
    Difference(T3,S1,S2);
    cout<<endl<<"Difference: ";
    PrintSet(T3);
    DestroySet(T1);                    // 销毁各集合
    DestroySet(T2);
    DestroySet(T3);
    DestroySet(S1);
    DestroySet(S2);
}
```

5. 函数调用关系图(见图 10.3)

五、调试分析

1. 程序中将指针的操作封装在链表的类型中,在集合的类型模块中,只须引用链表的操作实现相应的集合运算即可,从而使集合模块的调试比较方便。

2. 算法的时空分析:

(1) 由于有序表采用带头结点的有序单链表,并增设尾指针和表的长度两个标识,各种操作的算法时间复杂度比较合理,LocatePos、GetElem 及 DestroyList 等操作的时间复杂度均为 $O(n)$,其中 n 为链表长度。

(2) 构造有序集算法 CreateSet 读入 n 个元素,逐个用 LocatePos 判定输入元素不在当前集合且确定插入位置后,才用 InsertElem 插入到有序集中,所以时间复杂度也是 $O(n)$。

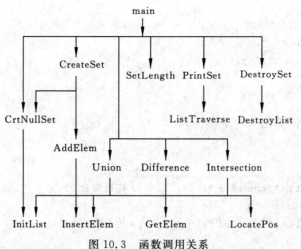

图 10.3　函数调用关系

求并集算法 Union 将两个集合的 $m+n$ 个元素不重复地依次利用 InsertElem 插入到当前并集中,从表面上看,其时间复杂度为 $O(m\times n)$,但由于"插入"是按元素值自小至大的次序进行,$m+n$ 次 LocatePos 操作的时间复杂度为 $O(m+n)$,这充分体现了在链表的定义中设置当前指针 current 和当前位置 curpos 的优越性。因此,算法 Union 的时间复杂度为 $O(m+n)$。可作类似分析,求交集算法 Intersection 和求差集算法 Difference 的时间复杂度也是 $O(m+n)$。

销毁集合算法 DestroySet 和输出集合元素的算法 PrintSet 都是对每个元素调用一个 $O(1)$ 的函数,因此都是 $O(n)$ 的。

除了构造有序集算法 CreateSet 用一个 ElemType 类型变量 elem 读入元素,需要 $O(1)$ 的辅助空间外,其余算法使用的辅助空间也与元素个数无关,即都是 $O(1)$ 的。

六、使用说明

程序运行后用户根据提示输入集合 $S1$、$S2$ 的元素,元素间以空格或回车间隔,输入 -1 表示输入完毕。程序将按集合内元素由小到大的顺序打印 $S1$、$S2$,以及 $S1$ 和 $S2$ 的并集、交集和差集。

七、测试结果

使用 3 组数据进行了测试:

1.

Input S1: 35 12 9 12 6 6 -11 3 5 9 9 35 27 -1
Input S2: 31 27 5 10 8 55 12 63 42 51 -1

{3,5,6,9,12,27,35,}
{5,8,10,12,27,31,42,51,55,63,}
Union:

{3,5,6,8,9,10,12,27,31,35,42,51,55,63,}
Intersection:
{5,12,27,}
Difference:
{3,6,9,35,}
THE END
Press any key to continue

2.

Input S1: 43 5 2 46 -1
Input S2: 45 66 -1

{2,5,43,46,}
{45,66,}
Union:
{2,5,43,45,46,66,}
Intersection:
{}
Difference:
{2,5,43,46,}
THE END
Press any key to continue

3.

Input S1: 45 7 32 6 45 22 -1
Input S2: 45 22 6 6 22 7 32 -1

{6,7,22,32,45,}
{6,7,22,32,45,}
Union:
{6,7,22,32,45,}
Intersection:
{6,7,22,32,45,}
Difference:
{}
THE END
Press any key to continue

八、附录

源程序文件清单(在集合运算目录下):

common.h
orderList.h

```
orderSet.h
set.cpp
```

10.4.2 最佳任务分配方案求解

任务分配的问题模型是,假设有 n 个人,准备承担 m 项课题任务,每个人只能承担其中一项。一般情况下 $n \geqslant m$,则可以有不止一种任务分配方案,假如各个人完成不同课题消耗的经费不同,则一定存在一种"最佳"分配方案,使得完成这些课题时消耗的总经费达到最小。

例如,一个小的经费消耗数据模型如下所示,COST 是一个 3×3 的矩阵,矩阵元素 $COST(i,j)$ 表示第 i 个人承担第 j 项课题所需经费。不难看出来,第 1、2、3 人分别承担第 2、3、1 项课题任务,所需总经费投资最小,其值为

$$COST(1,2)+COST(2,3)+COST(3,1)=1+3+4=8$$

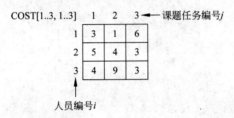

人员编号 i

显然,这个问题类似于本书第 4 章 4.2 节中讨论的"背包问题",可以用"回溯"的设计思想求解。回溯求解的解答过程也可以借助一棵树来进行直观的分析(如图 10.4 所示)。结点的分支数即是任务数 m(对于本例的数据模型 $m=3$)。根结点是求解问题的出发点,每一个结点的分支表示某个人可选的课题任务。第二层代表第 1 个人的可能的任务选择(1,2和 3);在第三层是在第 1 个人选择确定之后第 2 个人的可能的任务选择……以此类推。从根到叶子结点的一条路径便是一个任务的分配方案,其中又可筛选出最优解,显然在有解的情况下树深为 $n+1$。该树也称为解答树,搜索过程是一种不完全的前序遍历,在图中显然会产生冲突的搜索没有画出分支,粗线分支代表可行的遍历搜索,叶子下方的数字是该组解的经费消耗总额 totalCost,最优解是由 $COST(1,2)$、$COST(2,3)$ 和 $COST(3,1)$ 构成的,totalCost$=8$。该树无须以具体的存储结构形式来实现,但它在逻辑上揭示了求解的搜索过程。

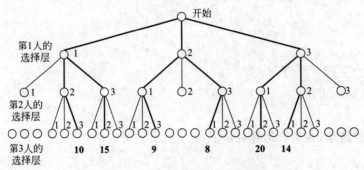

图 10.4 解答树的搜索求解

若有 m 项任务,上述问题的求解可以变为在约束条件下前序遍历 m 叉树,其约束条件为第 i 个人选择的任务不能是前 $i-1$ 个人已经选定过的任务。实际算法中可以通过程序对 i、j 的控制来进行遍历,如果需要指向孩子,只须 i 增 1;如果需要指向兄弟,只须 j 增 1 即可。遍历中用一个栈结构来记载当前搜索方案中每个人选择课题任务的序号,还用到一个数组空间来存放当前的最优方案。

前序遍历开始时,设总经费消耗 totalCost $=0$,每访问一个结点要进行的工作就是累加第 i 个人承担第 j 项任务的经费消耗 $COST(i,j)$。待访问到叶子结点时,就得到一组分配方案的总经费消耗。在整个遍历过程中为比较各组方案的总经费消耗,需要记载当前最好一组解的总经费消耗及人员的任务分配情况,每求出一组解的经费消耗都与之比较,从中筛选出一组总经费消耗为最小的解,即为最终所求的最佳方案。

一、问题描述

1. 题目内容:有 n 个人和 m 项课题任务($n \geqslant m$),其中第 i 个人承担第 j 项课题任务的经费消耗记做 $COST(i,j)$,总体经费消耗情况由 $n \times m$ 的 COST 矩阵给定。设计算法解决任务分配问题,安排每项课题任务只能由一个人来承担,且使完成这 m 项课题任务的总经费消耗为最小。

2. 基本要求:具体的任务分配结果由序号形式输出,如最佳方案中第 i 个人被分配承担第 j 项课题任务,则输出 (i,j)。当最佳方案不止一个时(都拥有最小经费消耗,但人员组成情况不同),输出所有符合要求的分配方案。

考虑某人不能承担某项课题的实际情况(任务分配方案不能与人的能力相抵触),在矩阵 $COST(i,j)$ 中,当第 i 个人不能胜任第 j 项工作时,$COST(i,j)$ 值记为 0。

3. 测试数据:10×7 的 COST 矩阵数据如下所示。

最佳任务分配的程序应输出为:

$(1,2)$,$(2,1)$,$(3,5)$,$(4,3)$,$(5,0)$,$(6,6)$,$(7,0)$,$(8,0)$,$(9,7)$,$(10,4)$

经费总消耗为 63.1,$(7,0)$ 和 $(8,0)$ 表示人员 7 和人员 8 未能获得任务分配的机会。

	1	2	3	4	5	6	7
1	33.1	6.2	15.4	35.8	24.5	10.3	0
2	16.7	10.9	18.2	14.2	8.9	23.6	16.2
3	17.8	21.7	34.6	8.5	7.6	0	15.2
4	14.5	6.8	6.9	12.1	22.7	7.9	9.8
5	0	16.4	11.2	28.3	36.8	19.5	22.1
6	14.4	0	25.6	17.7	18.9	9.1	10.8
7	26.5	25.8	19.7	17.2	31.5	32.5	16.6
8	0	24.8	22.4	19.7	17.6	26.5	18.8
9	16.4	19.5	7.6	8.9	21.7	17.8	8.8
10	21.7	14.2	23.6	7.8	10.3	0	22.8

二、需求分析

1. 程序所应达到的基本功能：用户通过外部设备输入问题的规模（m 和 n）及每个人完成某项课题任务的经费消耗。当输入有解时，程序以有序对（i,j）输出任务分配方案及总经费的消耗值；当有多组解时，程序输出所有最优解组；当程序无解时，给出出错信息 error。

2. 输入形式和输入值的范围：程序开始首先提示用户输入参加投标的人员数"Input Human Number:（1..15）"，用户输入范围为 $1 \sim 15$ 的自然数；接着程序提示"Input Job Number:"，用户输入的范围应为 $1 \sim$ Human Number 的自然数。当输入不合法时，程序应提示用户重新输入。之后，程序依次提示用户输入 COST（i,j）（$1 \leqslant i \leqslant$ Human Number，$1 \leqslant j \leqslant$ Job Number），COST（i,j）的值可以是 $0 \sim 30000$ 的浮点数，若第 i 个人不能负责第 j 项工作时，COST（i,j）以 0 输入。

3. 输出的形式：程序运行之后，先以矩阵形式原样输出问题矩阵 COST，而后以有序对的形式输出最佳工作分配情况和总经费消耗。当 $j=0$ 时表示该人不承担任何一项任务。浮点数输出保留小数点后两位数字。

4. 测试数据要求：用两组数据进行测试，第一组为 COST$[1..3,1..3]$ 的小数据模型，第二组为题目所描述的测试数据。

三、概要设计

由于回溯求解需要一个栈类型，另外还需要一个存放最优解的数组类型。为此需要设计栈和数组的抽象数据类型。

1. 栈的抽象数据类型

ADT stack
{
　　（同第 4 章 4.1 节描述，这里从略）
}ADT Stack

2. 实现解数组的抽象数据类型

ADT Rlist{
　　数据对象：$\{a_i | a_i$ 是第 i 个人所承担的任务的序号且 $\in$ R，R 是工作任务序号的集合，R$=1,2,,\cdots,m\}$
　　　　　　$\{b_j | b_j$ 是以 a_i 为元素的一维数组，对应于一个没有人员间工作冲突的可行工作分配方案，即对应一个 n 元的解向量$\}$
　　　　　　$\{c_k | c_k$ 是以 b_j 为元素的一维数组，c_k 中的每一个元素对应于一个解向量，c_k 即是一个存储解向量的数组$\}$
　　数据关系：$c_k = \{b_1, b_2, \cdots, b_j, \cdots, b_h$，h 为解组的个数$\}$
　　　　　　$b_j = \{\langle a_{i-1}, a_i \rangle, i = 2, 3, \cdots, n\}$
　　基本操作：

　　InitRlist($\&$r, size)
　　　　操作结果：建立长度为初始长度的存储解向量的数组，空间分配不成功，则返回

ERROR。

ClearRList($\&$r)

初始条件：解的数组已经存在。

操作结果：当存储解向量的数组不存在时返回 ERROR,否则清空存储解向量的数组。

EnElem(s,$\&$r)

初始条件：存储解向量的数组已经存在。

操作结果：将栈 S 中的解整个压进解的数组,如空间不够则重新分配空间。如解的数组不存在或分配空间不成功,返回 ERROR。

SaveResult(s,m,vol,$\&$r)

初始条件：解的数组已经存在。

操作结果：当一组解的经费消耗 vol 大于当前最好一组解的总经费消耗 M 时,不作任何操作;当 vol$=M$ 时把栈中的解加入存储解向量的数组(是当前的另一组最优解);当 vol$<M$ 时将存储解向量的数组清空,而后将栈中的解加入此数组。

OutputResult(r)

初始条件：解的数组已经存在。

操作结果：以有序对的形式输出存储解向量的数组中的所有解向量。

}ADT Rlist

3. 主程序及模块调用关系

```
main()
{
    输入测试数据;
    BackTracking();          // 搜索最优解处理模块
}
```

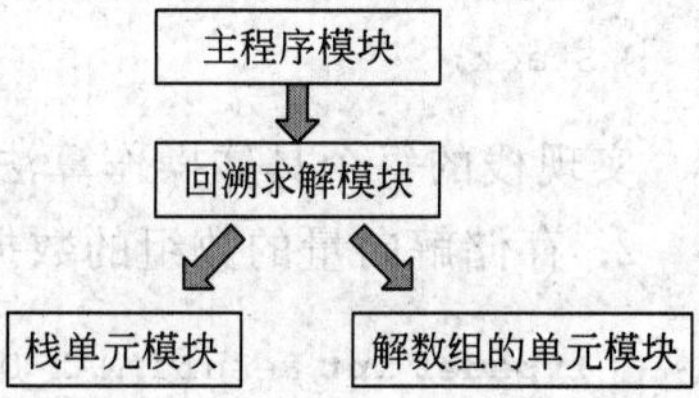

模块调用关系(见图 10.5):

核心伪码算法:

图 10.5　模块间的调用关系

```
BackTracking(){
  M=maxdata;              // 最优解总经费消耗初值置为最大,以备当前最优解所取代
  tatalCost=0;           // 当前一组的总经费消耗初值为 0
  count=0;               // 初始化已分配工作的计数器
  do {
    while(没有到达叶子结点 && 当前结点没有遍历到最右子树){
      if(当前结点的当前子树与当前遍历路径上的结点无冲突){
              将当前结点的这个子结点加入遍历路径;
              对辅助数组做已分配工作的标记;
              统计当前的消耗 totalCost;
      }
      else 准备检查下一个子结点;
```

```
        }//while
    if(扫描计数器 count=Job Number&& 已到叶子结点){
            将栈中解保存;
            筛选最佳方案;
    }
    if(栈不空){
            将栈顶元素退栈;
            对辅助数组做已分配工作的标记;
            开始遍历兄弟结点;
    }
    }while(达到最优解||无解)
}// BackTracking
```

四、详细设计

实现概要设计的数据类型及每个操作的算法。

1. 栈的数据类型

```
typedef int SElemType;
typedef struct {
  SElemType *elem;
  int top;
  int stacksize;
} Stack;
```

实现栈的每个具体操作算法与第 4 章所述内容相同，这里从略。

2. 存储解向量的数组的数据类型

```
    typedef int Result[MAX_D+1];
    typedef struct {
      Result *elem;
      int listsize;
      int top;
} //RList;
```

```
    // 实现问题解数组的操作
    int InitRList(RList &a){              // 初始化的数组
      a.elem=new Result[INIT_SIZE];      // 为解的数组分配空间
      if (!a.elem) return ERROR;         // 分配失败返回 ERROR
      a.top=-1;                          // 设数组顶指针为空
      a.listsize=INIT_SIZE;
      return OK;
    }

    int ClearRList(RList &a){             // 清空解的数组
```

```
    if(!a.elem) return ERROR;                        // 空间非法时返回 ERROR
    a.top=-1;
    return OK;
  }


  int EnElem(Stack S,RList &a){                       // 将栈中解复制到解的数组
    int i,j;
    if(!a.elem) return ERROR;                         // 空间非法时返回 ERROR
    if(a.top==(a.listsize-1)){                        // 当解的空间已满重新为此数组分配空间
    Result *temp=a.elem;
    a.listsize+=ADD_SIZE;
    a.elem=new Result[a.listsize];
    if(!a.elem) return ERROR;
    for(i=0;i<=a.top;i++)
     for(j=0;j<=a.elem[i][0];j++)
       a.elem[i][j]=temp[i][j];
     delete []temp;                                   // 释放临时空间
    }
    a.top+=1;
    for(i=1;i<=StackLength(S);i++)
      a.elem[a.top][i]=s.elem[i-1];
    a.elem[a.top][0]=StackLength(S);
    return OK;
}


int SaveResult(Stack S,double M, double vol,RList &r){
                                                      // 保证解的数组中只存入最优解
  if(vol>M) return OK;                                // 当 vol>M 时不进行任何操作
    if(vol==M) {EnElem(S,r); return OK;}             // 当 vol==M 时将栈中的解栈入数组
    ClearRList(r);                                    // 否则将数组清空
    EnElem(S,r);                                      // 而后将解加入数组
    return OK;
}


int OutputResult(RList r){                            // 输出最优解的分配方案
  int i,j;
  if(r.top==-1) {cout<<endl<<"No Answer !";return OK;}
  for(i=0;i<=r.top;i++){
    cout<<endl;
    for(j=1;j<=r.elem[i][0];j++) {
      cout<<r.elem[i][j];
      }
  }
  return OK;
```

```
}
```

3. 主程序和其他模块的伪码算法

```
void BackTracking()
{
InitStack(S);                                    // 栈初始化
InitRList(a);                                    // 解初始化
count=0;j=0; Push(S,j); tatalCost=MAXDATA;       // 对当前最好方案设置初始值
v=0;                                             // 累计经费消耗值
job[MAX_D];                                      // 定义辅助数组对已分配的任务作标记
for(i=0;i<(MAX_D+1);i++)job[i]=false;            // 对辅助数组进行初始化
  do {
    while((StackLength(S)<=m)&&(j<=n)){
      if((cost.elem[StackLength(S)+1][j]!=0)&&(job[j]!=true)){
                                                 // 判别当前结点是否合法
        Push(S,j);                               // 若合法,将当前结点加入解向量
        if(j!=0) job[j]=true;                    // 对辅助数组做标记
        if(j!=0) {v+=cost.elem[StackLength(S)][j];sum+=1;}
        j=0;                                     // 开始对下一个人分配任务
      }//if
     else j+=1;                                  // 试着给当前人安排 j+1 项工作任务
    }//while
    if((StackLength(S)>=m)&&(count==n)){
      SaveResult(S,totalCost,v,a);               // 将求得的一组解复制到解数组
      if(totalCost>v) totalCost=v;
      }
    if(StackLength(S)>0){                         // 退栈回溯
        Pop(S,j);
        job[j]=false;                            // 对辅助数组做标记
        if(j!=0) {v-=cost.elem[StackLength(S)+1][j];sum-=1;}
        j+=1;
      }//if
    }while((StackLength(S)>0)||(j<(n+1)));        // 找到最优解或无解
OutputResult(a);                                 // 输出结果
}
```

4. 函数调用关系图(见图 10.6)

五、调试分析

1. 本程序主要利用树型结构的分析思想实现回溯算法

回溯算法相对来说比较易懂,调试过程中遇到的问题和程序难点主要表现在细节上。
主要有如下几点:

(1)如何始终保持解的数组中存放的是最优解。在这里采用了一个近似栈的存储结构

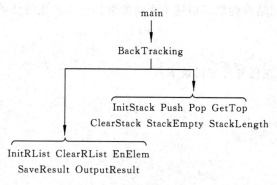

图 10.6 函数间的调用关系

RList 解决了这个问题。遇到的另一个问题是,在对两个浮点数进行比较时不能采用类似整型的精确比较,只能规定一定的误差范围。

（2）处理一个人在安排工作时轮空的情况,在主程序对问题矩阵赋初值时采用了在问题矩阵中多存储一列标志值-1 的办法(cost. elem[i][0] = -1;)。在回溯扫描时同样扫描遍历这列标志值,但是在工作计数器上并不累加。

（3）在为解的数组重新分配空间时出现了一处因程序疏漏而出现的异常情况,例如事先未估计到最优解的个数会超过预期,因 Rlist 的尺寸开设不足而出现数组越界。合理的办法是采用动态加长 Rlist 的空间尺寸来弥补。

2. 主要及典型算法的时间和空间复杂度分析

本程序的主要算法是 BackTracking()。由于此算法在最坏情况下相当于一个 n 层 m 叉树的完全遍历,每个叶子均有可能为解,共有 m^n 个叶子。虽然在遍历时不一定都要搜索到叶子结点,但是其时间复杂度仍为 $O(m^n)$。

程序中占用内存空间的算法主要是 Stack 和 Rlist。其中 Stack 的空间复杂度为 $O(n)$。Rlist 对空间的占用要视问题矩阵的规模和填充情况来定,因为不同的问题矩阵所求出的最优解的个数是不同的。例如假定问题矩阵元素的值全相同,那就将会产生 $A_m^n = m(m-1)\cdots(m-n+1)$ 个解。

六、使用说明

运行操作步骤:首先提示用户输入参加分配任务的人数"Input Human Number:(1..15)"。用户输入范围为 1～15 的自然数,而后程序提示"Input Job Number:(1..Human Number)",用户输入范围为 1～Human Number 的自然数。若输入不合法,程序会提示用户重新输入直至输入为合法值。此后程序依次提示用户输入 $\text{cost}(i,j)$ $(1 \leqslant i \leqslant \text{Human Number}, 1 \leqslant j \leqslant \text{Job Number})$,即第 i 人负责第 j 项工作的经费消耗。值的范围为大于等于 0、小于等于 30000 的浮点数。当第 i 个人不能承担第 j 项工作时,$\text{cost}(i,j)$ 为 0。

程序运行完成后会打印出所有可能的最优解。

七、测试结果

包括输入数据和输出结果。为体现程序的健壮性,本题选择的数据输入集应多于需求分析的数据。具体测试结果为题目描述中所给的数据样本产生的任务分配方案。

八、附录

源程序文件清单（在任务分配目录下）：

```
common.h
stack.h
result.h
workshare.cpp
```

10.4.3 排队问题的系统仿真

用队列结构可以模拟现实生活中的很多排队现象。例如车站候车、医院候诊、等候理发等各种排队现象都可以通过程序进行仿真，并由此预测客流等多种经营指标，为经办人员的决策提供有价值的量化指标。现以理发馆的运作情况为模型，讨论排队问题的系统仿真。

假设理发馆设有 N 把理发椅，可同时为 N 位顾客进行理发。顾客进门时，若有空闲理发椅，则立即入座理发，否则依次排队候理，一旦有顾客理完发离去时，排在队头的顾客便开始理发。假若理发馆每天连续营业 T 小时（只要有顾客等待，理发椅就不空），通过仿真的算法预测一天内顾客在理发馆内的平均逗留时间（包括理发所需时间和排队等候的时间）与排队等候理发的人数的平均值（排队长度的平均值）。

为求出上述两个平均值，仿真程序要统计一天内每个顾客自进门到出门之间在理发馆逗留的时间和每个需排队等候的顾客进门排队时的队伍长度。只要在顾客进门和出门这两个时刻进行模拟处理即可。习惯上称这两个时刻发生的事情为"事件"，整个仿真程序可以按事件发生的先后次序逐个处理事件，这种模拟的工作方式称为"事件驱动模拟"，算法程序依事件发生时刻的次序顺序处理"进门"和"出门"事件。实际模型如图 10.7 所示。

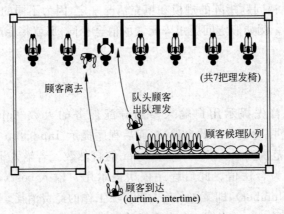

图 10.7　理发馆的排队模型

为此需设置两个数据类型：一是事件表，登录顾客进门或出门的事件。表结构的每一项应包括事件类型（进门事件类型为 0，出门事件类型为 1）和事件发生的时刻。为便于按事件发生的先后次序顺序进行处理，事件表应按"时刻"有序。二是队列，登录排队等候理发的顾客情况。队列中的每个元素包括顾客进门的时刻和理发需要的时间(反映不同顾客的服务要求,假设这个时间即为对该顾客进行理发的实际服务时间)。

实际问题中,顾客进门的时刻及其理发所需时间都是随机的。程序中由随机数来代替。不失一般性,假设第一个顾客进门的时刻为 0,显然,它应该是事件表的第一项,也就是程序要处理的第一个事件。之后每个顾客进门的时刻在前一个顾客进门时设定,即在进门事件发生时即产生两个随机数 durtime(进门顾客理发所需时间)和 intertime(下一顾客到达的时间间隔)。若当前事件发生的时刻为 occurtime,则下一顾客进门事件发生的时刻为 occurtime+intertime,由此在处理进门事件时,应产生一个新的进门事件插入事件表。另一方面,顾客进门时有空理发椅,则表明该顾客在当前时刻开始理发,经过 durtime 时间之后便可离开理发馆,则应产生一个发生时刻为 occurtime+durtime 的出门事件插入事件表。如果顾客进门时没有空闲的理发椅,则也应登录该顾客情况并插入队尾。当出门事件发生时,表明有理发椅空出;若此时队列不空,则应删去队头元素,即排在队头的顾客开始理发,此时也应产生一个出门事件插入事件表。考虑到理发馆的营业时间是有限的,则若新产生的进门事件的发生时刻超过营业时间时,不再插入事件表。整个仿真程序以事件表为空而告终。

此外,在进门事件发生时,累计顾客的总人数和当前排队的队长。在每个顾客开始理发时,统计顾客在理发馆内的逗留时间。

一、问题描述

题目内容:使用队列模拟理发馆的排队现象,通过仿真于法评估其营业状况。

基本要求:设某理发馆有 N 把理发椅,可同时为 N 位顾客进行理发。当顾客进门时,若有空椅,则可立即坐下理发,否则需依次排队等候。一旦有顾客理完发离去时,排在队头的顾客便可开始理发。若理发馆每天连续营业 T 小时,求一天内顾客在理发馆内的平均逗留时间、顾客排队等候理发的队列长度平均值、营业时间到点后仍需完成服务的收尾工作时间。

测试数据:理发椅数目 N 及关门时间由用户读入,第一个顾客进门的时刻为 0,之后每个顾客的进门时刻在前一个顾客进门时设定。即在进门事件发生时随即产生两个随机数 (durtime,intertime),durtime 为进门顾客理发所需的服务时间(简称理发时间);intertime 为下一个顾客到达的时间间隔(简称间隔时间)。R 为由随机数发生器产生的随机数,顾客理发时间和顾客之间的间隔时间不妨假设与 R 有关,可以由下式确定:

$$durtime = 15 + R \% 50$$
$$intertime = 2 + R \% 10$$

确定的方法与实际越吻合,模拟的结果越接近现实的情况。

二、需求分析

1. 本程序模拟理发馆排队现象。当给定理发椅数及营业时间后,由随机数确定顾客理发时间及进门间隔时间,可求出一天内顾客在理发馆平均逗留时间、平均队长及关门后收尾工作的时间。

2. 本程序由用户读入的数据仅为理发椅数及营业时间。营业的时间以分钟计,理发椅数及关门时间均为整型,且均大于等于 1。

3. 运行本程序后,得到结果为顾客数、平均等候时间、平均队长和收尾工作的时间。仿真程序运行后屏幕输出结果应包括如下各项的模拟结果数据:

```
Number of customer:        CustomerNum
Average time:              Totaltime/CustomerNum
Average queuelength:       Totallength/CustomerNum
Addition time:             t-CloseTime
```

三、概要设计

1. 本题设计两个抽象数据类型

(1) 队列抽象数据类型定义的作用是登录排队等候理发的顾客情况,队列中的每个元素包括顾客进门的时刻和理发所需时间(表示不同顾客的不同发式要求)。队列类型的定义为:

ADT LinkQueue {

数据对象:

$D = \{a_i \mid a_i \in \text{ElemSet}, i = 1, 2, \cdots, n, n \geq 0\}$

其中 ElemSet 的元素为一时间二元组(ArrivalTime,Duration),包括顾客到达时间和预期所需的理发持续时间。

数据关系:

$R1 = \{\langle a_{i-1}, a_i \rangle \mid a_{i-1}, a_i \in D, i = 2, \cdots, n\}$

约定其中 a_1 端为队列头,a_n 端为队列尾

数据操作:(具体见本书第 4 章 4.3.1 节)。

}**ADT** LinkQueue

(2) 链表抽象数据类型定义的作用是登录顾客进门或出门的事件。表中每一项包括事件类型(进门或出门)和事件发生的时刻。为了便于按事件发生的先后次序顺序进行处理,事件表元素应按"时刻"有序。事件链表的抽象数据类型与有序链表基本相同,差别是结点的数据类型。定义为:

ADT LinkList {

数据对象:$D = \{a_i \mid a_i \in \text{ElemType}, i = 1, 2, \cdots, n, n \geq 0\}$

其中 ElemType 的元素为一事件二元组(OccurTime,Ntype),包括事件发生的时间和事件类型,依事件发生时间 OccurTime 递增有序。

(其他同 10.2.1 节的定义描述,这里从略。)

}**ADT** LinkList

2. 本程序包含 4 个模块

主程序模块;

实现队抽象数据类型的队模块;

实现链表抽象数据类型的链表模块;

实现理发馆事件抽象数据类型的理发馆事件模块。

各模块之间的调用关系如图 10.8 所示。

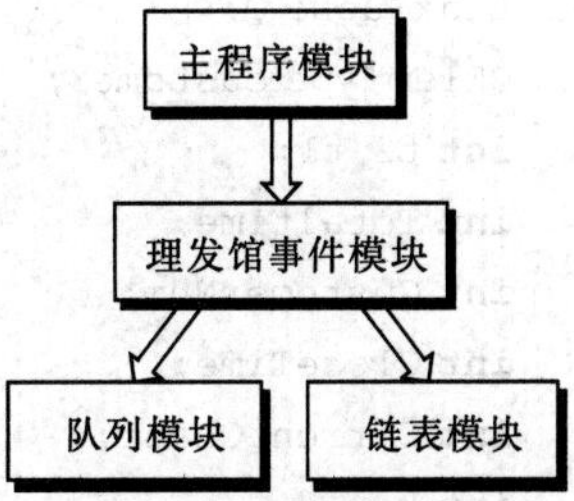

3. 理发馆事件的伪码算法

```
Simulation{
    设定事件表中的第一个元素;
    置空队;
    while(事件表不空){
        从事件表中删除发生时刻最早的元素;
        if(事件类型=0){
                // 处理顾客进门事件
            累计顾客人数;
            if(下一顾客到达时刻<关门时刻)进门事件插入事件表;
            if(有空闲理发椅){
                    新出门事件插入事件表;
                    累计顾客逗留时间;
            }
            else{
                    当前顾客插入队尾;
                    累计队列长度;
            }
        }//if
        else{
            // 事件类型=1,处理顾客离开事件
            if(队不空){
                    删除队头元素;
                    记录顾客离开的最晚时间;
                    新的出门事件插入事件表;
                    累计顾客逗留时间;
            }//if
        }//else
    }//while
    计算平均队长;
    计算平均逗留时间;
    计算收尾工作的时间;
}//Simulation
```

四、详细设计

1. 主程序中需要的全程量和数据类型说明

（1）主程序中需要的全程量

```
EventList ev;                    // 事件表
Event en;                        // 事件
```

图 10.8　模块间的调用关系

```
    LinkQueue Q;                         // 等候理发的顾客队列
    QElemType customer;                  // 顾客记录
    int t2,t1;
    int Totaltime;                       // 累计时间
    int CustomerNum;                     // 累计顾客数
    int CloseTime;                       // 关门时机(关门后还要为已进门的顾客理发)
    int CurrentChair;                    // 当前空闲的理发椅数
    int k;
    float Totallength;                   // 累计的顾客排队长度
```

（2）链表类型

```
    typedef struct {
        int OccurTime;                   // 事件发生时刻
        int NType;
    }ElemType,Event;
    typedef struct LNode {               // 键表结点类型
        ElemType data;
        struct LNode *next;
    } *Link, *Position;
    typedef struct {
        Link head,tail;
        int len;
        Link current;
    }LinkList;
```

在事件链表的各种操作中,大部分与一般链表雷同。除一般的链表操作外,有两个特殊的操作,即取事件链表第一结点的数据并删除该结点的算法和按事件发生时间的有序性往事件链表里插入结点的算法。这里仅给出这两个操作实现的算法,其余操作的实现算法见光盘的原程序,此处从略。

```
    status DelFirst(LinkList &L,ElemType &e)
    {
        // 若链表不空,则删除链表的第一个元素并以 e 带回,且返回 OK,否则返回 ERROR
        Link p;
        if(L.head->next==NULL) return ERROR;      // 表为空
        p=L.head->next;                           // 指针指向表的第一个元素
        e.OccurTime=p->data.OccurTime;
        e.NType=p->data.NType;L.head->next=p->next;
        if(L.current==p) L.current=L.head->next;
        if(L.tail==p) L.tail=L.head;
        delete p;                                 // 删表头元素
        L.len--;                                  // 表长减 1
        return OK;
    }
```

```
status OrderInsert(LinkList &L,ElemType e)
{        //按进门和出门事件发生时间的先后有序性插入事件链表
    if(!MakeNode(p,e)) return ERROR;
    q=L.head;
    r=q->next;
    while(r&&(p->data.OccurTime>r->data.OccurTime))
      {q=r;r=r->next;}                          // 新插入事件表的事件发生时间晚,指针后移
    if(!r) {                                     // 指针已指向表尾
      L.tail->next=p;
      if(L.current==L.tail) L.current=p;
      L.tail=p;                                  // 事件插入表尾
    }
    else{ p->next=r; q->next=p; L.current=p;}    // 按时间顺序插入
    L.len++;                                      // 表长加 1
    return OK;
}
```

（3）队类型

```
typedef struct {
  int ArrivalTime;                    // 顾客到达时间
  int Duration;                       // 顾客理发时间
}QElemType;
typedef struct QNode {                // 结点类型
  QElemType data;
  struct QNode *next;
}QNode, * QueuePtr;
typedef struct {                      // 链队列类型
  QueuePtr front;                     // 队头指针
  QueuePtr rear;                      // 队尾指针
}LinkQueue;
```

队的基本操作与第 4 章所述内容相同,此处从略。详细的内容可参见光盘中的原程序
代码。

2. 理发馆事件伪码算法

```
void CustomerArrived()
{                                     // 处理顾客到达事件
  QElemType e1;
  ElemType e;
  int durtime,intertime,R;
  CustomerNum++;                      // 累计顾客数
  R=rand();                           // 产生随机数
  durtime=15+R%50;                    // 顾客理发所需时间
  intertime=2+R%10;                   // 下一顾客到达的时间间隔
  /*  在调试时可用手工输入 durtime 和 intertime
```

```
        cout<<"Input durtime:";
        cin>>durtime;
        cout<<"Input intertime: ";
        cin>>intertime;
        cout<<endl;*/
    e.OccurTime=en.OccurTime+intertime;
    if(e.OccurTime>t1) t1=e.OccurTime;
    e.NType=0;                      // 进门事件为 0 类事件
    if(e.OccurTime<CloseTime)       // 事件发生时间小于关门时间
        OrderInsert(ev,e);          // 进门事件插入事件表
    if(CurrentChair>0) {
        e.OccurTime=en.OccurTime+durtime;
        if(e.OccurTime>t1) t1=e.OccurTime;
        e.NType=1;                  // 出门事件为 1 类事件
        OrderInsert(ev,e);          // 出门事件插入事件表
        Totaltime+=durtime;
        CurrentChair--;
    }
    else                            // 无空闲理发椅,顺序排队
    {
    e1.ArrivalTime=en.OccurTime;    // 进门时间
    e1.Duration=durtime;            // 理发时间
    EnQueue(Q,e1);                  // 因无空椅,顾客入队列
    Totallength+=QueueLength(Q);    // 累计队长
    }
}


void CustomerDeparture()
{                                   // 处理顾客出门事件
    int Departuretime;
    ElemType e;
    if(!QueueEmpty(Q))
    {
        DeQueue(Q,customer);        // 队不空,队头顾客退队
        Departuretime=en.OccurTime+customer.Duration;
                                    // 计算顾客离开时间
        if(Departuretime>t2) t2=Departuretime;    // 记录顾客最晚离开时间
        e.OccurTime=Departuretime;
        e.NType=1;
        OrderInsert(ev,e);          // 出门事件插入事件表
        Totaltime+=Departuretime-customer.ArrivalTime;    // 累计时间
    }
    else CurrentChair++;
}
```

3. 主函数算法

```cpp
void main()                                   // 主函数
{
    OpenForDay();                             // 初始化
    while(!ListEmpty(ev))
    {
        DelFirst(ev,en);
        if(en.NType==0) CustomerArrived();    // 处理顾客进门事件
        else CustomerDeparture();             // 处理顾客出门事件
    }
    cout<<"Number of customer "<<CustomerNum<<endl;
    cout<<"Average time ";
    cout<<setprecision(3)<<Totaltime/CustomerNum<<endl;
                                              // 求平均逗留时间
    cout<<"Average queuelength "<<Totallength/CustomerNum<<endl;
                                              // 求平均队长
    t=(t1>=t2)? t1:t2;
    cout<<"Addition time "<<t-CloseTime<<endl;     // 求关门后工作时间
}
```

函数调用关系图(见图 10.9)

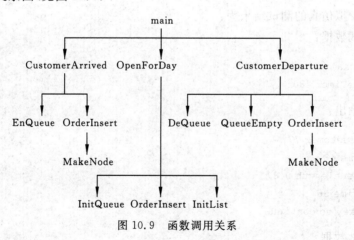

图 10.9　函数调用关系

五、调试分析

1. 本程序需要调用链表的头文件,但要先改变它们的数据类型,使之适应本题要求。

2. 静态跟踪仍是上机前的必要步骤,可先发现算法的问题。在上机调试时,用 debug 调试器设置断点,逐步执行,配合检验静态跟踪的结果,可很快发现程序的问题。

3. 在动态调试中使用了人工输入随机数和 C 语言提供的伪随机数两种工作模式,人工输入随机数有助于查找算法中的逻辑错误。

六、使用说明

运行本程序时,输入理发椅数及关门时间,之后产生随机数(顾客理发时间及进门时间),求得平均队长、顾客平均等候时间和关门后的扫尾工作时间。

七、测试结果

一个手工输入的小数据模型:

Input the chairs' number: 2
Input CloseTime:50

一组手工输入数据为:

(48,3) (17,8) (26,7) (54,10) (33,13) (40,6) (17,9)

运行结果输出:

Number of customer 7
Average time 55
Average queuelength 1.57
Addition time 71
Press any key to continue

自动运行模拟仿真的测试结果为:
第一组测试数据:

Input the chairs' number: 7
Input CloseTime: 480

运行结果输出:

Number of customer 77
Average time 43
Average queuelength 0.87
Addition time 36
Press any key to continue

第二组测试数据:

Input the chairs' number: 4
Input CloseTime: 480

运行结果输出:

Number of customer 77
Average time 171
Average queuelength 13.3
Addition time 320
Press any key to continue

由运行结果显见,在不变更营业时间的情况下,放置 7 把理发椅可显著减少顾客的等候时间,但会增加营业开销。如通盘考虑利润指标,可在仿真算法程序中加入理发收入的数据,其值应与每位理发顾客所需的服务时间成正比。

八、附录

源程序文件清单(在理发馆仿真目录下):

```
common.h
linklist.h
queue.h
simulation.h
haircut.cpp
```

10.4.4 十进制四则运算计算器

本书在第 6 章"二叉树和树"的例 6.4 中,曾讨论过利用二叉树求算术表达式值的问题,例中假定二叉树的算术表达式结构已存在。十进制四则运算的计算器是一个关于二叉树更完整的应用例子,它可以接收用户来自键盘的输入,并由输入的表达式字符串动态生成算术表达式所对应的二叉树,之后自动完成求值运算和输出结果。

为更接近实际问题,输入要求与一般常用的真实计算器一样。问题中的一个技术难点是对输入的算术表达式字符串进行分析,自动找出运算符和操作数。程序中专门设计了可以完成这项任务的操作函数。

表达式的建立和求值都需要用栈,本题中将使用栈的抽象数据类型。把表达式也作为一个抽象数据类型来看待,它担负着求值运算的核心使命。

表达式二叉树的结构如图 10.10 所示。

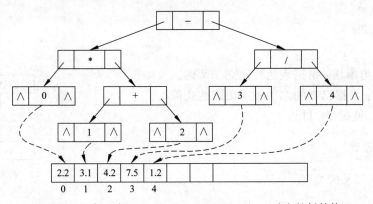

图 10.10 表达式 $2.2 * (3.1 + 4.2) - 7.5 / 1.2$ 对应的树结构

一、问题描述

题目内容:在以二叉树表示算术表达式的基础上,设计一个十进制的四则运算的计算器。

基本要求：实现整数浮点数的四则运算。

测试数据：10－(－3) * (((21+3/5) * 8/3) * (－2))♯

$\qquad$ －(32.7－3210.3)/((8.0+.9) * 8.9)+4.4－2.9♯

二、需求分析

此程序能够进行十进制整数或浮点数的四则运算。演示程序按用户与计算机的对话方式进行。计算机要求输入的表达式形如

$$-(a-b)/((c+d)*e)+f-g\sharp$$

其中 a、b、c、d、e、f 和 g 为整数或浮点数。数据输入后主程序开始求值，并自动返回计算结果。

测试数据要求：数据中只能含有＋、－、* 、/、(、)和♯及整数、浮点数。数据以字符♯结尾，以示表达式的结束。

三、概要设计

抽象数据类型栈的定义：

ADT Stack

{

$\qquad$(同第 4 章 4.1 节描述，这里从略)

}ADT Stack

本程序有 3 个模块，即主程序模块、生成二叉树模块和表达式求值模块。

主程序模块：

```
void main(){
    初始化数据；
    处理数据；
    输出结果；
}
```

生成二叉树模块：根据表达式建立二叉树。

求值模块：根据已有的二叉树求出表达式值

调用关系(见图 10.11)：

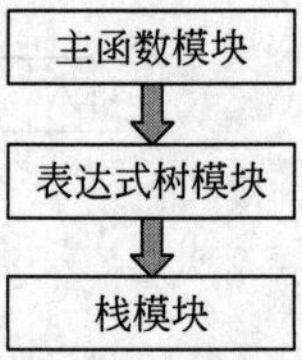

四、详细设计

1. 表达式二叉树类型

```
typedef struct BiTNode{                         // 二叉树的类型定义
    TElemType data;
    struct BiTNode *lchild, *rchild;
} BiTNode, *BiTree;
```

2. 栈元素的类型

图 10.11　模块间的调用关系

```
typedef union {
    char OPTR;                    // SElemType 可以是字符,也可以是二叉树结点的指针
    BiTree BiT;
}SElemType
```

3. 创建二叉树和表达式求值的伪码算法

```
void CrtExptree(BiTree &t, char *exp, OElemType *operand, char *operate)
{
    // 建立由合法的表达式字符串确定的只含二元操作符的非空表达式树
    // 其存储结构为二叉链表
    e.OPTR='#';
    Push(S_OPTR,e);                          // 字符#进栈
    p=exp; ch= * p;                          // 指针 p 指向表达式
    GetTop(S_OPTR,e);
    while(!(e.OPTR=='#' && ch=='#'))         // 当从栈 S_OPTR 退出的操作符为#
    {                                        // 且 ch=='#'时循环结束
        if(!IN(ch,operate))                  // 判断 ch 是否属于操作符集合
        {
            ChangeOPND(p,pos,n,operand);     // 转换操作数
            p+=(n-1);                        // 移动字符串指针
            CrtNode( t,pos++, S_BiT);        // 建叶子结点
        }
        else
        {
            switch(ch)                       // 如果属于操作符
              {
              case '(' : e.OPTR=ch;
                    Push(S_OPTR, e);         // 左括号先进栈
                    break;
              case ')' :{                    // 脱去括号创建子树
                    Pop(S_OPTR, c);
                    while (c.OPTR!='(')
                    {
                      CrtSubtree( t, c.OPTR,S_BiT);
                      Pop(S_OPTR, c);
                      }
                    break;
                  }
              default : {
                  while(GetTop(S_OPTR, c) && (precede(c.OPTR,ch)))
                  {                                    // 栈顶元素优先权高
                    CrtSubtree( t, c.OPTR, S_BiT);    // 建子树
                    Pop(S_OPTR, c);
                    }
```

```
            if(ch!='#')
            {
            e.OPTR=ch;
            Push( S_OPTR, e);                 // 如果 ch 不为#,让 ch 进栈
            }
            break;
            } // default
          } // switch
      } // else
      if( ch!='#' ) { p++; ch= * p;}          // 如果 ch 不为#,p 指针后移
      GetTop(S_OPTR,e);
    } // while
    e.BiT=t;
    Pop(S_BiT, e);
  } // CrtExptree


OElemType Value(BiTree T, OElemType *operand)
  {   // 表达式求值算法
      //应用后序遍历,递归求值,operand 数组存放叶子结点的数值
      if(!T) return 0;
      if(!T->lchild && !T->rchild) return operand[T->data];
      lv=Value(T->lchild,operand);
      rv=Value(T->rchild,operand);
      switch(T->data)

        {
          case PLUS: v=lv+rv;
                     break;
          case MINUS: v=lv-rv;
                     break;
          case ASTERISK: v=lv * rv;
                     break;
          case SLANT: if (rv==0) ERRORMESSAGE ("ERROR");
                     v=lv/rv;
                     break;
        }
    return v;
}//Value
```

4. 主函数和其他函数的伪码算法

```
void GetExp(char *Exp)
{ // 取得一个表达式,并对其进行单目运算的模式匹配
    // 以使所有运算都按二目运算处理
    do
    {
```

```
        cin>>ch;
        if(n==TRUE && (ch=='-' || ch=='+')) Exp[i++]='0';
        else n=FALSE;
        Exp[i++]=ch;
        if(ch=='(') n=TRUE;
    }while(ch!='#');
    Exp[i]='\0';
}//GetExp


Status IN(char ch,char *OP)
{
    // 判断字符 ch 是否属于运算符集
    while(*p && ch!=*p ) ++p;
    if(!*p) return ERROR;
    return OK;
}//IN


void ChangeOPND( char *p ,int pos, int &n, OElemType *operand)
{
    // 把相应的字符串转成对应的运算数,使用 atof 系统函数进行转换
    char data[MAX_OPERAND],
     *q=data;
    n=0;
    while((*p<='9' &&*p>='0') || (*p=='.'))
    {
        *q++=*p++;
        n++;
    }
    *q='\0';
    operand[pos]=(float) atof(data);
}//ChangeOPND


void CrtNode(BiTree &T,int position,SqStack_BiT &PTR)
{
    // 建叶子结点 T,结点中的数据项为操作数所在的 operand 数组中的位置
    // 建立完成后把结点指针压入 PTR 栈
        T=new BiTNode;
        T->data=position;
        T->lchild=T->rchild=NULL;
        Push(PTR, T);
}//CrtNode


int ChangeOPTR(char ch)
{
```

```
        // 把相应的操作符转成宏定义值
        if(ch=='+') n=PLUS;
        else if(ch=='-') n=MINUS;
            else if(ch=='*') n=ASTERISK;
            else if(ch=='/') n=SLANT;
        return n;
}//ChangeOPTR


void CrtSubtree(BiTree &T, char ch, SqStack_BiT &PTR)
{
        // 建子树 T,其中根结点的数据项为操作符
        T->data=ChangeOPTR(ch);
        if(Pop(PTR, rc)) T->rchild=rc;
        else T->rchild=NULL;
        if(Pop(PTR, lc)) T->lchild=lc;
        else T->lchild=NULL;
        Push(PTR, T);
}//CrtSubtree


Status precede(char c,char ch)
// 算符间的优先关系表,此表表示两操作符之间的大于或小于关系
    {
        switch (c)
        {
            case '#':
            case '(':return ERROR;
            case '*':
            case '/':
            case '+':
            case '-':if (!(ch!='*' && ch!='/')) return ERROR;
                        return OK;
            default : return OK;
        }
}//precede


void main()
{
    cout<<"EXAMPLE: -(a-b)/((c+d)*e)+f-g#"<<endl;
    cout<<"AT THE END OF EXPRESSION, PLEASE ADD '#'"<<endl;
    char exp[MAX_EXP_LENGTH];                          // 输入表达式缓存数组
    BiTree T;
    OElemType operand[MAX_EXP_LENGTH/2];               // 定义数组 operand 存放每个操作数
    char *operate="/+- * # ()";                        // 定义数组 operate 建立操作符集合
```

```
cout<<endl<<"INUPT: ";
GetExp(exp);
CrtExptree(T, exp, operand, operate);      // 调用函数 CrtExptree,建立二叉树
cout<<"value="<<Value(T,operand)<<endl;    // 调用函数 Value,计算结果
}
```

5. 函数的调用关系图(见图 10.12)

五、调试分析

本例有两个核心算法,即函数 CrtExptree( )
和 Value( ),调试比较顺利。书中讨论过的算法,
像二叉树的前、中、后序遍历,二叉树的树形打印
等,在最后执行版本中虽没有用到,但在调试过程
中却很有启发。

遇到的问题主要是在 CrtSubtree( )函数中,
退栈时要判断退栈是否成功,不成功要给树置空,
否则将出现错误。

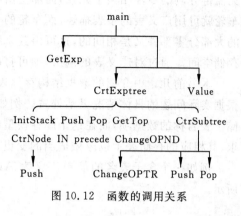

图 10.12 函数的调用关系

六、用户手册

按照提示,正确输入合法的表达式并以 ♯ 结尾,其中可用的操作符包括＋、－、＊、／、(、)
和 ♯;操作数可以是整型数或浮点数。

为简化问题,突出重点,算法没有涉及对输入表达式进行语法判错的功能。

七、测试结果

两组测试数据如下:
(1) INUPT:10－(－3)＊(((21＋3/5)＊8/3)＊(－2))♯
输出:value＝ －335.6
(2) INUPT:－(32.7－3210.3)/((8.0＋.9)＊8.9)＋4.4－2.9♯
输出:value＝ 41.6162

八、附录

源程序文件清单(在 Calculator 目录下):

common.h
stack.h
ExpBinTree.h
calculator.cpp

10.4.5 自行车零部件库的库存模型

在第 7 章 7.8 节中已介绍过广义表结构。广义表的突出特点是表的元素不仅可以是原

子,还可以是子表,这种特点很适合表示具有层次结构关系的表类数据模型。另外,本书介绍的存储方法也便于描述具有共享结构的广义表。对于被共享的子表只需开辟一份存储空间,通过指针链的链接来达到共享的目的,具体可参见图 7.23 广义表的存储结构示例。

利用广义表的上述特点和性质可以实现一个自行车零部件库的库存模型。一辆自行车无需再分割的零件相当于元素,而那些由零件所组成的部件就相当于子表。例如自行车的车轮就可用广义表的子表描述,而车轮的车胎、车条等即可看做元素;自行车的前轮和后轮的大部分零部件又是相同的,这可由共享结构来实现。共享结构的存储方式可以有效节约存储空间。通过对广义表的遍历,即可打印输出以广义表描述的自行车零部件明细表。

本书前几章中介绍的数据结构存储表示只是通常采用的基本方法,在实际应用中尚可根据实际问题的具体情况灵活处置。例如在第 7 章介绍广义表的存储结构时,没有设置存储子表名称的数据项,而在这个库存模型中,由于子表"车轮"、"换挡总成"等的命名应用需求,其相应的存储表示也应做适当的变更。

例如一个含子表名的简单广义表 A(B(c,d),E(f),G(c,d)),其存储结构如图 10.13 所示。

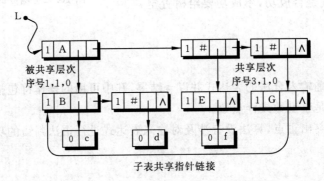

图 10.13　含子表名的简单广义表的存储结构

按缩格打印输出的结果为:

A
　B
　　c
　　d
　E
　　f
　G
　　c
　　d

一、问题描述

1. 题目内容:利用广义表可共享的特性,实现一个自行车零部件的库存模型。

2. 基本要求:所建广义表为带有子表名的广义表,共享结构由人工干预完成,交互输入必要的共享信息。在程序创建广义表之后，打印输出自行车零部件的明细表。明细表要求以缩格形式表现子表与子表、子表与元素间的层次关系。

3. 测试数据：广义表字符串为

Bike(Frame(HandLebar(handlebar, handgrips, handbrake), FrontFork, MainFrame, Seat), FrontWheel (WheelRim (wheelrim, spokes, tire), Hub, BallBearing), RearWheel (Wheel (♯), Hub, BallBearing, RollerBearing, DriveSprocket), GearShift (S-Cable, S-Lever, R-Wheel-Shift), FootPedal)

二、需求分析

1. 程序所能达到的基本功能如上所述，当广义表字符串出错时，返回 FALSE。

2. 输入广义表字符串，在子表的左括号前是此子表名，如：A(B(c,d),E(f),G(c,d))，其中 A、B、E 和 G 均为子表名。字符串中只能出现大小写英文字母及"("、")"、","。共享的子表先用"♯"表示，再由交互方式输入共享链接信息，以实现共享结构的构建。

3. 广义表以缩格形式打印。

4. 测试数据要求：数据是自行车零部件名构成的字符串。

三、概要设计

广义表抽象数据类型：

1. **ADT** GList {

　　数据对象：$D=\{e_i|i=1,2,\cdots,n;n\geqslant 0;e_i\in AtomSet$ 或 $e_i\in GList$，AtomSet 为某个数据对象$\}$

　　数据关系：$R1=\{<e_{i-1},e_i>|e_{i-1},e_i\in D,n\geqslant i\geqslant 2\}$

　　基本操作：

　　Sever($\&$sub,$\&$str)

　　　　初始条件：str 是广义表的字符串。

　　　　操作结果：从 str 串中分离出表头字符串 sub。

　　GetChar($\&$str, $\&$ch)

　　　　初始条件：str 串不空。

　　　　操作结果：读取 str 串中第一个字符。

　　CreatGList($\&$L,$\&$s)

　　　　初始条件：s 串存在。

　　　　操作结果：创建带子表名的广义表 L。

　　Get(L, I[ ])

　　　　初始条件：表 L 不空，数组 I 放置共享或被共享子表的层次序号。

　　　　操作结果：根据层次序号查找共享及被共享结点，返回指向该结点的指针。

　　Share($\&$L)

　　　　初始条件：表 L 不空。

　　　　操作结果：建立 L 中的共享结构。

PrintGList(L, i)

  初始条件：表 L 不空，i 为空格数，初始为 0。

  操作结果：打印广义表 L。

}// ADT GList

2. 主程序流程及模块调用关系

主程序流程：

```
void main()
{
  初始化广义表;
  创建广义表 L;
  实现广义表的共享;
  打印广义表 L;
}
```

模块调用关系（见图 10.14）：

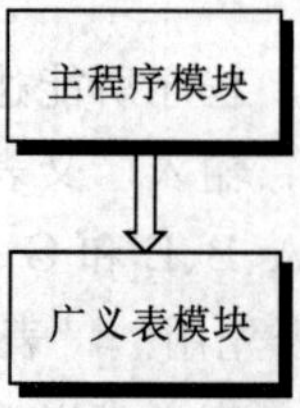

图 10.14　模块调用关系

四、详细设计

1. 数据类型

```
typedef char *AtomType;                 // 原子类型
typedef struct GLNode {
  ElemTag tag;                          // 公共部分,区别原子结点和表结点的标记
  union {
    AtomType atom;                      // 原子结点的值域
    struct {struct GLNode *hp, *tp;     // hp 和 tp 分别为指向表头和表尾的指针
        char *listname;                 // listname 子表名称的字符串头指针
        }ptr;
    };
} * GList;                              // 广义表类型
```

2. 广义表模块的伪码算法

```
// 从输入的广义表字符串分离出表头或原子结点的字符串
void Sever(char *&sub, char *&str) {
  n=StrLength(str);
  i=1;
  SubString(ch,str,i,1);
  if(* ch=='('){                    //若第一个字符为'(',则或为空表,或为共享部分,返回'c'
    sub=ch;
    SubString(str,str,2,n-1);            // 脱去外层括号,str 为剩余部分
  }
  else{                                  // 否则返回表头或原子结点的字符串
    while(* ch!=')'&& * ch!=','&& * ch!='('&& * ch!='\0'){
      i++;
```

```
        SubString(ch,str,i,1);
    }
    SubString(sub,str,1,i-1);
    SubString(str,str,i,n-i+1);          // str 为剩余部分
  }
}


//从字符串头读取一个字符
status GetChar(char *&str,char &ch){
  if(!str) return ERROR;
  n=StrLength(str);
  SubString(s,str,1,1);
  ch= * s;
  SubString(str,str,2,n-1);              // str 为剩余部分
  return OK;
}


// 生成广义表的存储结构
status CreatGList(GList &L,char *&s){     // 创建带子表名的广义表
  Sever(ch1,s);                          // 取字符串
  GetChar(s,ch2);                        // 取下一个字符
  if((* ch1=='('|| * ch1=='#')&&ch2==')'){ // 空表或共享表部分
    L=NULL;
    if(* ch1=='('){
      GetChar(s,ch);                     // 读取下一字符以判断是否仍有未建子表
      if(ch==',') return 1;              // 仍有未建子表返回 1
      else return 2;                     // 此层次上的子表建完,返回 2
    }
    else return 2;
  }
  if(!(L=new GLNode)) exit(OVERFLOW);
  if(ch2==','||ch2==')'||ch2=='\0'){     // 原子结点
    L->tag=ATOM;L->atom=ch1;
    if(ch2==',') return 1;               // 仍有未建子表返回 1
    else return 2;                       // 此层次上的子表建完,返回 2
  }
  if(ch2=='('){                          // 表结点
    L->tag=LIST;
    L->ptr.listname=ch1;                 // listname 存放表名
    i=CreatGList(L->ptr.hp,s);
    p=L;
    while(i!=2){                         // i!=2 时递归建下一子表
      p=p->ptr.tp=new GLNode;
      p->tag=LIST;p->ptr.listname="#";
```

```
      i=CreatGList(p->ptr.hp,s);
    }
    p->ptr.tp=NULL;
    GetChar(s,ch);
    if(ch==',') return 1;                       // 仍有未建子表返回 1
    else return 2;                              // 此层次上的子表建完,返回 2
  }
  return FALSE;                                 // 字符串错误
}//CreatGList

// 根据交互输入的一组层次序号查找共享及被共享结点,层次序号的输入以"0"结束
  GList Get(GList L,int I[])
  {
    k=0; p=L;
    while(I[k]){
      j=1;
      while(j<I[k]){
        p=p->ptr.tp;j++;
      }                                         // 根据层次序号的第一个数值向表尾部移动
      k++;
      if(I[k]) p=p->ptr.hp;                     // 向表头部移动
    }
    return p;
  }

// 通过链接指针建立共享结构
void Share(GList &L)
{
  do{
    i=0;
    cout<<"共享子表序号:"<<endl;
    cin>>I[i];
    while(I[i]) cin>>I[++i];
    p=Get(L,I);                                 // p 指向共享子表
    i=0;
    cout<<"被共享子表序号:"<<endl;
    cin>>I[i];
    while(I[i]) cin>>I[++i];
    q=Get(L,I);                                 // q 指向被共享子表
    p->ptr.hp=q->ptr.hp;p->ptr.tp=q->ptr.tp;    // 建立共享
    cout<<"another? (y/n)";                     // 若还有其余共享,输入 y
    cin>>ch;
  }while(ch=='Y'||ch=='y');                     // 循环控制共享结点个数
}
```

```
// 打印输出广义表
Status PrintGList(GList L,int i)      // 打印广义表,i 为空格数,初始为 0
{
  if(!L) {
    for(k=0;k<i;k++) cout<<' ';
    cout<<"#"<<endl; return OK;
  }                                   // 打印空表
  if(L->tag==ATOM) {
    for(k=0;k<i;k++) cout<<' ';
    cout<<L->atom<<endl;
    return OK;
  }                                   // 打印原子结点
  p=L;
  for(k=0;k<i;k++) cout<<' ';
  cout<<p->ptr.listname<<endl;        // 打印子表名
  while(p){                           // 打印各个子表
    q=p->ptr.hp;                      // q指向第一个子表
    PrintGList(q,i+2);                // 递归打印第一个子表,空格数增加
    p=p->ptr.tp;                      // 指针后移
  }//while
  return OK;
}//PrintGList
```

3. 函数调用关系(见图 10.15)

五、调试分析

1. 由于实现自行车零部件的共享结构,要求对每个子表都应予以命名,所以广义表的建立、打印以及共享算法均需自行设计。因此虽然函数的数量不多,但工作量较大。广义表的几个主要算法均采用递归函数实现,在上机前要进行详细的静态跟踪,以便找出错误的原因。运用 debug 逐步执行程序也有利于发现程序的失误。

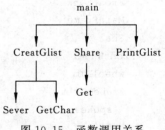

图 10.15　函数调用关系

2. 广义表的创建及打印采用的是递归程序结构,其时间复杂度与结点的数目成正比。

六、使用说明

输入广义表的字符串后,依提示输入共享及被共享结点的层次序号;若输入完毕按"n",否则若有多个共享结构,按"y"。可先用本题插图所给的简单的共享广义表 A(B(c, d),E(f),G(c,d))进行实验,它的被共享子表的层次序号为 1,0,0;共享子表的层次序号为 3,1,0(如图 10.13 所示)。

七、测试结果

从测试的结果可以看出,尽管广义表的共享结构存储方式有效地节约了空间,但并不影响输出报表的完整性,这就是广义表共享存储结构的巧妙之处。

输入广义表字符串:

Bike(Frame(HandLebar(handlebar,handgrips,handbrake),FrontFork,MainFrame,Seat), FrontWheel(WheelRim(wheelrim,spokes,tire),Hub,BallBearing),RearWheel(Wheel(#), Hub,BallBearing,RollerBearing,DriveSprocket),GearShift (S-Cable,S-Lever,R-Wheel-Shift),FootPedal)

共享子表的层次序号组(以"0"表示一组反映层次序号的输入结束):

3 1 1 0

被共享子表的层次序号组:

```
2 1 1 0
another? (y/n)? n
Bike
  Frame
      HandLebar
      handlebar
      handgrips
      handbrake
    FrontFork
    MainFrame
    Seat
  FrontWheel
    wheelRim
      wheelrim
      spokes
      tire
    Hub
    BallBearing
  RearWheel
    Wheel
      wheelrim
      spokes
      tire
    Hub
    BallBearing
    RollerBearing
    DriveSprocket
  GearShift
    S-Cable
```

```
     S-Lever
     R-Wheel-Shift
FootPedal

Press any key to continue
```

八、附录

源程序文件清单(在共享结构的库存模型目录下):

```
common.h
ShareGList.h
GListDemo.cpp
```

10.4.6　教务课程计划的辅助制定

第 7 章 7.6 节曾提及,拓扑排序可以解决有关教务课程计划安排的问题。由于课程之间存在先修和后续的约束关系,因此如果一个学生一学期只学一门课程的话,可以按拓扑有序的顺序安排学习计划。但实际上,一个学期中可以同时学习多门课程,只要这些课程之间不存在次序的约束关系即可。应如何安排这些课程,使得一个学生可以在最短的时间内学完所有课程?

表示课程之间关系的 AOV 网数据模型如图 10.16 所示。

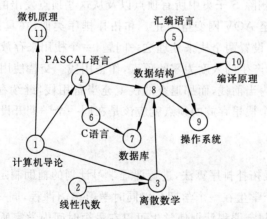

图 10.16　表示课程间关系的 AOV 网数据模型

"制定课程学习计划"即为对 AOV 网进行如下操作:将 AOE 网中的顶点集划分成"个数最少"的若干互不相交的子集 $S_1, S_2, \cdots, S_m$,使得任意两个有弧相连的顶点分属不同的子集,并且,若 $\langle j, k \rangle$ 是一条从顶点 j 到顶点 k 的有向弧,$j \in S_i, k \in S_l$,则必有 $i < l$。每个子集 S_i 中的顶点为同一学期中开设的课程。例如对于图 10.17 所示关系可得如下划分:

$S_1 = \{$计算机导论,线性代数$\}$;

$S_2 = \{$PASCAL 语言,微机原理,离散数学$\}$;

$S_3 = \{$数据结构,C 语言,汇编语言$\}$;

$S_4 = \{$操作系统,编译原理,数据库$\}$。

如果把 AOV 网改画成图 10.17 所示的形状,就容易看出这种划分满足上述提出的子集划分要求。称为**拓扑集合划分**。

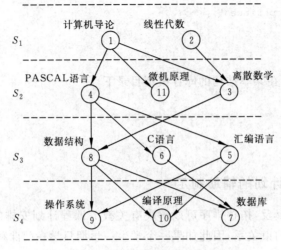

图 10.17　对 AOV 网的顶点集进行划分

拓扑集合划分的算法与拓扑排序的算法类似:

(1) 找到 AOV 网中所有当前入度为零的顶点,构成一个新的子集 S;

(2) 从 AOV 网中删除 S 子集中所有顶点以及从这些顶点发出的弧。

重复上述两步,直至 AOV 网变空为止。和拓扑排序类似,在具体的程序实现中,无须实施真正的删除操作。设置两个栈来处理这一问题,一个栈用来存放当前入度为零的顶点,另一个栈则用来存放新产生的入度为零的顶点,作备用栈。交替使用这两个栈,当第一个栈退空时,启用备用栈作为当前栈,而那退空的栈就充当备用栈,继续存放新产生的入度为零的顶点。事实上,同一个栈里存放的顶点就应该是在同一个学期开设的课程。

一、问题描述

1. 题目内容:扩展拓扑排序算法,进行课程学习计划的辅助制定。

2. 基本要求:一个学生在一个学期可以同时学习多门课程,同一学期的各门课程之间必须不存在次序关系,制定课程计划使学生可以在最短时间内学完所有课程。

3. 测试数据:开设课程为计算机专业必修课,它们是计算机导论、线性代数、离散数学、PASCAL 语言、汇编语言、C 语言、数据库、数据结构、操作系统、编译原理和微机原理。每门课之间的次序关系见 AOV 网的数据模型。

二、需求分析

1. 本程序以顶点表示课程,有向弧表示优先关系,构造课程 AOV 网。

安排课程即为对课程 AOV 网作拓扑集合划分操作。将所列课程划分为最少的子集(学期),使任意两门有次序关系的课程分属于不同的子集。每个子集中的顶点对应着同一学期开设的课程。

2. 以字符串形式输入各课程名称，按其编号输入课程间的优先关系，即每条弧的始点和终点。由此生成 AOV 网的存储结构。此后执行拓扑集合划分程序，输出每个学期应开的课程。

3. 依据测试数据，输出结果的形式为：

```
The Result of a Toposet Sorting:
1TERM:
LINEAR ALGEBRA
INTRODUCTION OF COMPUTER
2TERM:
PASCAL LANGUAGE
MICROCOMPUTER
DISCRETE MATHEMATICS
3TERM:
DATA STRUCTURE
C LANGUAGE
ASSEMBLY LANGUAGE
4TERM:
COMPILER
OPERATING SYSTEMS
DATA BASE
```

三、概要设计

1. 程序所需的抽象数据类型

（1）栈的抽象类型定义：

ADT Stack {

（同第 4 章 4.1 节所述，这里从略）

}**ADT** Stack

（2）图的抽象类型定义：

ADT Graph {

数据对象 V：V 是具有相同特征的数据元素的集合，称为定点集

数据关系：R={VR}

$$VR=\{\langle v,w\rangle|v,w\in V,\langle v,w\rangle$$表示从 v 到 w 的弧}

基本操作：

CreateGraph($\&G$,V,VR)

初始条件：V 是图的顶点集，VR 是图中弧的集合。

操作结果：按 V 和 VR 的定义构造图 G。

DestroyGraph($\&G$)

初始条件：图 G 存在。

操作结果：销毁图 G。

}ADT Graph

2. 本程序包含 3 个模块

(1) 主程序模块：

void main()

{

　　输入数据及顶点之间关系,建有向图 G;

　　对图 G 进行拓扑集合划分并输出各学期课程;

}

(2) 栈模块：实现栈抽象数据类型。

(3) 有向图模块：建立有向图,实现拓扑集合划分。

各模块之间调用关系如图 10.18 所示。

3. 伪码算法

```
void TopoSet(G){
   对各顶点求入度,入度为零者入栈;
   while 栈不空{
      交替使用当前栈和备用栈;
      退栈,输出顶点 v 对应的课程名称;
      若有弧<v,w>,w 的入度减 1;
      若 w 的入度变为零,将 w 入备用栈;
      }
   if(输出顶点数<图中顶点数)则图中有回路;
}
```

图 10.18　模块间的调用关系

四、详细设计

1. 图类型

```
#define MAX_VERTEX_NUM 30              // 图的顶点数最大值
typedef int VertexType;
typedef struct ArcNode {              // 图的邻接表存储结构
  int adjvex;
  struct ArcNode *nextarc;
}ArcNode;
typedef struct VNode {
  VertexType data;
  ArcNode *firstarc;
}VNode,AdjList[MAX_VERTEX_NUM];
typedef struct {
  AdjList vertices;
  int vexnum,arcnum;
}ALGraph;
```

2. 栈类型

```
typedef int SElemType
typedef struct {
  SElemType *elem;
  int top;
  int stacksize;
} Stack;
```

3. 部分操作的伪码算法

```
// 将栈 S2 复制到栈 S1,该操作也属于栈的基本操作
Stutas CopyStack(Stack &S1,Stack S2)
{
  for(i=0;i<=S2.top;i++)
  S1.elem[i]=S2.elem[i];
  S1.top=S2.top;
  return OK;
}//CopyStack
```

```
// 采用邻接表的存储表示构造有向图 G,G 的各顶点信息为其编号
// 对应数组 course[]中各分量记载课程名称
// 对应数组 indegree[]中各分量记载各顶点入度
void CreateDG(ALGraph &G)
{
  cin>>course[i];        // 输入课程名称,存入数组 course[],以#结束
  while(strcmp(course[i],"#")!=0) cin>>course[++i];
  G.vexnum=i;
  for(i=0;i<G.vexnum;i++)                          // 构造表头向量
  G.vertices[i].firstarc=NULL;                     // 初始化链表头指针为"空"
  for(i=0;i<G.vexnum;i++)                          // 显示课程编号
    cout<<i+1<<":"<<course[i]<<endl;
  for(i=0;i<G.vexnum;i++)                          // 对入度数组初始化
    indegree[i]=0;
  cout<<"Impute the order: v1-->v2"<<endl;
  cin>>v1>>v2;                                     // 输入一条弧的始点和终点
  while((v1>0)&&(v2>0)){       // 输入各边并构造邻接表,以(0,0)结束
    pi=new ArcNode;                               // 假定有足够空间
    pi->adjvex=v2-1;                              // 对弧结点赋邻接点"位置"信息
    pi->nextarc=G.vertices[v1-1].firstarc;        // 插入链表
    G.vertices[v1-1].firstarc=pi;
    // 顶点存入数组从下标 0 开始,而用户输入时从 1 开始
    // 故输入 v 实际对 G.vertices[v-1]操作
    G.arcnum++;
    indegree[v2-1]++;                             // 对各顶点求入度
```

```
      cin>>v1>>v2;
   }//while
} // CreateUDG
```

4. 主程序和其他伪码算法

```
void main(){
   CreateDG(G);
   cout<<"The Result of a Toposet Sorting:"<<endl;
   TopoSet(G);
}//main


// 对有向图 G 求拓扑集合划分
void TopoSet(ALGraph G){
   count=0;                                    // 对输出顶点计数
   {建零入度顶点栈,S1 为当前栈,S2 为备用栈}
   for(i=0;i<G.vexnum;i++)
      if(indegree[i]==0) Push(S1,i);           // 入度为零者进栈 S1
   cout<<term<<"TERM:"<<endl;
   while((!StackEmpty(S1))||(!StackEmpty(S2))){
      if((StackEmpty(S1))&&(!StackEmpty(S2))){ // 栈 S1 空,S2 不空
         CopyStack(S1,S2);                     // 复制 S2 到 S1
         ClearStack(S2);                       // S2 清空
         term++;                               // 安排新的一个学期
         cout<<term<<"TERM:"<<endl;
      }//if
      Pop(S1,v);++count;cout<<course[v]<<endl; // 输出对应课程
      for(p=G.vertices[v].firstarc;p;p=p->nextarc){
         w=p->adjvex;
         --indegree[w];                        // 弧头顶点入度减 1
         if(!indegree[w]) Push(S2,w);

                                               // 新产生的入度为 0 的顶点入备用栈 S2

      }//for
   }//while
   if(count<G.vexnum) cout<<"THE NETWORK HAS A CYCLE"<<endl;
                                               // 图中有环路
}//TopoSet
```

函数调用关系(如图 10.19 所示)。

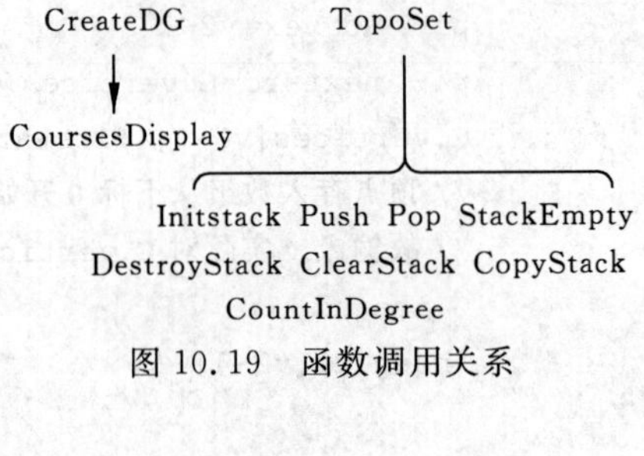

五、调试分析

1. 根据算法中对有向图的操作,采用邻接表作存储结构,各顶点的入度存入对应数组 indegree[ ]。为省去查找入度为零点所需时间,另设一个备用栈,

main → CreateDG, TopoSet
CreateDG → CoursesDisplay
TopoSet → Initstack Push Pop StackEmpty DestroyStack ClearStack CopyStack CountInDegree

图 10.19 函数调用关系

在进行顶点入度减 1 的操作之后随即判断其入度是否为零,并将新的入度为零的顶点入备用栈。

2. 在输入各顶点间优先关系时,本应输入课程名称,但考虑到用户操作的方便,改为输入课程名编号。

此算法所得划分并不唯一。若对每学期的课程加上总学时的限制,则要将某些课程向后调整,且要考虑某些课程需两个以上学期完成的情况。

3. 建邻接表时,输入的顶点信息即为顶点编号,则时间复杂度为 $O(G.\text{vexnum} + G.\text{arcnum})$。

六、使用说明

根据提示,首先输入课程名称及课程名对应的编号(具体见测试结果中的数据模型格式),然后再输入反映课程之间优先关系的顶点对编号(一对编号代表着一条弧)。随后程序将自动输出课程安排的拓扑集合划分结果,得出各学期课程安排的辅助方案。

七、测试结果

使用两组数据模型进行测试:

(1)

```
Inpute the courses:              // 输入课程的名称
Chinese
Maths
English
#

1: Chinese                       // 输入课程名称所对应的编号
2: Maths
3: English

Input the order: v1-->v2         // 输入课程间的次序关系
1 2
2 3
0 0
The Result of a Toposet Sorting:
1TERM:
Chinese
2TERM:
Maths
3TERM:
English
Press any key to continue
```

(2)

```
Inpute the courses:
Pascal
C
Cobol
Data Base
#

1: Pascal
2: C
3: Cobol
4: Data Base

Input the order: v1-->v2
1 4
1 2
3 2
0 0
The Result of a Toposet Sorting:
1TERM:
Cobol
Pascal
2TERM:
Data Base
C
Press any key to continue
```

八、附录

源程序文件清单（在课程计划制定目录下）：

```
common.h
stack.h
graph.h
toposet.cpp
```

10.4.7 一个小型全文检索模型

我们曾讨论过键树（数字查找树 Digital Search Trees，见第 8 章 8.2.2 节）查找算法和插入算法。在全文检索系统中，所要查找的单词、词组有很多具有相同的前缀或词根。对于数据很大的词库而言，必须考虑有效利用存储空间和提高查找效率的问题，键树无论在利用空间方面，还是查找效率方面都有着不凡的表现。

在这一节的示例中将利用键树实现一个全文检索的查找模型。为简化问题，我们选择了一个较小的数据模型,键树由常用的英语介词、代词和冠词等英语单词构建,作为查找字典。键树选用双键树为存储方式,其构建是由不断插入单词而逐渐繁衍生成的。给定某一英语文章段落,通过键树字典对文章段落中的常用的英语介词、代词和冠词进行查找,并统计它们各自在该段文字中出现的频率。事实已经表明,特定人物所撰写文章的用词规律具有统计意义上的稳定性,可依此进一步推断文章段落的属性。

一、问题描述

1. 题目内容:利用键树结构实现一个全文检索的查找模型。键树中每个结点存储的是关键字的一个字符,从根到叶子结点的一条"路径"为对应的一个关键字。此键树模型中存放若干单词及其相应的部分解释。输入一篇待进行全文检索文章的文件名,查找文章中是否含有键树模型中存在的关键字。若键树中存在该关键字,则输出该关键字的相关信息及该词在文章中出现的频率(例如:(the/文章单词总数)=0.008,(them/文章单词总数)=0.002),由此得出不同文章的文风。

2. 基本要求:由用户输入一篇待进行全文检索的文章文件路径及文件名(∗.txt)。若输入错误的路径或文件名,则显示错误信息。若输入为合法的路径和文件名,则程序输出该段文字中常用的英语介词、代词和冠词在该文章中出现的频率。

3. 测试数据:整个键树由常用的英语介词、代词和冠词等的字符集及其解释构成,使用一段莎士比亚的作品(Shakespeare.txt)作为文章段落的测试样板。测试的结果应符合以下情况:

输入:E:\Shakespeare.txt

输出:

ENGLISH HERALD. Rejoice, you men of Angiers, ring your bells: King John, your king and England's, doth approach, Commander of this hot malicious day. their armours that march'd hence so silver-bright Hither return all gilt with Frenchmen's blood. there stuck no plume in any English crest that is removed by a staff of France; Our colours do return in those same hands that did display them when we first march'd forth; And like a jolly troop of huntsmen come Our lusty English, all with purpled hands, Dy'd in the dying slaughter of their foes. Open your gates and give the victors way.

a: indefinite article.

0.0185185 in the passage.

the: definite article.

0.0185185 in the passage.

them: personal pronoun

0.00925926 in the sentence.

there: adv. of place and direction

0.00925926 in the sentence.

that: adj. &pron.

0.0277778 in the sentence.

this: adj. &pron.

0.00925926 in the sentence.

those: adj. &pron.

0.00925926 in the sentence.
and: conj., connecting words
0.0277778 in the sentence.

二、需求分析

1. 基本功能：键树模型中存放的关键字及其相关信息，为方便插入和查找，在建树时按照有序树建立，即同一层中兄弟结点之间依所含符号自左至右有序，并约定叶子结点的结束符 $ 小于任何字符。这样在查找时节省时间，提高算法的效率。本算法在此基础上实现键树的插入和查找操作，并有输出相关信息的功能。

2. 输入：要求输入合法的文件名，若该文件无法打开，则视为非法输入。

3. 输出：在输入为合法的情况下，若查找成功则输出该关键字的相关信息及该词在文章中出现的频率；输入为非法文件名或路径不对时，则显示输入错误信息。

4. 测试数据要求：为检验本算法的正确性与健壮性，应选用各种类的输入作为测试数据。

三、概要设计

1. 设定键树的数据类型定义

ADT DLTree {

数据对象：D＝{a_i| a_i∈ElemSet，$i＝1,2,\cdots,n$, $n \geqslant 0$}

// 非叶子结点字符集

数据关系：R＝{$\langle a_{i-1}, a_i \rangle$|$a_{i-1}$, a_i∈D，a_{i-1},a_i 为键树的兄弟结点，

$i＝2,\cdots,n$}

基本操作：

　InitTree(&T)

　　初始条件：键树不存在。

　　操作结果：建立空键树。

　CreatDLTree(&T, * key)

　　初始条件：键树 T 为空树。

　　操作结果：将查找字典的关键字 key[i]逐一插入到键树中，形成字典。

　Insert_DLTree(&T,K,n)

　　初始条件：键树 T 中已含 n 个关键字。

　　操作结果：若不存在和 K 相同的关键字，则将关键字 K 插入到键树中相应位置，树中关键字个数 n 增 1 且返回 TRUE，否则不再插入，返回 FALSE。

　Search_DLTree(T,j, &k)

　　初始条件：键树 T 已存在。

　　操作结果：若 line(文章中的一行)中从第 j 个字符起长度为 k 的子串和指针 rt 所指向双链树中单词相同，则数组 count 中相应分量增 1，并返回

362

TRUE,否则返回 FALSE。

}ADT DLTree

2. 主程序流程及调用关系的两个模块

主程序模块：

```
void main() {
  初始化;
  if(非法输入)显示错误信息;
    else{
      处理命令;
      输出结果;
    }
}
```

键树模块：实现键树抽象数据类型的存储结构及相关操作。

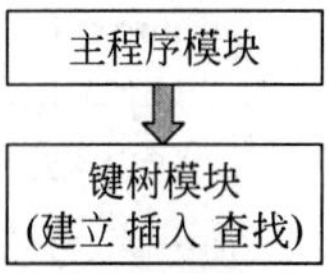

各模块之间的调用关系如图 10.20 所示。

粗线条的核心伪码算法：

图 10.20 模块间的调用关系

```
status Search_DLTree(DLTree rt,int j, int &k) {
    found 初始值为 FALSE;    //表示查找是否成功
    k 初值为 0;
    若关键字的 k-1 个字符已存在树中,判定第 k 个字符是否在树中{
        若结点值小于该字符,则不断向结点的 next 移动;
        若没有与该字符匹配的结点则查找不成功,返回 FALSE;
        否则 k 个字符在树中。
        向结点的第一棵子树移动,继续判定第 k+1 个字符;
    }
    若 k 等于关键字长度,则查找成功,返回 TRUE;
}//Search_DLTree

void setmatch(DLTree root,char *line, FILE *f) {
    //统计以 root 为根指针的键树中,各关键字在本文本串 line 中重复出现的次数,
    //并将其累加到统计数组 count 中去
    int k;//若查找成功,返回的 k 为所查找的关键字长度
    当文件未到结束时,读取一文本行{
        查找该文本行中是否含有键树模型中已存在的关键字;
        统计文本行中的总单词数,以便计算单词出现的频度;
    }
}//setmatch
```

四、详细设计

1. 数据类型

```
typedef char ElemType;
typedef char InfoType;
typedef struct{
    ElemType *ch;                               //关键字
    int num;                                    //关键字的长度
    InfoType *info;                             //关键字有关信息
}KeysType;                                      //关键字类型
typedef enum {LEAF,BRANCH} NodeKind;           //结点种类(叶子、分支)
typedef struct DLTNode {
    ElemType symbol;                            //结点类型为关键字的一个字符
    struct DLTNode *next;                       //指向兄弟结点的指针
    NodeKind kind;                              //结点标志(叶子、分支)
    union {
      struct DLTNode *first;                    //分支结点的孩子链指针
      struct {
        int idx;                                //叶子结点的 count 数组下标指针
        KeysType infoptr;                       //叶子结点的信息为从根结点到
                                                //该叶子结点的关键字的相关信息
      };                                        //叶子结点类型
    };
  }DLTNode, *DLTree;                            //键树的双链表类型
char line[LINESIZE];                            //用于缓存文章中每行的字符串
struct{
    int times;
    KeysType info;
}count[MAXNUM];
int NUM= 0;                                     //记录整个文章的单词总数
```

键树的词库信息由静态数组提供,并以全局变量的形式给出。目的是为了便于阅读程序,在实际问题中可考虑使用文件结构。具体是:

```
char ch1[17][100]={"a","an","the","them","there","here","they","are","that",
                  "this","those","what","which","why","then","and","these"};
    //键树字典模型中用常用的英语介词、代词和冠词的字符集组成关键字数据
```

2. 插入、查找的伪码算法

```
status Insert_DLTree(DLTree &root,KeysType K,int &n){
    //指针 root 所指双链树中已含 n 个关键字,若不存在和 K 相同的关键字
    //则将关键字 K 插入到双链树中相应位置,树中关键字个数 n 增 1 且返回 TRUE
    //否则不再插入,返回 FALSE
    j=0;
    p=root->first;                              //准备从根的最左分支结点开始搜索
    f=root;
    while(p &&j<K.num){                         //在键树中进行查找
      pre=NULL;
      while (p &&p->symbol<K.ch[j]){            //查找和 K.ch[j]相同的结点
```

```
            pre=p;
            p=p->next;
        }
    if(p &&p->symbol==K.ch[j]){
            f=p;
            p=p->first;
            j++;
        }                   //找到后进入键树的下一层,即查找和 K.ch[j+1]相同的结点
    else{                   //没有找到和 K.ch[j]相同的结点,插入 K.ch[j]
            s=new DLTNode;
            s->kind=BRANCH;
            s->symbol=K.ch[j++];
            if(pre)pre->next=s;
            else f->first=s;
            s->next=p;
            s->first=NULL;
            p=s;
            break;
        }//else
    }//while
if(p &&j==K.num &&p->first &&p->first->kind==LEAF)
    return FALSE;       //键树中已存在关键字 K,不需再插入,返回 FALSE
else{                   //键树中已存在相同前缀的单词,插入由剩余字符构成的单支树
    while(j<=K.num){
        s=new DLTNode;
        s->next=NULL;
        if(p){
            s->next=p->next;
            p->first=s;
            p=s;
        }
        else{
            f->first=s;
            p=s;
        }
        if(j<K.num){                //插入结点类型为 BRANCH 的结点
            s->kind=BRANCH;
            s->symbol=K.ch[j++];
            s->first= NULL;
        }

        else {                      //插入叶子结点
        s->symbol='$';
        s->kind=LEAF;
        n++;                        //树中关键字个数加 1
```

```
                    s->idx=n;
                    s->infoptr.ch=count[s->idx].ch=K.ch;
                                        //记录相应 count 数组中的信息
                    s->infoptr.info=count[s->idx].info=K.info;
                    s->infoptr.num=count[s->idx].num=K.num;
                    count[s->idx].times=0;
                    j++;
                }
            }//while
            return true;                    //插入成功,返回 TRUE
        }//else
}//Insert_DLTree
    status Search_DLTree(DLTree rt,int j, int &k){
        //若 line 中从第 j 个字符起长度为 k 的子串和指针 rt 所指向双链树中单词相同
        //则数组 count 中相应分量增 1,并返回 TRUE,否则返回 FALSE
        DLTree p;
        int found;
        k=0;
        found=FALSE;
        p=rt->first;                        //p 指向双链树中的第一棵子树的树根
        while(p &&!found){
            while(p &&p->symbol <line[j+k])p=p->next;
            if(!p||p->symbol >line[j+k])break;      //在键树的第 k+1 层上匹配失败
            else {                          //继续匹配
                p=p->first;
                k++;
                if(p->kind==LEAF){              //找到一个单词
                    if(!(line[j+k]>='a'&&line[j+k]<='z')||
                      (line[j+k]>='A'&&line[j+k]<='Z')){
                        count[p->idx].times++; //统计数组对应元素加 1
                        found=TRUE;
                    }
                //若键树叶结点为字典单词则为找到。若字典单词仅为前缀,则仍为没找到
                }//if
            }//else
        }//while
    return found;
}//Search_DLTree


void setmatch(DLTree root,char *line, FILE *f){
    //统计以 root 为根指针的键树中,各关键字在本文本串 line 中重复
    //出现的次数,并将其累加到统计数组 count 中去
    int i=0;
    int k;                                  //若查找成功,返回的 k 为所查找的关键字长度
```

```
    while(fgets(line,LINESIZE,f)!=NULL){
      cout<<line;                          //输出文本行
      i=0;
      while(i<=strlen(line)){         //LINESIZE
        if(!Search_DLTree(root,i,k)){
            if(((line[i]>='a'&&line[i]<='z')||
                (line[i]>='A'&&line[i]<='Z')||(line[i]>='0'&&line[i]<='9'))
                 &&!((line[i+1]>='a'&&line[i+1]<='z'||(line[i+1]>='A'&&
                   line[i+1]<='Z'||(line[i+1]>='0'&&line[i+1]<='9')))
              NUM++;                          //单词总数加 1
           i++;                               //若查找不成功,则从下一个字符开始查找
        }//if
        else{
            i+=k;            //查找成功,继续在文本串中的第 i+k-1 个字符开始查找
            NUM++;
        }//else
      }//while
    }//while
}//setmatch
```

3. 键树模块和主程序的伪码算法

```
void CreatDLTree(DLTree &T,KeysType *key){       //建立键树的字典模型
    //初始化操作
    //键树中关键字个数为 0
    //将数组 ch1 中各字符串赋给键树的各关键字
    //关键字长度为字符串长度
    //初始化各关键字的相关信息
      for(i=0;i<=16;i++)                         //键树模型中共存放 16 个关键字
        Insert_DLTree(T,key[i],n);               //依次插入关键字,建立键树模型
}//CreatDLTree


void main()
{
    Input(f);                       //输入待检索文件名,并判断输入是否合法
    InitTree(T);                    //初始化键树
    CreatDLTree(T,key,n);           //由 n 带出键树中所包含的关键字个数
    output(n);                      //输出文章中含有键树中的关键字及有关解释
}
```

函数的调用关系如图 10.21 所示。

五、调试分析

主要算法的时空分析。

Insert_DLTree 的时间复杂度为 $O($树深$)$,Search_DLTree 时间复杂度为 $O($树深$)$,

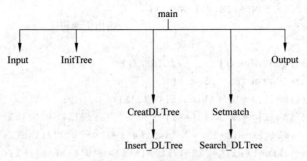

图 10.21　函数调用关系

CreatDLTRee 的时间复杂度为 $O(n^2)$，其中 n 为树中关键字个数。

六、使用说明

（1）进入程序后显示提示信息："Please input the file name："，等待用户输入待进行全文检索的文件名及文件路径。若输入有误，则显示出错信息，结束程序。

（2）程序运行后输出结果：输出键树中存在且在文章中出现的关键字及其解释、出现频度。

七、测试结果

输入莎士比亚作品（Shakespeare. txt）和计算机文档（temp. txt）两段不同风格的文字，进行测试比较。虽然文字的篇幅很短，但已经明显看出文风格调迥异。计算机文档中含有大量的专用名词，也就必然会用到较多的定冠词"the"，the 的出现频率显著高于文学作品。

输入：Please input the file name：E：\Shakespeare. txt

输出：

ENGLISH HERALD. Rejoice, you men of Angiers, ring your bells: King John, your king and England's,doth approach,Commander of this hot malicious day. their armours that march'd hence so silver-bright Hither return all gilt with Frenchmen's blood. there stuck no plume in any English crest that is removed by a staff of France;Our colours do return in those same hands that did display them when we first march'd forth; And like a jolly troop of huntsmen come Our lusty English, all with purpled hands, Dy'd in the dying slaughter of their foes. Open your gates and give the victors way.

a: indefinite article.
0.0185185 in the passage.
the: definite article.
0.0185185 in the passage.
them: personal pronoun
0.00925926 in the sentence.
there: adv. of place and direction
0.00925926 in the sentence.

that: adj. &pron.

0.0277778 in the sentence.

this: adj. &pron.

0.00925926 in the sentence.

those: adj. &pron.

0.00925926 in the sentence.

and: conj.,connecting words

0.0277778 in the sentence.

Press any key to continue

输入：Please input the file name：E：\temp. txt

输出：

According to the Merge mode selected, Twain Data Source will search for a match point where the two scans will be joined. the match point is the image area where the two scans are most identical. If the program can not find a match point, the merge will be unsuccessful and you are encouraged to try again by either making adjustments or by using a different Merge mode.

a: indefinite article.

0.0735294 in the passage.

an: indefinite articles.

0.0147059 in the passage.

the: definite article.

0.102941 in the passage.

here: to this point or place

0.0294118 in the sentence.

are: v.i. joining subject &predicate

0.0294118 in the sentence.

and: conj., connecting words

0.0147059 in the sentence.

Press any key to continue

八、附录

源程序文件清单（在全文检索模型目录下）：

```
common.h
tree.h
keytree.cpp
```

10.4.8 汽车牌照的快速查找

排序和查找是在数据信息处理中使用频度极高的操作。为加快查找的速度，需先对数据记录按关键字排序，在汽车数据的信息模型中，汽车牌照是关键字，而且是具有结构特点的一类关键字。因为汽车牌照号是数字和字母混编的，例如 01B7328，这种记录集合是一个适于利用多关键字进行排序的典型例子,这里利用链式基数排序方法实现排序。本例采用了与本书第3章中介绍的基数排序方法有所不同的链式基数排序法来对一批汽车牌照进行排序,具体算法的详细解释请参见清华大学出版社出版的《数据结构》(C语言版)(严蔚敏等编著)第10章中链式基数排序一节。

在排序基础上,利用二分查找的思想,实现对这批汽车记录按关键字的查找。

一、问题描述

1. 题目内容:对一批汽车牌照进行排序和查找。

2. 基本要求:利用基数排序和二分查找的思想完成程序设计任务。

3. 测试数据:对于车牌号为关键字的记录集合,可以人工录入数据,也可以按自动方式随机生成。

二、需求分析

1. 本程序利用基数排序的思想对一批具有结构特征的汽车牌照进行排序,并且利用二分查找的思想对排好序的汽车牌照记录实现查询。

2. 测试数据的每个记录包括5项,分别为牌照号码、汽车商标、颜色、注册日期和车主的姓名,其中牌照号码一项的输入形式如下:

k0	k1	k2	k3	k4	k5	k6
0	1	B	7	3	2	8

其中k0和k1输入值为01~31(代表地区),k2输入值为A~Z(代表车的使用类型),后4位为0000~9999(代表车号),例如:01B7328。这种牌照号码具有多关键字的特征,可以将其分成3段来考虑,即数字、字母和数字。其余4项输入内容因为不涉及本程序的核心思想,故只要求一般字符串类型即可。查询时,要求输入合法的汽车牌照号码。

3. 运行本程序,输入要求的一批数据记录后,屏幕输出排好序的车牌号码及相关信息。查询时,程序查找到匹配的数据,输出该关键字的其他数据项。

4. 测试数据要求用30个左右的数据项进行测试,头两位暂限定01~04,第三位也暂限定为A~E,以便可使牌照号码相对集中。

三、概要设计

1. 设定静态查找表的抽象数据类型

ADT SLList {

略。请参阅参考文献[1]第9章9.1节。

}ADT SLList

2. 本程序包含4个模块

(1) 主程序模块:

void main()

```
    {
        初始化;
        接受数据;
        排序处理;
        输出结果;
        接收数据;
        查找处理;
        输出结果;
    }
```

（2）静态链表模块：实现静态链表的数据类型。

（3）排序模块：对数据记录进行排序。

（4）查找模块：对排好序的数据记录进行二分查找。

各模块之间的调用关系如图 10.22 所示。

3. 排序过程的伪码算法

链式基数排序()
```
{
    将 L 改造为静态链表;
    从最低位到最高位依次完成:
    {
        静态链表的分配;
        静态链表的收集;
    }
    对静态链表进行重整为按位序有序的线性表;
}
```

图 10.22　模块间的调用关系

四、详细设计

1. 静态链表的数据类型定义

```
typedef struct {
    char carname[15];                           //车名
    char color[10];                             //颜色特征
    char date[10];                              //购车日期
    char ownername[10];                         //车主
}InfoType;
typedef struct{
    KeysType keys[MAX_NUM_OF_KEY];              //关键字
    InfoType otheritems;                        //其他数据项
    int next;
}SLCell;
typedef struct{
    SLCell r[MAX_SPACE];                        //静态链表的可利用空间,r[0]为头结点
    int keynum;                                 //记录的当前关键字个数
```

```
      int recnum;                                   //静态链表的当前长度
}SLList;                                             //静态链表类型
```

2. 分配和收集操作时用到的指针数组类型定义

```
typedef int ArrType_n[RADIX_n];              //十进制指针数组类型
typedef int ArrType_c[RADIX_c];              //26个字母的指针数组类型
```

3. 排序的各个函数定义

```
int ord(KeysType key)
```
//将记录中第 key 个关键字映射到[0..RADIX]
```
int succ(int j)
```
//求 j 的后继函数
```
void Distribute(SLCell *r,int i,ArrType &f,ArrType &e)
```
//静态链表 L 的 r 域中记录已按(keys[0],…,keys[i-1])有序,本算法按
//第 i 个关键字 keys[i]建立 RADIX 个子表,使同一子表中记录的 keys[i]相同
//f[0..RADIX]和 e[0..RADIX]分别指向各自表中的一个和最后一个记录
```
void Collect(SLCell *r,int i,ArrType f,ArrType e)
```
//本算法按 keys[i]自小至大地将 f[0..RADIX]所指各子表依次链接成一个链表
//e[0..RADIX-1]为各子表的尾指针
```
void RadixSort(SLList &L)
```
//对基数排序,使得 L 成为按关键字自小到大的有序静态链表
```
void Arrange(SLList &L)
```
//按静态链表 L 中各结点的指针值调整记录位置,使得 L 中记录按关键字非递减,其中主要操作的
伪码算法:
//一趟分配算法
```
void Distribute(SLCell *r,int i,ArrType &f,ArrType &e)
{
    for(j=0;j<RADIX;j++)                          //各子表初始化为空表
    {
        f[j]=0;
        e[j]=0;
    }
    for(p=r[0].next;p;p=r[p].next)
    {
        j=ord_n(r[p].keys[i]);
        if(!f[j])f[j]=p;
        else r[e[j]].next=p;
        e[j]=p;                                   //将 p 所指的结点插入第 j 个子表中
    }
}//Distribute


//一趟搜集算法
void Collect(SLCell *r,int i,ArrType f,ArrType e)
{
```

```
    for(j=0;!f[j];j=succ(j));          //找第一个非空子表
    r[0].next=f[j];t=e[j];             //r[0].next 指向第一个非空子表中的一个结点
    while(j<RADIX-1)
    {
      for(j=succ(j);j<RADIX-1&&!f[j];j=succ(j));     //找下一个非空子表
      if(f[j]) {r[t].next=f[j];t=e[j];}    //链接两个非空子表
    }
  r[t].next=0;                         //t 指向最后一个非空子表中的最后一个结点
}//Collect


//链式基数排序算法
void RadixSort(SLList &L)
{
    ArrType_n fn,en;
    ArrType_c fc,ec;
    for(i=0;i<L.recnum;i++)L.r[i].next=i+1;
    L.r[L.recnum].next=0;              //将 L 改造为静态链表
    for(i=L.keynum-1;i>2;i--)          //按最低位优先依次对各关键字进行分配和收集
    {               //需分为 3 段完成,因为字符的那个分关键字要单独做
        Distribute_n(L.r,i,fn,en);
        Collect_n(L.r,i,fn,en);
    }
    Distribute_c(L.r,2,fc,ec);
    Collect_c(L.r,2,fc,ec);
    for(i=1;i>=0;i--)
    {
        Distribute_n(L.r,i,fn,en);
        Collect_n(L.r,i,fn,en);
    }
}//RadixSort


//按指针链进行整序
  void Arrange(SLList &L)
  {
    p=L.r[0].next;                     //p指示第一个记录的当前位置
    for(i=1;i<L.recnum;i++)            //L.r[1..i-1]已按关键字有序排列
    {                                  //第 i 个记录在 L 中的当前位置应不小于 i
      while(p<i)p=L.r[p].next;         //找到第 i 个记录,并用 p 指示其在 L 中的当前位置
      q=L.r[p].next;                   //q指示尚未调整的表尾
      if(p!=i)
        {
          buf=L.r[p];L.r[p]=L.r[i];L.r[i]=buf;    //交换记录
          L.r[i].next=p;       //指向被移走的记录,使得以后可由 while 循环找回
```

```
        }
        p=q;                           //p指向尚未调整的表尾,为找第 i+1 个记录做准备
    }
}//Arrange
```

4. 二分查找的各函数定义

```
bool Equal(KeysType key1[],KeysType key2[])
//判断相等
bool Little(KeysType key1[],KeysType key2[])
//判断较小
int Search_Bin(SLList L,KeysType key[])
//二分查找
```

其中主要函数的伪码算法:

```
int Search_Bin(SLList L,KeysType key[])
{
    while(low<=high){
        mid=(low+high)/2;
        if(Equal(key,L.r[mid].keys))return mid;
        else if(Little(key,L.r[mid].keys))high=mid-1;
            else low=mid+1;
    }
    return 0;
}//Search_Bin
```

5. I/O 函数的定义

```
void GetData(SLList &L)
//获得数据
void GetSearchKey(KeysType *key)
//得到需要查找的关键字
void RandData(SLList &L)
//随机生成车牌号,测试时使用,自动生成多个车牌号
void SLListTraRand(SLList L)
// 遍历随机生成的静态表
void SLListTraverse(SLList L)
//遍历静态表
void DataTraverse(SLList L,int num)
//显示查找到的记录
```

6. 函数的调用关系图(见图 10.23)

五、调试分析

1. 在编程时,考虑到 k2 关键字是字母,要单独处理,因此指针数组有两种,一种长度为 10,另一种长度为 26,这就需要在收集和分配时分别单独处理两种情况。

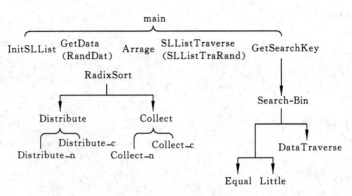

图 10.23 函数调用关系

2. 在编写收集(collect)函数时,曾忘了将两个指针数组初始化为零,造成一些麻烦。

3. 因为增加了相关信息的数据域,占用空间较大,故最多数据记录无法达到 10000 个(内存不够)。因此当数据较多时,宜用外部排序。在查找时也可以利用索引技术来提高查找效率。

4. 在本例中,基数排序的时间复杂度为 $O(d(n+rd))=O(7n)=O(n)$,当 n 很大时,该方法显示了极高的效率。二分查找的时间复杂度为 $O(n\log n)$。

5. "汽车牌照的快速查找"可以看成是一个动态查找表的问题,也可用其他方法实现。

六、使用说明

本程序采用分步提示的方法输入,用户只需根据屏幕提示输入数据即可,程序根据输入情况将结果输出到屏幕。

七、测试结果

(1)

```
please input the car number with key='#' to end
Example: 01B3456
car number=01A4556
carname:Audi
color:red
date:1990.3.5
ownername:SongJiang

car number=01A2657
carname:Nessan
color:black
date:1997.3.6
ownername:wfj

car number=02B3456
```

```
carname:Linken
color:white
date:1994.5.7
ownername:LinZheng

⋮
car number=01B4356
carname:Audi
color:white
date:1994.6.8
ownername:Liu Qi

car number=#

CARNUM   CARNAME   COLOR   DATA       OWNERNAME

01A2657  Nessan    black   1997.3.6   wfj
01A4556  Audi      red     1990.3.5   SongJiang
01B4356  Audi      white   1994.6.8   Liu Qi
⋮
02B3456  Linken    white   1994.5.7   Lin Zheng
Please input the key you want to search:01A4556
The key you want to search is N0.2
CARNUM   CARNAME   COLOR   DATA       OWNERNAME

01A4556  Audi      red     1990.3.5   SongJiang
Press any key to continue
```

(2)

```
please input the car number with key='#' to end
Example: 01B3456
car number=01a5445              (输入时可忽略大小写)
carname:audi
color:red
date:1990.4.7
ownername:wfj

car number=01a5673
carname:linken
color:black
date:1993.6.4
ownername:liu

car number=#
```

```
CARNUM   CARNAME  COLOR  DATA       OWNERNAME

01A5445  audi     red    1990.4.7  wfj
01A5673  linken   black  1993.6.4  liu
Please input the key you want to search:02A5673
Not found!
Press any key to continue
```

（3）利用随机生成的数据测试：

⋮

```
05Y4812 05Y7449 05Z0054 05Z8491 06A2646 06A3674 06A7721 06A9395 06B0162 06B2233
06B6334 06B9611 06C6841 06D8857 06F7828 06G2920 06H5096 06I9383 06J3692 06K2180
06L6005 06M0651 06O2153 06O3570 06P7003 06Q8393 06R7875 06S5340 06U6079 06V1788
06V4287 06V5442 06V6210 06V6590 06V6849 06W2869 06Y6649 06Z0107 06Z5728 06Z9837
```

⋮

```
31U7891 31V2481 31V5464 31V5863 31V6088 31V6702 31V7187 31V7501 31V8335 31V8491
31V9818 31W1265 31W1470 31W2867 31W3154 31W4115 31W4365 31W4538 31W4636 31W6771
31W7087 31W7130 31W7334 31W7391 31X0883 31X4383 31X4773 31X5489 31X6706 31X7212
31X7603 31X8745 31X9821 31Y0639 31Y0934 31Y2414 31Y3998 31Y4768 31Y8596 31Y9115
31Y9121 31Z0249 31Z0997 31Z1824 31Z2943 31Z5266 31Z6026 31Z6058 31Z6341 31Z6655
Please input the key you want to search:31y0934
The key you want to search is N0.985
CARNUM CARNAME COLOR DATA OWNERNAME

31Y0934
Press any key to continue
```

八、附录

源程序文件清单（在 MultiKeySort 目录下）：

common.h
sort_search.h
main.cpp

实 习 题

学习数据结构的最终目的是解决实际的应用问题，特别是第 1 章绪论中提到的非数值计算类型的应用问题。这里给出的几个实习题目有的与本章的示例内容类似，但更强调实际的需求；有的是从其他应用背景环境中剥离出来的，但也与真实的应用相去不远。

读者在处理每一个题目的时候，要从分析题目的需求入手，按设计抽象数据类型、构思算法、实现抽象数据类型、编制上机程序并调试的步骤完成题目，最终写出完整的分析报告。

见到题目,案头工作准备不足,忙于上机敲程序不是优秀程序员的工作习惯。在实现抽象数据类型的设计阶段应尽量利用已有的 ADT 程序模块的头文件,加大代码的重用率,大可不必事事从头做起。事实上,本章给出的 8 个示例几乎覆盖了所有常用数据结构及其抽象数据类型的实现代码。对于这些代码,可以重用,也可以根据需要添加新的操作,还可以进一步设计更符合自己程序需要的新的数据类型。

在数据结构的学习过程中,自然会以较多的精力和时间来关注实现抽象数据类型的每一个操作的具体实现细节,而对利用这些操作去构建应用则往往容易忽视。这些实习题目恰好可以弥补这一缺憾,使注意力集中到利用抽象数据类型解决应用问题上来。

实习一 链表的维护与文件形式的保存

[问题描述]

以链式结构的有序表表示某商厦家电部的库存模型。当有提货或进货的业务要求时,需要对该有序表及时进行维护。每个工作日结束之后,将链式结构的有序表中的数据以文件的形式保存;每天营业之初需要将文件形式的数据恢复成链式结构的有序表。

[基本要求]

链式结构的有序表的结点结构的数据域应包括家电名称、品牌型号、单价及数量,以结点中单价值的非减序列体现着有序性。日常的维护操作应包括初始化、创建表、插入、删除、更新数据、打印、查询以及链式结构的有序表与文件之间的数据转换。

[测试数据]

可以取彩电、冰箱和洗衣机的数据为模型,例如,"彩电、TCL 超平 29 寸、￥2100、234台"作为一个数据元素。

[实现提示]

链式结构的有序表可以利用本章 10.4.1 节的有序表类型,数据域可以选用结构类型。创建表的操作应包含两种不同的工作方式,即手工输入和从保存数据的文件读入。查询操作会涉及组合询问。

[问题讨论]

实现组合查询可作为该练习更进一步的要求。为适应组合查询的业务需要,应为每一组数据配置一个内部的编号作为关键字,除保存数据的主文件外,还应提供倒排文件。

实习二 用回溯法求解"稳定婚配"问题

[问题描述]

假设有一个男人集合和一个女人集合,集合的元素个数均为 n。每一个男人和每一个女人都指出了自己对配偶的不同偏爱。如果配好 n 对夫妇之后,发现有一个男人和一个女人没有成为夫妇,但他们彼此相爱更甚于自己的配偶,则这种分配称为不稳定的。如果不存在这样的情况,则称为稳定的婚配。

[基本要求]

男人对女人的偏爱程度和女人对男人的偏爱程度由两个二维表 $\mathrm{MWR}[n][n]$ 和 $\mathrm{WMR}[n][n]$ 给定,婚配的输出结果由 n 个二元组(mn,wn)输出,mn 和 wn 分别为男人和女人的编号,其值为 $0,1,\cdots,n-1$。

[测试数据]

对于 $n=8$ 时,男对女和女对男的偏爱程度由如下两表给定:

MWR[8][8]:

	0	1	2	3	4	5	6	7
0	7	2	6	5	1	3	8	4
1	4	3	2	6	8	1	7	5
2	3	2	4	1	8	5	7	6
3	3	8	4	2	5	6	7	1
4	8	3	4	5	6	1	7	2
5	8	7	5	2	4	3	1	6
6	2	4	6	3	1	7	5	8
7	6	1	4	2	7	5	3	8

WMR[8][8]:

	0	1	2	3	4	5	6	7
0	6	4	2	5	8	1	3	7
1	8	5	3	1	6	7	5	2
2	6	8	1	2	3	4	7	5
3	3	2	4	7	6	8	5	1
4	6	3	1	4	5	7	2	8
5	2	1	3	8	7	4	6	5
6	3	5	7	2	4	1	8	6
7	7	2	8	4	5	6	3	1

存在多组解,其中的一组是:

$$(6,0),(3,1),(2,2),(7,3),(0,4),(4,5),(1,6),(5,7)$$

[实现提示]

与本章 10.4.2 节的任务分配问题一样,稳定婚配问题也是通过回溯算法去求解的,只是约束条件有所不同。显然稳定婚配问题的约束条件应满足"未婚"和"不违反稳定性原则"。在算法的程序中,需要开辟合理的辅助空间记载中间结果,以提高搜索效率。

[问题讨论]

用婚配的例子描述问题,只是为了提高理解问题的直观程度。事实上,稳定婚配的算法模型可以刻画很多问题,例如考生选择理想的学校、毕业生选择工作单位等都会涉及求解最优匹配的问题。

实习三 以队列实现的仿真技术预测理发馆的经营状况

[问题描述]

为本章理发馆的排队模拟问题添加预测经营状况的功能。每个顾客有选择理发师的服务要求,理发师分 3 个等级(一级、二级和三级),对应不同的服务收费。当顾客进门时,如果想选择某级理发师,只要该级别的理发师不空闲,就将排队候理。程序将统计每天的营业额和不同级别理发师的创收。

[基本要求]

每个顾客进门时将生成 3 个随机数(durtime,intertime,select),其中 durtime 和 intertime 的意义同本章前面的示例,select 是服务选项,通过 select=1+R ％ 3 来求得。

服务收费由 durtime * (4-select) * 0.4(元)计算,该式包含着服务需要的时间和理发师的级别两项因素。

[测试数据]

测试数据:营业时间 480 分钟,7 把理发椅,1～2 号、3～4 号、5～7 号理发椅分别对应一级、二级和三级理发师。

[实现提示]

对理发椅需要进行编号,使不同级别的理发师与编号的理发椅相对应。队列和事件表应增加理发师选项的数据信息。

[问题讨论]

在处理模拟问题时,对数据模拟得越真实,模拟效果也越好。为此,可以从真实的数据中提炼数据模型。读者可以根据真实的数据模型进一步修改算法。

实习四　利用树形结构的搜索算法模拟因特网域名的查询

[问题描述]

在第 6 章树结构中曾讨论 Internet 的域名系统,以树形结构实现域名的搜索。即输入某站点的域名,在域名系统的树形结构中进行搜索,直至域名全部匹配成功或匹配失败;若成功则给出该站点的 IP 地址,否则给出找不到该站点的信息。

[基本要求]

首先要实现一个反映域名结构的树,例如清华大学站点 www. tsinghua. edu. cn 在该树从根到叶子的各层结点就应是 root、cn、edu、tsinghua、www。叶子结点 www 另有一个数据域,存放清华大学站点的 IP 地址 166.111.9.2。

[测试数据]

可以取常用到的著名站点的域名和 IP 地址为例构建域名结构的树,一般应有 30 个左右的站点域名。当输入"www. tsinghua. edu. cn"时,输出为"166.111.9.2";而输入 www. tsinghuo. edu. cn 时,输出应为"找不到服务器或发生 DNS 错误"。

[实现提示]

树的存储结构采用孩子-兄弟链表。

二叉链表的树结构是一种动态结构,除第一次生成的过程需要人工输入数据外,以后每次进行搜索查询时,应首先从文件中保存的数据自动生成树结构。为解决二叉链表与文件之间的转换,可以通过先序遍历的办法保存和恢复二叉链表。例如一个二叉链表的文件保存形式如下:

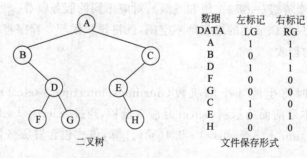

数据 DATA	左标记 LG	右标记 RG
A	1	1
B	0	1
D	1	1
F	0	0
G	1	0
C	0	1
E	1	0
H	0	0

二叉树　　　　　　　　文件保存形式

[问题讨论]

实际的使用中,树结构的使用机会比二叉树还要多,一般情况下都采用孩子-兄弟链表作树的存储结构,此时也可将树视作二叉树,并将对树进行的操作转换成对二叉树的相应操作。

实习五　管道铺设施工的最佳方案选择

[问题描述]

　　需要在某个城市的 n 个居民区之间铺设煤气管道,则在这 n 个居民区之间只要铺设 $n-1$ 条管道即可。假设任意两个居民区之间都可以架设管道,但由于地理环境的不同,所需经费不同。选择最优的施工方案能使总投资尽可能少,这个问题即为求网的"最小生成树"。

[基本要求]

　　参考绪论例 1.3 和图 7.4,求解的算法为:在可能架设的 m 条管道中选取 $n-1$ 条,既能连通 $n-1$ 个居民区,又使总投资达到"最小"。网采用邻接矩阵为存储结构,以顶点对 (i,j) 的形式输出最小生成树的边。

[测试数据]

　　测试选用第 1 章图 1.2(a)居民区示意图的数据。

[实现提示]

　　可以选用第 7 章提到的克鲁斯卡尔(Kruskal)算法或普里姆(Prim)算法来求最小生成树,无论哪一个算法都要选好恰当的辅助数据结构,以存放边或顶点的集合。若采用克鲁斯卡尔算法,则为选取当前权值最小的边,还要对边按权值进行非减序的排序。

[问题讨论]

　　注意整个算法的时间复杂性,采用何种排序算法应依据边的总数来确定,如果是边数很大的网,就应选用先进的排序办法;如果按给定测试数据的小模型,选用一般简单的排序办法即可。

实习六　使用哈希表技术判别两个源程序的相似性

[问题描述]

　　对于两个 C 语言的源程序清单,用哈希表的方法分别统计两程序中使用 C 语言关键字的情况,并最终按定量的计算结果,得出两份源程序清单的相似性。

[基本要求]

　　C 语言关键字的哈希表可以自建,也可以利用第 8 章例 8.10 的哈希表,此题的工作主要是扫描给定的源程序,累计在每个源程序中 C 语言关键字出现的频度。在扫描源程序过程中,每遇到关键字就查找哈希表,并累加相应关键字出现的频度。为保证查找效率,建议自建哈希表的平均查找长度 ASL 不大于 2。

　　扫描两个源程序所统计的所有关键字不同频度,可以得到两个向量。如下面简单的例子所示:

void	int		for	char		if	else		while	关键字
4	3		4	3		7	0		2	程序 1 中关键字频度
4	2		5	4		5	2		1	程序 2 中关键字频度
0	1	2	3	4	5	6	7	8	9	哈希地址

根据程序 1 和程序 2 中关键字出现的频度,可提取到两个程序的特征向量 $\boldsymbol{X}_1$ 和 $\boldsymbol{X}_2$。

$$\boldsymbol{X}_1 = \begin{bmatrix} 4 \\ 3 \\ 0 \\ 4 \\ 3 \\ 0 \\ 7 \\ 0 \\ 2 \end{bmatrix} \qquad \boldsymbol{X}_2 = \begin{bmatrix} 4 \\ 2 \\ 0 \\ 5 \\ 4 \\ 0 \\ 5 \\ 2 \\ 1 \end{bmatrix}$$

一般情况下,可以通过计算向量 $\boldsymbol{X}_i$ 和 $\boldsymbol{X}_j$ 的相似值来判断对应的两个程序的相似性。相似值判别函数计算公式为

$$S(\boldsymbol{X}_i, \boldsymbol{X}_j) = \frac{\boldsymbol{X}_i^{\mathrm{T}} \boldsymbol{X}_j}{|\boldsymbol{X}_i| \cdot |\boldsymbol{X}_j|} \tag{1}$$

其中 $|\boldsymbol{X}_i| = \sqrt{\boldsymbol{X}_i^{\mathrm{T}} \boldsymbol{X}_i}$。$S(\boldsymbol{X}_i, \boldsymbol{X}_j)$ 的值介于 $[0,1]$ 之间,也称广义余弦,即 $S(\boldsymbol{X}_i, \boldsymbol{X}_j) = \cos\theta$。当 $\boldsymbol{X}_i = \boldsymbol{X}_j$ 时,显见 $S(\boldsymbol{X}_i, \boldsymbol{X}_j) = 1$,$\theta = 0$;当 $\boldsymbol{X}_i$ 和 $\boldsymbol{X}_j$ 差别很大时,$S(\boldsymbol{X}_i, \boldsymbol{X}_j)$ 近似为 0,θ 就接近于 $\frac{\pi}{2}$。例如

$$\boldsymbol{X}_1 = \begin{bmatrix} 1 \\ 0 \end{bmatrix}, \boldsymbol{X}_2 = \begin{bmatrix} 0 \\ 1 \end{bmatrix}, S(\boldsymbol{X}_1, \boldsymbol{X}_2) = 0; \theta = \frac{\pi}{2}$$

可以用下面的二维的图示来直观地表示向量的相似程度。

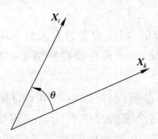

在有些情况下,还需要做进一步的考虑,如下图所示。

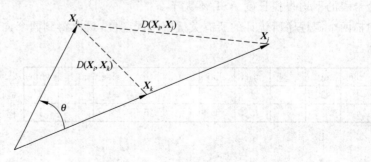

从图中看出，尽管 $S(\pmb{X}_i,\pmb{X}_j)$ 和 $S(\pmb{X}_i,\pmb{X}_k)$ 的值是一样的，但直观上 $\pmb{X}_i$ 与 $\pmb{X}_k$ 更相似。因此当 S 值接近 1 的时候，为避免误判相似性（可能是夹角很小，模值差很大的向量），应当再次计算 $\pmb{X}_i$ 与 $\pmb{X}_k$ 之间的"几何距离"$D(\pmb{X}_i,\pmb{X}_k)$。其计算公式为

$$D(\pmb{X}_i,\pmb{X}_k) = | \pmb{X}_i - \pmb{X}_k | = \sqrt{(\pmb{X}_i - \pmb{X}_k)^{\mathrm{T}}(\pmb{X}_i - \pmb{X}_k)} \tag{2}$$

最后的相似性判别计算可分两步完成：

第一步　用式(1)计算 S，把接近 1 的保留，抛弃接近 0 的情况（把不相似的排除）；

第二步　对保留下来的特征向量，再用式(2)计算 D，如 D 值确也比较小，说明两者对应的程序确实可能相似（慎重肯定相似的）。

S 和 D 的值到达什么门限才能决定取舍？需要积累经验，选择适合的阈值。

[测试数据]

做几个编译和运行都无误的 C 程序，程序之间有相近的和差别大的，用上述方法求 S，并对比差异程度。

[实现提示]

本题的很大工作量将是对源程序扫描，区分出 C 程序的每一关键字。可以为 C 语言关键字建一棵键树，扫描源程序和在键树中查找同步进行，以取得每一个关键字。

[问题讨论]

这种判断方法只是提供一种辅助手段，即便 $S=1$ 也可能不是同一个程序，S 的值很小，也可能算法完全是一样的。例如，一个程序使用 while 语句，另一个使用 for 语句，但功能完全相同。事实上，当发现 S 的值接近于 1 且 D 又很小时，就应该以人工干预来区分。

附录 算法一览表

算法 1.1 **void** Mult_matrix(**int** c[][], **int** a[][], **int** b[][]);
　　// a、b 和 c 均为 n 阶方阵,且 c 是 a 和 b 的乘积

算法 1.2 **void** select_sort(**int** a[], **int** n);
　　// 将 a 中整数序列重新排列成自小至大有序的整数序列(选择排序)

算法 1.3 **void** bubble_sort(**int** a[], **int** n);
　　// 将 a 中整数序列重新排列成自小至大有序的整数序列(起泡排序)

算法 2.1 **void** union(List &La, List &Lb);
　　// 将线性表 Lb 中所有在 La 中不存在的数据元素插入到 La 中,算法执行结束后,
　　// 线性表 Lb 不再存在

算法 2.2 **void** purge(List &La, List &Lb);
　　// 构造线性表 La,使其只包含 Lb 中所有值不相同的数据元素,操作完成后,线性
　　// 表 Lb 不再存在

算法 2.3 **bool** isequal(List La, List Lb);
　　// 若线性表 La 和 Lb 不仅长度相等,且所含数据元素也相同,则返回 TRUE,否
　　// 则返回 FALSE

算法 2.4 **void** InitList_Sq(SqList &L, **int** maxsize = LIST_INIT_SIZE,
　　int incresize = LISTINCREMENT);
　　// 构造一个最大容量为 maxsize 扩增容量为 incresize 的顺序表 L

算法 2.5 **int** LocateElem_Sq(SqList L, ElemType e);
　　// 在顺序线性表 L 中查找第 1 个值与 e 相等的数据元素,若找到,则返回其在 L
　　// 中的位序,否则返回 0

算法 2.6 **void** ListInsert_Sq(SqList &L, **int** i, ElemType e);
　　// 在顺序线性表 L 的第 i 个元素之前插入新的元素 e,i 的合法值为 $1 \leqslant i \leqslant$
　　// L.length+1,若表中容量不足,则按该顺序表的预定义增量扩容

算法 2.7 **void** ListDelete_Sq(SqList &L, **int** i, ElemType &e);
　　// 在顺序线性表 L 中删除第 i 个元素,并用 e 返回其值 i 的合法值为 $1 \leqslant i \leqslant$
　　// L.length

算法 2.8 **void** DestroyList_Sq(SqList &L);
　　// 释放顺序表 L 所占存储空间

算法 2.9 **int** compare(SqList A, SqList B);
　　// 若 A<B,则返回 -1;若 A=B,则返回 0;若 A>B,则返回 1

算法 2.10 **void** exchang1(SqList &A, **int** m, **int** n);
　　// 本算法实现顺序表中前 m 个元素和后 n 个元素的互换

算法 2.11　**void** invert(ElemType &R[], **int** s, **int** t);
　　// 本算法将数组 R 中下标自 s 到 t 的元素逆置,即将$(R_s, R_{s+1}, \cdots, R_{t-1}, R_t)$
　　// 改变为$(R_t, R_{t-1}, \cdots, R_{s+1}, R_s)$

算法 2.12　**void** exchange2(SqList &A, **int** m, **int** n);
　　// 本算法实现顺序表中前 m 个元素和后 n 个元素的互换

算法 2.13　**void** purge_Sq(SqList &A, Sqlist &B);
　　// 已知顺序表 A 为空表,将顺序表 B 中所有值不同的元素插入到 A 表中,操作
　　// 完成后,释放顺序表 B 的空间

算法 2.14　**int** ListLength_L(LinkList L);
　　// L 为链表的头指针,本函数返回 L 所指链表的长度

算法 2.15　LNode *LocateElem_L(LinkList L, ElemType e);
　　// 在 L 所指的链表中查找第一个值和 e 相等的数据元素,若存在,则返回它在链
　　// 表中的位置,即指向该数据元素所在结点的指针;否则返回 NULL

算法 2.16　**void** ListInsert_L(LinkList &L, Lnode *p, Lnode *s);
　　// 指针 p 指向 L 为头指针的链表中某个结点,将 s 结点插入到 p 结点之前

算法 2.17　**void** ListDelete_L(LinkList &L, Lnode *p, ElemType &e);
　　// p 指向 L 为头指针的链表中某个结点,从链表中删除该结点并由 e 返回其元素

算法 2.18　**void** CreateList_L(LinkList &L, ElemType A[], **int** n);
　　// 已知一维数组 A[n] 中存有线性表的数据元素,逆序创建单链线性表 L

算法 2.19　**void** InvertLinkedList(LinkList &L);
　　// 逆置头指针 L 所指链表

算法 2.20　**void** union_L(LinkList &La, LinkList &Lb);
　　// 将 Lb 链表中所有在 La 链表中不存在的结点插入到 La 链表中,并释放 Lb 链
　　// 表中多余结点

算法 2.21　**void** ListInsert_DuL(DuLinkList &L, DuNode *p, DuNode *s);
　　// 在带头结点的双向循环链表 L 中 p 结点之前插入 s 结点

算法 2.22　**void** ListDelete_DuL(DuLinkList &L, DuNode *p, ElemType &e);
　　// 删除带头结点的双向循环链表 L 中 p 结点,并以 e 返回它的数据元素

算法 2.23　**void** OrdInsert_Sq(SqList &L, ElemType x);
　　// 在顺序有序表 L 中插入数据元素 x,要求插入之后仍满足"有序"特性

算法 2.24　**void** purge_Osq(SqList &L);
　　// 已知 L 为顺序有序表,本算法删除 L 中值相同的多余元素

算法 2.25　**void** union_OL(LinkList &La, LinkList &Lb);
　　// La 和 Lb 分别为表示集合 A 和 B 的循环链表的头指针,求 C=A∪B,操作完
　　// 成之后,La 为表示集合 C 的循环链表的头指针,集合 A 和 B 的链表不再存在

算法 2.26　**void** union_OL_1(LinkList &La, LinkList &Lb);
　　// La 和 Lb 分别为表示集合 A 和 B 的循环链表的头指针,求 C=A∪B,操作完
　　// 成之后,La 为表示集合 C 的循环链表的头指针,集合 A 和 B 的链表不再存在

算法 2.27　**bool** isequal_OL(LinkList A, LinkList B);

　　// 指针 A 和 B 分别指向两个带头结点的单链表,若两者表示的集合相同,则返回
　　// TRUE,否则返回 FALSE

算法 3.1　**void** SelectPass(SqList &L, **int** i);

　　// 已知 L. r[1..i−1]中记录按关键字非递减有序,本算法实现第 i 趟选择排序,即
　　// 在 L. r[i..n]的记录中选出关键字最小的记录 L. r[j]和 L. r[i]交换

算法 3.2　**void** SelectSort(SqList &L);

　　// 对顺序表 L 作简单选择排序

算法 3.3　**void** InsertPass(SqList &L, **int** i);

　　// 已知 L. r[1..i−1]中的记录已按关键字非递减的顺序有序排列,本算法实现将
　　// L. r[i]插入其中,并保持 L. r[1..i]中记录按关键字非递减顺序有序

算法 3.4　**void** InsertSort(SqList &L);

　　// 对顺序表 L 作插入排序

算法 3.5　**void** BubbleSort(SqList &L);

　　// 对顺序表 L 作起泡排序

算法 3.6　**int** Partition(RcdType R[], **int** low, **int** high);

　　// 对记录子序列 R[low..high]进行一趟快速排序,并返回枢轴记录所在位置,使
　　// 得在它之前的记录的关键字均不大于它的关键字,在它之后的记录的关键字均
　　// 不小于它的关键字

算法 3.7　**void** QSort(RedType R[], **int** s, **int** t);

　　// 对记录序列 R[s..t]进行快速排序

算法 3.8　**void** QuickSort(SqList & L);

　　// 对顺序表 L 进行快速排序

算法 3.9　**void** Merge(RcdType SR[], RcdType TR[], **int** i, **int** m, **int** n);

　　// 将有序的 SR[i..m]和 SR[m+1..n]归并为有序的 TR[i..n]

算法 3.10　**void** Msort(RcdType SR[], RcdType TR1[], **int** s, **int** t);

　　// 对 SR[s..t]进行归并排序,排序后的记录存入 TR1[s..t]

算法 3.11　**void** MergeSort (SqList &L);

　　// 对顺序表 L 作归并排序

算法 3.12　**void** RadixSort(SqList &L);

　　// 对顺序表 L 进行基数排序

算法 3.13　**void** RadixPass(RcdType A[], RcdType B[], **int** n, **int** i);

　　// 对数组 A 中记录关键字的"第 i 位"计数,并按计数数组 count 的值将数组 A 中
　　// 记录复制到数组 B 中

算法 4.1　**void** conversion();

　　// 对于输入的任意一个非负十进制整数,打印输出与其等值的八进制数

算法 4.2　**bool** matching(**char** exp[]);

　　// 检验表达式中所含括弧是否正确嵌套,若是,则返回 TRUE;否则返回 FALSE "♯"

　　　　　　// 先序遍历以 T 为根指针的二叉树

算法 6.2　　**void** InOrder_iter(BiTree BT,**void**(＊ visit)(BiTree));

　　　　　　// 利用栈实现中序遍历二叉树,T 为指向二叉树的根结点

算法 6.3　　**void** CreatebiTree(BiTree **&**T);

　　　　　　// 在先序遍历二叉树过程中输入结点字符,建立二叉链表存储结构,指针T指向

　　　　　　// 所建二叉树的根结点

算法 6.4　　**void** BiTreeDepth(BiTree T, **int** h, **int** **&**depth);

　　　　　　// h 为T指向的结点所在层次,T指向二叉树的根,则h的初值为1,depth为当

　　　　　　// 前求得的最大层次,其初值为 0

算法 6.5　　**int** BiTreeDepth(BiTree T);

　　　　　　// 后序遍历求 T 所指二叉树的深度

算法 6.6　　BiTNode ＊CopyTree(BiTNode ＊ T)

　　　　　　// 已知二叉树的根指针为T,本算法返回它的复制品的根指针

算法 6.7　　double value(BiTree T, float opnd[]);

　　　　　　// 对以T为根指针的二叉树表示的算术表达式求值,操作数的数值存放在一维

　　　　　　// 数组 opnd 中

算法 6.8　　**void** InOrder(BiThrTree H,**void**(＊ visit)(BiTree));

　　　　　　// H 为指向中序线索链表中头结点的指针,本算法中序遍历以 H—>lchild 所指

　　　　　　// 结点为根的二叉树

算法 6.9　　**void** InOrderThreading(BiThrTree **&**H, BiThrTree T);

　　　　　　// 建立根指针T所指二叉树的中序全线索链表,H指向该线索链表的头结点

算法 6.10　　**void** InThreading(BiThrTree p,BiThrTree **&**pre);

　　　　　　// 对以根指针p所指二叉树进行中序遍历,在遍历过程中进行线索化,p为当前

　　　　　　// 指针,pre 是跟随指针,比 p 慢一拍遍历全二叉树

算法 6.11　　**int** TreeDepth(CSTree T);

　　　　　　// 返回以 T 为根指针的树的深度

算法 6.12(a)　　**void** OutPath(CSTree T,Stack **&**S);

　　　　　　// 输出树 T 中从根到所有叶子结点的路径,引入参数栈 S 暂存路径

算法 6.12(b)　　**void** OutPath(CSTree BT,Stack **&**S);

　　　　　　// 输出某子树T中从所有叶子结点到根的路径,在此例中T指向cn域下的edu

　　　　　　// 结点。附设栈 S 暂存路径,初始化后,先将"cn"进栈,S 由参数引入

算法 6.13　　**void** CreateTree(CSTree **&**T);

　　　　　　// 按自上而下自左至右的次序输入双亲-孩子的有序对,建立树的二叉链表。输入

　　　　　　// 时,以一对"♯"字符作为结束标志,根结点的双亲空,亦以"♯"表示之

算法 6.14　　**void** HeapAdjust(HeapType **&**H, **int** s, **int** m);

　　　　　　// 已知 H. r[s..m]中记录的关键字除 H. r[s]. key 之外均满足堆的定义,本函数

　　　　　　// 依据关键字的大小对 H. r[s]进行调整,使 H. r[s..m]成为一个大顶堆(对其中

　　　　　　// 记录的关键字而言)

// 在根指针T所指二叉查找树中查找其关键字等于kval的数据元素,若查找成
// 功,则指针 p 指向该数据元素结点,并返回 TRUE;否则指针 p 指向查找路径上
// 访问的最后一个结点,并返回 FALSE,无论查找成功与否,f 总是指向 p 所指结
// 点的双亲,其初始调用值为 NULL

算法 8.5   **bool** Insert_BST(BiTree **&**T, ElemType e);
    // 当二叉查找树T中不存在关键字等于e. key的数据元素时,插入e并返回TRUE;
    // 否则不再插入并返回 FALSE

算法 8.6   **void** Delete_BST(BiTree **&**T, KeyType kval);
    // 若二叉查找树 T 中存在关键字等于 kval 的数据元素,则删除之

算法 8.7   **void** setmatch(DLTree root, **char** line[], **int** count[]);
    // 统计以 root 为根指针的键树中,各关键字在文本串 line 中重复出现的次数,并
    // 将其累加到统计数组 count 中去

算法 8.8   **bool** Search_DLTree(DLTree rt, **int** j, **int** &k);
    // 若 line 中从第 j 个字符起长度为 k 的子串和指针 rt 所指双链树中单词相同,则
    // 全局量数组 count 中相应分量增 1,并返回 TRUE;否则返回 FALSE

算法 8.9   **bool** Insert_DLTree(DLTree **&**root, KeysType K, **int** &n);
    // 指针 root 所指双链树中已含 n 个关键字,若不存在和 K 相同的关键字,则将关
    // 键字 K 插入到双链树中相应位置,n 增 1 且返回 TRUE;否则不再插入且返回
    // FALSE

算法 8.10   **Status** SearchHash(HashTable H, KeyType kval, **int** &p, **int** &c);
    // 在开放定址哈希表 H 中查找关键码为 kval 的元素,若查找成功,以 p 指示
    // 待查记录在表中位置,并返回 SUCCESS;否则,以 p 指示插入位置,并返回
    // UNSUCCESS,c 用以计冲突次数,其初值置零,供建表插入时参考

算法 8.11   **Status** InsertHash(HashTable **&**H, Elemtype e);
    // 若开放定址哈希表 H 中不存在记录 e 时则进行插入,并返回 OK;若在查找过
    // 程中发现冲突次数过大,则需重建哈希表

参 考 文 献

[1] 严蔚敏,吴伟民. 数据结构(C 语言版). 北京：清华大学出版社,1997.

[2] 严蔚敏,陈文博. 数据结构. 北京：机械工业出版社,1990.

[3] 陈文博,朱青. 计算机等级考试教程(四级)数据结构与算法. 北京：机械工业出版社,1996.

[4] 王珊. 数据组织与管理. 北京：经济科学出版社,1999.

[5] 杨德元. 计算机软件技术基础. 北京：高等教育出版社,1988.

参考文献